Energiepolitik und Klimaschutz
Energy Policy and Climate Protection

Herausgegeben von
L. Mez, Berlin, Deutschland
A. Brunnengräber, Berlin, Deutschland

Weltweite Verteilungskämpfe um knappe Energieressourcen und der Klimawandel mit seinen Auswirkungen führen zu globalen, nationalen, regionalen und auch lokalen Herausforderungen, die Gegenstand dieser Publikationsreihe sind. Die Beiträge der Reihe sollen Chancen und Hemmnisse einer präventiv orientierten Energie- und Klimapolitik vor dem Hintergrund komplexer energiepolitischer und wirtschaftlicher Interessenlagen und Machtverhältnisse ausloten. Themenschwerpunkte sind die Analyse der europäischen und internationalen Liberalisierung der Energiesektoren und -branchen, die internationale Politik zum Schutz des Klimas, Anpassungsmaßnahmen an den Klimawandel in den Entwicklungs-, Schwellen- und Industrieländern, die Produktion von biogenen Treibstoffen zur Substitution fossiler Energieträger oder die Probleme der Atomenergie und deren nuklearen Hinterlassenschaften.

Die Reihe bietet empirisch angeleiteten, quantitativen und international vergleichenden Arbeiten, Untersuchungen von grenzüberschreitenden Transformations- und Mehrebenenprozessen oder von nationalen „best practice"-Beispielen ebenso ein Forum wie theoriegeleiteten, qualitativen Untersuchungen, die sich mit den grundlegenden Fragen des gesellschaftlichen Wandels in der Energiepolitik und beim Klimaschutz beschäftigen.

Herausgegeben von

PD Dr. Lutz Mez
Freie Universität Berlin

PD Dr. Achim Brunnengräber
Freie Universität Berlin

Tobias Haas

Die politische Ökonomie der Energiewende

Deutschland und Spanien im Kontext multipler Krisendynamiken in Europa

Mit einem Geleitwort von PD Dr. Achim Brunnengräber

Tobias Haas
Eberhard Karls Universität Tübingen
Deutschland

Dissertation Eberhard Karls Universität Tübingen, 2016

u.d.T.: Tobias Haas: Die Politische Ökonomie des Stroms. Die EU, Deutschland und Spanien auf dem Weg ins Zeitalter der regenerativen Energien?

D21

Erster Gutachter: Prof. Dr. Hans-Jürgen Bieling (Eberhard Karls Universität Tübingen)
Zweiter Gutachter: PD Dr. Achim Brunnengräber (Freie Universität Berlin)
Prüfungsvorsitzender: Prof. Dr. Daniel Buhr (Eberhard Karls Universität Tübingen)

Tag der Prüfung: 28.11.2016

Energiepolitik und Klimaschutz. Energy Policy and Climate Protection
ISBN 978-3-658-17318-0 ISBN 978-3-658-17319-7 (eBook)
DOI 10.1007/978-3-658-17319-7

Die Deutsche Nationalbibliothek verzeichnet diese Publikation in der Deutschen Nationalbibliografie; detaillierte bibliografische Daten sind im Internet über http://dnb.d-nb.de abrufbar.

Springer VS

Gedruckt auf säurefreiem und chlorfrei gebleichtem Papier

Springer VS ist Teil von Springer Nature
Die eingetragene Gesellschaft ist Springer Fachmedien Wiesbaden GmbH
Die Anschrift der Gesellschaft ist: Abraham-Lincoln-Str. 46, 65189 Wiesbaden, Germany

Geleitwort

Mit den Begriffen „Dekarbonisierung“ und „Energiewende“ wird auf die Transformation des Energiesystems hingewiesen. Im Verkehrs- und Wärmebereich sowie der industriellen Produktion dominieren jedoch weiterhin die fossil-nuklearen Energien. Unbestritten ist jedoch, dass in einigen Ländern im Bereich der Stromerzeugung ein Wandel hin zu einem regenerativen Stromsystem eingeleitet wurde. Deutschland und Spanien gehörten innerhalb der EU zu den Vorreitern unter diesen Ländern. Auch innerhalb der Europäischen Union wurde mit den entsprechenden Richtlinien ein Ausbau der regenerativen Energieträger gefördert. Nach der Finanz- und Wirtschaftskrise 2007/08 kam es jedoch zu einer verstärkten Infragestellung dieses Erfolgsmodells.

Welchen Einfluss genau hatte die Finanz- und Wirtschaftskrise auf die Entwicklung der erneuerbaren Energien? Welche divergierenden Akteure und Interessen wirken auf diesen Prozess ein? Welche Zusammenhänge bestehen zwischen den polit-ökonomischen Kontextbedingungen und den energiepolitischen Auseinandersetzungen? In welchem Verhältnis stehen die Entwicklungen auf der nationalen und der europäischen Ebene? Diesen Fragen widmet sich Tobias Haas in seiner hier vorgelegten Dissertation.

Er zeigt auf, dass es in allen drei untersuchten Fällen – EU, Deutschland und Spanien – in den letzten Jahren zu einer „Einbremsung“ des Wandels hin zu einem regenerativen Energiesystem gekommen ist. Dies führt er zu einem wesentlichen Teil auf die Finanz- und Wirtschaftskrise in Verbindung mit ihrer austeritätspolitischen Bearbeitung zurück. Dadurch seien diejenigen Akteure geschwächt worden, die sich für einen schnellen Umstieg auf regenerative Energieträger einsetzen. Diese Entwicklungen werden in den beiden Ländern mit den konkreten energiepolitischen Auseinandersetzungen und ihrer institutionellen Einbettung in Verbindung gesetzt. Auf diese Weise kann Tobias Haas begründen, warum die Dynamiken des Wandels in Spanien sehr viel stärker gebremst wurden, als dies in Deutschland der Fall gewesen ist.

Tobias Haas hat für seine Forschung 62 Interviews in Brüssel, Berlin, Madrid und Barcelona geführt. Beim Lesen wird deutlich, dass er ein sehr präzises Verständnis der energiepolitischen Auseinandersetzungen gewonnen hat. Zudem überzeugen die klare Strukturierung der Arbeit und die große Akribie, mit der er die Vermittlungszusammenhänge zwischen den energiepolitischen Konflikten mit den polit-ökonomischen Entwicklungsdynamiken im Mehrebenensystem herausgearbeitet hat. Innovativ ist seine Dissertation, weil es ihm gelingt, zwei Fallstudien mit der Bedeutung der europäischen Maßstabsebene auf systematische und analytisch gehaltvolle Art und Weise zu verbinden. Ich würde mich freuen, wenn sie eine große Resonanz in der sozialwissenschaftlichen Umwelt- und Transformationsforschung hervorrufen würde.

PD Dr. Achim Brunnengräber
Forschungszentrum für Umweltpolitik
Freie Universität Berlin

Danksagung

Die vorliegende Arbeit hätte ich ohne die Unterstützung zahlreicher Kolleg_innen, Freund_innen und Arbeitszusammenhänge nicht schreiben können. Danken möchte ich zunächst den beiden Betreuern meiner Dissertation, Leo Bieling und Achim Brunnengräber. Sie haben mir immer wieder hilfreiches Feedback gegeben und wesentlich zum Gelingen der Arbeit beigetragen. Ferner möchte ich meiner ehemaligen Kollegin Julia Lux, die mich während all der Jahre des mühsamen Forschens stets unterstützte, meinen Dank aussprechen. Gleiches gilt für Hendrik Sander, der sich die Mühe gemacht hat, das gesamte Manuskript zu lesen, und sehr hilfreiche Kommentare gegeben hat.

Darüber hinaus haben mich auf die ein oder andere Art und Weise folgende Personen beim Erstellen der Arbeit begleitet und unterstützt, die ich in alphabetischer Reihenfolge nennen möchte: André Beckershoff, Lucia Bohle-Carbonell, Jannis Chasoglou, Elena del Busto, Alida Fombona, Niko Huke, Kiemke Van Innis, Michael Karrer, Jannis Kompsopoulos, Hanna Mühlenhoff, Franziska Plümmer, Fabiola Rodriguez Garzon, Jose Antonio Romero Garnica, Lina Toro, Ceren Türkmen, Steffen Wiegert, Evy Wunder – vielen Dank!

Dank gebührt auch allen Teilnehmer_innen des Doktorandenkolloquiums am Arbeitsbereich „Politik und Wirtschaft (Political Economy) und Wirtschaftsdidaktik" der Eberhard Karls Universität Tübingen, des Energiekolloquiums der Rosa-Luxemburg -Stiftung sowie der Sommerschulen zur Politischen Ökologie in Wietow. Diese Arbeitszusammenhänge lieferten mir immer wieder neue, inspirierende Einsichten und Impulse, die in meine Doktorarbeit eingeflossen sind. Dem DAAD danke ich für die finanzielle Unterstützung meines Forschungsaufenthalts in Spanien. Ohne die Bereitwilligkeit meiner Interviewpartner_innen sich trotz ihres engen Terminkalenders Zeit für ein Interview zu nehmen, wäre es mir nicht möglich gewesen, die Interaktionsmuster und energiepolitischen Kräftekonstellationen präzise zu bestimmen – auch Ihnen sei an dieser Stelle herzlich gedankt!

Abschließend möchte ich meinen Eltern und Geschwistern für ihre Unterstützung über all die Jahre hinweg meinen herzlichen Dank aussprechen, ebenso wie all jenen, die an dieser Stelle zwar nicht namentlich erwähnt werden, aber mich auf dem Weg hin zur Doktorarbeit begleitet und unterstützt haben.

Tobias Haas

Inhaltsverzeichnis

Abkürzungsverzeichnis

15-M	Bewegung des 15.Mai
ACF	Advocacy Coalition Framework
AEE	Asociación Empresarial Eólica
AEE	Agentur für Erneuerbare Energien
AKW	Atomkraftwerk
APPA	Asociación de Empresas de Energías Renovables
BBEn	Bündnis Bürgerenergie
BDE	Bund der Energieverbraucher
BDEW	Bundesverband der Energie- und Wasserwirtschaft
BDI	Bundesverband der Deutschen Industrie
BEE	Bundesverband Erneuerbare Energien
BIP	Bruttoinlandsprodukt
BMU	Bundesministerium für Umwelt, Naturschutz und Reaktorsicherheit
BMWA	Bundesministerium für Wirtschaft und Arbeit
BMWi	Bundesministerium für Wirtschaft
BP	British Petroleum
BSW	Bundesverband Solarwirtschaft
BUND	Bund für Umwelt und Naturschutz Deutschland
BWE	Bundesverband Windenergie
CAN	Climate Action Network
CC.OO	Confederación Sindical de Comisiones Obreras
CCS	Carbon Capture and Storage
CDU	Christilich Demokratische Union Deutschlands
CECU	Confederación de Consumidores y Usuarios
CEFIC	European Chemical Industry Council
CEMBUREAU	European Cement Association
CEO	Corporate Europe Observatory

CME	Coordinated Market Economy
CNMC	Comisión Nacional de los Mercados y la Competencia
CNE	Comisión Nacional de Energía
CSU	Christlich Soziale Union in Bayern
DGB	Deutscher Gewerkschaftsbund
DIW	Deutsches Institut für Wirtschaftsforschung
DUH	Deutsche Umwelthilfe
EE	Erneuerbare Energien
EEG	Erneuerbare-Energien-Gesetz
EDF	Électricité de France
EFSF	Europäische Finanzstabilisierungsfazilität
EFSM	European Financial Stability Mechanism
EGKS	Europäische Gemeinschaft für Kohle und Stahl
EnBW	Energie Baden-Württemberg
ENEL	Ente nazionale per l'energia elettrica
EnWG	Energiewirtschaftsgesetz
EP	Europäisches Parlament
EPIA	European Photovoltaic Industry Association
EREC	European Renewable Energy Council
EREF	European Renewable Energy Federation
ERT	European Roundtable of Industrialists
ESM	Europäischer Stabilitätsmechanismus
ETA	Euskadi Ta Askatasuna
EU	Europäische Union
EU EHS	Europäisches Emissionshandelssystem
EUFORES	European Forum for Renewable Energy Sources
EuGH	Europäischer Gerichtshof
EU KOM	Europäische Kommission
EURACOAL	European Association for Coal and Lignite
EURATOM	Europäische Atomgemeinschaft
EURELECTRIC	Union of the Electricity Industry
EUROFER	European Steel Association
EUROGAS	Association of the European Gas Industry
Eurostat	Europäisches Statistikamt

EVU	Energieversorgungsunternehmen
EWE	Energieversorgung Weser-Ems
EWEA	European Wind Energy Association
EWG	Europäische Wirtschaftsgemeinschaft
EWI	Energiewirtschaftliches Institut an der Universität zu Köln
EWS	Europäisches Währungssystem
EZB	Europäische Zentralbank
FAZ	Frankfurter Allgemeine Zeitung
FDP	Freie Demokratische Partei
Fed	Federal Reserve
FEI	Forschungsgruppe Europäische Integration
FoE	Friends of the Earth
FFU	Forschungsstelle für Umweltpolitik
FORATOM	Associaction of the European Nuclear Industry
GAP	Gemeinsame Agrarpolitik
GD ECFIN	Generaldirektion für Wirtschaft und Finanzen der EU KOM
GdF	Gas de France
GND	Green New Deal
GwH	Gigawattstunden
HMPA	Historisch-materialistische Policy-Analyse
IDAE	Instituto para la Diversificación y Ahorro de la Energía
IFIC	International Feed-In Cooperation
IG BCE	Industriegewerkschaft Bergbau, Chemie und Ender
IG Metall	Industriegewerkschaft Metall
INE	Instituto Nacional de Estadística
INSM	Initiative Neue Soziale Marktwirtschaft
IPCC	Intergovernmental Panel on Climate Change
IU	Izquierda Unida
IWF	Internationaler Währungsfonds
KfW	Kreditanstalt für Wiederaufbau
KMU	Kleine und mittlere Unternehmen
kWh	Kilowattstunden

KWK	Kraft-Wärme-Kopplung
LME	Liberal Market Economy
MINETUR	Ministerio de Industria, Energía y Turismo
Mio.	Millionen
MITYC	Ministerio de Industria, Turismo y Comercio
MME	Mixed Market Economy
Mrd.	Milliarden
MRS	Marktstabilitätsreserve
MWh	Megawattstunden
NGO	Non-Governmental Organization
NIMBY	Not in my Backyard
PCE	Partido Comunista de España
PSOE	Partido Socialista de España
PP	Partido Popular
PV	Photovoltaik
RDL	Real Decreto Ley
RES	Renewable Energy Sources
RESCOOP	European Federation of Renewable Energy Cooperatives
RWE	Rheinisch-Westfälisches Elektrizitätswerk
RWI	Rheinisch-Westfälisches Institut für Wirtschaftsforschung
SPD	Sozialdemokratische Partei Deutschlands
UGT	Unión General de Trabajadores
UN	United Nations
UNESA	Asociación Española de la Industria Eléctrica
UNFCCC	United Nations Framework Convention on Climate Change
ver.di	vereinigte Dienstleistungsgewerkschaft
VKU	Verband Kommunaler Unternehmen
VoC	Varieties of Capitalism
WWF	World Wildlife Fund for Nature
WWU	Wirtschafts- und Währungsunion

Abbildungsverzeichnis

1 Einleitung

Die neuen sozialen Bewegungen im Anschluss an die 68er-Bewegung wendeten sich nicht nur gegen verkrustete gesellschaftliche Strukturen und Normen, sondern adressierten auch ökologische Krisenphänomene wie den sauren Regen, das Waldsterben, verschmutzte Flüsse oder die Gefahren radioaktiver Strahlung. Diese Erscheinungen wurden in Verbindung gesetzt zur gesellschaftlichen Aneignung von Natur. Der Bericht an den Club of Rome über die „Grenzen des Wachstums" (Meadows et al. 1972) aus dem Jahr 1972 löste eine breite Debatte darüber aus, wieviel Wirtschaftswachstum auf dem begrenzten Planten Erde möglich sei. In den folgenden Jahrzehnten kam es aber zu einer verstärkten Institutionalisierung der Umweltbewegungen. Unter dem Leitbild der nachhaltigen Entwicklung wurde die Versöhnung von Ökonomie und Ökologie propagiert.

Seit der Jahrtausendwende ist eine partielle Repolitisierung ökologischer Krisen zu beobachten. Dabei rückt ein Aspekt in den Vordergrund, dem in den 1970er Jahren nur eine geringe Bedeutung zukam: der Klimawandel (Brand und Wissen 2011a). Vor diesem Hintergrund sehen nicht wenige Autor_innen die Menschheit mit einer welthistorischen Herausforderung konfrontiert:

> „Never before has humanity as a whole embarked on a project to radically transform the way its societies work. Sure, there have been revolutionary projects, many national, some aiming at global transformation. Through empire and war, countries have sought to assert their view of the world in order to re-model it along new political lines. And revolutions have certainly happened, both political, and more importantly in the current context, social and technological. We can think of the interventions of agriculture, printing, the steam engine or the computer. All of these have wrought vast changes upon societies. But all of these were the result of incentives by individuals, particular companies or countries. In responses to climate change, we have the first instance of societies collectively seeking a dramatic transformation of the entire global economy." (Paterson und Newell 2010: 1)

Doch wie laufen diese Suchprozesse ab? Welche Hindernisse stehen einer Eindämmung der Klimaerwärmung und einer Transformation der globalen Ökonomie entgegen? Wie gestaltet sich die Suche unter den Bedingungen einer persistenten Finanz- und Wirtschaftskrise in Europa? Welche Unterschiede lassen sich zwischen einzelnen Staaten ausmachen? Welche Wechselwirkungen existieren mit supranationalen Entwicklungsdynamiken?

Diese Fragen adressiert die vorliegende Arbeit, wenngleich sie zeitlich, räumlich und im Hinblick auf den Untersuchungsgegenstand fokussiert werden muss. Sie soll einen Beitrag zum besseren Verständnis des bereits eingeleiteten Wandels von einem fossil-nuklearen hin zu einem regenerativen Energieregime leisten. Ein schneller Umstieg auf erneuerbare Energien ist schließlich eine unabdingbare Voraussetzung für das Erreichen der im Rahmen der UN-Klimarahmenkonvention verabschiedeten Zielsetzungen[1].

Die Arbeit konzentriert sich auf die Dynamiken hin zu einem regenerativen Stromsystem in Deutschland, Spanien und im übergreifenden europäischen Kontext. In den 2000er Jahren gehörten die beiden Länder zu denjenigen, in denen erneuerbare Energien am schnellsten ausgebaut wurden. Der Ausbau blieb jedoch weitgehend auf den Strombereich beschränkt. Im Verkehrssektor und der Wärmeproduktion sind fossile Energieträger nach wie vor absolut dominant. Insofern ist der Begriff Energiewende nur bedingt geeignet, um die bisherigen Dynamiken des Wandels adäquat zu beschreiben. Der Anteil erneuerbarer Energien an der deutschen Bruttostromerzeugung stieg zwischen 2000 und 2010 von 6,6 % auf 16,6 % an. In Spanien wuchs im selben Zeitraum der Anteil regenerativer Energien von 17,2 % auf 35,3 % an[2]. Dabei ist es wichtig anzumerken, dass Spanien einen wesentlich höheren Anteil alter Wasserkraftwerke aufweist. Aufgrund dessen war der Anteil erneuerbarer Energien bereits vor dem Zubau von Wind- und Solarenergieanlagen vergleichsweise hoch. Der Zuwachs der regenerativen Energien wurde wesentlich über die Entwicklung und Installation von Windenergieanlagen vollzogen. In den späten 2000er Jahren nahm jedoch auch die PV-Technologie eine rasante Entwicklung. In Deutschland spielt zudem, im Gegensatz zu Spanien, die Biomasse eine bedeutende Rolle (Toke 2011).

Der Grundstein des Wandels hin zu erneuerbaren Energien wurde bereits in den 1970er Jahren gelegt. Mit der Politisierung der ökologischen Krise durch die aufkommenden Umwelt- und Anti-AKW-Bewegungen gingen Suchprozesse nach Alternativen zum fossil-nuklearen Energieregime einher. Sowohl in Deutschland als auch in Spanien kamen wichtige Impulse zur Entwicklung von erneuerbaren Energien aus den neuen sozialen Bewegungen. Im Jahr 1980 prägte das Freiburger Öko-Institut den Begriff der Energiewende (Krause et al. 1980)[3]. Aus der spanischen Anti-AKW Bewegung heraus wurde im Jahr 1981 die Genossenschaft

1 Auf der 21. Vertragsstaatenkonferenz Ende 2015 in Paris wurde festgehalten, dass die globale Erwärmung idealerweise auf 1,5 Grad Celsius begrenzt werden soll und die bereits zuvor mehrfach verabschiedete 2 Grad Grenze auf keinen Fall überschritten werden soll.

2 Alle in dieser Arbeit verwendeten Zahlen zum Anteil erneuerbarer Energien basieren, wenn nicht anders vermerkt, auf Erhebungen der folgenden drei Statistikbehörden: Eurostat, dem Statistischen Bundesamt und dem spanischen *Instituto Nacional de Estadística* (INE)

3 Der Untertitel der Studie „Energiewende" lautet: „Wachstum und Wohlstand ohne Erdöl und Uran." Die implizit positive Bezugnahme auf Wirtschaftswachstum war den Autoren zufolge

Ecotécnia gegründet, die wesentlich zur Entwicklung der Windenergie in Spanien beigetragen hat. Einer der Gründer, Josep Puig i Boix (2009: 201), beschreibt seine Vision einer Energiedemokratie und den dazu gehörigen Rechten folgendermaßen:

> „In order to democratize and help establish a decentralized or distributed energy system in ways that are efficient, safe, clean and renewable, it is important for a society to recognize a set of basic energy rights. These rights are:
>
> - The right to know the origin of the energy one uses;
> - The right to know the ecological and social effects of the manner in which energy is supplied to each final user of energy services;
> - The right to capture the energy sources that exist in the place where one lives;
> - The right to generate one's own energy;
> - The right to fair access to power networks and grids;
> - The right to introduce into power networks energy generated in-situ;
> - The right to a fair remuneration for the energy introduced into networks."

Dieses Zitat deutet an, dass es den Umweltbewegungen und Pionier_innen der regenerativen Energiewirtschaft nicht nur um einen Wechsel der Energieträger mittels einer Erneuerung der technologischen Basis ging. Vielmehr strebten sie ein Energiemodell an, das Ausdruck einer weniger macht- und herrschaftsförmig organisierten Gesellschaft und grundlegend anderer Formen der gesellschaftlichen Aneignung von Natur ist.

In den folgenden Jahrzehnten institutionalisierte sich die deutsche Umweltbewegung zunehmend (Krüger 2013; Toke 2011). In Spanien fand nach dem Übergang zur parlamentarischen Demokratie eine weitgehende Depolitisierung der Gesellschaft statt (Huke 2016), die sich auch im energiepolitischen Kontext niederschlug. Nichtsdestotrotz wurde in beiden Ländern die ökologische Modernisierung des Energiesektors weiter vorangetrieben. Die Kontextbedingungen, die Akteursfelder und die Legitimationsgrundlagen für den energetischen Wandel haben sich in den letzten Jahrzehnten dynamisch verändert.

---

dem Umstand geschuldet, dass die Studie darauf abzielte, Wege aufzuzeigen, wie das bestehende Gesellschaftsmodell ökologisch erneuert werden könnte. Alternative Szenarien auszuarbeiten, wie dies ursprünglich angedacht war, hätten den Rahmen des Berichts gesprengt. Während sich die Autoren klar gegen die energetische Nutzung des Öls (vor dem Hintergrund der Ölkrisen der 1970er Jahre) und die Atomenergie, die seit den 1970er Jahren massiv bekämpft wurde, richteten, wird zugleich in einem Kapitel danach gefragt, ob es möglich wäre „Selbstversorgung durch Kohle und Sonne?" (Krause et al. 1980) zu erreichen. Auch in diesem Szenario zielen sie zwar auf eine Reduktion der Kohleverstromung und der damit verbunden Kohlendioxidemissionen ab, gleichwohl sind sie diskursiv weit entfernt von dem in der Zwischenzeit viel diskutierten Kohleausstieg.

Die sozialwissenschaftlichen Analysen dieser Dynamiken richteten sich besonders in den 2000er Jahren überwiegend auf die Policy-Instrumente, die dem Ausbau der regenerativen Energieträger zugrunde lagen (Haas et al. 2004). Während wirtschaftswissenschaftliche Arbeiten sehr stark der Frage nach effizienten Gestaltungsoptionen nachgingen, konzentrierten sich politikwissenschaftliche Arbeiten häufig auf die Diffusion von Einspeisevergütungsmodellen[4]. In Deutschland wie auch in Spanien wurde der Ausbau der erneuerbaren Energien über Systeme garantierter Einspeisevergütung vorangetrieben, die den Stromproduzent_innen eine stabile Vergütung über 20 bzw. 25 Jahre versprachen. Vor dem Hintergrund ähnlicher Fördersysteme und stetiger Versuche, etwa der großen etablierten deutschen Stromkonzerne, über die europäische Maßstabsebene Einspeisevergütungsmodelle auszuhebeln, gründeten die deutsche und die spanische Regierung im Jahr 2004 gemeinsam die IFIC (International Feed-In Cooperation): „Germany together with Spain tried to convince the rest of the countries of the benefits of feed-in tariffs and advocated a general freedom on the part of the member states to choose their own support system" (Solorio Sandoval et al. 2014: 192).

Zweifellos kommt den Fördersystemen eine große Bedeutung zu. Allerdings sind die Dynamiken des Wandels breiter angelegt. Ein transdisziplinäres Forschungsfeld, das diesen Sachverhalt reflektiert, sind die sogenannten Transitionsstudien (transition theories). Diese konnten sich vor dem Hintergrund verschiedener, teilweise ineinandergreifernder Krisendynamiken etablieren und analysieren das Zusammenspiel von sozialen und technischen Veränderungsdynamiken in Richtung Nachhaltigkeit (Grubler 2012). Allerdings hat sich im Verlauf der Weltfinanz- und Wirtschaftskrise gezeigt, dass die sehr divergenten Krisenbetroffenheiten nationaler Ökonomien zumindest im europäischen Raum die energiepolitischen Entwicklungspfade stark beeinflussen. In der Tendenz tragen sie mit dazu bei, die Dynamiken des Wandels abzubremsen (Geels 2013). Gleichwohl wird in Deutschland die Energiewende, wenn auch zuletzt deutlich weniger ambitioniert, weiter vorangetrieben (Geels et al. 2016), während in Spanien seit dem Jahr 2012 kaum noch ein Zubau von Anlagen zur Gewinnung erneuerbarer Energien stattfindet. So stieg der Anteil erneuerbarer Energien an der Bruttostromerzeugung in Deutschland zwischen 2010 und 2015 von 16,6 % auf 30,0 % an. In Spanien konnte im selben Zeitraum lediglich ein Zuwachs von 35,3 % auf 37,4 % verzeichnet werden. Diese Zahlen deuten an, dass es in den letzten Jahren zu einer starken Divergenz der energiepolitischen Entwicklungen in den beiden Ländern gekommen ist.

4 Einspeisevergütungsmodelle für erneuerbare Energien basieren auf zwei Kernelementen: Erneuerbaren Energien wird gegenüber den konventionellen Energieträgern Vorrang bei der Einspeisung gewährt und der Strom über einen bestimmen Zeitraum zu einem garantierten Preis vergütet.

Wie kann diese Divergenz erklärt werden? Im Gegensatz zu den stark institutionalistischen und auf Nischeninnovationen fokussierenden Forschungssträngen existieren einige Arbeiten, die auf die strukturellen Bedingungen energetischen Wandels, also die Vermittlung von Energiesystemen mit der kapitalistischen Entwicklungsdynamik, abheben. So argumentiert etwa Bruce Podobnik (2006) aus weltsystemtheoretischer Perspektive, dass der britische Hegemoniezyklus auf der Extraktion von und der Kontrolle über die damals bekannten Kohlevorräte basierte. Der darauf folgende US-amerikanische Hegemoniezyklus basierte dagegen auf dem Zugriff auf die globalen Ölvorräte. Elmar Altvater (2010a), Max Koch (2011) und Athanasios Karathanassis (2015) arbeiten den Zusammenhang der wertgetriebenen, kapitalistischen Produktionsweise und ihrer Aneignung von Natur heraus. Im Fokus ihrer Analysen steht die Extraktion und Verbrennung fossiler Energieträger als notwendiger energetischer Voraussetzung eines expansiven, auf eine grenzenlose Verwertung des Kapitals ausgerichteten Systems. Die Nutzung fossiler Energieträger wiederum verursacht die Klimaerwärmung maßgeblich. Zwar können sie in ihren Analysen die Vermittlung von kapitalistischem Wachstum und voranschreitender Naturzerstörung begründen. Allerdings bleiben die konkreten Aneignungsprozesse und die mit der Regulation der Naturverhältnisse verbundenen gesellschaftlichen Konfliktdynamiken, sowie deren institutionelle Einhegung, unterbelichtet.

1.1 Problemstellung der Arbeit

In dieser Arbeit wird der Versuch unternommen, über die Analyse der Artikulationsverhältnisse von polit-ökonomischen Entwicklungsdynamiken mit den konkreten Kämpfen um die Ausgestaltung der Stromversorgung in Deutschland und Spanien die zentralen Parameter des Wandels hin zu erneuerbaren Energien zu bestimmen. Damit soll auch die Divergenz der deutschen und spanischen energiepolitischen Entwicklungspfade seit Ausbruch der Finanz- und Wirtschaftskrise erklärt werden. Zwar ist die Entwicklung des Anteils regenerativer Energieträger ein wichtiger Orientierungspunkt um den Wandel des Stromsystems bestimmen zu können. Gleichwohl sagt er nichts darüber aus, wie sich die Stromnachfrage entwickelt, welche Anlagen ausgebaut werden, in wessen Eigentum sie sich befinden, ob zugleich Anlagen still gelegt werden, wie sich die Strompreise entwickeln, welche räumliche Anordnung der Energieversorgung sich ergibt, welche Implikationen auf Beschäftigungsverhältnisse damit einhergehen oder wie der energetische Wandel in der Bevölkerung wahrgenommen wird. Kurzum, es geht darum, den sozialen Gehalt des Wandels zu bestimmen, der sich in dem relativen Anteil regenerativer Energieträger abbildet.

Die divergierenden Entwicklungspfade einzig und allein über die unterschiedlichen Krisenbetroffenheiten zu erklären, würde diesem Anspruch nicht gerecht werden und wichtige Aspekte ignorieren. Zugleich verdeutlichen die Entwicklungen der letzten Jahre, dass Forschungsarbeiten, die nur auf das Politikfeld bezogen sind, ohne die umfassenderen Bedingungen der gesellschaftlichen (Re-)Produktion in den Blick zu nehmen, das heißt eine polit-ökonomische Fundierung aufweisen, zu kurz greifen.

Zur Entschlüsselung der Vermittlung zwischen den nationalen Kapitalismusmodellen und den energiepolitischen Auseinandersetzungen sind jeweils drei Analyseschritte notwendig. Zunächst geht es darum, den Kontext bzw. das Terrain der Auseinandersetzungen zu bestimmen, in welchem sich die konkreten Auseinandersetzungen um die Neuordnung der Energieversorgung abspielen. Daran anknüpfend gilt es in einem zweiten Schritt das Akteursfeld zu strukturieren und die darin eingelassenen potentiellen Konflikte zu definieren, die sich aus unterschiedlichen materiellen Interessen und Vorstellungen darüber speisen, wie die Energieversorgung idealerweise organisiert werden sollte. In einem dritten Schritt sollen die aus der Analyse des Kontexts und des Akteursfeldes gewonnenen Erkenntnisse genutzt werden, um in der Prozessanalyse die Dynamiken der energiepolitischen Auseinandersetzungen zu erforschen.

Im Hinblick auf die Analyse des Kontexts der Auseinandersetzungen stellt sich in Anbetracht der Reskalierung der Energiepolitik in Europa, konkreter: der wachsenden Bedeutung der europäischen Maßstabsebene, eine doppelte Herausforderung. Zum einen geht es darum, die trotz des unvollendeten Energiebinnenmarktes vorhandenen Europäisierungseffekte adäquat zu erfassen und ihre Vermittlung mit nationalen energiepolitischen Konfliktdynamiken herauszuarbeiten. Um dies leisten zu können, wird den beiden komparativ ausgerichteten Fallstudien eine Analyse des europäischen Integrationsprozesses und seinen energiepolitischen Implikationen vorangestellt. Zum anderen bilden die Entwicklungen der nationalen Kapitalismen mit ihren spezifischen institutionellen Konfigurationen zentrale Bezugspunkte der energiepolitischen Entwicklungsdynamiken. Die verschiedenen Kapitalismusmodelle bzw. Akkumulationsregime in Verbindung mit den jeweiligen Regulationsweisen sind wiederum selbst vermittelt mit dem europäischen Integrationsprozess und bilden eine wichtige Arena der energiepolitischen Auseinandersetzungen (Becker und Jäger 2012).

Der zweite Schritt besteht in der Analyse der konkreten energiepolitischen Konfliktkonstellationen, die über die Akteursebene erschlossen werden. Dabei wird mit Hilfe der Operationalisierung von Hegemonieprojekten das Feld strukturiert. Es wird aufgezeigt, dass die zentrale energiepolitische Konfliktlinie zwischen den Akteur_innen verläuft, die materiell und/oder ideologisch mit dem alten, fossil-nuklearen Energiesystem verbunden sind, und denjenigen, die materiell und/oder ideologisch mit dem emergenten, regenerativen Energiesystem verbunden sind. Die Auseinandersetzungen um die Energieversorgung stehen in einem unmittelbaren Wechselverhältnis zur Klimapolitik, gehen allerdings weit darüber hinaus. Sie sind eingebettet in die Frage der Ausgestaltung der gesellschaftlichen Naturverhältnisse. Insofern haben die Konflikte eine originär soziale Dimension und können nicht auf die Frage der „richtigen“ Steuerung oder der Wahl des „besten“ Förderinstruments für den energetischen Wandel reduziert werden.

Dies verweist auf den dritten Analyseschritt, die Prozessanalyse. Darin soll aufbauend auf die Kontext- und die Akteursanalyse herausgearbeitet werden, wie die beteiligten Akteur_innen versuchen, ihre Interessen zu verallgemeinern, und ob es ihnen gelingt, diese in staatliche Policies einzuschreiben. Hierbei ist es wichtig zu reflektieren, wie die materielle Einbindung und ideologische Zustimmung organisiert werden und welche Vermittlungszusammenhänge mit den polit-ökonomischen Kontextbedingungen bestehen.

In Anbetracht der multiplen Krisenkonstellation (Demirović et al. 2011), also dem Ineinandergreifen der globalen Finanz- und Wirtschaftskrise mit den sich tendenziell zuspitzenden Klima-, Energie- und Ernährungskrisen, ergibt sich die Notwendigkeit, die energiepolitischen Wandlungsdynamiken in einem größeren Rahmen zu verorten. Brand und Wissen (2013) stellen die Frage, ob sich vor dem Hintergrund der multiplen Krise eine neue Phase kapitalistischer Entwicklung abzeichnet. Daran anknüpfend entwickelt Mario Candeias (2014) vier mögliche Szenarien grüner Transformation, die sich im Hinblick auf die gesellschaftlichen Verhältnisse und ihre Formen der Aneignung von Natur unterscheiden. Während das Szenario eines autoritären Neoliberalismus die bestehenden Macht- und Herrschaftsverhältnisse und destruktiven Naturverhältnisse festschreiben würde, steht der grüne Kapitalismus bzw. eine green economy für eine ökologische Modernisierung unter weitgehender Beibehaltung der bestehenden Macht- und Herrschaftsverhältnisse. Ein Green New Deal hingegen würde eine stärkere Einbindung marginalisierter Gruppen implizieren und müsste gegen weite Teile der Eliten durchgesetzt werden. Eine sozial-ökologische Transformation würde einen grundlegenden Wandel der gesellschaftlichen Naturverhältnisse implizieren und könnte nur durch eine massive Politisierung und die Herausbildung starker, durchsetzungsfähiger sozialer Bewegungen erfolgen.

Zusammenfassend lässt sich also festhalten, dass es in dieser Arbeit darum geht, diejenigen Parameter herauszuarbeiten, die den Wandel des Stromsystems hin zu erneuerbaren Energien begünstigen oder bremsen. Auf Grund dessen, dass bisher nur in den jeweiligen Stromsektoren ein deutlicher Ausbau erneuerbarer Energien stattgefunden hat, wird der Fokus der Analyse entsprechend auf diesen Bereich gerichtet. Dabei soll eine polit-ökonomische Analyseperspektive entwickelt werden, die es ermöglicht, die komplexen Artikulationsverhältnisse von

Ökonomie, Zivilgesellschaft und Staat analytisch aufzubereiten. Zugleich gilt es den multiskalaren Charakter der Auseinandersetzungen, der sich zu einem wesentlichen Teil aus der Bedeutung des europäischen Integrationsprozesses ergibt, mit zu reflektieren.

In der Arbeit werden drei zentrale Thesen entwickelt. Erstens zeichnet sich vor dem Hintergrund der multiplen Krisenkonstellation und der austeritätspolitischen Bearbeitung der Krise ein langsamer, stark umkämpfter Übergang zu einem regenerativen Energiesystem ab. Die tragenden Kräfte des Wandels sind weder im europäischen, noch im deutschen oder spanischen Kontext stark genug, um den Wandel zu dynamisieren. Vielmehr zeichnet sich in den letzten Jahren, wenn auch in allen untersuchten Räumen unter sehr unterschiedlichen Vorzeichen, eher ein Einbremsen der Dynamik ab. Dies verweist auf die zweite These.

Der Wandel hin zu einem regenerativen Energiesystem weist starke Divergenzen in Raum und Zeit auf und ist vermittelt mit Dynamiken ungleicher Entwicklung. In Spanien war der Ausbau erneuerbarer Energien, die *transición energética*, eng an den Wirtschaftsboom zwischen 1995 und 2007 gekoppelt und musste nicht gegen die tragenden Kräfte des fossil-nuklearen Energieregimes durchgesetzt werden. Die Energiewende in Deutschland hingegen wurde über gesellschaftliche Mobilisierungen und Konflikte gegen die Träger_innen des fossil-nuklearen Energieregimes durchgesetzt und weist damit eine breitere gesellschaftliche Verankerung und Stabilität auf.

Drittens, und dies schließt unmittelbar an die zweite These an, ist es unabdingbar eine polit-ökonomisch fundierte Perspektive auf die Dynamiken des energetischen Wandels zu entwickeln, um die konkrete Vermittlung von energiepolitischen Auseinandersetzungen mit den übergreifenden Kämpfen um die (Re-)Produktion der gesellschaftlichen Verhältnisse im Rahmen ihrer Formbestimmtheit zu durchdringen.

1.2 Aufbau der Arbeit

Die räumlich und zeitlich ungleichen Dynamiken des Wandels hin zu einem regenerativen Stromsystem in Deutschland und Spanien sowie im europäischen Kontext werden in dieser Arbeit in acht Kapiteln analysiert. Anknüpfend an die Einleitung wird der Stand der Forschung aufbereitet. Dabei wird eine Unterscheidung zwischen wirtschafts- und politikwissenschaftlichen Forschungssträngen vorgenommen. Es wird herausgearbeitet, dass in beiden Disziplinen die dominanten energiepolitischen Forschungsarbeiten weder die Vermittlung mit den umfassenderen (Re-)Produktionsbedingungen der gesellschaftlichen Verhältnisse, noch die politikfeldspezifischen Konfliktdynamiken adäquat erfassen.

Entsprechend wird im dritten Kapitel eine polit-ökonomische Analyseperspektive entwickelt, die sich auf Ansätze der vergleichenden Politischen Ökonomie, insbesondere die Regulationstheorie, stützt. Da es mit dem regulationstheoretischen Instrumentarium nur schwer möglich ist, der Kontingenz konkreter politischer Auseinandersetzungen gerecht zu werden, wird eine Erweiterung des Analyseinstrumentariums mit gramscianischen Zugängen vorgenommen. Zentraler Bezugspunkt von Antonio Gramscis Theorie des Politischen ist der Hegemoniebegriff und die damit verknüpfte Frage, wie Zustimmung zu den bestehenden, und sich zugleich vermittelt über soziale Auseinandersetzungen dynamisch erneuernden, kapitalistischen Verhältnissen erzeugt wird (Opratko 2012: 22-25). Dabei wird auch an das Verständnis der Zivilgesellschaft als umkämpftes Terrain, auf dem gesellschaftliche Konflikte ausgetragen werden, angeknüpft. Analog dazu wird der Staat im engeren Sinne als ein soziales Verhältnis, als „materielle Verdichtung eines Kräfteverhältnisses zwischen Klassen und Klassenfraktionen" (Poulantzas 2002: 159), gefasst.

Um die energiepolitischen Konfliktdynamiken in den drei Fallstudien analytisch durchdringen zu können, wird der Begriff des Hegemonieprojekts, der in neogramscianischen Ansätzen verschieden verwendet wird, operationalisiert. Die Unterscheidung von jeweils zwei um Hegemonie ringenden Projekten, einem grünen Hegemonieprojekt, das materiell und ideologisch mit den sich herausbildenden regenerativen Energiesystemen verbunden ist, und einem grauen Hegemonieprojekt, das materiell und ideologisch mit den alten, fossil-nuklearen Energiesystemen verbunden ist, bildet das zentrale, das Konfliktfeld strukturierende Moment. Gleichwohl ist es wichtig anzumerken, dass die Hegemonieprojekte analytische Abstraktionen darstellen. Sie existieren nicht unmittelbar, sondern sollen lediglich helfen, die komplexe Realität zu vereinfachen und damit analytisch bearbeitbar zu machen. Zugleich sind die Hegemonieprojekte nicht statisch zu verstehen. Sie verändern sich mit der konkreten Dynamik gesellschaftlicher Auseinandersetzungen (Kannankulam und Georgi 2012). Vor dem Hintergrund der Vermittlung der nationalen Entwicklungsdynamiken mit den Auseinandersetzungen im europäischen Kontext werden die genannten theoretischen Zugänge mit dem *Scale*-Konzept erweitert. Damit können die Dynamiken der räumlichen Redimensionierung sozialer Prozesse besser erfasst werden (Wissen et al. 2008).

Das vierte Kapitel eröffnet den empirischen Teil der Arbeit mit einer Analyse der europäischen Integration und ihrer energiepolitischen Implikationen. Analog zu dem bereits angedeuteten Analyseinstrumentarium wird dabei, wie in den beiden folgenden Fällen (Deutschland und Spanien), in drei Schritten vorgegangen. Zunächst werden in der Kontextanalyse die zentralen polit-ökonomischen Charakteristika des europäischen Integrationsprozesses herausgearbeitet und aufgezeigt, wie vor dem Hintergrund der aktuellen Wirtschafts- und Finanzkrise die ordoliberale Stoßrichtung verstärkt, und ein Regime autoritärer Austerität etabliert wurde (Bischoff et al. 2011). In der Akteursanalyse wird die energiepolitische Konfliktkonstellation analytisch aufbereitet. In der Prozessanalyse werden schwerpunktmäßig die Auseinandersetzungen um den klima- und energiepolitischen Rahmen für 2030 und die ebenfalls im Jahr 2014 verabschiedeten neuen Umwelt- und Energiebeihilfeleitlinien analysiert. Es wurden zwar im energiepolitischen Bereich keine großen Integrationsschritte vollzogen und es sind in naher Zukunft auch keine zu erwarten. Allerdings, so werden die nächsten Kapitel zeigen, sind die Auseinandersetzungen auf der nationalstaatlichen Maßstabsebene zu einem nicht unbedeutenden Grad mit den europäischen Entwicklungen vermittelt.

Im fünften Kapitel wird die Energiewende in Deutschland analysiert. In der Kontextanalyse werden die Genese und Strukturmerkmale des deutschen Kapitalismusmodells, das auf einer breiten industriellen Basis und sehr hohen Exportüberschüssen basiert, herausgearbeitet. Daran anknüpfend werden in der Akteursanalyse die beiden Hegemonieprojekte definiert und in der Prozessanalyse herausgearbeitet, dass die Energiewende von einer breiten zivilgesellschaftlichen Verankerung und starken Bewegungen getragen wird. Diesen ist es nicht nur gelungen den Ausbau der erneuerbaren Energien voranzutreiben, sondern auch das fossil-nukleare Energiesystem und seine tragenden Kräfte massiv zu delegitimieren.

Analog dazu werden im sechsten Kapitel die Auseinandersetzungen um die *transición energética* in Spanien in den Blick genommen. Das spanische Kapitalismusmodell ist, wie für Länder an der europäischen Peripherie üblich, durch einen hohen Grad an Verschuldung und Finanzialisierung in Verbindung mit einer schmalen industriellen Basis gekennzeichnet. Auf die Akteursanalyse aufbauend wird in der Prozessanalyse aufgezeigt, dass der Wandel hin zu erneuerbaren Energien im Wesentlichen ein elitengetriebener Prozess war, der nur auf einer schwachen Einbindung der spanischen Gesellschaft beruhte. Insofern konnte das graue Akteursspektrum vermittelt über die Finanz- und Wirtschaftskrise einen relativ abrupten Abbruch des Wandels hin zu erneuerbaren Energien durchsetzen.

Im siebten Kapitel werden die Ergebnisse der vergleichenden Analyse der Entwicklungen in Deutschland und Spanien herausgearbeitet. Es wird argumentiert, dass es sowohl im Hinblick auf die nationalen Kapitalismusmodelle (Zentrum-Peripherie) als auch die Rolle der Zivilgesellschaft und des Staates zahlreiche Gründe für die größere Stabilität der deutschen Energiewende im Vergleich zur spanischen *transición energética* gibt.

Im abschließenden, achten Kapitel werden über den Vergleich der beiden Fallstudien hinaus die Ergebnisse der Studie resümiert und die entwickelte Analyseperspektive in Verbindung mit ihrer Operationalisierung und methodischen

Bearbeitung reflektiert. Zudem werden wesentliche, über diese Studie hinausgehende Forschungsfelder grüner Transformationen identifiziert. Die Dynamiken des Wandels in Europa, Deutschland und Spanien werden in einem umfassenderen Kontext, basierend auf den bereits vorgestellten Szenarien grüner Transformationen, verortet.

2 Erneuerbare Energien: Theoretische Zugriffe, empirische Forschungen

Die Energieversorgung ist für jede Form des gesellschaftlichen Zusammenlebens elementar. Entsprechend existieren in allen sozialwissenschaftlichen Disziplinen breit ausdifferenzierte Forschungsansätze. Im Zuge des dynamischen Wandels der Energiesysteme hat sich im sozialwissenschaftlichen Bereich das Interesse an dem Themengebiet deutlich verstärkt (Renn et al. 2011). Im Folgenden sollen die wesentlichen Stränge der wirtschaftswissenschaftlichen und politikwissenschaftlichen Forschungsarbeiten zur Transition bzw. Transformation der Energiesysteme in Deutschland, Spanien und Europa herausgearbeitet werden. Dabei wird zugleich eine Reflexion der theoretischen Grundlagen der diskutierten Forschungsansätze vorgenommen. In Abgrenzung dazu, und in einzelnen Aspekten darauf aufbauend, wird im dritten Kapitel die für diese Arbeit grundlegende polit-ökonomische Analyseperspektive auf den Wandel der Energiesysteme entwickelt.

2.1 Erneuerbare Energien aus wirtschaftswissenschaftlicher Perspektive

Der wirtschaftswissenschaftliche Zugriff auf die Thematik der erneuerbaren Energien erfolgt zumeist mit dem Instrumentarium der neoklassischen Umweltökonomie. In der Neoklassik werden Ökonomie und Politik als getrennte Sphären konzipiert. Dem methodologischen Individualismus und der Annahme ökonomisch rational handelnder Subjekte folgend, gehen Neoklassiker_innen davon aus, dass Märkte eine effiziente Allokation der Produktionsfaktoren (Kapital und Arbeit) hervorbringen. Da die Produktionsfaktoren knapp sind, definiert Lionel Robbins das wirtschaftswissenschaftliche Erkenntnisinteresse folgendermaßen: „Economics is the science which studies human behaviour as a relationship between ends and scarce means which have alternative uses“ (Robbins 1932: 16). Entsprechend rückt in der wirtschaftswissenschaftlichen Forschung die Frage nach einer möglichst effizienten Allokation der Produktionsfaktoren in das Zentrum der Aufmerksamkeit (Weimann 1995: 27).

Das Knappheits- und Effizienzproblem wird in der Neoklassik mit Hilfe von drei Axiomen bearbeitet: dem Rationalitätsprinzip, dem Gleichgewichtskonzept und der Annahme, dass Akteur_innen lediglich marktvermittelte Interaktionen vornehmen (Boyer 2002; Boyer und Saillard 2002: 36). Aus diesen Axiomen folgt, dass Märkte dazu tendieren, in ein Gleichgewicht zu gelangen, es sei denn, es treten exogene Faktoren auf. Neben staatlichen Eingriffen in das Marktgeschehen, etwa in Form der Förderung erneuerbarer Energien, können dies auch sogenannte externe Kosten sein. Darunter fallen sämtliche Kosten, die sich nicht in den Preisen der Waren abbilden, also beispielsweise Kohlendioxidemissionen (so lange es keine Kohlenstoffsteuer oder ein „funktionierendes" Emissionshandelssystem gibt). Die Externalität besteht darin, dass die Emissionen mittels des Treibhausgaseffekts Kosten verursachen, für die der Emittent nicht aufkommen muss.

Das allgemeine Erkenntnisinteresse der Neoklassik an einer optimalen Allokation der Produktionsfaktoren wird in empirischen Forschungsarbeiten zur Energiepolitik zumeist dahingehend konkretisiert, dass analysiert wird, ob die bestehenden Fördersysteme einen kosteneffizienten Ausbau erneuerbarer Energien gewährleisten bzw. wie ein solcher Ausbau erfolgen könnte (Haas et al. 2004). Entsprechend konzentrieren sich wirtschaftswissenschaftliche Forschungsarbeiten stark auf die Frage der Instrumente und ordnen jedem Energieträger die Kosten eindeutig zu (Ortega et al. 2013). Dies ist eine Voraussetzung, um die verschiedenen Energieträger vergleichbar zu machen und das Kriterium der Kosteneffizienz zu operationalisieren (Wissel et al. 2008). Allerdings verbleibt im Hinblick auf die Operationalisierung der Forschungsfragen ein nahezu beliebig großer Interpretationsspielraum. Insofern handelt es sich bei der Neoklassik bzw. den Wirtschaftswissenschaften keineswegs um eine objektive, exakte Wissenschaft. Die neoklassische Methode kann aus sich heraus keinen Beitrag zur Analyse konkreter Umweltprobleme oder damit in unmittelbarem Zusammenhang stehenden energiepolitischen Thematiken beitragen:

> „Die neoklassische Methode ist für die Lösung des Umweltproblems ungeeignet, überflüssig und irreführend; sie hindert mehr als daß sie hilft. Die Ausgangsproblematik wird nicht adäquat erfasst; die Lösungsvorschläge, die auf der strikten Anwendung der neoklassischen Methode beruhen, sind undurchführbar und gewährleisten nicht die Beseitigung der ökologischen Problematik. Und wenn in der Wissenschaftsdisziplin der Volkswirtschaftslehre sinnvolle Vorschläge gemacht werden, [...] so beruhen diese nicht auf der neoklassischen Methode, stehen in keinem theoretischen Zusammenhang mit der allgemeinen Gleichgewichtstheorie und können, ja müssen, völlig unabhängig von dieser beurteilt werden. Da dies in der neoklassischen Umweltökonomie nicht geschieht, muss ihr der Vorwurf gemacht werden, das eigentliche Problem, nämlich die Zerstörung der natürlichen Lebensgrundlagen der Menschheit, zugunsten eines selbstgenügsamen Theoriespiels zu vernachlässigen." (Bruns 1995: 88)

Vor diesem Hintergrund ist es zu erklären, dass es zur Stromwende in Deutschland und speziell zum EEG eine sehr intensive und kontrovers geführte wirtschaftswissenschaftliche Debatte gibt, die nicht nur in Fachzeitschriften, sondern auch über den öffentlichen Diskurs ausgetragen wird. Diese Debatte ist Teil der zivilgesellschaftlichen Auseinandersetzungen um die Energiewende. Es können dabei zwei konträre normative Orientierungen identifiziert werden. Der wirtschaftswissenschaftliche Mainstream steht der Stromwende skeptisch bis ablehnend gegenüber. Dazu zählen insbesondere die der (Energie-)Wirtschaft nahe stehenden Institute, das Rheinisch Westfälische Wirtschaftsinstitut (RWI) und das Energiewirtschaftliche Institut an der Universität zu Köln (EWI) sowie das Institut der Deutschen Wirtschaft (IW). Die Angriffe konzentrierten sich auf die vermeintliche Ineffizienz des EEG. Dabei wurde die Einführung des europäischen Emissionshandelssystems im Jahr 2005 gegen das EEG in Stellung gebracht (Frondel und Schmidt 2006; Sinn 2008). Bereits im Jahr 2004 urteilte der Wissenschaftliche Beirat des Bundeswirtschaftsministeriums[5] über das EEG:

> „Hat es bisher, wenn auch mit sehr hohen volkswirtschaftlichen Kosten, zur Reduktion von CO2-Emissionen beigetragen, so wird sein Gesamteffekt auf die Reduktion von CO2-Emissionen nach der Implementierung dieses Lizenzmarktes gleich Null sein. Es wird dann zu einem ökologisch nutzlosen, aber volkswirtschaftlich teuren Instrument und müsste konsequenterweise abgeschafft werden.“ (Wissenschaftlicher Beirat BMWA 2004: 17)

Darüber hinaus wurden die (volatilen) erneuerbaren Energien als Gefahr für die Versorgungssicherheit dargestellt und insbesondere die Kosten der Solarenergie hervorgehoben. Die daraus abgeleitete politische Forderung war stets die Abschaffung des EEG (RWI 2009; EWI et al. 2004; Frondel et al. 2007; RWI 2012b; Sinn 2008; Weimann 2010).

Neben den Gegner_innen des EEGs gibt es im wirtschaftswissenschaftlichen Spektrum auch Befürworter_innen der Energiewende, insbesondere innerhalb des Deutschen Instituts für Wirtschaftsforschung (DIW) und einigen Umweltforschungsinstituten, etwa dem Helmholz-Zentrum für Umweltforschung (UFZ) in Leipzig. Im Gegensatz zu den skeptischen bis ablehnenden Stimmen werden aus diesem Spektrum heraus die Chancen der Energiewende herausgearbeitet (Kemfert 2013b) und das EEG als effizientes, zielführendes Instrument gegen ein Quotenmodell, das etwa das RWI immer wieder als Alternative zum EEG einforderte, verteidigt (Diekmann et al. 2012).

Die wirtschaftswissenschaftlichen Diskussionen in Spanien sind von weit geringerer Intensität und insgesamt, zumindest bis zum Ausbruch der Krise, durch

---

5 Unter dem damaligen Minister Wolfgang Clement (SPD) wurde das Wirtschaftsressort mit dem Arbeitsressort zum Bundesministerium für Wirtschaft und Arbeit (BMWA) erweitert.

eine größere Affinität zum Ausbau der erneuerbaren Energien gekennzeichnet. Während López-Peña et al. (2012) ausführen, dass die Förderung erneuerbarer Energien teurer als die Steigerung der Energieeffizienz ist um eine Reduktion der Treibhausgasemissionen herbeizuführen, kommen zahlreiche Studien zu dem gegenteiligen Ergebnis. Zubi et al. (2009) entwickeln das Argument, dass der weitere Ausbau erneuerbarer Energien forciert werden müsse, da bereits in mittelfristiger Sicht die erneuerbaren Energieträger kostengünstiger werden als fossile oder nukleare Alternativen. Sáenz de Miera et al. (2008) und Burgos-Payán et al. (2013) beziehen in ihre Analyse die sozialen Kosten verschiedener Energieträger ein. Sie zeigen auf, dass die verstärkte Einspeisung erneuerbarer Energien nicht nur die Preise an der Strombörse drücken, sondern eine Vielzahl positiver Effekte aufweisen, die nicht in den Strompreise abgebildet werden.

Generell ist die Tendenz auszumachen, dass Studien, die eine befürwortende Position gegenüber erneuerbaren Energien einnehmen, auf einem erweiterten Verständnis der Kosten und Nutzen der verschiedenen Energieträger basieren, also nicht nur Effekte einbeziehen, die sich in den Marktpreisen abbilden. Wohingegen die Studien, die eine skeptische Einschätzung der erneuerbaren Energien abgeben, in der Regel einem engen Verständnis der Kosten und Nutzen folgen, also stärker auf die Marktpreise und weniger auf die sozialen Kosten orientieren.

Die wirtschaftswissenschaftlichen Analysen nehmen zwar zumindest in Deutschland einen breiten Raum in der öffentlichen Debatte ein. Ein Verständnis von den sozialen Dynamiken und Kräftekonstellationen, die mit dem Ausbau der erneuerbaren Energien einhergehen, liegt ihnen jedoch nicht zu Grunde. Diese Leerstellen sind darauf zurückzuführen, dass die dominierende wirtschaftswissenschaftliche Schule, die Neoklassik, keine gesellschaftstheoretische Fundierung vorweisen kann. Dies schlägt sich zwangsläufig in empirischen Forschungen im energiepolitischen Feld nieder. Darüber hinaus sind diese Ansätze nicht dazu in der Lage, die ideologischen Überzeugungen und diskursiven Praxen, die integraler Bestandteil der umkämpften Transformation der Stromsysteme sind, analytisch zu fassen. Vielmehr gelten diese in neoklassischen Ansätzen lediglich als „Störfaktoren", die einer „rationalen" (am Kriterium der Kosteneffizienz ausgerichteten) Politik entgegenstehen. Eine weitere Leerstelle der dominanten wirtschaftswissenschaftlichen Ansätze besteht darin, dass ihren statischen Kosten-Nutzen-Analysen kein Verständnis für die historischen Dynamiken und die Verschiebung von Kräfteverhältnissen inhärent ist. Sie können energiepolitischen Wandel lediglich über technische Effizienzsteigerungen oder externe Effekte erklären. Die gesellschaftspolitische Dimension des Ausbaus der erneuerbaren Energien bleibt hingegen im Dunkeln.

Insofern sind diese Ansätze nicht dazu geeignet, die wesentlichen Parameter zu identifizieren, die zur Transition der Energiesysteme beitragen. Allerdings sind sie für die Analyse energiepolitischer Auseinandersetzungen von Relevanz, weil sie einen bedeutenden Teil der Ideologieproduktion auf dem umkämpften Terrain bilden und zahlreiche Ökonom_innen, besonders in Deutschland, wichtige Impulsgeber für die Befürworter_innen einer zentralistischen, fossil-nuklearen Energiewirtschaft darstellen.

2.2 Energiepolitischer Wandel aus politikwissenschaftlicher Perspektive

Aus der politikwissenschaftlichen Perspektive sind zwei Stränge der Forschung zu erneuerbaren Energien von Bedeutung, die jedoch weitgehend parallel verlaufen. Zum einen ist dies die klassische Policy-Analyse, zum anderen die Transitionstheorie (transition theory), die Veränderungsdynamiken über das Politikfeld hinaus stärker berücksichtigen (Grubler 2012). Gemeinsam ist beiden Strängen, dass sie versuchen, das Verhältnis von Kontinuität und Wandel zu bestimmen und die Parameter des Wandels herauszuarbeiten.

2.2.1 Policy-Analyse

Die Policy-Analyse wurde in den 1950er Jahren von Harod Lasswell begründet. Ihm zu Folge verdichtet sich das zentrale Erkenntnisinteresse der Politikfeldanalyse in der Frage „[w]ho gets what, when and how?" (zitiert nach Brand 2013: 429). In der Zwischenzeit hat sich die Policy-Forschung als Teildisziplin der Politikwissenschaft etabliert und eine breite methodische Ausdifferenzierung durchlaufen. Es dominieren Ansätze, die in der Tradition der Steuerungstheorie einem Problemlösungsverständnis folgen (Janning und Toens 2008). Gesellschaftliche Macht- und Herrschaftsverhältnisse bleiben dabei weitgehend ausgeblendet (Greven 2008: 29). In kritischer Auseinandersetzung mit den eher rationalistischen und positivistischen Annahmen der Policy-Forschung entwickelte sich ab den 1990er Jahren die Strömung der Interpretativen Policy-Analyse. Anknüpfend an Jürgen Habermas und Michel Foucault fragt dieser Forschungsstrang danach, wie Wissen, Bedeutung und Diskurse hervorgebracht werden. Eine historisch-materialistische Policy-Analyse (HMPA) hingegen geht darüber hinaus und zielt darauf ab, Policy-Prozesse mit den Bedingungen der gesellschaftlichen Reproduktion zu artikulieren (Brand 2013: 429-430).

Im Hinblick auf die energiepolitischen Entwicklungen in Deutschland, Spanien und Europa wurden insbesondere im Kontext der Forschungsstelle für Umweltpolitik der Freien Universität Berlin zahlreiche Studien erarbeitet, die mit dem Ansatz des *Advocacy Coalition Framework* (ACF) nach Sabatier arbeiten (Hirschl

2008; Bechberger 2009; Corbach 2007). Der ACF basiert auf drei Prämissen. Erstens weisen Policy-Prozesse eine historische Dimension auf. Entsprechend sollte der Analysezeitraum zumindest ein Jahrzehnt betragen. Zweitens weist der ACF über Institutionen hinaus, denn an Policy-Prozessen sind eine Vielzahl verschiedener Akteur_innen beteiligt, die sowohl das staatliche als auch das zivilgesellschaftliche Terrain umfassen. Drittens geht der Ansatz davon aus, dass staatlichen Programmen eine große Nähe zu handlungsleitenden Orientierungen bzw. *belief systems* inhärent ist, da sie „implizite Theorien darüber enthalten, wie bestimmte Ziele zu erreichen sind" (Sabatier 1993: 120). Der Begriff des *belief system* ist eine zentrale Kategorie des ACF. Sabatier definiert es als „ein Set von grundlegenden Wertvorstellungen, Kausalannahmen und Problemwahrnehmungen" (ebd.: 127). Diese geteilten ideologischen Überzeugungen bilden das verbindende Element einer *Advocacy Coalition*, einem Ensemble von Akteur_innen, das immer in Konkurrenz zu zumindest einer anderen Koalition mit einem abweichenden *belief system* steht. Die verschiedenen Orientierungen der *Advocacy Coalitions* werden über *Policy Broker*, d. h. Akteur_innen, die in der Lage sind, die verschiedenen konkurrierenden Koalitionen und *belief systems* zusammen zu bringen, zu einem Kompromiss geführt (Sabatier 1998: 104).

Im Gegensatz zum statischen Ansatz der Neoklassik, der keine theorieimmanente Erklärung von Policy-Wandel innerhalb eines Subsystems liefert, kann mit dem ACF ein solcher auf zwei Arten erklärt werden. Erstens ermöglichen die Konflikte verschiedener Koalitionen und deren Bestrebungen, ihre eigenen Wertorientierungen in staatliche Policies einfließen zu lassen, eine Policy-Änderung. Hierbei spielt der Begriff des policy-orientierten Lernens eine wesentliche Rolle. Sabatier bezieht sich auf die „Verbesserung des eigenen Verständnisses über den Status von Zielen und andere Variablen, die für das eigene ‚belief system' als wichtig erachtet werden" (Sabatier 1993: 137), sowie die innere Logik des eigenen *belief system*. Als zweite Ursache des Policy-Wandels kommen externe Faktoren ins Spiel, die auf das Subsystem einwirken. Als dynamische externe Faktoren werden Änderungen der sozioökonomischen Bedingungen, der Technologie, der öffentlichen Meinung, der Regierungskoalitionen auf nationaler Ebene und relevante Veränderungen in anderen Subsystemen bzw. Politikfeldern definiert (ebd.: 125-126). Solche externen Faktoren, die energiepolitische Relevanz entfalten können, sind beispielsweise das Reaktorunglück von Fukushima oder die globale Finanz- und Wirtschaftskrise. Die Auswirkungen dieser Prozesse sind jedoch sowohl auf der europäischen Maßstabsebene als auch in Deutschland und Spanien sehr unterschiedlich.

Es gibt eine große Zahl empirischer Forschungen in unterschiedlichen Politikfeldern, für die der ACF fruchtbar gemacht wurde (für einen Überblick siehe Sabatier 1993; Bandelow 2015). Insbesondere die Dissertationen von Bernd

Hirschl (2008) zur Entwicklung der erneuerbaren Energien im deutschen Stromsektor und von Mischa Bechberger (2009), der die erneuerbare Energien-Politiken in Spanien untersucht, liefern ein umfangreiches empirisches Fundament für die Analyse der Energiewende und der *transición energética* im Vorfeld des Ausbruchs der Weltfinanz- und Wirtschaftskrise. Ausgangspunkt dieser Analysen ist die Identifizierung von zwei Akteurskoalitionen. Eine setzt sich für einen forcierten Ausbau der erneuerbaren Energien ein, die andere versucht dies zu verhindern. Hirschl (2008: 194) verwendet die Bezeichnung der Befürworter- und Gegner-Koalition. Bechberger (2009: 319) unterscheidet eine ökologische und eine ökonomische Koalition. Er führt, Sabatier folgend, eine dritte Kategorie ein, nämlich die der *Policy Broker*. Während er eine klare Zuordnung der Akteur_innen zu einer, oder im Falle der Branchenverbände APPA (Asociación de Productores de Energías Renovables) und AEE (Asociación Empresarial Eólica) sowie der staatlichen Regulierungsbehörde CNE (Comisión Nacional de Energía), zu zwei Akteursgruppen vornimmt (ökologische Koalition und *Policy Broker*), ist Hirschls Kategorisierung feingliedriger und komplexer. Er akzentuiert stärker die unterschiedlichen Positionen zu erneuerbaren Energien innerhalb von Akteur_innen. Dies schlägt sich in Deutschland vor allem bei den beiden großen Volksparteien, der SPD und der CDU/CSU nieder, die beide Koalitionen nahezu in ihrer ganzen Breite abbilden. Ausgehend von der Identifizierung der beiden Akteurskoalitionen zeichnen Hirschl und Bechberger die Policy-Prozesse in den jeweiligen untersuchten Subsystemen nach. Sie können aufzeigen, wie die Befürworter_innen nach und nach den Ausbau der erneuerbaren Energien vermittelt über staatliche Förderprogramme im deutschen und spanischen Stromsektor forcieren konnten. Beide arbeiten auch die Wechselwirkungen mit der europäischen Maßstabsebene heraus.

Damit bestehen Anknüpfungspunkte an Policy-Analysen zur Europäisierung. Dieser Forschungsstrang untersucht, wie europäische Policies *top-down* auf den nationalstaatlichen Kontext einwirken oder *bottom-up* vom nationalen auf den europäischen Kontext eingewirkt wird (für einen Überblick zur Europäisierungsforschung siehe Börzel und Panke 2015). Aus dieser Perspektive wurden zahlreiche energiepolitische Analysen erarbeitet. Israel Solorio Sandoval (2013) untersucht in seiner Dissertation die Auswirkungen der europäischen erneuerbare Energien-Politiken auf Spanien und Großbritannien aus einer *top-down* Perspektive.

Der Sammelband „European Energy Policy. An Environmental Approach“ (Morata und Solorio Sandoval 2012) ist auf die Frage ausgerichtet, inwiefern eine Europäisierung der Energiepolitik festzustellen ist und welche Bedeutung Umweltfragen in diesem Prozess zukommt. Die Beiträge zeichnen insgesamt ein sehr positives Bild der Entwicklungen in der europäischen Energiepolitik. Solorio Sandoval und Morata (2012: 10) kommen zu dem Schluss, dass der Charakter der Europäisierung der Energiepolitik bereits einer dritten industriellen Revolution gleichkomme: „[…] the former commissioner on energy, Andris Pielbags, seems to have been correct in defining the EU's shift in energy policy as the 'third industrial revolution'". Etwas vorsichtiger in ihrer Einschätzung sind Camilla Adelle et al. (2012: 44), die jedoch auch große Lernfortschritte in der europäischen Energiepolitik ausmachen. Per Olof Busch und Helge Jörgens (2012: 67) argumentieren in eine ähnliche Richtung und verweisen auf die große Bedeutung von Diffusionsprozessen, die sie als zentrale Triebkraft der grünen Europäisierung ausmachen: „[…] diffusion - that is processes of voluntary imitation and learning among governments - has played a major role in the Europeanization of domestic RES [Renewable Energy Sources; Anm.TH] policies (that is 'green Europeanization' of energy policy)." Severin Fischer (2012: 85) beschäftigt sich mit der CCS-Technologie[6] und hält deren „Europäisierung" für einen beachtlichen Erfolg: „While no large-scale CCS demonstration project has been finalized in the EU to date, its integration into national and European energy policies is already an impressive achievement in itself." Vor dem Hintergrund der relativ optimistischen, zugleich analytisch wenig gehaltvollen und sehr deskriptiven Ausführungen ist das zusammenfassende Resümee von Solorio Sandoval und Esther Zapater (2012: 103) folgerichtig:

> „Overall we can conclude that a basic characteristic of 'green Europeanisation' has been its capacity to activate the debate at the EU level on the need for a coherent EU energy policy and its ability to facilitate consensus between the member states and the EU institutions around energy issues."

2.2.2 *Transition und Transformation*

Ein zweiter Strang der Forschung versucht energiepolitischen Wandel unter der Begrifflichkeit der Transition oder Transformation zu fassen. Im politikwissenschaftlichen Diskurs und darüber hinaus wurde der Begriff der Transition häufig auf den Wandel politischer Regime bezogen (so etwa die Transition Spaniens von der Diktatur unter Franco hin zur parlamentarischen Demokratie). Der Begriff der Transformation hingegen wurde für die Entwicklungen in den Staaten des früheren Ostblocks verwendet, in denen sich nicht nur das politische Regime wandelte, sondern darüber hinaus tiefgreifende Veränderungen der Ökonomie und Gesellschaften stattfanden (Brand 2014: 244-245).

6 CCS steht für Carbon Capture and Storage. Diese Technologie zielt darauf ab Kohlendioxid abzuscheiden und unterirdisch zu lagern. Sollte das CCS-Verfahren großtechnisch eingesetzt werden können, würde aus klimapolitischen Gründen einer weiteren Nutzung fossiler Energieträger nichts im Wege stehen. Die Technologie ist sehr umstritten und birgt große Risiken. Bisher wird sie nicht großflächig angewendet (Hirschhausen et al. 2012).

Im energiepolitischen Kontext wurde der Begriff der Transition in den 1990er Jahren vor allem zur Analyse der Liberalisierungsdynamiken gebraucht, etwa im Sammelband „European Electricity Systems in Transition“ (Midttun 1997b). Atle Midttun (1997a, 1997c) arbeitet darin heraus, dass die Elektrizitätssysteme in der EU sehr heterogen sind und die Regulation und Transition derselben einen komplexen, ebenenübergreifenden Prozess darstellt: „The struggle to develop a common EU electricity policy can be conceptualised as a complex multi-level bargaining game across multiple institutional contexts. It is multi-level because decisions over regulatory principles are made at both national and EU levels" (Midttun 1997a: 256). Insofern war bereits damals absehbar, dass die Liberalisierungsagenda, die auch stark von der Europäischen Kommission forciert wurde, nicht zu einer schnellen Vollendung des Energiebinnenmarktes führen würde (ebd.: 263ff.). Vielmehr sorgten Widerstände auf nationaler und regionaler Ebene, wie beispielsweise in Deutschland, dafür, dass sich der Liberalisierungsprozess immer wieder verzögerte (Mez und Midttun 1997: 315).

Inzwischen ist die Liberalisierung jedoch weiter vorangeschritten. Der Marktzugang für verschiedene Anbieter_innen, die Trennung von Netz und Stromproduzent_innen (das sogenannte „ownership unbundling“) und die Privatisierung der Stromkonzerne wurden vorangetrieben. In der Folge haben sich in Europa sieben große transnationale Stromkonzerne gebildet, darunter zwei deutsche (E.ON, RWE) und ein spanischer Konzern (Iberdrola). Der größte spanische Stromanbieter, Endesa, gehört hingegen mehrheitlich zur italienischen ENEL-Gruppe (Schülke 2010). Die erste Transition (der Strombinnenmarkt) ist weit davon entfernt abgeschlossen zu sein (Fischer und Geden 2015). Inzwischen ist jedoch mit dem Ausbau der erneuerbaren Energien die zweite Transition im Gange.

Vor dem Hintergrund der wachsenden Bedeutung von Nachhaltigkeitsaspekten und des einsetzenden Wandels hin zu einem regenerativen Energiesystem hat sich das wissenschaftliche Feld der Transitionsstudien etabliert. Dieses ist transdisziplinär und umfasst Ansätze mit sehr unterschiedlichen ontologischen Fundierungen (Geels 2010). Nach Jochen Markard et al. (2012: 955) sind vier Ansätze besonders prominent vertreten: „transition management […], strategic niche management […], the multi-level perspective on socio-technical transitions […], and technological innovation systems […].“ Anschlussfähig für originär politikwissenschaftliche Forschungsarbeiten sind im Besonderen die Forschungsarbeiten der „'Dutch' school of transition researchers“ (Grubler 2012: 10). Diese bettet die Dynamiken des Wandels historisch und institutionell ein und differenziert drei Ebenen: Nischen (niche), Regime (regime) und Landschaften (landscape) (Baker et al. 2014: 794-796). Derk Loorbach et al. beschreiben den Transitionsbegriff als den dynamischen Wandel von einem relativ stabilen System zu einem neuen, sich stabilisierenden System:

> "Transitions refer to large-scale transformations within society or important subsystems, during which the structure of the societal system fundamentally changes. [...] A transition is the shift from a relative stable system (dynamic equilibrium) though a period of relatively rapid change during which the system reorganises irreversibly into a new (stable) system again [...]." (Loorbach et al. 2008: 295-296)

Der Ansatz wurde vielfach zur Untersuchung energiepolitischer Entwicklungsdynamiken operationalisiert, gerade vor dem Hintergrund des beginnenden Ausbaus der erneuerbaren Energien im niederländischen Stromsektor (Loorbach et al. 2008; Loorbach und Verbong 2012; Verbong und Geels 2010; Verbong und Geels 2012). Er ermöglicht es, verschiedene Transitionsszenarien zu klassifizieren. Im Hinblick auf die Europäische Union machen Verbong und Geels (2012: 215) drei mögliche Szenarien aus: erstens eine Transformation, die die Beibehaltung zentralistischer Strukturen aber unter „begrünten" Vorzeichen (CCS, Atomenergie und Offshorewind) umfasst; zweitens eine Rekonfiguration, deren zentrales Element die Etablierung eines Supergrid darstellt, also verstärkte Zentralisierung mittels Großprojekten wie desertec etc.; drittens ein „De-Alignment and Re-Alignment", also eine Dezentralisierung und Demokratisierung der Energieversorgung auf der Grundlage erneuerbarer Energien. Das dritte Szenario wird jedoch als das unwahrscheinlichste gesehen, weil die beiden ersten Szenarien am stärksten mit durchsetzungsstarken Interessen verbunden sind. Das Dritte hat nur eine Chance sich durchzusetzen, falls soziale Bewegungen erstarken oder bedeutende politische Anreize gesetzt werden.

Gleichwohl bleibt der Transitionsbegriff relativ vage, er hat den Charakter einer Heuristik, die zwar anschlussfähig für verschiedene Forschungsrichtungen ist, jedoch vor dem Hintergrund der damit verbundenen gesellschaftstheoretischen Defizite nur eine begrenzte Aussagekraft entwickeln kann. Andy Stirling (2015: 55) etwa kritisiert: "[...] it often remains rather non-specific and ambiguous what exactly will constitute these widely mooted [...] 'transitions to sustainability'." Insofern sieht sich der Ansatz zahlreichen Kritikpunkten ausgesetzt (für einen Überblick siehe Geels 2011), die auch von seinen Verfechter_innen aufgegriffen wurden.

Verbong und Geels (2012: 206-207) beispielsweise entfalten zwei Kritikpunkte an sozialwissenschaftlichen Transitionsansätzen. Erstens sind sie häufig fixiert auf technologische Innovationen. Soziale Dynamiken und Kräftekonstellationen bleiben entweder unterbelichtet oder es erfolgt eine Idealisierung der (Zivil-)Gesellschaften, die auf eine grünere, gerechtere Welt hinarbeiten würden (siehe auch Smith 2012). Zweitens sind Transitionsansätze meist stark auf ökonomische Zusammenhänge und Förderinstrumente fokussiert. Wertorientierungen, konkrete Policies und deren umkämpfte Ausgestaltung bleiben hingegen unterbelichtet. In jüngster Zeit wurde die Kritik auch vor dem Hintergrund der relativ dynamischen Entwicklung der erneuerbaren Energien und der wachsenden Konfliktivität im europäischen Strom- und Gassektor in die Richtung entwickelt, dass die Widerstände gegen eine Transition stärker in den Blick genommen werden sollten. Vor diesem Hintergrund plädiert Geels (2014) für eine polit-ökonomische Fundierung von Transitionsansätzen unter der Einbeziehung von Macht- und Herrschaftsverhältnissen.

2.2.3 Zusammenfassung

Trotz der Blindstellen der Transitionsforschung, die gleichfalls auf die Policy-Analysen zutreffen, liefern insbesondere die empirisch teils sehr fundierten Forschungsarbeiten in der Tradition des ACF eine gute Grundlage für die Entwicklung einer polit-ökonomischen Analyseperspektive auf die deutsche, spanische und europäische Energiepolitik. Die Forschungsarbeiten von Hirschl (2008) und Bechberger (2009) strukturieren die Felder vor und identifizieren zentrale Akteur_innen und Konfliktlinien. Durch ihre historische Perspektive bekommen sie energiepolitische Dynamiken und Verschiebungen von Kräfteverhältnissen zumindest ansatzweise in den Blick. Insofern entwickeln diese Policy-Analysen, wie auch die Transtionsansätze, ein wesentlich präziseres Verständnis der politischen Dynamiken, die mit dem Ausbau der erneuerbaren Energien verbunden sind, als dies mit neoklassischen Ansätzen möglich ist.

Allerdings ist die Fokussierung der Forschungen in der Tradition des ACF auf „belief systems“ problematisch, da die Aspekte der Generierung von Bedeutung über Diskurse unterbelichtet bleiben (Brand 2013: 429). Zudem stellen materielle Interessen ein wesentliches Moment der politischen Auseinandersetzung im energiepolitischen Kontext dar. Darüber hinaus sorgt die Engführung des Ansatzes auf einzelne Politikfelder dafür, dass der umfassendere Kontext, also die Frage der Reproduktion der gesellschaftlichen Verhältnisse, unter dessen Bedingungen sich der Wandel der Stromsysteme vollzieht, aus dem Blick gerät. Policy-Wandel im energiepolitischen Feld lässt sich nicht primär über Lernprozesse erklären, sondern als vielschichtiger, konfliktiver Prozess, der mit den gesellschaftlichen (Re-)Produktionsbedingungen vermittelt ist. Dieser Vermittlungszusammenhang und die spezifischen politikfeldimmanenten Entwicklungsdynamiken sollen mit Hilfe von Ansätzen der vergleichenden Politischen Ökonomie, insbesondere der Regulationstheorie, und (neo-)gramscianischen Ansätzen erfasst werden.

3 Theoretische Zugänge: Polit-ökonomische Transformationsperspektiven

Um die polit-ökonomischen Kontextbedingungen des Wandels der Energiesysteme zu erfassen, wird auf Ansätze der vergleichenden Politischen Ökonomie zurückgegriffen. Aufgrund des latenten Ökonomismus regulationstheoretischer Zugänge wird eine Erweiterung des Politikverständnisses mit Ansätzen in der Tradition von Antonio Gramsci vorgenommen. Nach der Herausarbeitung der grundlegenden und für diese Arbeit zentralen Konzepte Gramscis werden wichtige Aspekte neogramscianischer Forschungsarbeiten aufbereitet. Für die Analyse der Kämpfe um die Transformation der Stromsysteme ist dabei insbesondere der Begriff des Hegemonieprojekts hilfreich. Abgeschlossen wird das Kapitel mit der Darstellung und Begründung der Untersuchungsmethoden und Operationalisierungsansätze.

3.1 Die vergleichende Politische Ökonomie als Ausgangspunkt

Innerhalb der vergleichenden Kapitalismusforschung wird der *Varieties of Capitalism*-Ansatz (VoC) sehr breit rezipiert. Er wurde um die Jahrtausendwende von Peter Hall und David Soskice (2001b) in Abgrenzung zu der These entwickelt, dass im Zuge der Globalisierung verschiedene Kapitalismusmodelle konvergieren, also nationalstaatliche Unterschiede immer geringer werden. Im VoC-Ansatz werden, angelehnt an die Unterscheidung von Michel Albert zwischen dem „rheinischen" und dem „neo-amerikanischen" Kapitalismusmodell, zwischen *Liberal Market Economies* (LME) angloamerikanischer Prägung und *Coordinated Market Economies* (CME), die für den rheinischen Kapitalismus stehen, differenziert (Hall und Soskice 2001a). Entscheidend für die Klassifizierung der Idealtypen ist die Frage, ob die Koordinationsprozesse hauptsächlich über den Markt oder nicht marktförmig verlaufen. Dabei fokussiert der Ansatz sehr stark auf institutionelle Arrangements und nimmt eine firmenzentrierte, also mikrofundierte Perspektive ein.

Fünf institutionelle Konfigurationen sind für den VoC-Ansatz zentral. Neben dem Bereich der industriellen Beziehungen sind dies die Systeme der beruflichen

Aus- und Weiterbildung, die Unternehmensverfassung, die Beziehungen zwischen den Unternehmen und die Beziehungen zu den eigenen Beschäftigten (ebd.: 6-7). Eine Kritik an der VoC-Heuristik ist, dass mit der dichotomen Gegenüberstellung der beiden Idealtypen die reale, institutionelle Verfasstheit zahlreicher Ökonomien nicht erfasst werden kann (Hancké et al. 2008: 8). Entsprechend wurde die Kategorie der *Mixed Market Economy* (MME) entwickelt, deren Koordination durch eine ungefähr gleichgewichtige Kombination von marktförmigen und nichtmarktförmigen Prinzipien erfolgt. Spanien etwa wird zu den MMEs gezählt (Royo 2008), das deutsche Kapitalismusmodell hingegen kommt dem Idealtyp der CME nahe (Hall 2008: 67-71).

Trotz einiger Weiterentwicklungen weist die VoC-Debatte grundlegende Schwächen auf. Die institutionalistische Perspektive kann die Bedingungen der Produktion und Reproduktion sozialer Verhältnisse nur unzureichend erfassen. Durch die Fokussierung auf die ökonomische Leistungsfähigkeit beziehungsweise wirtschaftliches Wachstum lassen sich gesellschaftliche Macht- und Herrschaftsverhältnisse nur unzureichend theoretisieren. Der Politikbegriff bleibt funktionalistisch verkürzt. Entsprechend lässt sich Wandel mit dem VoC-Ansatz nur bedingt erklären. Der methodologische Nationalismus erschwert es zudem, die komplexen Verflechtungen und Interaktionsmuster in der globalen Ökonomie wie auch im Kontext des europäischen Binnenmarktes zu erklären (Bieling 2013b). Diese Aspekte und die Vermittlung der umkämpften Transformation der Energieversorgungssysteme mit den gesellschaftlichen Reproduktionsbedingungen lassen sich mit einem regulationstheoretischen Zugang besser erschließen.

Die Regulationstheorie wurde in den späten 1970er Jahren von französischen Ökonomen begründet, die einerseits der Sackgasse des strukturalistischen Marxismus Althusserscher Prägung entkommen wollten (Lipietz 1998b; Jessop 2007) und sich andererseits gegen den wirtschaftswissenschaftlichen Mainstream, die Neoklassik, wendeten. Die Regulationstheorie geht entgegen der Neoklassik davon aus, dass Märkte keine selbstregulativen Vergesellschaftungsmodi darstellen, sondern die Regulation und Reproduktion kapitalistischer Gesellschaften grundsätzlich umkämpft und über institutionalisierte Kompromisse abgesichert wird. Insofern richtet sich die Regulationstheorie auf die Frage, wie sich soziale Verhältnisse, die eine gewisse Regelmäßigkeit und Stabilität aufweisen, im Rahmen kapitalistischer Vergesellschaftung trotz deren immanent konfliktorischen Charakters reproduzieren (Lipietz 1985: 109).

Dabei stützt sich die Regulationstheorie nach Robert Boyer (2002: 5-6) auf vier grundlegende Hypothesen. Erstens ist der Prozess der Regulation eingebettet in komplexe gesellschaftliche Verhältnisse, die über das Ökonomische hinausgehen. Insofern sind rein ökonomische Erklärungsansätze unzureichend. Methodisch muss dementsprechend eine transdisziplinäre Ausrichtung der Regulationstheorie, bzw. eine Integration der Forschungsergebnisse benachbarter Disziplinen wie der Politikwissenschaft, der Geschichte oder Soziologie erfolgen. Zweitens spielt sich Regulation in verschiedenen räumlichen und zeitlichen Zusammenhängen ab. Insofern müssen die regulationstheoretischen Kategorien eine gewisse Offenheit aufweisen und immer auf die konkreten Forschungsarbeiten bezogen werden. Drittens zeichnen sich gesellschaftliche Entwicklung und die Regulation gesellschaftlicher Verhältnisse als ein historischer Prozess aus, der sich nicht auf rationale Entscheidungen der Individuen reduzieren lässt, sondern vielmehr kontingent ist: „[...] a historical approach sees the future as depending on largely unintentional strategies in the present" (ebd.: 5). Viertens basieren die Erklärungsansätze der Regulationstheorie auf einem gemeinsamen Set von Hypothesen, die der Theorie - im Gegensatz zur ad hoc Hypothesenbildung neoklassischer Forschungsansätze - eine größere Kohärenz verleihen.

Die beiden zentralen regulationstheoretischen Begrifflichkeiten, die die Art und Weise der Regulation sozialer Verhältnisse analytisch greifbar machen sollen, sind das Akkumulationsregime und die Regulationsweise. Die Begriffe sind auf einer intermediären Ebene angesiedelt, die es ermöglicht „eine Brücke von der Marxschen *Theorie der kapitalistischen Produktionsweise* in ihrem „idealen Durchschnitt" [...] zur *Analyse historisch-konkreter Gesellschaftsformationen* bzw. *konkreter Situationen* zu schlagen" (Sablowski 2013: 86, Hervorhebung im Original; vgl. auch Jessop 2007: 237). Nach Alain Lipietz (1985: 120) ist ein Akkumulationsregime

> „ein Modus systematischer Verteilung und Reallokation des gesellschaftlichen Produktes, der über eine längere Periode hinweg ein bestimmtes Entsprechungsverhältnis zwischen den Veränderungen der Produktionsbedingungen (dem Volumen des eingesetzten Kapitals, der Distribution zwischen den Branchen und den Produktionsnormen) und den Veränderungen in den Bedingungen des Endverbrauches (Konsumnormen der Lohnabhängigen und anderer sozialer Klassen, Kollektivausgaben, usw. ...) herstellt."

Das Akkumulationsregime verweist also auf die polit-ökonomischen Kontextbedingungen der Kapitalakkumulation im engeren Sinne, wohingegen der Begriff der Regulationsweise weiter gefasst ist und auf die soziale und politisch-institutionelle Absicherung des Akkumulationsregimes abzielt. Als Regulationsweise definiert Lipietz (ebd.: 121)

> „die Gesamtheit institutioneller Formen, Netze und expliziter oder impliziter Normen, die die Vereinbarkeit von Verhaltensweisen im Rahmen eines Akkumulationsregimes sichern, und zwar sowohl entsprechend dem Zustand der gesellschaftlichen Verhältnisse als auch über deren konfliktuellen Eigenschaften hinaus."

Die Begriffe verweisen darauf, dass die Regulation kapitalistischer Verhältnisse wesentlich gekennzeichnet ist durch das Ziel der Sicherung der Kapitalakkumulation. Diese steht jedoch in einem komplexen Verweisungszusammenhang mit politischen, sozialen, kulturellen und ideologischen Vergesellschaftungsmodi und kann nur durch die Einbeziehung dieser erklärt werden.

Quer liegend zur Regulationsweise werden in regulationstheoretischen Zugängen verschiedene strukturelle bzw. institutionelle Formen differenziert, die für die Regulation maßgeblich sind (Becker 2013). Nach Jessop (2007: 238) sind die fünf wesentlichen Dimensionen das Lohnverhältnis, die Unternehmensformen, das Geldverhältnis, der Staat und internationale Regime. Das Lohnverhältnis umfasst unter anderem die Ausgestaltung der Arbeitsmärkte, die Tarifauseinandersetzungen bzw. Lohnverhandlungen, die Qualifizierung der Arbeitskräfte und die Reproduktion der Ware Arbeitskraft sowie die Formen sozialer Sicherung. Die Unternehmensformen umfassen unter anderem die interne Organisation der Unternehmen, die Koordination von Konkurrenz- und Kooperationsformen, die Beziehungen zum Finanzkapital oder die Frage der Finanzierung. Das Geldverhältnis umfasst die Organisation des Bank- und Kreditwesens, die Bereitstellung von Geldkapital für produktive oder spekulative Zwecke etc.. Der Staat hingegen ist die institutionelle Form, in der die ausgehandelten Kompromisse beispielsweise zwischen Kapital und Arbeit festgeschrieben werden und Märkte politisch konstituiert werden. Die internationalen Regime umfassen Handels- und Investitionsabkommen, Finanzregime, politische Arrangements zur Verbindung von nationalen Ökonomien oder Marktsegmenten auf suprastaatlicher Ebene.

Insbesondere in der Entstehungsphase der Regulationstheorie, als das Erkenntnisinteresse in der Analyse der fordistischen Gesellschaftsformation lag, wurde sehr stark die nationalstaatliche Ebene fokussiert. Diese wurde als maßgeblich für die Kohärenz des Akkumulationsregimes mit der Regulationsweise identifiziert; jedenfalls galt dies für die Pariser Schule der Regulationstheorie. Insofern wurde ihr häufig ein methodologischer Nationalismus unterstellt (Becker 2013: 35-36).

Der Fordismus ist eng mit tayloristischer Arbeitsorganisation bzw. der Fließbandfertigung verknüpft. Der Begriff ist im regulationstheoretischen Sinne jedoch als eine spezifische Form kapitalistischer Vergesellschaftung zu verstehen, die über eine Standardisierung der Produkte und eine Zerstückelung der Arbeitsprozesse hinausgeht. Mit dem Prozess der Herausbildung des tayloristischen Massenarbeiters ging einher, dass „die arbeitsorganisatorische und technologische Basis für die Massenproduktion von Konsumgütern und damit für die Erschließung der Arbeitskräfteproduktion als Anlage- und Verwertungssphäre für das Kapital geschaffen wurde“ (Hirsch und Roth 1986: 50). Die Arbeiter erhielten Löhne, die es ihnen ermöglichten, einen Teil der von ihnen produzierten Konsumgüter zu erwerben. Darüber hinaus wurden nicht industrialisierte Bereiche der Wirtschaft immer weiter zurückgedrängt, so dass sich ein „traditionelle Reproduktionsformen ersetzendes Konsummodell“ (ebd.: 51) durchsetzte. In Anlehnung an Rosa Luxemburg kann dieser Prozess der kapitalistischen Durchdringung des Reproduktionsprozesses der Arbeiterklasse als „innere Landnahme“ (ebd.) gefasst werden.

Die Etablierung der neuen Akkumulationsstrategie war verbunden mit einer sich rasch vollziehenden Änderung der Lebensweisen und Sozialbeziehungen, die wiederum die gesellschaftlichen Konfliktfelder und politischen Organisationsmuster beeinflussten. Während ein wesentlicher Teil der Stärke der vor-fordistischen Arbeiterbewegung auf den Kontrast von traditioneller Lebensweise und dem sich ausbreitenden Industrialismus zurückzuführen ist, ist dem Fordismus durch die weitgehende Inklusion der Arbeiter in den kapitalistischen Reproduktionszusammenhang ein befriedender Zug inhärent. „Ein wichtiger Effekt der fordistischen Durchkapitalisierung (...) liegt in der allmählichen Auflösung traditioneller sozialer Zusammenhänge, Milieus und Lebensformen“ (ebd.: 56). Als „Kompensation“ hierfür diente die bürgerliche Kleinfamilie, die für die Arbeiterklasse schnell zur „Normalität“ wurde und als zentraler Ort der Sozialisierung zur tayloristischen Arbeitsdressur fungierte. Die Arbeitermilieu- und Vereinskultur wich zunehmend dem Rückzug ins Private, verbunden mit einer Durchsetzung des „fordistischen Konsummodells“ (ebd.: 57), also der Fixierung auf Konsumgüter wie Autos, Fernseher, Telefone, Kühlschränke oder Waschmaschinen. Darüber hinaus wurde durch die Verkürzung des Arbeitstages die Teilhabe am neuen Konsummodell abgesichert.

Dieses Konsummodell ist jedoch nicht frei von Widersprüchen. Zum einen können die konsumierbaren Waren nicht den verlorengegangenen sozialen Zusammenhalt ersetzen, zum anderen sind mit dem Massenkonsum negative Effekte verknüpft. Viele Autos sorgen für Lärm und verstopfte Straßen, was wiederum zu einer Mehrung des Einkommens verleitet, um diese negativen Erscheinungen zu umgehen. Dieses Dilemma kann als „fordistische Produktions-Konsumspirale“ (ebd.: 62) bezeichnet werden. Diese „Spirale“ ging einher mit der Herausbildung einer neuen Lebensweise breiter Teile der Bevölkerungen in den Industrieländern. Diese impliziert „einen prinzipiell unbegrenzten Zugriff auf Ressourcen, Raum, Arbeitsvermögen und Senken“ (Brand und Wissen 2011a: 24) auch im Globalen Süden. In Anbetracht der darin eingelassenen Zwangsmomente kann diese auch als “imperiale Lebensweise” (Brand und Wissen 2011b) bezeichnet werden. Die mit der Herausbildung und Verallgemeinerung der imperialen Lebensweise einhergehenden hohen Wirtschaftswachstumsraten wären nicht möglich gewesen ohne eine massive Erhöhung des Energieverbrauchs, den Michel Aglietta folgendermaßen beschreibt:

> „ [a] revolution in energy which generalized the industrial use of energy and made possible the construction of high capacity motors which enormously increased the power available in industry. In this way, the labour process could be converted from a dense network of relationships between jobs, with intermediate products passing back and forth, and trial and error in the case of assembly, into a straightforward linear flow of material under transformation.“ (zitiert nach Koch 2011: 76)

Die enormen Produktivitätszuwächse und Wachstumsdynamiken basierten auf einem stetig steigenden energetischen Input, der vor allem auf den beiden fossilen Energieträgern Kohle und Erdöl basierte. In der fordistischen Epoche wurde das Erdöl zum wichtigsten Energieträger. Zwischen 1946 und 1973 stieg die globale Ölförderung um mehr als 700 % an (Podobnik 2006: 92). Insofern etablierte sich im Fordismus ein "fossile[s] Akkumulationsregime" (Altvater 2010a: 157), das ab den 1970er Jahren durch die verstärkte Nutzung der Atomenergie modifiziert wurde.

Die Entwicklung der Atomenergie war mit immensen staatlichen Subventionen verbunden. Zwischen 1974 und 1980 gaben die Regierungen der OECD-Länder 75 Mrd. US-Dollar für energiebezogene Forschung und Entwicklung aus. Davon entfielen gut 61 % auf die Atomenergie (Podobnik 2006: 121). Für das Jahr 1973 ergab sich die folgende Zusammensetzung des Weltenergieverbrauchs: „Fossil fuels such as coal/peat, gas and oil were the sources of 86.6 per cent of the world's energy consumption in 1973, while the combined use of energy won from renewable, hydro and nuclear sources made up just 13.4 per cent" (Koch 2011: 82). Dabei ist es jedoch wichtig anzumerken, dass Erdöl im Verkehrssektor die dominierende Energiequelle ist. Im Elektrizitätssektor war im Jahr 1973 Kohle der mit großem Abstand bedeutendste Energieträger. Die Sicherung der Energieversorgung erfolgte in den westlichen Industriestaaten zunehmend über Importe. Die Verwundbarkeit gegenüber „Störungen“ der Energieimporte wurde spätestens im Zuge der sogenannten Ölkrisen in den 1970er Jahren offenbar. Insofern verdeutlicht gerade die Energieversorgung die Einbindung nationaler Kapitalismen in übergeordnete Regulationszusammenhänge (Podobnik 2006: 113-141).

Die Netzwerke internationaler Regulation, deren „konkrete Gestalt, also z.B. die Institutionen des Bretton-Woods-Systems, die bestimmte Regeln, Verfahrenskonventionen und Instrumente festschreiben, hängt von der Art des international durchgesetzten Akkumulations- und Regulationsmodus ab und verändert sich mit diesem“ (Hirsch 1993: 204). Dieses wechselseitige Vermittlungsverhältnis von nationaler und internationaler Regulation verweist darauf, dass die nationale Ebene nicht losgelöst von internationalen Entwicklungen analysiert werden kann. Allerdings ermöglicht die regulationstheoretische Fokussierung auf die nationale Ebene eine komparativ ausgerichtete Analyse verschiedener nationaler Kapitalismusmodelle bzw. energiepolitischer Entwicklungspfade. Insofern kann dieser Ansatz zur vergleichenden Kapitalismusforschung gezählt werden (Becker und Jäger 2013).

Mit dem regulationstheoretischen Instrumentarium lassen sich nach Becker und Jäger (2012: 172-174) drei Achsen der Akkumulation unterscheiden: produktive und finanzialisierte, intensive und extensive sowie intravertierte und extravertierte[7]. Dominant produktive Akkumulation gründet auf Investitionen im Produktionsbereich, also in erster Linie im Industriesektor. Dominant finanzialisierte Akkumulation hingegen basiert auf der Ausweitung von Vermögenswerten und einem Wachstum des Finanzsektors. Intravertierte Akkumulation zeichnet sich durch eine starke Orientierung auf den Binnenmarkt aus; Extravertierte Akkumulation hingegen basiert auf einer starken Export- oder Importorientierung. Im Falle einer starken Exportorientierung wird von einer aktiven, bei starker Importabhängigkeit von einer passiven Extraversion gesprochen. Auf diese Differenzierung aufbauend können die grundlegenden Unterschiede des deutschen Kapitalismusmodells, das als produktiv und aktiv extravertiert, und des spanischen Kapitalismusmodells, das als finanzialisiert und passiv extravertiert klassifiziert wird, herausgearbeitet werden (ebd.: 177-179). Zudem ermöglicht es das regulationstheoretische Instrumentarium in Kombination mit dem Konzept der ungleichen Entwicklung (Wissen und Naumann 2008), den Prozess der europäischen Integration als eine „asymmetrische Interaktion der Akkumulationsmodelle in Europa“ (Becker und Jäger 2013: 172) zu fassen.

Die Energieversorgung und damit verbundene gesellschaftliche Auseinandersetzungen bleiben in regulationstheoretischen Arbeiten bislang hingegen weitgehend unbeachtet. Ebenso wird das Verhältnis der Gesellschaft zur Natur, abgesehen von einigen Arbeiten von Lipietz (1993, 1998a), kaum berücksichtigt (Raza 2003: 161-162). Werner Raza und Joachim Becker plädierten dafür, die Natur, bzw. die ökologische Beschränkung als eine eigenständige, sechste strukturelle Form in die Regulationstheorie zu integrieren (Becker und Raza 2000). Christoph Görg (2003: 21-22, 2003a: 182-188) hingegen versteht die gesellschaftlichen Naturverhältnisse als integralen Bestandteil der Vergesellschaftung, der quer zu allen strukturellen Formen liegt. In Auseinandersetzung mit der älteren kritischen Theorie, der sozialen Ökologie und der Regulationstheorie entwickelt er die Theorie gesellschaftlicher Naturverhältnisse weiter (Görg 1999, 2003a; Becker et al. 2011). Zentral für die Theorie ist die Überlegung, dass Gesellschaft und Natur keine getrennten Sphären darstellen, sondern wechselseitig aufeinander bezogen

7 Die Unterscheidung zwischen intensiver (Senkung der Kosten der Reproduktion der Ware Arbeitskraft) und extensiver (Ausweitung der Arbeitszeit und/oder der Arbeitsproduktivität) Akkumulation ist eine Unterscheidung innerhalb der produktiven Akkumulation, die jedoch für diese Arbeit von untergeordneter Bedeutung ist.

sind und sich dynamisch entwickeln. Der historisch konkrete Prozess der gesellschaftlichen Aneignung von Natur ist immer umkämpft. Es konkurrieren verschiedene Vorstellungen und Praktiken bezüglich der Gestaltung der gesellschaftlichen Naturverhältnisse. Görgs Überlegungen folgend soll die Frage der Energieversorgung bzw. deren konfliktive Transformation als eine Herausforderung der Regulation verstanden werden, die alle fünf Dimensionen nach Jessop (2007: 238) tangiert: das Lohnverhältnis, die Unternehmensformen, das Geldverhältnis, den Staat und internationale Regime.

Die Lohnverhältnisse in der fossil-nuklearen Energiewirtschaft sind durch eine relativ umfassende tarifpolitische Regulierung gekennzeichnet. In den vormals öffentlichen Unternehmen gibt es einen hohen gewerkschaftlichen Organisationsgrad und relativ stabile Beschäftigungsverhältnisse. Durch den Eintritt kleiner und mittlerer Unternehmen (KMUs) in den Energiemarkt kommt es in der Tendenz zu einer Verschärfung der Konkurrenzverhältnisse und einem verstärkten Druck auf die Löhne. Sowohl in Deutschland als auch in Spanien unterliegen die Beschäftigungsverhältnisse in der regenerativen Energiewirtschaft zu einem deutlich geringeren Anteil einer Tarifbindung. Zudem gehen die Formen prekärer Beschäftigung einher mit einem niedrigen gewerkschaftlichen Organisationsgrad (Interviews CC.OO 10.04.2014, DGB 04.09.2014, Richter et al. 2008; Krug 2014; Dribbusch 2013).

Auch im Bereich der Unternehmensformen findet in zweifacher Hinsicht eine Ausdifferenzierung statt. Zum einen gründeten alle großen, transnationalen Energiekonzerne Unternehmensbereiche, die im Segment der erneuerbaren Energien tätig sind und andere, „modernere“ Organisationsstrukturen aufweisen als die traditionellen Konzernsparten (Interview E.ON I 08.09.2014). Die erneuerbare Energien-Ableger sind häufig in den Branchenverbänden des jeweiligen Sektors (national und europäisch) organisiert, während die Konzerne in den fossil-nuklear orientierten Branchenverbänden dominieren. Zum anderen findet mit dem Eintritt von Privatpersonen und kleiner und mittlerer Unternehmen (KMU) eine Pluralisierung der Unternehmensformen statt, da diese teilweise auch genossenschaftlich organisiert sind und andere Finanzierungsformen aufweisen als die etablierten Energiekonzerne (Mautz und Rosenbaum 2012). Insofern erfolgt zugleich eine Modifizierung des Geldverhältnisses.

Dem Staat bzw. institutionalisierten Kompromissen kommt beim Ausbau der erneuerbaren Energien eine große Bedeutung zu. Traditionell handelt es sich beim Energiesektor um einen hoch regulierten Bereich. Die großen Energieversorgungsunternehmen waren und sind eng verbunden mit politischen Parteien. Die Stromnetze stellen ein natürliches Monopol dar, welches spezifische Herausforderungen der Regulation darstellt. Der Ausbau erneuerbarer Energien generell, als auch der spezifisch gesellschaftliche Charakter des Ausbaus hängt wesentlich von den staatlichen Förderinstrumenten ab. Sowohl in Deutschland als auch in Spanien ist das wesentliche Förderinstrument ein Einspeisevergütungsmodell, das für Investor_innen den Vorteil eines geringen Risikos bringt und damit Investitionen anreizt. Finanziert wird das Einspeisevergütungsmodell in beiden Ländern maßgeblich über eine Umlage, die die Stromverbraucher_innen entrichten müssen (Pause 2012). Die deutsche und die spanische Regierung haben im Jahr 2004 die International Feed-In Cooperation (IFIC) gegründet, um den Austausch, vornehmlich auf der ministeriellen Arbeitsebene, über die Einspeisevergütungsmodelle zu institutionalisieren. Darüber hinaus kommt dem Staat etwa im Hinblick auf Energieeffizienzpolitiken, die Netzendgeldregulierung oder den Netzausbau im Zuge der Energiewende eine wichtige Rolle zu. Diese Aspekte können jedoch im Rahmen dieser Arbeit nicht systematischer betrachtet werden.

Internationale Regime spielen in der Frage der Stromversorgung bisher eine eher geringe Rolle. Die globale Energiepolitik ist ein stark fragmentiertes Politikfeld mit einer Vielzahl an Institutionen (Knodt et al. 2014: 337-339). Auf der europäischen Maßstabsebene hingegen hat sich mit dem Binnenmarktprojekt und der daran anschließenden Liberalisierung der Energiemärkte ab den 1990er Jahren eine gewisse Integrationsdynamik entfaltet. Allerdings ist der Strombinnenmarkt weit von seiner Vollendung entfernt. Dies verdeutlicht der Vertrag von Lissabon. Im Artikel 194 Absatz 2 wird festgehalten, dass die Wahl des Energiemixes im nationalstaatlichen Kompetenzbereich liegt. Aus dieser Konstellation heraus ergibt sich ein Spannungsverhältnis. Sämtliche Akteur_innen versuchen über die Konstituierung oder Verschiebung von sozial-räumlichen Maßstabsebenen ihre Interessen durchzusetzen (Haas 2016b).

Zusammenfassend lässt sich festhalten, dass es das regulationstheoretische Instrumentarium ermöglicht, über die Analyse des polit-ökonomischen Gesamtzusammenhangs die politikfeldspezifischen Dynamiken in ihrer wechselseitigen Vermittlung zu erfassen. Die kontinuierliche Erneuerung der Bedingungen zur (Re-)Produktion der kapitalistischen Verhältnisse verweist auf die Notwendigkeit einer stabilen und kostengünstigen Energieversorgung, wobei zugleich mittels des Ausbaus erneuerbarer Energien die Nachhaltigkeitsdimension adressiert werden soll (EU KOM 2011b). Insofern können die energiepolitischen Entscheidungen als kompromissvermittelte, institutionalisierte Formen der Vergesellschaftung gefasst werden. Allerdings verweist der implizite Ökonomismus der Regulationstheorie auf die Notwendigkeit der „Entwicklung einer entsprechenden Politik- und Staatstheorie" (Hirsch 1993: 217), die im Folgenden durch (neo-)gramscianische Erweiterungen entwickelt werden soll.

3.2 Gramscianische Verständnisse des Politischen

Antonio Gramsci wurde im Jahr 1926 trotz parlamentarischer Immunität als Vorsitzender der kommunistischen Partei Italiens verhaftet und zu 20 Jahren Haft verurteilt. Der Fundus seines Schaffens basiert vor allem auf seinen Aufzeichnungen, die er im Rahmen seiner langen Haft unter schwierigen Bedingungen niedergeschrieben hat (Gaedt 2007). Seine Notizen waren nicht für eine Veröffentlichung vorgesehen, sie hatten überwiegend fragmentarischen bzw. skizzenhaften Charakter. Erik Borg (2001) spricht daher vom „Steinbruch Gramsci" (Opratko 2012: 12). In seinen Aufzeichnungen beschäftigte sich Gramsci intensiv mit den politischen Fragen seiner Zeit. Neben seinen Überlegungen zur süditalienischen Frage, also wie ein Bündnis von Arbeitern und Bauern geschlossen werden kann, beschäftigte ihn besonders die Frage, warum es entgegen der Marxschen Prognose nicht in den am höchsten entwickelten kapitalistischen Ökonomien zu einer revolutionären Umwälzung der gesellschaftlichen Verhältnisse gekommen ist, sondern nur im relativ rückständigen Russland (Gaedt 2007). Von dieser Problemstellung ausgehend entwickelte Gramsci verschiedene Ansätze, um die Beständigkeit und gleichzeitige Erneuerung bürgerlicher Herrschaft in den kapitalistischen „Kernländern" zu erklären.

Dabei wies er ökonomistische Erklärungsansätze stets zurück: Der „Anspruch, jede Schwankung der Politik und der Ideologie als einen unmittelbaren Ausdruck der Struktur hinzustellen und darzulegen, muß theoretisch als primitiver Infantilismus bekämpft werden" (Gramsci 2012: GH 13, §24). Die Sphäre des Politischen ist nach Gramsci durch ein Ringen um Hegemonie gekennzeichnet. Unter Hegemonie versteht Gramsci einen Modus bürgerlicher Herrschaft, der nicht primär auf Zwang, sondern wesentlich auf der Zustimmung der Subalternen beruht. Die Generierung von Zustimmung basiert auf den Möglichkeiten materielle Zugeständnisse zu machen, der ideologischen Führung und über Bündnisprozesse verschiedene gesellschaftliche Gruppen herrschaftsförmig einzubinden. Im Kern geht es also darum, dass es die herrschende Klasse vermag, ihre eigenen Interessen zu universalisieren, als das Gemeininteresse darzustellen (Opratko 2012: 43-44). Die häufig kompromissvermittelte Universalisierung partikularer Interessen erfolgt über organische Ideologien, denen eine organisierende Funktion zukommt. Gramsci unterscheidet organische von rationalistischen Ideologien, die den „Hirngespinsten bestimmter Individuen" (Gramsci 2012: GH 7, §13) entspringen. Gelingt der herrschenden Klasse die Einbindung der Subalternen, dann entsteht ein historischer Block. Falls jedoch die Fähigkeit zur ideologischen Führung verloren geht, gibt es zwar noch eine herrschende, aber keine führende Klasse mehr. Dieser Zustand wird als Autoritäts- oder Hegemoniekrise bezeichnet und impliziert,

> „dass die großen Massen sich von den traditionellen Ideologien entfernt haben, nicht mehr an das glauben, woran sie zuvor glaubten usw. Die Krise besteht gerade in der Tatsache, daß das Alte stirbt und das Neue nicht zur Welt kommen kann: in diesem Interregnum kommt es zu den unterschiedlichsten Krankheitserscheinungen.“ (Gramsci 2012: GH 3, §34)

Eine Krisenkonstellation bietet sowohl subalternen als auch herrschenden Gruppen Chancen. Häufig werden Krisen dazu genutzt, die bestehenden Herrschaftsverhältnisse dynamisch zu erneuern, indem Teile der Subalternen durch die selektive Integration politischer und ideologischer Forderungen in den historischen Block eingebunden werden. Gramsci verwendet hierfür den Begriff der passiven Revolution (Opratko 2012: 44).

Das Terrain der Auseinandersetzungen bildet bei Gramsci der integrale Staat, also die Zivilgesellschaft und der Staat im engeren Sinne. Eine präzise und kohärente Bestimmung des Verhältnisses zwischen der Zivilgesellschaft und dem Staat wird in den Gefängnisheften nicht geleistet (Anderson 1979; Opratko 2012: 39-43). Gleichwohl denkt Gramsci den Staat nicht als Instrument der herrschenden Klasse, sondern als umkämpftes soziales Verhältnis, das eine relative Autonomie besitzt. Dem Staat kommt bei Gramsci ein eher repressiver Charakter zu, die Zivilgesellschaft bildet das Terrain der hegemonialen Auseinandersetzungen. Diese Überlegungen zum Verhältnis der politischen Gesellschaft und der Zivilgesellschaft verdichtet Gramsci in der Formel „Staat = politische Gesellschaft + Zivilgesellschaft, das heißt Hegemonie, gepanzert mit Zwang“ (Gramsci 2012: GH 6, § 88). Die Zivilgesellschaft umfasst bei Gramsci, Karin Priester (1977: 516) zu folge,

> „[…] die Gesamtheit der materiellen Beziehungen. In der „societa zivile“ werden all jene formell vom Staat (societa politica) getrennten und insofern „privaten“ Institutionen und Organisationen wirksam, die das ideologische und kulturelle Selbstverständnis einer Gesellschaft prägen und dadurch die Hegemonie der herrschenden Klasse und den gesellschaftlichen Konsensus garantieren.“

Allerdings geht Gramsci nicht per se von der Existenz einer bestehenden Hegemonie aus. Ob eine hegemoniale Konstellation besteht, worauf diese sich konkret bezieht und wodurch diese bestimmt ist, ist eine Herausforderung im Hinblick auf die Operationalisierung und empirische Fundierung des Hegemoniebegriffs (Scherrer 2007).

Die Erweiterung der regulationstheoretischen Perspektive um Gramscis Verständnis des Politischen ist in zumindest fünffacher Hinsicht hilfreich für die Analyse der energiepolitischen Auseinandersetzungen in Deutschland, Spanien und der EU. Erstens liegen den beiden Theorien sehr ähnliche gesellschaftstheoretische Fundierungen zu Grunde. Gramsci war ein Bezugspunkt bei der Entwicklung der Regulationstheorie. Das Verständnis des Ökonomischen „als ein soziales Kräftefeld, d. h. als ein Terrain der gesellschaftlichen Auseinandersetzung“ (Bieling 2013b: 190) ermöglicht es, die Artikulation politikfeldspezifischer Dynamiken mit den Bedingungen der gesellschaftlichen Produktion und Reproduktion herauszuarbeiten. Vor dem Hintergrund der multiplen Krisenkonstellation (Demirović et al. 2011) macht Candeias, wie in der Einleitung bereits erwähnt, vier mögliche Szenarien grüner Transformation aus: Die Durchsetzung eines autoritären Neoliberalismus/Restauration, die Herausbildung eines grünen Kapitalismus, die Etablierung eines Green New Deals oder eine sozialökologische Transformation hin zu einem grünen Sozialismus (Candeias 2014: 306-327). Entsprechend stellt sich mit Gramsci die Frage, wie die energiepolitischen Auseinandersetzungen mit den umfassenderen kapitalistischen Entwicklungsdynamiken vermittelt sind.

Zweitens ermöglicht der Hegemoniebegriff eine dynamische Betrachtungsweise der gesellschaftlichen Auseinandersetzungen, indem die Materialität der gesellschaftlichen Verhältnisse kombiniert wird mit einem Verständnis der sozialen Produktion von ideologischen Orientierungen über spezifische (diskursive) Praxen. Das Zusammenspiel von materiellen Interessen und Wertvorstellungen darüber, welche Energieträger in welcher sozialen Form die Energieversorgung sicherstellen sollen, bildet einen adäquaten Rahmen zur Absteckung des energiepolitischen Feldes. Damit wird einem unterkomplexen Verständnis begegnet, wie es zahlreichen Policy-Analysen, insbesondere dem ACF-Ansatz zu Grunde liegt, das Wandel allein über Lernprozesse zu erklären versucht. Zudem kann mit Gramsci die Wissensproduktion im Allgemeinen als Teil hegemonialer Auseinandersetzungen verstanden werden. So kann etwa das „Plädoyer für eine illusionsfreie Klimapolitik“ (Sinn 2008) selbst als eine Form der Ideologieproduktion „entlarvt“ werden.

Drittens kann mit Gramsci ein präzises Verständnis des gesellschaftlichen Charakters des Wandels der Energiesysteme herausgearbeitet werden. Hierfür ist die klassifikatorische Unterscheidung von Brand (2014: 249-250; ähnlich: Stirling 2015: 54) zwischen Transitions- und Transformationsansätzen hilfreich. Während die beiden Begriffe (im energiepolitischen Kontext) in der Literatur in der Regel synonym verwendet werden, kann der Transitionsbegriff auf Ansätze bezogen werden, die am Leitbild der ökologischen Modernisierung ausgerichtet sind und auf eine Erneuerung der technologischen Basis ohne gesellschaftliche Umbrüche abzielen. Transitionen vollziehen sich als ein Prozess „politisch-intentionaler Steuerung, also als eine strukturierte, insbesondere politisch-staatlich vermittelte Intervention in Entwicklungspfade und -logiken sowie Strukturen und Kräfteverhältnisse, um dominanten Entwicklungen eine andere Ausrichtung zu geben“ (Brand 2014: 249). Der Transformationsbegriff hingegen kann auf Ansätze bezogen werden, die über eine technologische Erneuerung hinausgehend gesellschaftlichen Wandel implizieren, also verstanden werden können als „umfassender sozioökonomischer, politischer und soziokultureller Veränderungsprozess“ (ebd.). Im Hinblick auf die Energieversorgung impliziert ein Transformationsprozess etwa neue Eigentums- und Partizipationsformen. Insofern folgt eine Transition der Logik einer passiven Revolution, also einer Erneuerung der bestehenden Macht- und Herrschaftsverhältnisse, wohingegen eine Transformation wesentlich von gegenhegemonialen Kräften getragen und durchgesetzt werden muss.

Viertens ermöglicht das integrale Staatsverständnis Gramscis (Zivilgesellschaft und Staat im engeren Sinne), das Terrain der Auseinandersetzungen um den Wandel der Energiesysteme analytisch präzise zu fassen, indem zwischen dem Ringen um zivilgesellschaftliche Hegemonie und den Auseinandersetzungen um staatliche Policies im Rahmen des Staates im engeren Sinn differenziert wird. Die Konzeption der Zivilgesellschaft als umkämpftes, von gesellschaftlichen Macht- und Herrschaftsverhältnissen durchzogenes und strukturiertes Feld verhindert eine Idealisierung der Zivilgesellschaft, wie sie in einigen Transitionsansätzen aufscheint (Verbong und Geels 2012: 206). Die hegemonialen Auseinandersetzungen verdichten sich, Poulantzas folgend, in und zwischen den staatlichen Apparaten bzw. um staatliche Policies (Poulantzas 2002; Bretthauer 2006: 90-91). Gerade die Transformation der Energiesysteme vollzieht sich wesentlich über gesetzlich festgeschriebene Fördersysteme (das EEG in Deutschland, das *régimen especial* in Spanien[8]), um die sich die Auseinandersetzungen verdichten.

Fünftens kann anknüpfend an Gramsci der transnationale Charakter energiepolitischer Transformationsprozesse analytisch fokussiert werden. Wie für die Regulationstheorie (der Pariser Schule) (Becker 2013: 35-36) ist auch für Gramsci der Nationalstaat der zentrale räumliche Bezugspunkt. Allerdings entwickelt Gramsci keineswegs ein verdinglichtes, also vom sozialen Gehalt abstrahierendes Verständnis des Nationalstaates, sondern beschäftigt sich mit deren umkämpften Herausbildung und reflektiert Aspekte der transnationalen Dimensionen von Hegemoniebildungsprozessen (Opratko 2012: 57). Insofern sind bei Gramsci Ansätze dessen enthalten, was in der kritischen Geographie unter dem Begriff *Scale* gefasst wird, nämlich die umkämpfte sozial-räumliche (Re-)Organisation von Gesellschaftsformationen (Wissen 2008). Insofern sollte Hegemonie immer auch multiskalar gedacht werden, also die konstitutiven räumlichen Konfliktdynamiken analytisch mit erfasst werden (Brand 2008; Sekler und Brand 2011). Im energiepolitischen Bereich und für die vorliegende Arbeit ist das *Scale*-Konzept hilfreich,

8 In Spanien werden die „alten“ Erzeugungstechnologien (AKWs, Kohl- und Gaskraftwerke, große Wasserkraftwerke) im *regimén ordinario* zusammengefasst, die „neuen“ Technologien, also vor allem regenerative Energien, im *régimen especial*.

um die Auseinandersetzungen um die räumliche Redimensionierung der Energiepolitik (Vollendung des Europäischen Binnenmarktes vs. nationale „Energiesouveränität") und ihre Vermittlung mit spezifischen Akteursinteressen herauszuarbeiten (Haas 2016b). Gleichwohl ist für das Verständnis der europäischen Integrationsdynamiken ein Rekurs auf neogramscianische Forschungsarbeiten hilfreich.

3.3 Neogramscianische Verständnisse transnationaler Vergesellschaftung

In den 1980er Jahren wurden erste Überlegungen angestellt, wie Gramscis Arbeiten für die Disziplin der Internationalen Beziehungen fruchtbar gemacht werden können. Bahnbrechend hierfür waren die Arbeiten von Robert Cox, der Gramscis Hegemoniebegriff aufgriff und ihn entgegen der (neo-)realistischen Lesart nicht als ein Verhältnis zwischen Staaten begreift: „It is an order within a world economy with a dominant mode of production which penetrates into all countries and links into other subordinate modes of production" (Cox 1983: 171). Diese Verknüpfung beinhaltet sowohl die Dimension des Ökonomischen als auch des Politischen und (Zivil-)Gesellschaftlichen. Anknüpfend an die Arbeiten von Cox haben sich verschiedene neogramscianische Perspektiven bzw. „Schulen" herausgebildet. Bieling (2011) macht neben dem „kritisch realistischen" Neogramscianismus von Cox noch eine „konstitutionalistische" Spielart aus, die eng mit dem Namen Stephen Gill verbunden ist und auf die Formierung transnationaler Kräfte sowie die institutionelle Festschreibung und Verrechtlichung neoliberaler Ansätze abhebt. Den dritten Strang des Neogramscianismus bildet die Amsterdamer Schule um Kees van der Pijl, die ähnlich wie Gill die Herausbildung transnationaler Elitennetzwerke untersucht und dabei auf die Rolle von Kapitalfraktionen fokussiert. Die Vertreter_innen der Amsterdamer Schule beschäftigten sich auch intensiv mit der Frage, wie unterschiedliche Kapitalfraktionen gemeinsame Interessen herausbilden und welchen Einfluss diese auf den Prozess der europäischen Integration haben. Im Gegensatz dazu richtet die Marburger Forschungsgruppe Europäische Integration den Fokus der Analyse stärker darauf, wie mittels organischer Ideologien und diskursiver Praxen die Einbindung subalterner Gruppen in den Prozess der europäischen Einigung erfolgt (Huke und Kannankulam 2012).

Insofern eröffnen neogramscianische Ansätze zur europäischen Integration eine Perspektive auf die transnationalen Dynamiken, die auch mit der Transformation der Energiesysteme in Deutschland und Spanien vermittelt sind. Dies gilt trotz des (unvollendeten) EU-Energiebinnenmarktes. Dabei sind insbesondere die Forschungsarbeiten des Amsterdamer Projekts und der Forschungsgruppe Europäische Integration von Bedeutung.

Ein wesentliches Charakteristikum der Amsterdamer Schule ist die Differenzierung verschiedener Kapitalfraktionen, um Brüche oder zumindest Konfliktpotentiale innerhalb der Bourgeoisie zu bestimmen. Erfolgte die Klassifizierung verschiedener Kapitalfraktionen zunächst über die Empirie, knüpften die Vertreter_innen der Amsterdamer Schule schnell an die Differenzierung von Marx an, der zwischen produktivem Kapital, Geld- und Handelskapital unterscheidet (van der Pijl 1984: 4-8; Overbeek 2004: 115-119). Die Etablierung verschiedener Kapitalfraktionen auf der europäischen Maßstabsebene hat den Prozess der europäischen Integration maßgeblich beeinflusst. So wurde etwa das europäische Binnenmarktprojekt wesentlich durch das Elitenforum des europäischen Industriekapitals, den European Roundtable of Industrialists (ERT), forciert (van Apeldoorn 2000, 2002).

Die Überlegungen der Amsterdamer Schule zur Herausbildung transnationaler Kapitalfraktionen und deren Rolle im Prozess der europäischen Einigung sollen aufgegriffen und für den energiepolitischen Kontext fruchtbar gemacht werden. Allerdings werden die Kapitalfraktionen nicht wert- oder klassentheoretisch abgeleitet, wie etwa bei den späteren Werken der Amsterdamer Schule oder bei Poulantzas (Heine und Sablowski 2013: 5-8), sondern stärker über die Empirie bestimmt.

Dieses Vorgehen ist in zweifacher Hinsicht hilfreich. Zum einen kann über die empirische Bestimmung der Kapitalfraktionen bereits die Vermittlung mit politischen Konflikten vorgenommen und damit eine ökonomistische Engführung vermieden werden. Zum anderen kann dem „Doppelcharakter allen wirtschaftlichen Handelns" (Altvater 2010a: 14) Rechnung getragen werden, indem nicht nur die Wertdimension, sondern auch die materiell-stoffliche Dimension der Kapitalverwertung in der Bestimmung der Kapitalfraktionen reflektiert wird. Entsprechend kann eine Differenzierung zwischen einer grauen und einer grünen Kapitalfraktion vorgenommen werden (Haas und Sander 2013).

Die grauen Kapitalfraktionen sind gebunden an die Verwertung des mit dem fossil-nuklearen, zentralistischen Energieregime verknüpften Kapitals und orientiert auf eine Fortschreibung der tradierten Form der Naturbeherrschung (Sander 2016a: 69-74). Die Formierung der grünen Kapitalfraktionen hingegen erfolgte im Anschluss an die gesellschaftlichen Auseinandersetzungen bzw. der Stärkung der Umweltbewegungen in den 1970er Jahren. Ihr Interesse besteht in der Erschließung der mit dem Ausbau der erneuerbaren Energien verbundenen Verwertungspotentiale und hat durch ihre politische Formierung, etwa in Form der Gründung von Verbänden, auf der nationalstaatlichen und europäischen Maßstabsebene entscheidend den Umbau der Stromversorgung vorangetrieben. Zugleich zielt die neue grüne Kapitalfraktion auf einen Wandel der gesellschaftlichen Naturverhältnisse hin zu tendenziell weniger destruktiven Formen der Naturbeherrschung[9].

Die grünen Kapitalfraktionen fordern die etablierten grauen Kapitalfraktionen heraus, deren ökonomische Basis die Energieversorgung auf der Grundlage fossil und nuklear befeuerter Großkraftwerke darstellt und die mit dem Ausbau erneuerbarer Energien Marktanteile verlieren und stark an Profitabilität einbüßen (Greenpeace 2014a). Dies gilt insbesondere dann, wenn Strom aus erneuerbaren Energien vorrangig eingespeist wird, wie dies in Deutschland und Spanien der Fall ist. Allerdings verfügen die grauen Kapitalfraktionen nach wie vor über die wesentlich größeren finanziellen Ressourcen.

Während der Amsterdamer Schule eine gewisse Elitenfixierung zu Grunde liegt und politische Projekte aus der Stellung verschiedener Kapitalfraktionen abgeleitet werden, untersucht die Forschungsgruppe Europäische Integration (FEI) stärker die Frage, ob und wie eine hegemoniale Einbindung subalterner Gruppen gelingt. Dies verweist auf die Artikulation von (Klassen-)Interessen und ihre politisch-ideologische Vermittlung, die im energiepolitischen Feld von großer Bedeutung ist. Aufgrund der bestehenden Konfliktlinie zwischen „grünen" und „grauen" Akteur_innen lassen sich verschiedene konkurrierende Interessen und Wertorientierungen ausmachen, die mit dem Begriff des Projekts, anknüpfend an die Operationalisierungsansätze des „Staatsprojekts Europa" (Buckel 2011; Forschungsgruppe "Staatsprojekt Europa" 2014), in neogramscianischer Tradition analysiert werden sollen.

3.4 Hegemonieprojekte im „Kampf um Strom"[10]

Der Projektbegriff wird in der neogramscianischen Tradition verschieden verwendet (Bieling et al. 2013a: 235-237). Es lassen sich in Bezug auf die Bestimmung von Projekten analog zur Differenzierung von Kapitalfraktionen zwei Ansätze unterscheiden. In der ersten Variante werden Projekte aus den ökonomischen Verhältnissen bzw. der Existenz verschiedener Kapitalfraktionen abgeleitet und ein gemeinsames (politisches) Interesse vorausgesetzt. Die zweite Variante basiert darauf, dass Projekte über „die empirisch zu ermittelnden *strategischen Praxen*" (Buckel 2011: 640, Hervorhebung im Original) hergeleitet werden, also nicht aus

9 Während die Emissionsintensität der Sonnen-, Wind- und Wasserkraft deutlich geringer ist als diejenige der fossiler Energieträger, basiert die Herstellung und der Betrieb der regenerativen Energieinfrastrukturen auch auf einem Stoffwechsel mit der Natur, der durchaus destruktiven Charakter annehmen kann (Blume et al. 2011).

10 „Kampf um Strom" lautet der Titel des im Jahr 2013 erschienen populärwissenschaftlichen Buchs der Energieökonomin Claudia (Kemfert 2013a) vom DIW, in dem sie die Auseinandersetzungen um die Energiewende aufbereitet.

den ökonomischen Verhältnissen „abgeleitet“, sondern politisch bestimmt werden. In jedem Fall ist das verbindende Moment innerhalb eines Projekts ein „Gemeinschaftsinteresse“[11], das aber nicht ausschließlich auf gemeinsame ideologische Orientierungen zurückgeführt werden kann. Bei Projekten gilt es zu differenzieren zwischen den Akteur_innen, die ein Projekt tragen, den Interessen, die damit verbunden sind, und den Strategien, die verfolgt werden, um die eigenen Interessen zu verallgemeinern. Im Folgenden sollen vier verschiedene Projektbegriffe kurz vorgestellt werden.

Bastiaan van Apeldoorn (2000, 2002) hat im Zuge seiner Analysen zur Herausbildung des europäischen Binnenmarkts drei konkurrierende Projekte ausgemacht, ein neoliberales, ein neo-merkantilistisches und ein sozialdemokratisches Projekt. Er leitet die Projekte, dem Ansatz des Amsterdamer Projekts folgend (Overbeek 2004), klassentheoretisch her. Während das neoliberale Projekt vor allem vom Finanzkapital getragen wird, basiert das neo-merkantile Projekt auf der Unterstützung weiter Teile des Industriekapitals, wohingegen das sozialdemokratische Projekt vom Spektrum der abhängig Beschäftigten und deren Interessensorganisationen getragen wird. Die Projekte konstituieren sich also wesentlich auf Grundlage der Stellung verschiedener Kapitalfraktionen im globalen Akkumulationszusammenhang und den daraus abgeleiteten Interessen.

Hans-Jürgen Bieling und Jochen Steinhilber fassen den Projektbegriff in Bezug auf die Reichweite wesentlich enger. Nicht etwa die „Großerzählung“ des Neoliberalismus wird als hegemoniales Projekt begriffen, sondern konkrete politische Initiativen, etwa das europäische Binnenmarktprojekt oder die Wirtschafts- und Währungsunion (WWU). Gleichzeitig wenden sie sich gegen den ökonomistisch verengten Projektbegriff der Amsterdamer Schule. Politische Projekte umfassen bei ihnen neben materiellen Interessen auch „strategische Orientierungen, diskursive und kulturelle Bedeutungen, ideologische Überzeugungen, Gefühle etc.“ (Bieling und Steinhilber 2000: 106). Das sozialkonstruktivistische Moment der Projekte siedeln sie auf drei verschiedenen Ebenen an. Die Verständigung zwischen den wesentlichen Akteur_innen und Netzwerken erfolgt mittels des koordinierenden bzw. Eliten-Diskurses. Der Medien-Diskurs oder kommunikative Diskurs zielt auf die (hegemoniale) Vermittlung der zentralen Inhalte des koordinierenden Diskurses in eine breite politische Öffentlichkeit. Diesem *top-down* Diskurs steht der oft widersprüchliche Alltagsdiskurs gegenüber, der *bottom-up* auf die anderen Diskursebenen zurückwirkt (Bieling und Steinhilber 2002: 42-43).

11 Der Begriff des Gemeinschaftsinteresses wurde im Kontext der europäischen Integration wesentlich von Gilbert Ziebura und Albert Statz geprägt (Kannankulam und Georgi 2012: 11-12). Hier dient der Begriff dazu, zu verdeutlichen, dass die Hegemonieprojekte über das Zusammenspiel von materiellen Interessen und ideologischen Orientierungen, die sich in strategischen Praxen verdichten, über eine gewisse Kohärenz verfügen.

Bob Jessop differenziert zwischen Akkumulationsstrategien, hegemonialen Projekten und Staatsprojekten. Akkumulationsstrategien vereinen verschiedene Kapitalfraktionen unter der Hegemonie einer Fraktion und weisen über den rein ökonomischen Verwertungskontext hinaus: „An 'accumulation strategy' defines a specific economic 'growth model' complete with its various extra-economic preconditions and also outlines a general strategy appropriate to its realization" (Jessop 1990: 198). Gleichwohl geht Jessop davon aus, dass es immer konkurrierende Akkumulationsstrategien gibt, die sich dynamisch erneuern: „In opposition to structural superdeterminism and idealist approaches alike, we insist on treating capital accumulation as the contingent outcome of a dialectic of structures and strategies" (ebd.: 205). Akkumulationsstrategien können, müssen aber nicht unmittelbar mit einem hegemonialen Projekt verbunden sein. Ein hegemoniales Projekt ist klassenübergreifend, vereint also die Interessen verschiedener gesellschaftlicher Gruppen unter der Führung einer Klasse oder Klassenfraktion. Das Terrain der hegemonialen Auseinandersetzungen in der Zivilgesellschaft wird zu einem gewissen Grad durch den (von der Gesellschaft abgesonderten) Staat vorstrukturiert und wirkt auf diesen zurück. Um trotz der potentiell unendlich vielen gesellschaftlichen Konflikte eine relative Einheit des Staates hervorzubringen, bedarf es nach Jessop eines Staatsprojektes, das über die institutionelle Verfasstheit hinausweist und verschiedene gesellschaftliche Blöcke integriert:

> „To understand the never-ending and ever-renewed process of state formation it is not enough to examine its institutional building blocks. We must also consider the ‚state projects' which bond theses blocks together with the result that the state gains a certain organizational unity and cohesiveness of purpose." (ebd.: 353)

Die zentrale Schwäche bei Jessops Begriff des hegemonialen Projekts ist die Unklarheit darüber, ob es sich dabei um ein Projekt handelt, „das erfolgreich Hegemonie ausübt und somit hegemonial im engen Wortsinne geworden ist, oder ob hegemoniale Projekte all diejenigen Projekte sind, die miteinander um Hegemonie ringen" (Kannankulam und Georgi 2012: 33).

Der Ansatz der Forschungsgruppe „Staatsprojekt Europa" bezieht sich auf diese drei Projektbegriffe. Von van Apeldoorn wird die Überlegung aufgegriffen, dass Projekte einen materiellen Kern haben bzw. ihnen eine spezifische Klassenkonstellation zu Grunde liegt. Allerdings knüpfen sie an Jessops sehr viel offeneren Projektbegriff und dessen Unterscheidung von Akkumulationsstrategien, hegemonialen Projekten und Staatsprojekten an. Dabei nehmen sie eine begriffliche Differenzierung vor zwischen (tatsächlich) hegemonialen Projekten und Hegemonieprojekten, also Projekten, die in Konkurrenz zu anderen um Hegemonie ringen: „Hegemonieprojekte sind Verdichtungen bzw. die meist unbewussten und indirekten Verknüpfungen einer Vielzahl unterschiedlicher Taktiken und Strategien die sich auf konkrete politische Projekte oder breitere gesellschaftliche Problemlagen richten“ (ebd.: 34). Dieser Definition von Hegemonieprojekten ist ein konstruktivistisches Moment inhärent, denn „Hegemonieprojekte sind [.] analytisch herausgearbeitete Abstraktionen und gerade *keine* bewussten, zentral organisierten Bündnisse“ (ebd.: 35, Hervorhebung im Original). Hegemonieprojekte basieren auf - und dabei wird auf Bieling und Steinhilber zurückgegriffen - verschiedenen konkreten politischen Projekten mit begrenzter Reichweite, deren Verallgemeinerung ein Hegemonieprojekt hegemonial werden lässt.

Der Begriff des Hegemonieprojekts, wie er von der Forschungsgruppe „Staatsprojekt Europa“ entwickelt wird, eignet sich als Ausgangspunkt, um die Auseinandersetzungen über den Wandel der Energiesysteme in den zu untersuchenden Räumen analytisch zu durchdringen. Allerdings wird zur besseren empirischen Erfassung des energiepolitischen Akteursfeldes in zweifacher Hinsicht vom Bestimmungsverfahren der Forschungsgruppe abgewichen. Erstens sollen Hegemonieprojekte zwar als „politikfeldübergreifende Kräftekonstellationen“ (Forschungsgruppe "Staatsprojekt Europa" 2014: 47) begriffen-, allerdings von der politikfeldspezifischen Akteurskonstellation ausgehend, bestimmt werden. Insofern erfolgt die Definition über ein durch die energiepolitischen Interessenlagen und Kämpfe bestimmtes Verständnis von Hegemonieprojekten. Die Reichweite des hier verwendeten Projektbegriffs ist begrenzter, obgleich die Artikulation energiepolitischer Auseinandersetzungen mit den Dynamiken der gesellschaftlichen (Re-)Produktion analytisch erfasst werden soll.

Zweitens werden Hegemonieprojekte nicht lediglich über die Strategien und Taktiken der Akteur_innen definiert. Die Forschungsgruppe „Staatsprojekt Europa“ (ebd.: 46) wendet sich mit dieser Bestimmung gegen die „ökonomistische“ Ableitung der Amsterdamer Schule: „Mit dem Fokus auf Strategien wollen wir vermeiden, das Handeln von Akteur_innen „objektiv“ aus ihrer Stellung innerhalb der gesellschaftlichen Herrschaftsstrukturen abzuleiten." Im energiepolitischen Kontext lassen sich jedoch in Anlehnung an Jessop zwei konkurrierende Akkumulationsstrategien festmachen. Die eine (graue) Akkumulationsstrategie wird wesentlich von der traditionellen Energiewirtschaft verfolgt. Sie strebt nach einer möglichst optimalen Verwertung des mit dem fossil-nuklearen Energieregime verbundenen Kapitals, also das in Atomkraft-, Kohlekraft- oder Gaskraftwerken gebundenen Kapitals mitsamt der dazu gehörigen Infrastruktur und des Wissens der Belegschaften. Die andere (grüne) Akkumulationsstrategie wird wesentlich von den neuen grünen Kapitalfraktionen verfolgt, die sich mit der eingeleiteten Transition der Stromsysteme etabliert haben. Sie zielt auf einen schnellen Übergang zu einem regenerativen Energieregime, um die damit verbundenen Verwertungspotentiale zu erschließen.

Allerdings können die energiepolitischen Auseinandersetzungen nicht auf einen Konflikt konkurrierender Akkumulationsstrategien reduziert werden. Die Konfliktkonstellationen im integralen Staat lassen sich nur über das Zusammenwirken von Akkumulationsstrategien mit ideologischen Überzeugungen und deren Übersetzung in politische Strategien erklären. Insofern erfolgt die Zuordnung von Akteur_innen zu Hegemonieprojekten, denen kein unmittelbares ökonomisches Interesse zugeordnet werden kann, entsprechend dem Operationalisierungsansatz der Forschungsgruppe „Staatsprojekt Europa“ über die empirisch zu ermittelnden strategischen Praxen.

Im Hinblick auf die Gestaltung der gesellschaftlichen Naturverhältnisse lässt sich Hendrik Sander zufolge festhalten, dass das graue Hegemonieprojekt darauf abzielt,

> *„die naturzerstörerischen Aneignungsformen [..] im Rahmen der etablierten Naturverhältnisse zu entwickeln, fortzusetzen und zu verteidigen. Es geht darum die hergebrachte Produktions- und Lebensweise mit ihren Technologien und sozialen Träger*innen zu bewahren.“* (Sander 2016a: 69, Hervorhebung im Original)

Das grüne Hegemonieprojekt hingegen orientiert darauf

> *„ökologisch nachhaltigere Aneignungsformen [..] zu etablieren und naturzerstörerische zu vermeiden, also neue Naturverhältnisse zu entwickeln, die auf eine Abkehr von der konventionellen Naturbeherrschung und eine Bearbeitung der ökologischen Krisenmomente zielen. Es wird angestrebt, die Produktions- und Lebensweise dahingehend zu verändern, dass sich neue Technologien und neue soziale Träger*innen etablieren.“* (ebd.: 70, Hervorhebung im Original)

In Abgrenzung dazu wird in der vorliegenden Arbeit nicht davon ausgegangen, dass das grüne Hegemonieprojekt grundsätzlich auf die Etablierung neuer sozialer Träger_innen orientiert. Vielmehr konkurrieren innerhalb des grünen Projekts verschiedene Vorstellungen im Hinblick darauf, wie die Neujustierung der gesellschaftlichen Naturverhältnisse erfolgen- und wie die „neue“ Gesellschaftsformation konkret aussehen soll. Es lassen sich, der begrifflichen Unterscheidung Brands folgend, strategische Ansätze ausmachen, die der Logik einer Transition folgen, also am Leitbild der ökologischen Modernisierung ausgerichtet sind und nicht zwangsläufig auf andere soziale Träger_innen abzielen. Zugleich gibt es Ansätze, die an der Logik einer Transformation, also einer grundlegend anderen, demokratischeren und weniger herrschaftsförmigen Gesellschaft interessiert sind und damit auf „neue Akteurslandschaften“ (Becker et al. 2012) abzielen.

Zugleich gilt es zu analysieren, wie die Hegemonieprojekte unterfüttert und erneuert werden durch konkrete politische Projekte im Sinne von Bieling und Steinhilber, verstanden als „besondere, konkrete politische Initiativen […], die sich selbst als Lösungen von drängenden, sozialen, ökonomischen und politischen

Problemen darstellen“ (Bieling und Steinhilber 2000: 106). Gerade vor dem Hintergrund der multiplen Krisenkonstellation ist im energiepolitischen Kontext die ökologische Dimension von großer Bedeutung. Der Kampf gegen den Klimawandel und das damit verbundene Selbstbild eines „grünen Europas“ (Lenschow und Sprunk 2010) stellen eine wichtige legitimatorische Grundlage für das „grüne“ Projekt des Ausbaus der erneuerbaren Energien dar.

3.5 Operationalisierungsansätze und Untersuchungsmethoden

Die vorgestellten theoretischen Zugänge in Bezug auf die energiepolitischen Auseinandersetzungen verweisen auf die Notwendigkeit eines Operationalisierungsansatzes, der drei Dimensionen umfasst. Erstens gilt es die Strukturebene einzubeziehen, bzw. den formbestimmten Rahmen der Konflikte, in dem sich die energiepolitischen Auseinandersetzungen entwickeln. Zweitens ist die Akteursebene von Relevanz, also die Analyse konfliktiver Interessen und Wertvorstellungen verschiedener Akteur_innen, die sich zu Hegemonieprojekten aggregieren lassen. Von diesen beiden Ebenen ausgehend soll es drittens darum gehen, die Auseinandersetzungen der Akteur_innen im Rahmen der vorgefunden Strukturen, also das Ringen um Policy-Prozesse zu analysieren, um damit der Kontingenz politischer Auseinandersetzungen gerecht zu werden (Kannankulam und Georgi 2012: 36-37).

Methodisch wird dabei ausschließlich auf qualitative Analyseverfahren zurückgegriffen, um den Charakteristika der jeweils zu untersuchenden Fälle und ihrer spezifischen Interpretationsbedürftigkeit gerecht zu werden (Sander 2015: 115). Oliver Treib (2014: 212) bringt die Vorteile qualitativ ausgerichteter Politikfeldanalysen folgendermaßen auf den Punkt:

> „Angesichts einer Vielzahl beteiligter Akteure und fehlender Öffentlichkeit vieler Entscheidungsprozesse liegt es nahe, sich der Erforschung von Politikgestaltungsprozessen in Form von detaillierten Fallstudien, entweder in Form von Einzelfallanalysen oder von vergleichend angelegten Fallstudien mit kleiner Fallzahl, zu nähern.“

In der vorliegenden Arbeit werden drei Fallstudien durchgeführt, zur EU, zu Deutschland und zu Spanien. Der Fallstudie zur EU kommt dabei eine spezifische Rolle, eine Doppelfunktion, zu. Mittels der Analyse der Dynamiken auf der europäischen Maßstabsebene sollen die energiepolitischen Konflikte untersucht und herausgearbeitet werden, wie sich vor dem Hintergrund des europäischen Integrationsprozesses und des (Strom-)Binnenmarktprojekts der Wandel hin zu einem regenerativen Energiesystem vollzieht. Insofern weist die Fallstudie eine intrinsische Qualität auf. Zugleich bildet sie einen Teil der Kontextanalyse der beiden Länderstudien, deren Entwicklungsdynamiken auf jeweils unterschiedliche Weise mit der europäischen Maßstabsebene vermittelt sind. Vor diesem Hintergrund wird die Fallstudie zur EU den beiden komparativ ausgerichteten Länderstudien vorangestellt.

Mit dem qualitativen Forschungsdesign und der Durchführung der Fallstudien sollen verallgemeinerbare Aussagen über die begünstigenden oder hinderlichen Parameter zur Transformation der Stromsysteme im Kontext der europäischen Krisenkonstellation (und darüber hinaus) generiert werden.

3.5.1 Kontextanalyse

Die Kontextanalyse zielt darauf ab, die wesentlichen Charakteristika und Rahmenbedingungen herauszuarbeiten, in denen sich die energiepolitischen Konflikte in der EU, in Deutschland und in Spanien entfalten. Es geht also im Wesentlichen darum, die polit-ökonomischen Kontextbedingungen bzw. die Bedingungen der (Re-)Produktion der gesellschaftlichen Verhältnisse vor dem Hintergrund der Fokussierung der Arbeit auf die energiepolitischen Auseinandersetzungen zu bestimmen.

Mit den Forschungsarbeiten zur vergleichenden Politischen Ökonomie lassen sich für Deutschland und Spanien die zentralen Strukturmerkmale und Entwicklungsdynamiken der jeweiligen nationalen Kapitalismusmodelle und ihre Vermittlung mit der europäischen Maßstabsebene herausarbeiten. Für die EU hingegen kann kein einem nationalen Kapitalismusmodell vergleichbares Modell ausgemacht werden. Die gemeinsame Wirtschafts- und Währungsunion hat nicht zu einer Konvergenz der nationalen Ökonomien geführt, sondern, wie die Krise offenbart, bestehende Ungleichheiten eher vertieft (Becker und Jäger 2012). Allerdings wirken die europäische Integration und auf dieser Ebene angesiedelte Krisenbearbeitungsstrategien auf die nationalen Kapitalismusmodelle ein und sind somit wichtige Elemente des polit-ökonomischen Kontexts. Das Verhältnis der nationalstaatlichen zur europäischen Maßstabsebene lässt sich weder durch ein *top-down* noch durch ein *bottom-up* Verhältnis konzeptualisieren. Vielmehr geht es darum, die skalaren Interdependenzverhältnisse analytisch zu durchdringen.

Zugleich ist es wichtig die Kontextbedingungen nicht statisch, sondern dynamisch zu fassen. So lassen sich über alle drei Fallstudien hinweg für den Untersuchungszeitraum im Wesentlichen drei unterschiedliche Phasen unterscheiden: die Phase vor der Finanz- und Wirtschaftskrise bis 2007, die erste Phase der Krisenbearbeitung bis ins Jahr 2009 hinein und die zweite Phase der Krisenbearbeitung, die bis heute andauert. Die erste Krisenphase war geprägt durch die Stabilisierung der Finanzmärkte mittels der sogenannten Bankenrettungen und die Schnürung von Konjunkturpaketen um der Rezession entgegenzuwirken. Im Jahr 2010 erfolgte mit dem Übergang zu einer verschärften austeritätspolitischen Agenda im gesamten europäischen Raum der Übergang in die zweite Phase der Krisenbearbeitung (Bieling und Buhr 2015: 17-18).

Je nach Stellung in der internationalen Arbeitsteilung und Wertschöpfung sind die nationalen Akkumulationsregime sehr unterschiedlich durch die Krise und die austeritätsgetriebene Reorganisation der nationalen Kapitalismen betroffen (Lehndorff 2014). Die Krisendynamiken wirken entsprechend verschieden stark und vermittelt mit den jeweils konkreten energiepolitischen Entwicklungsdynamiken auf die Kontextbedingungen ein. Diese sind wiederum, wie in den nachfolgenden Analyseschritten zu zeigen ist, durch spezifische Pfadabhängigkeiten, Eigentumsverhältnisse, Energieversorgungsstrukturen, sektorspezifische Kräfteverhältnisse und kompromissvermittelte, institutionelle Arrangements geprägt.

Die Erarbeitung der polit-ökonomischen Kontextbedingungen und ihrer Vermittlung mit den energiepolitischen Entwicklungsdynamiken soll vorwiegend auf Basis der Auswertung wissenschaftlicher Literatur erfolgen. Die Kontextanalyse dient dazu, das Terrain der energiepolitischen Konfliktdynamiken zu bestimmen, in dem spezifische Auseinandersetzungen zwischen verschiedenen Akteur_innen ausgetragen werden (Forschungsgruppe "Staatsprojekt Europa" 2014: 54-55).

3.5.2 Akteursanalyse

Die Akteursanalyse zielt darauf ab, das sehr komplexe, ausdifferenzierte energiepolitische Feld und die damit verbundenen Auseinandersetzungen zu strukturieren und analytisch bearbeitbar zu machen. Von dieser Überlegung ausgehend wird in vier Schritten vorgegangen. In einem ersten Schritt wird der grundlegende energiepolitische Konflikt herausgearbeitet. Sowohl in Deutschland und Spanien als auch auf der europäischen Maßstabsebene lässt sich eine starke Transitionsdynamik hin zur Erneuerung des Stromsystems bzw. des Umstiegs auf erneuerbare Energieträger festmachen. Diese Dynamik korrespondiert mit einer Veränderung des Akteursfeldes und der sektorspezifischen Kräfteverhältnisse, die in einem grundlegenden „Systemkonflikt“ zwischen dem zentralistischen, fossil-nuklearen Energieregime und dem zumindest potentiell eher dezentralen, auf regenerativen Energien basierenden Energieregime, münden. Die Kräfteverhältnisse werden entlang von drei Dimensionen bestimmt, die auf die Sphären der Ökonomie, der Zivilgesellschaft und des Staates verweisen. Die erste Dimension bezieht sich auf die materiellen Ressourcen, also die Kapitalausstattung und die Verwertungsaussichten der Träger_innen des jeweiligen Hegemonieprojekts. Die zweite Dimension bezieht sich auf die Zustimmung in der Zivilgesellschaft, also darauf, welche sozialen Gruppen mit dem jeweiligen Energiesystemen verbunden sind und welches Energiesystem befürwortet wird. Die dritte Dimension bezieht sich auf das staatlich- institutionelle Terrain, also auf die Organisation des Staatsapparateensembles und des Zugangs zu ihm.

Im zweiten Schritt werden aus diesen Entwicklungsdynamiken eine graue und eine grüne Akkumulationsstrategie abgeleitet, indem die Verwertungsinteressen der jeweiligen Kapitalfraktionen und ihrer Verbände herausgearbeitet werden. Diese Akkumulationsstrategien sind organisch verbunden mit dem grauen und grünen Hegemonieprojekt, die jedoch nicht nur von Kapitalfraktionen getragen werden.

Im dritten Schritt wird die Zuordnung zu den Hegemonieprojekten derjenigen Akteur_innen, die kein unmittelbar ökonomisches Interesse verfolgen, vorgenommen. Sie erfolgt über die Analyse der strategischen Praxen, also darüber, wie sich die Akteur_innen im „Kampf um Strom" (Kemfert 2013a) positionieren und agieren. Mittels der Analyse der verfolgten Strategien und Taktiken soll nicht nur eine Zuordnung zu den Hegemonieprojekten vorgenommen werden, sondern zugleich herausgearbeitet werden, durch welche politischen Projekte versucht wird, die Hegemonieprojekte dynamisch weiter zu entwickeln und zu verallgemeinern.

Im vierten Schritt werden die Hegemonieprojekte im Kontext der gesellschaftlichen Kräfteverhältnisse verortet, wobei dieser Analyseschritt erst durch die Prozessanalyse, die auf die konkreten Auseinandersetzungen fokussiert, vollendet werden kann (Forschungsgruppe "Staatsprojekt Europa" 2014: 55-58).

Für die Akteursanalyse wurde ebenfalls auf die einschlägige wissenschaftliche Literatur zurückgegriffen. Die wesentliche empirische Basis bilden jedoch 62 Expert_inneninterviews, die im Zeitraum zwischen September 2013 und März 2015 in Spanien, Deutschland und in Belgien geführt wurden. Die Expert_inneninterviews können verstanden werden

> „als ein systematisches und theoriegeleitetes Verfahren der Datenerhebung in Form der Befragung von Personen, die über exklusives Wissen über politische Verhandlungs- und Entscheidungsprozesse oder über Strategien, Instrumente und die Wirkungsweise von Politik verfügen." (Kaiser 2014: 6)

Expert_inneninterviews eignen sich als Methode für diese Arbeit, um ein präziseres Verständnis der Interaktionsmuster und Netzwerkstrukturen in dem Politikfeld zu generieren. Darüber hinaus ermöglichen es die Interviews, Hintergrundinformationen über die Strategien und Positionsfindungsprozesse innerhalb von Institutionen und in Bündnisprozessen zu erhalten. Diese Informationen würden sich aus einer Auswertung der wissenschaftlichen Literatur, der Medien und der Außenkommunikation der Akteur_innen in dieser Form nicht erschließen ließen. Zudem war es an manchen Stellen möglich, tiefer gehende Einblicke in die Verdichtungsprozesse im Rahmen des Staatsapparateensembles zu erhalten.

Die Klassifizierung der Expert_innen erfolgt über den beruflichen Erfahrungshorizont oder das Engagement in sozialen Bewegungen, so dass davon ausgegangen werden kann, dass der Experte/die Expertin als „*Quelle von Spezialwissen über die zu erforschenden sozialen Sachverhalte*" (Gläser und Laudel 2009: 12, Hervorhebung im Original) fungiert. Entsprechend ist es das Ziel des Interviewers, in der konkreten Gesprächssituation möglichst viel von dem „Spezialwissen", das von unmittelbarer Bedeutung für die Bearbeitung der Forschungsfragen ist, übermittelt zu bekommen. Vor diesem Hintergrund wurden jeweils für die Fallstudien und an das konkrete Interview angepasste Leitfäden entwickelt, die eine strukturierte, auf das Forschungsdesign abgestimmte Datenerhebung ermöglichten.

Ausgewählt wurden Expert_innen von Unternehmen, Unternehmensverbänden, Gewerkschaften, NGOs, sozialen Bewegungen, Think Tanks, Parteien, Ministerien und Behörden. Mit dieser Auswahl wurden Kapitalfraktionen, zivilgesellschaftliche Akteur_innen und die Staatsapparate sowohl aus dem grauen als auch dem grünen Akteursbereich abgedeckt. Somit wurde die „Einbeziehung aller relevanten Konfliktpositionen" (Kaiser 2014: 133) gewährleistet. Die 62 Interviews wurden überwiegend in den Räumlichkeiten der jeweiligen Organisation durchgeführt. Fünf fanden in Restaurants statt, zwei wurden telefonisch durchgeführt[12]. Abgesehen von zwei Interviews, bei denen dies von Seiten der interviewten Personen nicht gewünscht war[13], wurden die Interviews aufgezeichnet. Nach jedem Interview wurde ein Gedächtnisprotokoll angefertigt, das den Verlauf, die zentralen Erkenntnisse aus dem Gespräch und eine Einordnung der interviewten Person(en) beinhaltet. Dieses Gedächtnisprotokoll identifizierte auch die für die weitere Analyse zentralen Antworten und diente als Grundlage für die Bestimmung der relevanten, zu transkribierenden Teile. Insofern wurde bereits an dieser Stelle eine Kodierung der erhobenen Daten durchgeführt ohne „den Sinngehalt einzelner Interviewaussagen zu bewerten, sondern lediglich [um] festzustellen, ob diese Aussage zur Beantwortung unserer Forschungsfrage relevant sein könnte oder nicht" (ebd.: 91). Auf diese Weise konnte der Arbeitsaufwand der Datenauswertung beschränkt werden. 51 Interviews wurden transkribiert, die meisten davon selektiv auf Grundlage der Kodierung. Personenbezogene Daten wurden in den meisten Fällen komplett anonymisiert, die institutionelle Verortung der interviewten Personen wird hingegen expliziert.

12 Bei sechs Interviews waren zwei Vertreter_innen der jeweiligen Organisation beteiligt, ansonsten eine Person.

13 Bei diesen beiden Interviews habe ich während des Gesprächs Notizen angefertigt.

Durch die Auswahl der Interviewpartner_innen wurde sichergestellt, dass verschiedene Perspektiven auf die energiepolitischen Konfliktdynamiken berücksichtigt wurden. Zudem wurden die Aussagen der Expert_innen trianguliert mit Positionspapieren und Pressemitteilungen der zentralen Akteure_innen, der Medienberichterstattung sowie der wissenschaftlichen Literatur. Damit wurde der Gefahr einer einseitigen oder verzerrenden Darstellung entgegengewirkt (Flick 2011). Somit wurde eine hinreichende Datenbasis erschlossen, um das Akteursfeld aufbauend auf der Kontextanalyse und der oben entwickelten Analyseperspektive analytisch zu durchdringen.

3.5.3 Prozessanalyse

Die Prozessanalyse knüpft an die Akteursanalyse an und zielt darauf ab, die politikfeldspezifischen Konflikte bzw. das Ringen der konkurrierenden Hegemonieprojekte zu erforschen und verschiedene Phasen und entscheidende Wendepunkte der Auseinandersetzung zu identifizieren (Kannankulam und Georgi 2012: 39-40). Dabei gilt es im Hinblick auf die Transformationsdynamiken im energiepolitischen Feld insbesondere zwei Policy-Bereiche zu unterscheiden: erstens diejenigen Bereiche, die unmittelbar mit der Förderung und Entwicklung der erneuerbaren Energien verbunden sind. Dabei steht insbesondere die Frage der Ausgestaltung der Förderinstrumente und des damit verbundenen Ambitionsniveaus im Vordergrund. Zweitens gilt es zu untersuchen, welche Konflikte sich um das alte, fossil-nukleare Energieregime entwickeln und wie sich diese in staatlichen Policies niederschlagen. Dieser Bereich kann wiederum in allen Fallstudien in zwei Komplexe unterteilt werden. Zunächst stellt sich im Hinblick auf die Atompolitik die Frage nach den Restlaufzeiten für bestehende Atomkraftwerke[14]; darüber hinaus gilt es zu untersuchen, welche Konfliktdynamiken sich um die Nutzung der fossilen Energieträger Kohle und Gas entwickeln. Dabei handelt es sich unter anderem um die Ausgestaltung des (europäischen) Emissionshandelssystems, der umweltpolitischen Regulierung der Kohlekraftwerke sowie die Auseinandersetzungen um Fracking, also der Gewinnung unkonventioneller Gasreserven (Weis 2015).

---

14 Sowohl in Deutschland als auch in Spanien wurden seit den 1980er Jahren keine Kraftwerksneubauten mehr begonnen. Dass dies nochmal geschehen wird, ist sehr unwahrscheinlich (vgl. Kap. 4.4.5.3, 5.3.2.1, 6.3.3). Insofern drehen sich die atompolitischen Konflikte in diesen beiden Ländern vorwiegend um die Frage der Restlaufzeiten und die Lagerung des strahlenden Mülls sowie der damit verbundenen Kosten.

Die energiepolitischen Konflikte werden auf der Grundlage der in der Akteursanalyse vorgenommenen Operationalisierung von jeweils zwei Hegemonieprojekten untersucht. Allerdings werden die Hegemonieprojekte weder als in sich homogen noch statisch verstanden. Es wird entsprechend untersucht, welche Fragmentierungen oder gar Brüche sich innerhalb der Hegemonieprojekte ergeben. Denn in allen Policy-Bereichen verlaufen die Konfliktlinien unterschiedlich. Zudem befinden sich alle Akteur_innen und damit auch die Hegemonieprojekte in einem permanenten Erneuerungsprozess, der sich aus den skalaren Prozessdynamiken ergibt. Sämtliche im Politikfeld aktiven Akteur_innen verfolgen spezifische Interessen und versuchen auch mittels *politics of scale*, also über skalare Strategien diese zu verallgemeinern und durchzusetzen. Insofern müssen die Konflikte um die räumliche Dimensionierung des sozialen Handelns mit einbezogen werden. Die Prozessanalyse nimmt auch Bezug auf die Kontextanalyse und reflektiert die dynamischen Vermittlungszusammenhänge zwischen den konkreten politikfeldspezifischen Auseinandersetzungen mit den übergreifenden Regulations- und Reproduktionszusammenhängen.

In der Prozessanalyse wird die Datenbasis der Kontext- und Akteursanalyse genutzt. Im Besonderen die Expert_inneninterviews, die in der Akteursanalyse bereits helfen das Feld zu strukturieren, nehmen in der Prozessanalyse eine zentrale Bedeutung ein. Sie geben einen Einblick darin, welche Strategien die verschiedenen Akteur_innen verfolgen, ob und wie sie versuchen ihre Interessen zu verallgemeinern und wie sie agieren um diese in staatliche Policies einzuschreiben. Darüber hinaus werden neben der Auswertung wissenschaftlicher Literatur, der Medienberichterstattung, der Positionspapiere und Pressemitteilungen zentraler Akteur_innen zusätzlich die relevanten Gesetzestexte miteinbezogen, die als institutionalisierte Kompromisse verstanden werden können.

4 Umkämpfter Wandel: Der unvollendete EU-Energiebinnenmarkt und die europäische Energiewende

Im Februar 2015 veröffentlichte die EU Kommission ihr Strategiepapier zur Energieunion und proklamierte dabei die folgenden Zielsetzungen: „The goal of a resilient Energy Union with an ambitious climate policy at its core is to give EU consumers - households and businesses - secure, sustainable, competitive and affordable energy“ (EU KOM 2015: 2). Zugleich unterstreicht die Kommission, dass diese Ziele einen grundlegenden Wandel des bestehenden Energiesystems implizieren: „Achieving this goal will require a fundamental transformation of Europe's energy system” (ebd.). Der Korridor, innerhalb dessen eine Transformation des (fragmentierten) europäischen Energiesystems möglich ist, wird zu einem wesentlichen Teil durch den Charakter des europäischen Integrationsprozesses abgesteckt. Entsprechend werden in der Kontextanalyse zunächst die Genese der zentralen institutionellen und polit-ökonomischen Konfigurationen der EU und ihre energiepolitischen Implikationen herausgearbeitet.

Daran anknüpfend wird im Rahmen der Akteursanalyse die spezifische energiepolitische Konfliktkonstellation aufgezeigt, die durch die Emergenz eines grünes Hegemonieprojekts in Konkurrenz zu dem grauen Hegemonieprojekt gekennzeichnet ist. Zugleich sind die Auseinandersetzungen um die Energiewende im europäischen Rahmen vermittelt mit dem (Energie-)Binnenmarktprojekt.

In der Prozessanalyse werden zwei verschiedene Phasen unterschieden. Zunächst wird ein Zyklus identifiziert, der stark geprägt wurde von den Akteur_innen des grünen Spektrums. Die energiepolitischen Weichenstellungen wurden in dieser Phase stark von klimapolitischen Erwägungen getrieben. Dieser Zyklus fand mit der Verabschiedung des Klima- und Energiepakets für 2020 im Jahr 2007, der Erneuerbarenrichtlinie von 2009 und der im Jahr 2009 gescheiterten Weltklimakonferenz von Kopenhagen sein Ende. Zwischen 2009 und 2015, dem zeitlichen Schwerpunkt der Analyse, hat sich die Intensität der energiepolitischen Konflikte auch vor dem Hintergrund sehr unterschiedlicher Betroffenheiten im Hinblick auf die Finanz- und Wirtschaftskrise, aber auch der Krise der fossil-nuklearen Energiewirtschaft deutlich verstärkt. Die zunehmende Konfliktdynamik bildet sich einerseits im zivilgesellschaftlichen Terrain ab. Teile des grauen Akteursspektrums orientieren sich stärker in Richtung des grünen Spektrums. Andererseits ist eine wachsende Divergenz in der nationalen energiepolitischen Entwicklungspfade feststellbar, die zu Spannungen auf der intergouvernementalen Ebene führt. Dies verdeutlichte sich besonders in den Auseinandersetzungen um den klima- und energiepolitischen Rahmen für 2030, aber auch in den Energie- und Umweltbeihilfeleitlinien, die beide im Jahr 2014 verabschiedet wurden. Abgeschlossen wird die Prozessanalyse durch die Einordnung der energiepolitischen Ansätze der Kommission Juncker. Diese arbeitet darauf hin, den Energiebinnenmarkt zu vollenden, jedoch ohne Aussicht auf große Integrationsschritte (Fischer und Geden 2015).

Es lassen sich für die Analyse der energiepolitischen Konfliktdynamiken im europäischen Kontext fünf zentrale Bestimmungsfaktoren bzw. Entwicklungsdynamiken ausmachen. Erstens sind die energiepolitischen Auseinandersetzungen sehr stark multiskalar geprägt. Durch die starke Position des Europäischen Rates kommt den nationalen Regierungen eine große Bedeutung zu. So kann etwa ein Regierungswechsel in einem bedeutenden Mitgliedsstaat energiepolitische Auseinandersetzungen stark beeinflussen. Zweitens hat die Wirtschafts- und Finanzkrise und ihre austeritätspolitische Bearbeitung restringierende Auswirkungen im Hinblick auf den Ausbau regenerativer Energieträger, der durch die Strategien des grauen Akteursspektrums verstärkt wird. Drittens versuchen Teile des grauen Akteursspektrums verstärkt die Dynamiken des Wandels hin zu einem regenerativen Energiesystem einzuhegen bzw. passiv zu revolutionieren. Dies wird versucht zu erreichen über die Forderung nach der Marktintegration der erneuerbaren Energien in Verbindung mit einer Drosselung des Ambitionsniveaus und die „Übernahme“ grüner Branchenverbände. Viertens ist das grüne Akteursspektrum während des Untersuchungszeitraums deutlich geschwächt worden. Die Vorgaben im Hinblick auf die Fördersystematik wurden deutlich restriktiver und das Ambitionsniveau für 2030 ist relativ gering. Allerdings werden im grünen Akteurssepktrum Ansätze entwickelt, wie der Wandel hin zu regenerativen Energien weiter vorangetrieben werden kann. Fünftens lässt sich als übergreifende Tendenz für den europäischen Kontext festhalten, dass der Wandel des Stromsystems weiter beschritten wird, jedoch gebremst und stärker an den Interessen des grauen Akteursspektrums orientiert.

4.1 Der europäische Integrationsprozess als Arena der energiepolitischen Konflikte

Um das Terrain der energiepolitischen Konfliktdynamiken zu bestimmen, ist ein Verständnis des europäischen Integrationsprozesses elementar. Der Prozess hat verschiedene Phasen durchschritten. Häufig folgten auf Krisen neue Integrationsschübe. Im Folgenden sollen die wesentlichen Integrationsdynamiken skizziert und aufgezeigt werden, dass die europäische Integration bereits vor dem Ausbruch der Krise sehr stark durch ordoliberale Prinzipien geprägt wurde.

4.1.1 Von der keynesianisch-korporativen zur wettbewerbsstaatlichen Integrationsweise

Der europäische Integrationsprozess nahm in der Zeit nach dem Zweiten Weltkrieg seinen Anfang. Die soziale und wirtschaftliche Lage Europas war in den Nachkriegsjahren äußerst angespannt. Da die US-amerikanischen Eliten ein großes Interesse an einer Einbindung der westeuropäischen Länder in den westlichen Machtblock hatten, wurden im Rahmen des Marschallplans relativ großzügige finanzielle Hilfen gewährt und die Empfängerländer gleichzeitig zu einer verstärkten Kooperation verpflichtet. Die Interessen der USA korrespondierten mit dem Interesse Frankreichs, Deutschland in den Rahmen einer europäischen Gemeinschaft einzubinden. Auch die Mehrheit der deutschen Eliten sprach sich für den Aufbau einer europäischen Gemeinschaft und die Einbindung Deutschlands in die westliche Allianz aus. Diese Interessenkonstellation mündete in dem Aufbau europäischer Institutionen, die auf der Bildung eines transatlantischen Elitenpaktes basierten (Ziltener 1999: 84-100).

Die europäische Integration wurde durch zahlreiche Initiativen vorangetrieben, etwa die Europäische Gemeinschaft für Kohle und Stahl (EGKS), die Europäische Wirtschaftsgemeinschaft (EWG) oder die Europäische Atomgemeinschaft (EURATOM), die jedoch nur eine relativ begrenzte Reichweite besaßen. Die Gründung einer Europäischen Verteidigungsgemeinschaft (EVG) scheiterte sogar gänzlich. Die Etablierung der gemeinsamen Agrarpolitik (GAP) im Rahmen der EWG bedeutete hingegen eine weitgehende Vergemeinschaftung eines damals sehr bedeutenden Politikfeldes; noch heute machen die Agrarausgaben ca. 38 % des Budgets der EU aus (Ambrosius 1996; EU KOM 19.11.2013).

Diese ersten Integrationsschritte fanden unter den Bedingungen „keynesianisch-korporatistischer Staatlichkeit in Westeuropa“ (Ziltener 1999: 101) und unter dem Dach des Bretton-Woods-Systems statt. Diese Integrationsschritte waren zunächst auf die sechs Gründungsstaaten Belgien, die Bundesrepublik Deutschland, Frankreich, Italien, Luxemburg und die Niederlande beschränkt. Der Integrationsprozess bedingte und beförderte die Verallgemeinerung des fordistischen Regimes, das in den USA bereits fest verankert war. Dieser Verallgemeinerungsprozess „war mit einer enormen Steigerung des Energieverbrauchs verbunden; in der energiepolitischen Absicherung übernahm die EG einige Funktionen (Kohle,

Atomenergie)“ (ebd.: 123). Allerdings kam den energiepolitischen Integrationsschritten lediglich eine untergeordnete Rolle zu. Die Energiesicherheit wurde über den wachsenden Import fossiler und zunehmend atomarer Energieträger gewährleistet und blieb weitgehend im nationalstaatlichen Kompetenzbereich. Zugleich wurde eine verstärkte wirtschaftliche Vernetzung, bzw. die Schaffung von Märkten über den Abbau von Handelshemmnissen in Verbindung mit sicherheitspolitischen Interessen, angestrebt.

Der Integrationsprozess geriet gegen Ende der 1960er Jahre ins Stocken: Das Bretton-Woods System erodierte, der transatlantische Elitenpakt bröckelte und die Differenzen zwischen den Regierungen der Mitgliedsstaaten nahmen im Zuge der divergierenden Krisenbearbeitungsstrategien in den 1970er Jahren zu. Insofern fand vor dem Hintergrund intensiver gesellschaftlicher Konflikte (Schmalz und Weinmann 2013) und wachsender Skepsis gegenüber dem Projekt der europäischen Integration eine partielle „Renationalisierung“ der Wirtschaftspolitik statt. Die Wettbewerbsfähigkeit der EG sank gegenüber den USA und Japan. Nichtsdestotrotz traten im Jahre 1973 Großbritannien, Irland und Dänemark der EG bei, nachdem im Jahr 1969 der Aufbau einer gemeinsamen Währungsunion und 1972 als flankierende Maßnahme die Etablierung von Regionalfonds beschlossen wurde. In der zweiten Erweiterungsrunde stellten im Zeitraum zwischen 1975 bis 1979 Griechenland, Spanien und Portugal Mitgliedsanträge. Der Beitritt Griechenlands erfolgte im Jahr 1981, Spanien und Portugal folgten im Jahr 1986 (Ziltener 1999: 125-131).

Die Süderweiterung ging in Folge der Krise der 1970er Jahre einher mit einem Strukturwandel der europäischen Integration, die Ziltener als Übergang zur „wettbewerbsstaatlichen Integrationsweise“ (ebd.: 195) bezeichnet. Diesem Übergang liegen drei wesentliche Prozesse zugrunde:

> „a) das Ende der Versuche zur keynesianischen Politikkoordinierung und der Übergang zum Euromonetarismus,
>
> b) die Herausbildung eines neuen ‘Elitenpaktes‘ zwischen staatlichen Instanzen und transnationalen Konzernen und
>
> c) die zunehmende wirtschaftspolitische Konvergenz in Westeuropa.“ (ebd.: 132)

Die neuen Beitrittsländer an der südeuropäischen Peripherie standen entsprechend vor einer doppelten, jedoch wechselseitig aufeinander bezogenen Herausforderung. Intern ging es darum, den Übergang von Militärdiktaturen zu einer parlamentarischen Demokratie zu vollziehen. Extern standen die Demokratien vor der Herausforderung, sich an den neoliberal ausgerichteten Integrationsmodus der kapitalistischen Modernisierung der EU anzupassen (Steinko 2013: 140-142).

Der Übergang zum Euromonetarismus wurde wesentlich über die Implementierung des Europäischen Währungssystems (EWS) im Jahr 1979 erreicht. Das

EWS verpflichtete die Zentralbanken der teilnehmenden Länder zu einer Stützung ihrer Währung, sobald sie über ein gewisses Maß vom festgesetzten Leitkurs abweicht. Die D-Mark fungierte als europäische Leitwährung. Die Deutsche Bundesbank verfolgte konsequent als oberstes Ziel die Wahrung der Preisstabilität. Auf diese Weise wurden die geldpolitischen Handlungsspielräume aller Mitgliedsstaaten stark eingeschränkt und nationalstaatliche Austeritätspolitiken auf Dauer gestellt (Stützle 2013: 141-162).

Der neue Elitenpakt basierte wesentlich auf der politischen Formierung transnationaler Kapitalfraktionen (van der Pijl 1984). Ein zentrales Forum im europäischen Kontext war der im Jahr 1983 gegründete European Roundtable of Industrialists (ERT), in dem die CEOs zahlreicher europäischer Großkonzerne zusammentreffen. Innerhalb des ERT hat eine Verschiebung der Kräfteverhältnisse vom merkantilistisch orientierten hin zum neoliberal, freihandelsaffinen Industriekapital stattgefunden, das gemeinsam mit dem Finanzkapital die wettbewerbsstaatliche Integrationsweise maßgeblich forciert hat (van Apeldoorn 2002). Insofern liegen sowohl der Konstitution des ERT als auch der Verallgemeinerung des Binnenmarktprojekts skalare Strategien im Besonderen der europäischen Kapitalverbände zu Grunde. Letztere orientierte wesentlich darauf „die neoliberale Agenda über die europäische Ebene auf die nationalen Auseinandersetzungen einwirken zu lassen“ (Brand 2008: 178).

Der Einführung des EWS folgten die Regierungswechsel in Großbritannien im Jahr 1979 und Deutschland 1982. Die neuen konservativen Regierungen unter Margaret Thatcher und Helmut Kohl forcierten die wirtschaftspolitische Konvergenz in Europa. Die marktliberale Ausrichtung an Preisstabilität, Liberalisierung und Austerität setzte sämtliche Regierungen unter Druck, diesem Kurs zu folgen. Die im Jahr 1981 gewählte französische Regierung unter Francois Mitterand, der eine Koalition der sozialistischen und kommunistischen Partei zugrunde lag, verfolgte zunächst einen klar keynesianisch ausgerichteten Kurs. Über eine expansive Geldpolitik in Kombination mit nachfrageorientierter Wirtschaftspolitik sollte Vollbeschäftigung erzielt werden. Diese dem allgemeinen Trend innerhalb des EWS entgegenlaufende Agenda führte zu wachsenden Handels- und Leistungsbilanzdefiziten. Der Franc geriet unter starken Abwertungsdruck. Insofern bestanden für die französische Regierung zwei Möglichkeiten: entweder den eingeschlagenen Kurs fortzusetzen unter der Voraussetzung einer stärkeren Abkopplung der französischen Wirtschaft oder dem monetaristischen Trend zu folgen. Im Jahr 1983 schwenkte die Regierung nach heftigen parteiinternen Auseinandersetzungen auf eine austeritätspolitische Linie um (Bieling und Steinhilber 2000: 112).

Die Konturen der neuen Integrationsweise wurden in der Folgezeit durch die Forcierung des gemeinsamen Binnenmarktes und der gemeinsamen Wirtschafts-

und Währungsunion (WWU) deutlicher. Nach der Verabschiedung der Einheitlichen Europäischen Akte im Jahr 1986 wurde mit dem Vertrag von Maastricht im Jahr 1992 die Europäische Union geschaffen. Ein Kernelement war dabei der Stabilitäts- und Wachstumspakt, der eine Verschuldung der öffentlichen Haushalte von maximal 60 % des BIPs und eine maximale Neuverschuldung in Höhe von 3 % vorsieht. Zugleich wurden die wettbewerbsrechtlichen Elemente weiter ausgebaut (Brunkhorst 2015: 79). Insofern kam es zu einer stärkeren Verankerung der ordoliberalen Stoßrichtung der europäischen Integration und die nationalstaatlichen Handlungsspielräume wurden etwa im Hinblick auf eine expansive Fiskalpolitik weiter restringiert. Das Binnenmarktprojekt verstärkte die Logik der „kompetitiven Deregulierung" (Bieling und Steinhilber 2000: 110), die darauf abzielt, sämtliche Barrieren abzubauen, die flexiblen Arbeits-, Güter-, Kapital- und Dienstleistungsmärkten entgegenstehen. Das EWS hingegen verschärft gemeinsam mit der WWU die Logik der „kompetitiven Austerität" (ebd.), die die Ausrichtung der Finanz- und Geldpolitik auf das Ziel der Preisstabilität und Haushaltskonsolidierung festschreibt.

Ein wesentlicher Aspekt der Schaffung eines europäischen Binnenmarktes bestand in der Einschränkung bzw. Reorganisation der öffentlichen Daseinsfürsorge, die nach Bieling und Deckwirth (2008: 14-16) vier wechselseitig aufeinander bezogene Dimensionen umfasst: Mittels Liberalisierungsprozessen werden geschützte Märkte geöffnet und die damit verbundenen Monopolrechte aufgehoben. Liberalisierungen korrespondieren mit Prozessen der De- und Re-Regulierung, die den rechtlichen Rahmen des liberalisierten Sektors abstecken. Mittels Privatisierungen werden die betroffenen öffentlichen Unternehmen zumeist in privatrechtliche Rechtsformen überführt und teilweise oder komplett veräußert. Diese drei Dynamiken der Reorganisation des öffentlichen Sektors münden in Kommerzialisierungsprozesse. Die öffentliche Daseinsfürsorge wird zunehmend durch private oder privatisierte Unternehmen übernommen. Verwaltungsaufgaben werden erfüllt unter Ausrichtung auf die Logik von New Public Management-Konzepten.

Die Reorganisationsprozesse der öffentlichen Daseinsfürsorge wurden in den 1990er Jahren massiv vorangetrieben. Während die skandinavischen Länder und Großbritannien bereits in den frühen 1990er Jahren die Liberalisierung ihrer Strommärkte forcierten, wurden diese Tendenzen mit der im Jahr 1996 verabschiedeten Richtlinie zur Schaffung eines Elektrizitätsbinnenmarktes deutlich verstärkt (Midttun 1997b). Die Richtlinie eröffnet zugleich den Mitgliedsstaaten gemäß Artikel 28 die Möglichkeit, den Erneuerbaren Energien im Sinne des Umweltschutzes Vorrang einzuräumen (EU KOM 1996). Die einsetzende Liberalisierungswelle führte (paradoxer Weise) zur Herausbildung von oligoplistischen Strukturen. Sieben große transnationale Konzerne dominierten die europäischen Strommärkte (Schülke 2010).

Mit dem Voranschreiten des europäischen Binnenmarktes und dem Start der Währungsunion im Jahr 1999, der die Gründung der Europäischen Zentralbank (EZB) vorausging, wurde die wettbewerbsstaatliche Integrationsweise gefestigt. Sowohl die EU als auch der Euroraum wurden kontinuierlich nach Osten hin erweitert (Bohle 2006). Der Integrationsprozess trägt in seiner Gesamtheit eine sehr stark ordoliberale Handschrift. Das Primat der Entfaltung der wirtschaftlichen Freiheit wird hervorgebracht und zugleich eingehegt durch wettbewerbsrechtliche Vorgaben. Eine politische und soziale Integration, die mit der Dynamik der wirtschaftlichen Integration korrespondieren würde, geht damit jedoch nicht einher (Brunkhorst 2015).

Allerdings erwies sich insbesondere die gemeinsame Währungsunion, also die Integration sehr heterogener Volkswirtschaften in einem Währungsraum, im Verlauf der Weltfinanzkrise als sehr instabil. Insbesondere diejenigen Länder, die auf einen stetigen Kapitalimport zur Finanzierung ihrer Leistungsbilanzdefizite angewiesen waren, wurden von der Krise stark getroffen (Becker und Jäger 2012).

4.1.2 Die EU in der Krise

Ihren Ausgang genommen hat die Weltfinanz- und Wirtschaftskrise in den USA. Im Jahr 2007 platzte die Blase am Immobilienmarkt. Im Hinblick auf die Bestimmung der Ursache der Krise konkurrieren nach Trevor Evans (2011: 39-47) fünf verschiedene Erklärungsansätze. Erstens wird argumentiert, dass im amerikanischen Hypothekenmarkt falsche Anreize gesetzt wurden, da das Geschäftsmodell der Kreditgeber darauf ausgerichtet war, die Kredite gebündelt weiter zu verkaufen und somit die Notwendigkeit einer ausreichenden Bonitätsprüfung der Kreditnehmer_innen nicht bestand. Ein zweiter, häufig von monetaristisch ausgerichteten Ökonom_innen vorgebrachter Erklärungsansatz, sieht in der Niedrigzinspolitik der US-amerikanischen Notenbank Fed eine wesentliche Ursache der Krise. Die expansive Geldpolitik hat das kreditfinanzierte Konsummodell begünstigt und zur Blasenbildung am Immobilienmarkt beigetragen. Ein dritter Argumentationsstrang verweist auf die globalen Leistungsbilanzdefizite. Die hohen Defizite der USA wurden durch Kapitalzuflüsse der Überschussländer (vor allem China, aber auch der BRD und Japan) finanziert, deren Binnenmarkt relativ unterentwickelt war und somit einen „Sparüberschuss“ aufwies. Ein vierter Erklärungsansatz sieht die Finanzkrise in der Deregulierung der Finanzmärkte begründet, die nach dem Zusammenbruch des Bretton-Woods-Systems immer weiter vorangetrieben wurde und Anreize zu riskanten Wertpapiergeschäften liefert, die wiederum die Gefahr der Blasenbildung in sich tragen. Die fünfte Argumentationslinie verortet die zentrale Ursache der Weltfinanzkrise in der Existenz enormer Mengen überschüssigen Kapitals, bzw. einer strukturellen Überakkumulation, vor allem im atlantischen Zentrum (EU, USA). Die Renditeansprüche des Finanzkapitals wurden unter anderem über eine stetige Verringerung der Lohnquote und spekulative Finanzströme realisiert, die in zahlreichen Entwicklungs- und Schwellenländern zu Finanzkrisen führten. Die Blasenbildung am US-Immobilienmarkt geht auch darauf zurück, dass breite Bevölkerungsschichten in den USA ihr Konsumniveau nicht mehr über Lohneinkommen, sondern über die Aufnahme von Krediten finanzierten. Als Sicherheit diente der Immobilienbesitz, dessen Wert bis zum Platzen der Blase kontinuierlich angestiegen ist.

All diese Faktoren haben dazu beigetragen, dass es zu einer Kettenreaktion gekommen ist, als die ersten Kredite nicht mehr bedient wurden. Die Banken liehen sich kaum noch Geld, zahlreiche Immobiliengesellschaften mussten Insolvenz anmelden, Banken gerieten in Schieflage, die Investmentbank Lehman Brothers ging im September 2008 in Konkurs. Die Immobilienkrise weitete sich schnell zu einer Banken-, Finanz- und schließlich einer Wirtschaftskrise aus. Bereits im Jahr 2008 sank das BIP in den USA um 0,4 %, im Jahr darauf gar um 3,5 %. Im selben Jahr schrumpfte die Weltwirtschaft um 2,2 % (Bieling et al. 2013b: 4).

Die „Übertragung" der Krise auf andere Weltregionen, so auch auf die EU, verlief vornehmlich über zwei Kanäle. Zum einen wurden die Forderungen aus Immobilienkrediten verbrieft und international gehandelt. Zahlreiche ausländische Banken, bis hin zu deutschen Landesbanken, besaßen solche Forderungen, die sie zu wesentlichen Teilen abschreiben mussten (Raffer 2011). Neben diesem Ansteckungskanal über die Finanzmärkte erfolgte das Überschwappen der Krise auf andere Weltregionen über die Handelsbeziehungen[15]. Im Zuge der Krise sank die (Import-)Nachfrage in den USA zunächst deutlich. Dies schlug sich insbesondere in exportorientierten Volkswirtschaften, deren Exporte stark auf die USA ausgerichtet sind, nieder. In der Europäischen Union betrug der Rückgang des BIP im Jahr 2009 4,3 %, in Deutschland 5,1 %. Diese Zahlen indizieren, dass die Europäische Union überdurchschnittlich stark von der Krise betroffen ist. Dies liegt unter anderem daran, dass sich im Zuge der Krise Ungleichgewichte innerhalb des Euroraums deutlich zugespitzt haben.

Nach Becker und Jäger (2012) lassen sich zwei Ländergruppen mit sehr unterschiedlichen Kapitalismusmodellen innerhalb des Euroraums ausmachen: Einerseits gibt es Länder, die ein produktiv und aktiv extravertiertes Akkumulationsregime aufweisen. Eine breite industrielle Basis ist die die Grundlage der Kapitalakkumulation und Garant stetiger Handels- und Leistungsbilanzüberschüsse. Zu dieser Ländergruppe (Überschussländer) zählen Deutschland, die Niederlande,

15 Im Gegensatz zur großen Weltwirtschaftskrise von 1929 kam es jedoch nicht zu verbreiteten protektionistischen Maßnahmen (Behrens und Janusch 2014).

Österreich, Finnland und Luxemburg. Dieser Ländergruppe stehen die Defizitländer gegenüber, deren Akkumulationsregime finanzialisiert und passiv extravertiert sind. Die Kapitalakkumulation stützt sich in dieser Ländergruppe weniger auf den Industriesektor, sondern auf den Finanzsektor, etwa indem es über eine massive Ausweitung der Verschuldung zu Vermögenspreisblasen kommt, beispielsweise im Immobiliensektor. Dieses Modell geht einher mit negativen Leistungsbilanzen, die nur über die Finanzierung der Defizite durch die Überschussländer gewährleistet werden können. Zu dieser Ländergruppe zählen die von der Krise am stärksten betroffenen Länder, die sogenannten PIGS-Staaten, Portugal, Irland, Griechenland, Spanien, mit Abstrichen auch Italien[16]. Diese strukturell ungleiche Entwicklung zwischen diesen Ländergruppen erschien vor Ausbruch der Krise vielen als wenig problematisch. Sowohl der öffentliche als auch der private Sektor in Ländern wie Spanien oder Griechenland erhielten nach der Euroeinführung günstigere Kredite. Es wurden hohe Wachstumsraten erzielt. Allerdings basierte das Wachstum auf der massiven Ausweitung privater (beispielsweise in Spanien) und/oder öffentlicher Verschuldung.

Unmittelbar nach Ausbruch der Krise, also in den Jahren 2008 und 2009 geriet sowohl in den Überschuss- als auch in den Defizitländern der Finanzsektor in eine massive Schieflage. Trotz umfassender Bankenrettungspakete, die auf nationalstaatlicher Ebene geschnürt wurden und im Kern eine Transformation privater in öffentliche Schulden beinhalteten (Zeller 2013), entwickelte sich daraus eine Krise der Währungsunion.

4.1.3 Bankenrettungen und Konjunkturpakete als unmittelbare Antwort

Während in Europa zunächst die Hoffnung weit verbreitet war, dass die Krise auf die USA beschränkt bleiben würde, änderte sich der öffentliche Diskurs, als die „Ansteckung" Europas offenbar wurde. Waren bis zum Ausbruch der Krise die wettbewerbsstaatliche Integrationsweise und das Paradigma des schlanken Staates hegemonial, wurde in den Jahren 2008 und 2009 nach dem Staat gerufen als dem Akteur, der die Krise eindämmen kann (Bieling 2010b). Die „Rückkehr" des Staates war aber nicht mit intensiven gesellschaftlichen Auseinandersetzungen und einer Verschiebung der gesellschaftlichen Kräfteverhältnisse verbunden. Der neue Staatsinterventionismus war von den Herrschenden von vornherein als zeitlich begrenzte „Rückkehr" konzipiert um das Finanzsystem und die konjunkturelle Entwicklung zu stabilisieren. Insofern gibt es bezogen auf die EU gegenwärtig keine

16 Italien ist ein Sonderfall. Während Norditalien zum produktiven, aktiv extravertierten Kern zu zählen ist, ist der Süden stark agrarisch geprägt und zählt zu den ärmsten Regionen des Euroraums.

Anzeichen dafür, dass ein Übergang „von einem finanzgetrieben zum staatsgetriebenen Kapitalismus" (Altvater 2010b: 7), also die Herausbildung einer neuen Regulationsweise, tatsächlich stattfindet. Eine grundsätzliche Abkehr vom finanzdominierten Akkumulationsregime (Chesnais 2004) und der sie abstützenden Regulations- und Integrationsweise stand nicht auf der Agenda der herrschenden Klasse. Vielmehr wurde die Finanz- und Wirtschaftskrise zu einer Staatsschuldenkrise umgedeutet, mit dem Ziel, eine Radikalisierung des ordoliberal geprägten Integrationsprozesses durchzusetzen (Ryner 2015).

Eine konkurrierende Krisenbearbeitungsstrategie wurde unter dem Schlagwort des Green New Deals (GND) ausgearbeitet. Die Grundüberlegung dieses Ansatzes besteht darin, dass es sich bei der Krise nicht lediglich um eine Finanz- und Wirtschaftskrise handelt, sondern um eine umfassendere multiple Krise der kapitalistischen Entwicklungsweise, die sich neben der Finanz- und Wirtschaftskrise auch in einer Klima-, Energie- und Ernährungskrise äußert (Altvater 2010a; Demirović et al. 2011; Fücks 2013; The Green New Deal Group 2008; Wuppertal Institute for Climate, Environment and Energy 2009). Entwickelt wurde das Konzept wesentlich von „grünennahen" Think Tanks und Parteiintellektuellen. Mit dem Konzept des GND wird versucht, eine Programmatik auszuarbeiten, die alle interdependenten Krisendimensionen gleichzeitig adressiert. Der Name rekurriert auf den New Deal der 1930er Jahre. In den USA gelang es, durch weitreichende Änderungen der Regulationsweise nach der Weltwirtschaftskrise zurück auf einen stabilen (fordistischen) Wachstumspfad zu gelangen. Dazu gehörten staatliche Konjunkturprogramme, eine Stärkung der Gewerkschaften, relativ hohe Lohnabschlüsse und der Ausbau sozialstaatlicher Leistungen. Der New Deal kann jedoch nicht auf ein Programm reduziert werden, dessen geistiger Vater John Maynard Keynes gewesen ist und von Franklin D. Roosevelt in der politischen Praxis umgesetzt wurde. Vielmehr war die Durchsetzung des New Deal umkämpft und nur durch eine Verschiebung der gesellschaftlichen Kräfteverhältnisse sowie gegen weite Teile des Kapitals durchsetzbar (Deppe 2011).

Die Krisenkonstellation war im Jahr 2009 jedoch eine andere als in den 1930er Jahren. Entsprechend sollte die Krisenbearbeitungsstrategie, so das Argument für den GND, nicht nur auf das Ziel ökonomischen Wachstums ausgerichtet sein, sondern alle Krisendimensionen zugleich adressieren. Es würde also darum gehen, die Regulationsweise so anzupassen, dass die fortgesetzte Kapitalakkumulation in Einklang gebracht werden kann mit weniger destruktiven Formen der Naturaneignung. Im Kern geht es den GND-Ansätzen um eine Abkehr vom fossilnuklearen Energieregime, etwa durch Investitionsprogramme in erneuerbare Energien, die Förderung der Elektromobilität, das Abziehen von Kapital aus fossilen Industrien (Divestment), die Etablierung postfossiler Städte oder den Übergang zu einer nachhaltigen Landwirtschaft. Viele konzeptionelle Ausarbeitungen des

GND sind stark am Leitbild der ökologischen Modernisierung ausgerichtet und tasten bestehende Macht- und Herrschaftsverhältnisse nicht an (exemplarisch hierfür siehe Fücks 2013). Einige wenige hingegen plädieren stärker für eine Umverteilung des gesellschaftlichen Reichtums in Verbindung mit einer umfassenden Regulierung der Finanzmärkte (Bütikofer und Giegold 2011). Entsprechend kritisiert Brand (2009: 475) die GND-Ansätze als „schillernd und technokratisch". Sie weisen weder eine hinreichende gesellschaftstheoretische Fundierung noch eine Analyse der multiplen Krisenkonstellation auf und beinhalten einen großen Steuerungsoptimismus. Vor diesem Hintergrund wurden in der Folgezeit auch verstärkt Ansätze entwickelt, die versuchten, die ökologische mit der sozialen Frage im Sinne einer sozial-ökologischen Transformation zu verbinden (Thie 2013; Institut Solidarische Moderne 2011).

Ansätze des GND wurden nach dem Ausbruch der Krise zunächst relativ breit diskutiert. Die Klimaökonomen Ottmar Edenhofer und Nicolas Stern (2009) appellierten beispielsweise an die G20 vor dem Gipfel in London 2009 eine „Global Green Recovery" einzuleiten. Der Kern ihres Vorschlags bestand darin, die Konjunkturpakete konsequent auf eine ökologische Modernisierung auszurichten. Allerdings waren sie mit diesem Apell nur sehr bedingt erfolgreich (Techert 2010). In der EU wurden in den Jahren 2008 und 2009 Konjunkturpakete zur Stabilisierung der wirtschaftlichen Lage in einem Umfang von ca. 218 Mrd. Euro geschnürt. Der Großteil stammte aus den Budgets der Mitgliedsstaaten. Das Konjunkturpaket der EU hatte ein Volumen von 30 Mrd. Euro. Lediglich ca. 10 % der Gesamtausgaben zielen auf einen „grünen"[17] Ausweg aus der Krise. Den Großteil dieses Postens bilden Energieeffizienzprogramme, Investitionen in das Schienennetz, der Ausbau des öffentlichen Verkehrs, die Erhöhung der Ausgaben für Forschung und Entwicklung sowie der Ausbau der Stromnetze. Lediglich 7 % der „grünen" Ausgaben, also ca. 1,4 Mrd. Euro, entfallen auf die Förderung erneuerbarer Energien. Aus dem Konjunkturpaket der EU werden Offshorewindparks im Umfang von 279 Mio. Euro gefördert. Insofern waren für den Ausbau der erneuerbaren Energien die ohnehin schon bestehenden staatlichen Förderprogramme wesentlich bedeutender als die Konjunkturpakete (Techert 2010). Die Konjunkturprogramme setzten nicht nur in energiepolitischer Hinsicht kaum Impulse, ihr Volumen war insbesondere in der europäischen Peripherie viel zu gering, um den Verlauf der Krise entscheidend abzumildern. Gleichwohl waren die Auswirkungen auf das energiepolitische Feld in den Jahren 2008 und 2009 relativ gering.

17 Die Bestimmung dessen, was als „grün" gelten kann ist durchaus umstritten. Techert (2010) zählt beispielsweise Investitionen in die Erprobung der umstrittenen Carbon Capture and Storage-Technologie (CCS) hinzu.

4.2 Energiepolitische Konfliktkonstellationen im Vorfeld der Weltfinanz- und Wirtschaftskrise

Im Vorfeld der Weltfinanz- und Wirtschaftskrise war die europäische Energiepolitik relativ stark durch klimapolitische Zielsetzungen geprägt. Die Problematik der anthropogenen Klimaerwärmung gewann in den 2000er Jahren massiv an globaler Aufmerksamkeit. Von großer Bedeutung war dabei ein von dem früheren Chefökonomen der Weltbank, Nicolas Stern, für die britische Regierung erarbeiteter Report. Der Bericht zeigte, methodisch fundiert durch die neoklassische Umweltökonomie, auf, dass die schnelle Reduktion der Treibhausgasemissionen auf lange Sicht rational wäre. Ein Nichthandeln wäre mit sehr viel höheren Kosten verbunden, als eine aktive Eindämmung der Klimaerwärmung mittels einer aktiven Klimapolitik (Stern 2007). Im selben Jahr erschien der Dokumentarfilm „An Inconvenient Truth" über die Klimaschutzaktivitäten des früheren Vizepräsidenten der USA, Al Gore. Der Impetus des Films folgte einer sehr ähnlichen Logik wie der Stern-Report, rückte den Klimawandel in das öffentliche Bewusstsein und wurde im Folgejahr mit dem Oscar ausgezeichnet. Im selben Jahr wurde Al Gore gemeinsam mit dem Weltklimarat, dem Intergovernmental Panel on Climate Change (IPCC) mit dem Friedensnobelpreis ausgezeichnet. Der IPCC hatte im selben Jahr seinen vierten Sachstandsbericht veröffentlicht. Darin wurde die Botschaft untermauert, dass ein aktives Handeln gegen den Klimawandel geboten sei (Edenhofer und Flachsland 2008). Auf dem in Deutschland ausgetragenen G8-Gipfel in Heiligendamm im Jahr 2007 stand das Thema Klimawandel ebenfalls prominent auf der Agenda. Insofern fand eine „gewisse Repolitisierung" (Brand und Wissen 2011a: 13) der ökologischen Krise, insbesondere des Klimawandels, statt.

Die globale Aufmerksamkeit korrespondierte mit der Etablierung eines grünen Selbstverständnisses der EU, die damit einerseits an umweltpolitische Initiativen anknüpfte und anderseits die in den 2000er Jahren offensichtlich gewordenen Legitimationsprobleme der europäischen Integration adressierte (Lenschow und Sprunk 2010). Die europäischen Eliten griffen die Debatten um den Klimawandel auf und inkorporierten sie in die ökologischen Modernisierungsagenden. Exemplarisch hierfür stellt Martin Bitter in Bezug auf die Mitteilung der Europäischen Kommission aus dem Jahr 2007 „Limiting Global Climate Change to 2 degrees Celsius – The way ahead for 2020 and beyond" fest,

> „[…] dass die Kommission die Klimapolitik in ihrer Mitteilung stärker als je zuvor in den Mittelpunkt der europäischen Modernisierungsagenda positionierte. Dabei berief sie sich nicht zuletzt auf den Stern-Review [..], der den Klimawandel nicht nur in die monetär geschulte Sprache des Berufsmenschen übersetzt hatte, sondern überdies in-

dizierte, dass sich der auf Fragen der gesellschaftlichen Aneignung von Natur angewendete ökonomische Narrativ im politischen Mainstream abgesenkt hatte [...]. Stern hatte seinen Bericht nicht etwa im britischen Umweltministerium präsentiert, sondern – im Beisein von Schatzkanzler Gordon Brown – in dem Staatsapparat des britischen Wettbewerbsstaates par excellence, dem Finanzministerium (UK Treasury). Die darin eingelagerte symbolische Aufwertung der Klimapolitik erkannte die Kommission als eine Vorlage, auf die in der Mitteilung wiederholt Bezug genommen wurde. [...] Klimapolitik und ökonomische Modernisierung wurden, kurz gesagt, als zwei Seiten einer Medaille gerahmt. Eine output-legitimierte europäische Modernisierungsstrategie ohne die Integration der Klimapolitik in ihr strategisches Zentrum wurde als unmöglich insinuiert." (Bitter 2013: 254)

Der massive Bedeutungszuwachs der Klimapolitik war ein zentraler Bestimmungsfaktor der energiepolitischen Auseinandersetzungen auf der europäischen Maßstabsebene in den späten 2000er Jahren.

4.2.1 *Europa: fossil-nuklear oder erneuerbar?*

Vermittelt mit der Aufwertung der Klimapolitik kam es zu einer beschleunigten Transition der Energieversorgungssysteme in Europa, die in eine spezifische multiskalare Konfliktkonstellation eingebettet ist. Die besonderen Charakteristika des Strommarktes sorgen zwangsläufig für eine relativ hohe Regulierungsdichte. Das Angebot und die Nachfrage müssen permanent in einem Entsprechungsverhältnis sein damit die Netzstabilität gewährleistet ist. Zudem stellen die Netze natürliche Monopole dar. Nichtsdestotrotz umfasst das seit den 1980er Jahren forcierte Binnenmarktprojekt auch die Strom- und Gasmärkte. Die Warenverkehrsfreiheit soll auch für sämtliche Energieträger gelten. Allerdings ist im Vertrag von Lissabon, der im Jahr 2009 in Kraft trat, in Artikel 194, Absatz 2 festgeschrieben, dass die Mitgliedsstaaten über ihren nationalen Energiemix selbst bestimmen können. Neben diesem nationalstaatlichen Souveränitätsvorbehalt sind die nur gering ausgebauten grenzüberschreitenden Strom- und Gasnetze ein weiteres Hindernis zur Vollendung eines Elektrizitätsbinnenmarktes. Insofern bleibt der europäische Energiemarkt fragmentiert. Die nationalen Akkumulationsregime und Regulationsweisen bildeten im Energiebereich die wesentlichen Bezugsrahmen bei gleichzeitiger Transnationalisierung der Energiekonzerne und eines maßgeblich von der Europäischen Kommission forcierten regulatorischen Harmonisierungsdrucks.
Dieser Harmonisierungsdruck geht auf die Strommarktliberalisierung auf Grundlage des ersten Binnenmarktpakets für Strom und Gas zurück und gibt Anreize, die Regulierung der Strommärkte zu vereinheitlichen und den Netzausbau zu forcieren. Mittels sekundärrechtlicher Richtlinienvorgaben werden auf der europäi-

schen Ebene Impulse gesetzt, um den Anteil der erneuerbaren Energien am Energiemix zu steigern. Auch mittels des im Jahr 2008 beschlossenen europäischen Konjunkturpakets wurden Maßnahmen zur Integration der Energiemärkte verstärkt. Für den Energiesektor wurden im Rahmen des Pakets knapp vier Milliarden Euro vorgesehen, ca. 60 % davon für grenzüberschreitende Netzausbauprojekte, der Rest für CCS-Demonstrationsanlagen und Offshorewindprojekte (EU KOM 2009).

Insofern gibt es im energiepolitischen Bereich zwei ineinandergreifende Dynamiken: die Tendenz hin zur Vertiefung des Energiebinnenmarktes und die Transition hin zu erneuerbaren Energien. Diese beiden Prozessdynamiken lassen sich in der Analyse der energiepolitischen Konfliktdynamiken nicht isoliert voneinander betrachten. Alle strategisch handelnden Akteur_innen verfolgen skalare Strategien. Sie versuchen über eine sozial-räumliche Redimensionierung des energiepolitischen Feldes ihre Interessen zu verallgemeinern und durchzusetzen. Hirschl (2008: 399-414) unterscheidet in seiner Analyse der Interdependenzen der erneuerbaren Energien-Politiken zwischen der europäischen und der deutschen Ebene, auf der europäischen Ebene drei Advocacy-Koalitionen. Neben der „Gegner-„ und der „Befürworterkoalition“, die er auf der deutschen Ebene ebenfalls ausmacht, klassifiziert er noch eine „Bedingte Befürworterkoalition“. Letztere unterteilt er nochmals in Akteursgruppen, die sich stärker am Leitbild des Wettbewerbs und Binnenmarkts orientieren, und Akteur_innen, die eher dem Subsidiaritätsprinzip folgen.

Die Art und Weise der Austragung der energiepolitischen Auseinandersetzungen auf der europäischen Ebene wird wesentlich durch den spezifischen Charakter des europäischen Staatsapparateensembles und dessen Artikulationen mit zivilgesellschaftlichen Akteur_innen bestimmt. Während es umstritten ist, ob man von der Herausbildung einer europäischen Zivilgesellschaft sprechen kann, besteht weitgehende Einigkeit darüber, dass die Ansätze der europäischen Zivilgesellschaft weitgehend auf eine Elite transnationaler Netzwerke beschränkt bleiben (Bieling 2010a). Im energiepolitischen Feld sind dies vor allem transnational agierende Konzerne, die Verbände der grünen und grauen Kapitalfraktionen, global agierende Umwelt-NGOs und Think Tanks. Die energiepolitischen Kompetenzen der europäischen Staatlichkeit liegen im Besonderen bei der GD Energie, aber auch bei den GDs für Klima, Umwelt und Industrie sowie der GD Wettbewerb. In Bezug auf die Presselandschaft und die Wissenschaft lassen sich in Anbetracht einer nur ansatzweise existenten europäischen Zivilgesellschaft keine europäischen Leitmedien oder zentralen Forschungseinrichtungen ausmachen, die die energiepolitischen Auseinandersetzungen im europäischen Kontext stark prägen.

Es lässt sich festhalten, dass im Vorfeld des „große[n] Krach[s]“ (Altvater 2010a) durch das Ineinandergreifen der sich verstärkenden globalen klimapolitischen Debatten und ihre spezifische Artikulation in der europäischen Modernisierungsagenda, diejenigen Kräfte im europäischen Staats-Zivilgesellschaftskomplexes tendenziell gestärkt wurden, die eine Umstellung des Energiesystems auf regenerative Energieträger forcieren. Nichtsdestotrotz stößt die Transition des Energiesystems auf zahlreiche Widerstände.

4.2.2 Beharrungskräfte und Pfadabhängigkeiten im fossil-nuklearen Energieregime – das graue Hegemonieprojekt

Der Ausbau der erneuerbaren Energien im Rahmen der europäischen Modernisierungsagenda birgt für die Trägerinnen des fossil-nuklearen Energieregimes zahlreiche Gefahren, die sich für das graue Akteursspektrum verschiedentlich ausprägen. Neben dem Verlust von Marktanteilen an die regenerative Energiewirtschaft, dem Abbau von Arbeitsplätzen und sinkenden Börsenstrompreisen für die Stromkonzerne, wird der Wandel hin zu erneuerbaren Energien auch vielfach mit steigenden Preisen für die privaten und industriellen Endverbraucher_innen assoziiert[18]. Im Folgenden sollen die wesentlichen sozialen Kräfte, die auf eine Fortschreibung des fossil-nuklearen Energieregimes hinarbeiten vorgestellt, ihr Gemeinschaftsinteresse benannt und ihre strategischen Ansätze bzw. politischen Projekte skizziert werden.

4.2.2.1 Zentrale Akteur_innen des grauen Hegemonieprojekts

Den Kern des Hegemonieprojekts bilden die grauen Kapitalfraktionen. Diese umfassen sowohl die transnationalisierten Energiekonzerne, deren Verwertungsinteressen unmittelbar an das fossil-nukleare Energieregime gebunden sind, als auch den überwiegenden Teil des Industriekapitals, das als Energieverbraucher auf eine sichere und kostengünstige Versorgung angewiesen ist. Die zentralen Unterneh-

18 Der Strompreis für die Verbraucher_innen setzt sich durch zahlreiche Komponenten zusammen. Die Preisbildung an den Strombörsen erfolgt über das so genannte *Merit-Order*-Verfahren. Die Grenzkosten des letzten zusätzlich betriebenen Kraftwerks bilden den Preis. Eine wachsende Einspeisung von erneuerbaren Energien mit nur marginalen Grenzkosten führt dazu, dass Gas- und Kohlekraftwerke geringer ausgelastet werden und die Börsenstrompreise sinken. Gleichzeitig wird der Ausbau der erneuerbaren Energien (zumindest in Deutschland und Spanien) über Umlagen finanziert und der damit notwendige Ausbau der Netze trägt zu höheren Netzentgelten bei. Die präzise Bestimmung der *Merit-Order*-Effekte ist Gegenstand wissenschaftlicher Auseinandersetzungen (Wissen und Nicolosi 2008).

men aus dem energiewirtschaftlichen Bereich sind die sieben größten europäischen Stromkonzerne, RWE und E.ON aus Deutschland, EDF und GDF aus Frankreich, Enel aus Italien, Iberdrola aus Spanien und Vattenfall aus Schweden. Sie hatten im Jahr 2008 einen Anteil von ca. 52 % an der gesamteuropäischen Stromerzeugung (Schülke 2010: 20) und waren alle auch im Gasgeschäft tätig. Während diese Konzerne durchweg in mehreren europäischen Ländern tätig waren, hatten sich einige auch bedeutende Geschäftsfelder in außer-europäischen Ländern erschlossen. Den raschen Wandel der Eigentumsstrukturen und die Herausbildung der transnationalen Konzerne nach der Liberalisierung in den 1990er Jahren kommentiert Schülke (ebd.: 172) in seiner Studie über die sieben Konzerne folgendermaßen: „In short, the capacity of these companies to adapt to new market conditions and to benefit from new opportunities has been truly impressive." Die Konzerne waren in der Tat hoch profitabel und konnten sich auf Grund ihrer sehr guten Ratings günstig refinanzieren (Greenpeace 2014a: 26). Insofern gab es starke Indizien dafür, dass sich (den ordoliberalen Grundsätzen widersprechenden) oligopolistische Strukturen herausgebildet haben (Domanico 2007).

Die großen Sieben sind trotz verschiedener Stromerzeugungsstrukturen alle zwangsläufig eng verflochten mit dem zentralistischen, fossil-nuklearen Energieregime. Während die beiden kleinsten der großen Sieben, Vattenfall und Iberdrola, relativ hohe Anteile an erneuerbaren Energien aufweisen, ist das Erzeugungsportfolio von EDF sehr atomlastig, wohingegen RWE den höchsten Kohleanteil aufweist. Abgesehen von EDF sind bei allen Konzernen fossile Energieträger im Erzeugungsbereich zentral. Allerdings hatten alle Unternehmen spätestens in den 2000er Jahren angefangen, eigene Erneuerbarensparten aufzubauen und verstärkt in diesen Bereich zu investieren. Vor diesem Hintergrund erschienen die großen Sieben für die Zukunft gut gerüstet. Eine dominante Stellung im traditionellen Energiegeschäft wurde ergänzt durch den Eintritt in den Erneuerbarenmarkt. Sehr hohe Renditen und günstige Refinanzierungsmöglichkeiten eröffneten die Möglichkeit weiter zu expandieren. Allerdings flossen die meisten Investitionen nicht in den Erneuerbarenbereich, sondern in fossile Kapazitäten, insbesondere Gaskraftwerke, und vereinzelt in den Atombereich. Ihre Lobbyaktivitäten in Brüssel entfalteten sie über eigene Büros und die Mitgliedschaft in Verbänden.

Der wichtigste Verband der traditionellen Energiewirtschaft ist EURELECTRIC, der Dachverband der europäischen Stromwirtschaft. Zu den Mitgliedern zählen unter anderem der BDEW, der Bundesverband der Deutschen Energie- und Wasserwirtschaft, sowie das spanische Pendant zum BDEW, UNESA, die Asociación Española de la Industria Eléctrica. Für EURELECTRIC stellt sich die permanente Herausforderung als Verband der Verbände, die jeweils in sich auch eine Vielzahl verschiedener Interessen bündeln müssen, gemeinsame Positionen zu finden. Die Heterogenität innerhalb der Mitgliederstruktur bilden die besagten Verbände exemplarisch ab. Während der BDEW nicht nur die Interessen der großen, in Deutschland tätigen Energiekonzerne, sondern auch die Stadtwerke und Netzbetreiber_innen vertritt, hat UNESA lediglich fünf Mitgliedsunternehmen, die großen in Spanien tätigen Stromkonzerne. Seinem Selbstverständnis nach ist EURELECTRIC strikt technologieneutral und spricht sich für eine Vollendung des Energiebinnenmarktes und einen wettbewerblichen Rahmen für die Förderung der erneuerbaren Energien aus:

> „EURELECTRIC's approach to generation technologies is 'use them all', which means technology neutrality. Technologies should be used and developed in line with the objective of carbon-neutrality as well as on a market-driven basis. Efforts should be made to keep all energy options open, with a view to ensuring a diversified fuel mix which will help to reduce risks to security of supply." (EURELECTRIC 2012: 12)

Als zentraler Stützpfeiler der europäischen Dekarbonisierungsstrategie, zu der sich EURELECTRIC bekennt, sollte nach Meinung des Verbands das Emissionshandelshandelssystem fungieren (Interview EURELECTRIC 04.03.2015).

Neben EURELECTRIC gibt es noch zahlreiche technologiespezifische Verbände, die mit der fossil-nuklearen Energiewirtschaft verbunden sind. Das European Atomic Forum, kurz FORATOM, ist der Dachverband der europäischen Atomindustrie und zählt unter anderem das Deutsche Atomforum und das spanische Foro Nuclear zu seinen Mitgliedern. Der zentrale Verband der Gasindustrie ist EUROGAS. Zu seinen Mitgliedern gehören sowohl Verbände als auch Unternehmen. Mitglieder aus Deutschland sind unter anderem E.ON, RWE und der BDEW. Aus Spanien zählen das Unternehmen Gas Natural Fenosa und der Verband der spanischen Gasindustrie SEDIGAS, Asociación Española del Gas, zu den Mitgliedern. Der Dachverband der europäischen Kohleindustrie ist EURACOAL.

Über die Energiekonzerne und ihre Verbände hinaus sind alle wesentlichen Industrieverbände dem grauen Hegemonieprojekt zuzurechnen. In erster Linie ist dabei der Dachverband der europäischen Industrie BUSINESSEUROPE zu nennen, der auch Industriezweige abdeckt, die von einer Transformation des Energiesystems profitieren, etwa den Maschinen- und Anlagenbau oder den IT-Bereich. Noch deutlicher „transitionskritisch" fällt die Positionierung der Verbände energieintensiver Industriezweige aus, wie etwa der Dachverband der Chemieindustrie CEFIC, der Stahlindustrie EUROFER, der Zementindustrie CEMBUREAU sowie der Verband der industriellen Energieverbraucher IFIEC (Balanyá et al. 2014; Hirschl 2008: 407-408).

Innerhalb der Europäischen Kommission ergibt sich ein ambivalentes Bild. Ein übergeordnetes Ziel der Kommission ist die Vollendung des Binnenmarktes.

Dieses impliziert per se weder eine Beschleunigung noch ein Abbremsen des Umbaus der Energieversorgung. Da es innerhalb der GD Energie eine relativ große Heterogenität an energiepolitischen Orientierungen gibt, kann diese keinem der beiden Hegemonieprojekte zugeordnet werden, wohingegen die GD Industrie eine relativ große Nähe zu den den erneuerbaren Energien gegenüber eher kritischen Positionen der Industrieverbände aufweist (Hirschl 2008: 407-408). Die GD Wettbewerb hat eine sehr stark ordnungspolitische, auf die Vollendung des Binnenmarktes orientierte Ausrichtung. Etwa im Hinblick auf die nationalen Fördersysteme für erneuerbare Energien hat die GD Wettbewerb eine weitgehende Interessenkongruenz mit dem grauen Akteursspektrum (vgl. Kap. 4.3.4.). Allerdings variiert dies je nach Regelungsbereich. Insofern kann auch die GD Wettbewerb keinem der beiden Hegemonieprojekte zugeordnet werden.

4.2.2.2 Graue Interessenlagen

Das Gemeinschaftsinteresse des grauen Hegemonieprojekts besteht darin, die mit dem fossil-nuklearen Energieregime verknüpften Macht- und Herrschaftsverhältnisse zu konservieren. Es geht den Akteur_innen des grauen Spektrums wesentlich darum, die Transformation der Energiesysteme auszubremsen und in eine stärker zentralistische Richtung zu lenken. Die bestehenden zentralistischen, fossil-nuklearen Erzeugungskapazitäten sollen optimal verwertet, der Markt der erneuerbaren Energien kontrolliert sowie die Industriestrompreise niedrig gehalten werden. Dabei ist es wichtig festzuhalten, dass es innerhalb der grauen Kapitalfraktionen verschiedene Prioritäten gibt, aus denen sich teilweise konfligierende Interessen ergeben können (etwa im Hinblick auf das europäische Emissionshandelssystem, vgl. Kap. 4.2.2.3). Für die großen Energiekonzerne impliziert ein schneller Wandel hin zu erneuerbaren Energien eine große Gefahr, da ihre fossilen Kraftwerke bei wachsender Einspeisung regenerativ erzeugten Stroms tendenziell geringer ausgelastet werden und darüber hinaus die Börsenstrompreise unter Druck geraten. Darüber hinaus stellt eine Transformation der Energieversorgung eine existenzielle Bedrohung für die transnationalen Energiekonzerne dar, da sie in der Logik eines zentralistischen Energieregimes verankert sind und in einem dezentralisierten, regenerativen Energieregime Gefahr laufen, ihre Akkumulationsbasis zu verlieren. Bei der energieintensiven Industrie besteht hingegen die Befürchtung, dass eine schnelle Transition des Energiesystems mit einem deutlichen Anstieg der Preise verbunden wäre und somit die Wettbewerbsfähigkeit im Besonderen derjenigen Industriezweige gefährdet werden würde, deren Stromkosten einen hohen Anteil in Relation zu ihrer Wertschöpfung ausmachen.

Neben dem gemeinsamen Interesse an einer Verlangsamung des Wandels der Energiesysteme und einer Beibehaltung zentralistischer Strukturen gibt es innerhalb des grauen Projekts eine umfassende Zustimmung zu der Vollendung des Energiebinnenmarktes. Darin bildet sich die breite Unterstützung des Binnenmarktprojekts durch das Industriekapital ab (van Apeldoorn 2002). Zugleich versprechen sich die transnationalen Energiekonzerne durch einen einheitlichen europäischen Regulierungsrahmen Kostenvorteile, wohingegen sich die energieintensive Industrie eine Erhöhung der Effizienz des Gesamtsystems und damit sinkende Strompreise erhofft (Interviews Iberdrola 22.05.2014, Endesa 21.05.2014).

4.2.2.3 Strategische Orientierungen und politische Projekte

Der wesentliche ideologische Fluchtpunkt für Akteur_innen des grauen Hegemonieprojekts ist das Binnenmarktprojekt. Die Orientierung an diesem Ziel ermöglicht es einerseits innerhalb der Verbände relativ kohärente Positionierungen hervorzubringen, andererseits operieren die Akteur_innen innerhalb des hegemonialen Diskurses. Insofern kann die Vollendung des Elektrizitätsbinnenmarktes als das zentrale politische Projekt des grauen Akteursspektrums angesehen werden. Ein unmittelbar daraus ableitbares zweites politisches Projekt ist die „binnenmarktkonforme" Harmonisierung der Förderung der erneuerbaren Energien, um die Transitionsdynamiken in einen stärker zentralisitischen Ausbaukorridor zu lenken und das Ambitionsniveau zu drosseln. Innerhalb von EURELECTRIC existierte lange Zeit in Bezug auf den Ausbau der erneuerbaren Energien der Konsens, dass die sehr heterogenen nationalen Fördersysteme auf europaweit handelbare Zertifikatsysteme umgestellt werden sollen. Gleichwohl wurde dieser Konsens zwischenzeitlich etwas aufgeweicht, da einige der großen Sieben mit Einspeisevergütungsmodellen positive Erfahrungen gesammelt haben, etwa Iberdrola in Spanien. Ein Vertreter von E.ON, ein Konzern, der sich in Deutschland wiederholt für die Abschaffung des EEGs ausgesprochen hat, hat in einer parlamentarischen Anhörung im Mai 2008 in Großbritannien für die Einführung eines Einspeisevergütungsmodells für Offshorewindanlagen plädiert (Futterlieb und Mohns 2009: 69-71).

Ein drittes Projekt besteht darin, die Dekarbonisierung als energie- und klimapolitisches Leitbild, gegen die Vision eines regenerativen Energiesystems, zu verallgemeinern. Der Dekarbonisierungsdiskurs ist eingelassen in die klimapolitischen Notwendigkeiten, eröffnet jedoch (zumindest im diskursiven Terrain) die Perspektive, fossil-nukleare „low-carbon technologies" als Lösungsansätze gegen den voranschreitenden Klimawandel einzusetzen und gegen die Erneuerbaren in Stellung zu bringen (Morata und Solorio Sandoval 2014).

Daraus leiten sich vier weitere politische Projekte ab: Das vierte Projekt, das auch mit dem Anspruch nach Technologieneutralität korresponidert, besteht darin, das Möglichkeitsfenster der Atomenergienutzung offen zu halten. Vor dem Hintergrund dessen, dass die Wahl des Energiemixes im nationalen Kompetenzbereich liegt, geht es dem grauen Akteursspektrum auf der europäischen Maßstabsebene in erster Linie darum, das Fortbestehen von EURATOM und der Forschungsförderung zu sichern und gegebenenfalls Förderungsregelungen für Neubauten gegen wettbewerbsrechtliche Einwände zu verteidigen.

Das fünfte Projekt besteht darin, die CCS-Technologie, die etwa im Rahmen des ersten europäischen Konjunkturpakets gefördert wurde, als „clean coal technology", also als ernstzunehmende Zukunftsperspektive zu setzen, um Zustimmung zur Kohle zu organisieren. Mit CCS wäre eine fortgesetzte Kohlenutzung kompatibel mit den Dekarbonisierungsbestrebungen der EU.

Als sechstes, noch relativ junges aber sehr bedeutendes Projekt lässt sich die Einführung von Kapazitätsmärkten ausmachen. Kapazitätsmärkte sollen, so das Kernargument der fossil-nuklearen Energiewirtschaft, Anlagen, die jederzeit Strom liefern können und damit die Versorgungssicherheit bei wachsendem, fluktuierend eingespeistem Regenerativstrom, gewährleisten, für diese Bereitstellung des Gutes Versorgungssicherheit vergüten. Allerdings besteht ein zentrales Motiv hinter der Forderung nach Kapazitätsmärkten, so das Argument aus dem grünen Akteursspektrum, darin, die tendenziell immer schlechter ausgelasteten Kraftwerke wieder rentabler zu machen.

Das siebte Projekt richtet sich darauf, Gas als „emissionsarme" Alternative zur Nutzung der Kohle zu profilieren. Dabei deuten sich auch Konflikte innerhalb des grauen Projekts zwischen denjenigen Akteur_innen an, die tief verwurzelt mit der Nutzung der Kohle sind, und solchen, die Gas als Tandem mit den erneuerbaren Energien etablieren wollen.

Im Hinblick auf die Ausgestaltung des europäischen Emissionshandelssystems ist innerhalb des grauen Hegemonieprojekts der kleinste gemeinsame Nenner, dass es so ausgestaltet werden sollte, dass es kompatibel mit der Fortschreibung des fossil-nuklearen Energieregimes ist. Allerdings gibt es innerhalb des Projekts zwei unterschiedliche Orientierungen, die sich in den Positionierungen von EURELECTIC und BUSINESSEUROPE abbilden. EURELECTIC insistiert darauf, dass von dem Emissionshandelssystem Preissignale ausgehen sollen und alle relevanten Sektoren einen erheblichen Beitrag zur Dekarbonisierung leisten sollen. Der Hintergrund ist, dass die Stromkonzerne über das *Merit-Order*-Verfahren die Kosten der Emissionszertifikate einpreisen können und damit besonders CO2-arme Technologien von steigenden Börsenstrompreisen profitieren könnten. Zudem verfügen die großen Sieben über eigene Handelsabteilungen und ein großes Knowhow an den Kohlestoffmärkten. Somit bildet das Emissionshandelssystem die Möglichkeit, neue Geschäftsfelder zu erschließen, beziehungsweise bestehende auszubauen (Bitter 2013: 299). BUSINESSEUROPE hingegen bekämpft entschieden jeden Versuch, das Emissionshandelssystem substantiell zu reformieren, da der Verband keinerlei Interesse an einem „funktionierenden" System hat. Es wird argumentiert, dass ein ambitioniertes Emissionshandelssystem die Wettbewerbsfähigkeit der europäischen Industrie unterminieren würde und zu Produktionsverlagerungen in Räume außerhalb der EU führen würde. Dieses Argument wird auch vom Europäischen Gewerkschaftsbund (EGB) vorgebracht, wohingegen der Vertreter von E.ON, Bill Kyte, im European Climate Change Programme dahingehend zitiert wird, dass „the impact of the EU ETS on competitiveness has been over-hyped" (zitiert nach Bitter 2013: 268). Auf Grund dieser evidenten Spaltung innerhalb des grauen Akteursspektrums wird die Ausgestaltung des EU EHS nicht als politisches Projekt dieses Spektrums gefasst. Denn in dieser Frage gibt es inzwischen eine relativ weitgehende Übereinstimmung der fossil-nuklearen Energiewirtschaft mit dem grünen Akteursspektrum.

4.2.3 Die Etablierung des grünen Hegemonieprojekts

In der EU setzte in den 2000er Jahren ein Wandel der Energiesysteme ein. Nach der Osterweiterung im Jahr 2004 machten die erneuerbaren Energien in den damals 25 Mitgliedsstaaten einen Anteil von 8,3 % am Gesamtenergieverbrauch aus. Bis 2009 stieg der Anteil auf 11,9 %, im Strombereich fand in derselben Zeitspanne ein Zuwachs von 14,3 % auf 19,0 % statt. Besonders deutlich war der Anstieg im „Krisenjahr" 2009, als der Energieverbrauch insgesamt deutlich rückläufig war, die erneuerbaren Energien jedoch auf Grund des Einspeisevorrangs nicht unmittelbar davon betroffen waren. Die Transition ging einher mit der Herausbildung grüner Kapitalfraktionen und einer wachsenden makroökonomischen Bedeutung des Erneuerbarensektors. Die Zahl der Beschäftigten stieg nach Berechnungen des European Renewable Energy Councils (EREC), des Dachverbandes der erneuerbare Energien-Industrien, von 230.000 im Jahr 2005 auf 550.000 in Jahr 2009 an. Mehr als die Hälfte der im Jahr 2009 global installierten PV-Kapazitäten wurden in Deutschland aufgebaut. Aber auch Italien, die Tschechische Republik und Belgien waren wichtige Absatzmärkte. In Spanien brach der PV-Absatz hingegen gegenüber dem Boomjahr 2008 massiv ein (Jäger-Waldau 2010). Im Hinblick auf die Windenergie war Spanien im Jahr 2009 mit einem Anteil von 24 % an den europäischen Neuinstallationen Spitzenreiter vor Deutschland. Der europäische Windmarkt wuchs gegenüber dem Vorjahr um über 20 % (EWEA

2010b). Im Folgenden sollen die sozialen Kräfte, die den Wandel der Energiesysteme tragen, ihre Interessen und strategischen Orientierungen bzw. politischen Projekte skizziert werden.

4.2.3.1 Zentrale Akteur_innen des grünen Hegemonieprojekts

Ein zentraler Eckpfeiler des grünen Hegemonieprojekts bilden die grünen Kapitalfraktionen. Diesen weisen im Vergleich zu der fossil-nuklearen Energiewirtschaft eine wesentlich kleinteiligere Akteursstruktur auf. Viele kleine und mittlere Unternehmen sowie Genossenschaften und Privatpersonen sind im Bereich der erneuerbaren Energien tätig. Im Anlagenbau sind hingegen auch zahlreiche große transnationalisierte Konzerne wie Siemens, Bosch oder ABB aktiv. Verglichen mit der Solarindustrie war die Konzentration im Windanlagenbau im Jahr 2009 bereits deutlich weiter vorangeschritten (Harris 2010). Im Jahr 2009 war das dänische Unternehmen Vestas mit einem globalen Marktanteil von 12,5 % Weltmarktführer (Reddall 01.09.2010). Das bereits im Jahr 1945 gegründete Unternehmen spezialisierte sich nach der Ölkrise 1973 auf die Entwicklung und Produktion von Windenergieanlagen und stieg im Jahr 1980 in die Serienproduktion ein. In der Folgezeit wuchs das Unternehmen kontinuierlich und entwickelte sich zu einem transnationalen Konzern mit Forschungseinrichtungen und Produktionsanlagen auf verschiedenen Kontinenten und einer Mitarbeiter_innenzahl von ca. 20.000. Darüber hinaus gehören drei weitere europäische Anlagenbauer regelmäßig zu den weltweit zehn größten, nämlich Enercon und Siemens aus Deutschland (vgl. Kap. 5.2.3.1.) sowie Gamesa aus Spanien (vgl. Kap. 6.2.3.1.)[19].

Gebündelt werden die Interessen der europäischen Windbranche in der European Wind Energy Association (EWEA)[20], die bereits im Jahr 1982 gegründet wurde. Anlässlich des 30-jährigen Bestehens von EWEA im Jahr 2012 wurde mit großem Pathos auf die Entstehungsgeschichte des Verbands zurückgeblickt:

> „Britain and Argentina were waging war over the Falkland Islands in 1982, the first artificial heart transplant in a human occurred in the US, Germany, at the geographic centre of the Cold War, was still divided, Apartheid had made South Africa a pariah, and the Euro did not exist. But at the other end of the news spectrum, a small group of scientific and engineering visionaries meeting in Stockholm agreed to establish the

19 Siemens und Gamesa planen aktuell ihre Windkraftsparten zu fusionieren. Damit entstünde der weltgrößte Windanlagenbauer (Gómez 2016).

20 EWEA wurde im Jahr 2016 in Wind Europe umbenannt. In dieser Arbeit wird die Umbenennung nicht weiter berücksichtigt. Im Analysezeitraum dieser Arbeit agierte Wind Europe noch EWEA und wird entsprechend so bezeichnet.

European Wind Energy Association (EWEA) which in the next 30 years went on to become the world's major voice for wind power."[21]

Die Mitgliedschaft des Verbands umfasst sowohl alle wesentlichen nationalen Windverbände wie den deutschen Bundesverband Windenergie (BWE) und die spanische Asociación Empresarial Eólica (AEE), als auch zahlreiche Projektentwickler_innen und Betreiber_innen. Neben den oben genannten Anlagenbauern sind auch ab dem Jahr 2010 die erneuerbare Energien-Sparten der großen Energiekonzerne EWEA verstärkt beigetreten. Der Verband befand sich im Jahr 2009 Mitten in einem Wachstumszyklus. Die Zahl der Mitglieder wuchs zwischen 2006 und 2012 von 230 auf 720 an, die Einkünfte stiegen von 3,8 auf 15,8 Millionen Euro und die Zahl der Beschäftigten von 14 auf 65[22].

Im Bereich der Solarenergie, bzw. der Solarzellenherstellung, gehörten im Jahr 2009 lediglich vier europäische Unternehmen zu den 20 größten der Welt. Darunter befanden sich drei deutsche Unternehmen, Q-Cells, Solarworld und Bosch-Solar. Im Jahr 2009 wurden in Europa Photovoltaikanlagen mit einer Kapazität von ca. 5,8 GW installiert (davon allein 3,8 GW in Deutschland). Die Produktion innerhalb Europas belief sich hingegen lediglich auf 2 GW. Nichtsdestotrotz stieg die Zahl der in der Solarbranche Beschäftigten stark an und wurde im Jahr 2009 auf über 100.000 geschätzt, wobei davon 63.000 auf Deutschland entfielen (Jäger-Waldau 2010: 12, 34, 36). Bereits im Jahr 1985 wurde EPIA, die European Fotovoltaic Industry Associaction[23], gegründet, die sowohl Verbände als auch Unternehmen in Ihrer Mitgliedschaft entlang der gesamten solaren Wertschöpfungskette versammelt. Mit dem rasanten Wachstum der Branche, in den 2000er Jahren gab es durchschnittliche Wachstumsraten von über 40 %, ist auch der Verband stark gewachsen. Allerdings zeichneten sich bereits im Jahr 2009 deutliche Überkapazitäten in der globalen PV-Industrie ab (ebd.: 10).

Neben den beiden für den Strombereich wichtigsten Spartenverbänden E-WEA und EPIA gab es noch die das gesamte Erneuerbarenspektrum abdeckenden Verbände EREC und EREF, die European Renewable Energy Federation. EREF wurde im Jahr 1999 vor dem Hintergrund der Auseinandersetzungen um die Erneuerbarenrichtlinie, die im Jahr 2001 in Kraft trat, gegründet. Der damals bei Weitem am besten aufgestellte Erneuerbarenverband war EWEA, der zu dieser

21 http://www.ewea.org/news/detail/2012/09/21/wind-directions-article-ewea-at-30-from-humble-beginnings-to-mainstream-power-player/ zugegriffen am 30.03.2016

22 http://www.ewea.org/news/detail/2012/09/21/wind-directions-article-ewea-at-30-from-humble-beginnings-to-mainstream-power-player/ zugegriffen am 30.03.2016

23 EPIA wurde im Jahr 2015 umbenannt in Solar Power Europe. Dass Industry nicht mehr im Namen auftaucht deutet bereits an, dass die Hersteller_innen innerhalb des Verbandes an Gewicht verloren haben (Clover 2015). Analog zu EWEA wird in dieser Arbeit die Umbenennung nicht weiter berücksichtigt.

Zeit sehr stark von den dänischen und britischen Mitgliedern geprägt war. In der Frage des adäquaten Fördersystems plädierte der Verband für ein europaweit harmonisiertes Quotensystem. Verbände aus Ländern wie Deutschland oder Spanien hingegen favorisierten Einspeisevergütungsmodelle. Deshalb gründeten sie EREF als Sprachrohr derjenigen nationalen Verbände auf europäischer Ebene, die für Systeme garantierter Einspeisevergütung eintraten (Hirschl 2008: 441). Um die Arbeit der verschiedenen Erneuerbarenverbände besser zu koordinieren wurde im Jahr 2000 der Dachverband EREC gegründet. EREC hatte während seines Bestehens zumeist ca. zehn Mitgliedsverbände, dazu gehörten EREF und neben EPIA und EWEA noch fünf weitere technologiespezifische Verbände sowie der Dachverband der Forschungseinrichtungen (EUREC), die im Themengebiet der regenerativen Energieversorgung aktiv sind[24].

Unterstützung in ihren Ambitionen, einen möglichst günstigen regulatorischen Rahmen für die Transformation des Energiesystems zu erkämpfen, fanden die Unternehmensverbände bei den transnationalisierten Umwelt-NGOs, die im Rahmen des „Green 10“ Zusammenschlusses ihre Arbeit koordinieren. Zu den grünen Zehn gehören Organisationen wie Greenpeace, Friends of the Earth (FoE), der World Wildlife Fund (WWF) oder das Climate Action Network (CAN), die im energiepolitischen Bereich sehr aktiv sind. Diese NGOs haben alle jeweils eigene Büros in Brüssel und versuchen durch die Vernetzung mit anderen progressiven Akteur_innen des im energiepolitischen Bereich aktiven Teils der europäischen Zivilgesellschaft und Lobbyarbeit die Transformation der Energiesysteme voranzubringen.

Im parlamentarischen Raum hat sich 1995 EUFORES gegründet[25], ein Zusammenschluss von Europaparlamentarier_innen, die sich für den Ausbau erneuerbarer Energien und eine Erhöhung der Energieeffizienz einsetzen. EUFORES unterhält ein eigenes Sekretariat und dient als wichtige Koordinationsplattform, die über regelmäßige auch „multiskalare“ Parlamentarier_innentreffen verschiedene Akteursspektren zusammenbringt. Von 2003 bis 2009 wurde EUFORES von der SPD-Abgeordneten Mechthild Rothe geleitet, die als Berichterstatterin wesentlich an der Ausarbeitung der Erneuerbarenrichtlinie 2001/77 EG beteiligt war. Die Befürworter_innen eines ambitionierten Ausbaus der erneuerbaren Energien waren immer wieder in der Lage, im Parlament Mehrheiten zu organisieren, weshalb Hirschl das Europäische Parlament mehrheitlich als Teil der EE-Koalition zählt (Hirschl 2008: 402).

Die Europäische Kommission bildet eine große Bandbreite an energiepolitischen Orientierungen ab. Die innerhalb der GD Energie angesiedelte Abteilung

24 http://www.erec2013.org/en/home_95.aspx, zugegriffen am 05.06.2015
25 EUFORES steht für European Forum for Renewable Energy Sources.

für erneuerbare Energien sowie die GD Umwelt und die GD Klima gehören zu den energiewendeaffin ausgerichteten Teilen (Aretz et al. 2010; Hirschl 2008).

Im intergouvernementalen Bereich war die von der deutschen und der spanischen Regierung im Jahr 2004 gegründete International Feed-In Cooperation (IFIC) von großer Bedeutung. In beiden Ländern wurden Einspeisevergütungssysteme genutzt, um die regenerativen Energieträger auszubauen. Die IFIC wurde als offene Plattform mit regelmäßigen Treffen etabliert. Es wurde ein regelmäßiger Austausch vorwiegend auf der Arbeitsebene der zuständigen Ministerien angeregt. Der erste Workshop fand am 27. Januar 2005 in Madrid statt und wurde von Javier Garia Breva eröffnet, dem damaligen Direktor des IDAE (Instituto de Diversificación y Ahorro de la Energía), der federführenden Unterabteilung des spanischen Industrie- und Energieministeriums. In der Folgezeit fanden regelmäßig Workshops mit wachsenden Teilnehmer_innenzahlen statt. Auf Grund der erfolgreichen Einspeisevergütungsmodelle und dem Willen der jeweiligen Regierungen diese beizubehalten, sollte der IFIC eine wichtige Rolle bei der Aushandlung der Erneuerbarenrichtlinie 2009 zukommen (vgl. Kap. 4.3.).

Da die Transformation der Energiesysteme wesentlich auf der lokalen Ebene umgesetzt wird, gibt es zahlreiche europäischen Bündnisse, die die energiewendebezogenen kommunalen Interessen in Brüssel artikulieren, beispielsweise das 1990 gegründete Netzwerk Energy Cities (Tews 2014: 18-19). Dieser Zusammenschluss verfolgt die Vision einer Energiedemokratie, also einer dezentralisierten Energiewende mit anderen Eigentumsverhältnissen. Energy Cities weist eine weitgehende ideologische Kongruenz mit genossenschaftlichen Ansätzen auf, wobei sich der europäische Dachverband der Energiekooperativen RESCOOP erst im Jahr 2013 konstituierte (Interviews Energy Cities 23.03.3015, RESCOOP 09.03.2015).

4.2.3.2 Grüne Interessenlagen

Das Gemeinschaftsinteresse des grünen Hegemonieprojekts liegt darin begründet, einen möglichst schnellen Wandel des Energiesystems hin zu einer Vollversorgung auf der Basis regenerativer Energien zu vollziehen. Das Interesse an einem Wandel der Energieversorgung speist sich sowohl aus materiellen Interessen als auch ideologischen Orientierungen. Dabei können innerhalb des grünen Projekts zwei Pole ausgemacht werden: Einerseits die Orientierung auf eine Transition des Energiesystems im Sinne einer ökologischen Modernisierung, also eine Erneuerung der technologischen Basis und der sektorspezifischen Macht- und Herrschaftsverhältnisse unter grünen Vorzeichen; andererseits die Orientierung auf eine Transformation der Energiesysteme, die nicht nur eine Erneuerung der technologischen Basis umfasst, sondern darüber hinaus eine dezentralisierte Form der Energieversorgung mit neuen Eigentumsverhältnissen und Partizipationsformen ohne Großkonzerne.

Die grünen Akkumulationsstrategien sind aufs Engste an eine Transition und teilweise auch an eine Transformation der Energieversorgung gebunden. Somit besteht ein unmittelbares Interesse an einem raschen Wandel des Energiesystems. Nach wie vor befindet sich das grüne Akteursspektrum in materieller Hinsicht gegenüber den grauen Kapitalfraktionen in einer schwachen Position (Neslen 2015). Auf Grund der relativ großen Heterogenität der grünen Unternehmenslandschaft gibt es innerhalb dieses Spektrums über das Ziel einer Vollversorgung mit erneuerbaren Energien hinaus keine gemeinsame Position dazu, welchen sozialen Charakter das neue Energiesystem haben soll.

Auch die Visionen der Umweltorganisationen und der energiewendefreundlichen Parlamentarier_innen darüber, wie ein Europa der erneuerbaren Energien aussehen soll, sind durchaus heterogen aber eher am Transformationsansatz orientiert. Der genossenschaftliche und der kommunale Flügel des grünen Hegemonieprojekts sind hingegen diejenigen Kräfte innerhalb des grünen Projekts, die am deutlichsten einen radikalen Wandel des Energieversorgungssystems proklamieren.

Vor dem Hintergrund des Ausbruchs der Weltfinanz- und Wirtschaftskrise und der Ausbreitung der Massenarbeitslosigkeit in zahlreichen europäischen Ländern, adressierten grüne Akteur_innen auch verstärkt das gewerkschaftliche Spektrum. Sie versuchten über das Argument, dass ein Europa der erneuerbaren Energien nicht nur in klimapolitischer Hinsicht wünschenswert ist, sondern auch zusätzliche Arbeitsplätze bringt, die Zustimmung für ihre Anliegen zu verbreitern. Häufig diente das Konzept eines Green New Deals als Fluchtpunkt dieser Argumentationslinie (Greenpeace und EREC 2009, 2010).

4.2.3.3 Strategische Orientierungen und politische Projekte

Das grüne Hegemonieprojekt versucht sein Gemeinschaftsinteresse zu verallgemeinern, indem ein regeneratives Energiesystem dem bestehenden System sowohl unter Nachhaltigkeitskriterien als auch im Hinblick auf die Versorgungssicherheit und Wettbewerbsfähigkeit als überlegen darstellt wird. Im Kern geht es also um die optimale Erfüllung des energiepolitischen Zieldreiecks (Greenpeace 2005a). Daraus lässt sich als erstes politisches Projekt des grünen Akteursspektrums die Universalisierung der Vision eines regenerativen Energiesystems als eine sichere, kostengünstige und nachhaltige Form der Energieversorgung festmachen.

Als zweites Projekt lässt sich der strategische Ansatz ausmachen, über verbindliche, mittels Richtlinien juridisch fixierte, ambitionierte Ausbauziele die Transition der europäischen Energiesysteme zu befeuern. Hierfür war es unerlässlich, dass sich die Akteur_innen des grünen Projekts verstärkt ab den 1990er Jahren auch auf der europäischen Ebene organisiert haben. Auf diese Weise konnten im Jahr 2001 die Richtlinie 77/2001/EG und acht Jahre später die Richtlinie 28/2009/EG durchgesetzt werden (vgl. Kap. 4.3.).

Als drittes politisches Projekt kann die Festschreibung bzw. Verteidigung von Fördersystemen zum Ausbau der erneuerbaren Energien definiert werden. Zu einem gewissen Grad kontrovers war hingegen innerhalb des grünen Spektrums die Frage, mit welchem Fördersystem der Wandel des Energiesystems forciert werden soll und auf welcher Maßstabsebene die Festlegung erfolgen soll. In Deutschland und Spanien wurden mit relativ großem Erfolg Einspeisevergütungsmodelle praktiziert. Dieses Modell wurde erstmals im Jahr 1988 in Portugal eingeführt und „diffundierte" in zahlreiche andere Länder der EU (Bechberger und Reiche 2006). Allerdings gibt es trotz dieses Diffusionsprozesses verschiedene nationale Fördersysteme (Ragwitz et al. 2006: 8) und innerhalb des grünen Akteursspektrums verschiedene Vorstellungen über die optimale Förderung. Dies bildete sich auch in den Verbandsstrukturen ab. EREF wurde explizit als Verband gegründet, um Einspeisevergütungsmodelle gegen Angriffe aus Brüssel zu verteidigen. Insofern besteht innerhalb des grünen Spektrums eine Einigkeit darüber, dass die Erneuerbaren ausgebaut werden müssen, aber nicht mit welchen Instrumenten.

Als viertes politisches Projekt kann die Delegitimierung des bestehenden fossil-nuklearen Energieregimes ausgemacht werden. Ein zentraler Ansatzpunkt hierfür ist der Verweis auf die hohen externalisierten Kosten der Nutzung fossiler und nuklearer Energieträger. Einer Analyse der European Environment Agency (EEA) zufolge betrugen EU-weit die durchschnittlichen externalisierten Kosten je produzierter KWh zwischen 1,8 Cent (niedrige Schätzung) und 5,9 Cent (hohe Schätzung) (EEA o. J.). Diese große Spanne deutet darauf hin, dass der Berechnung der externen Kosten ein sehr großer Ermessensspielraum zu Grunde liegt. Die grünen Akteur_innen orientieren sich in ihrer Argumentation eher an hohen Schätzungen und fordern eine komplette Internalisierung sämtlicher Kosten in Kombination mit dem Ende aller Subventionen für die fossil-nukleare Energiewirtschaft (Greenpeace 2008). Ein Baustein hierfür wäre, und an dieser Stelle gibt es gewisse Schnittmengen mit Teilen des grauen Projekts, ein „funktionierendes" Emissionshandelssystem. Dieses könnte über Preissignale zu einem forcierten Ausbau der erneuerbaren Energien beitragen und würde insbesondere die Wirtschaftlichkeit von Braunkohlekraftwerken einschränken. Darüber hinaus gibt es innerhalb des grünen Akteursspektrums eine sehr weitgehende Ablehnung der Atomenergie, der

CCS-Technologie (jedenfalls für energiebedingte Emissionen) und von Kapazitätsmärkten.

Abbildung 1: Das energiepolitische Akteursspektrum Europas im Vorfeld der Krise, dargestellt nach der oben vorgenommenen Einteilung in graues (links) und grünes (rechts) Hegemonieprojekt

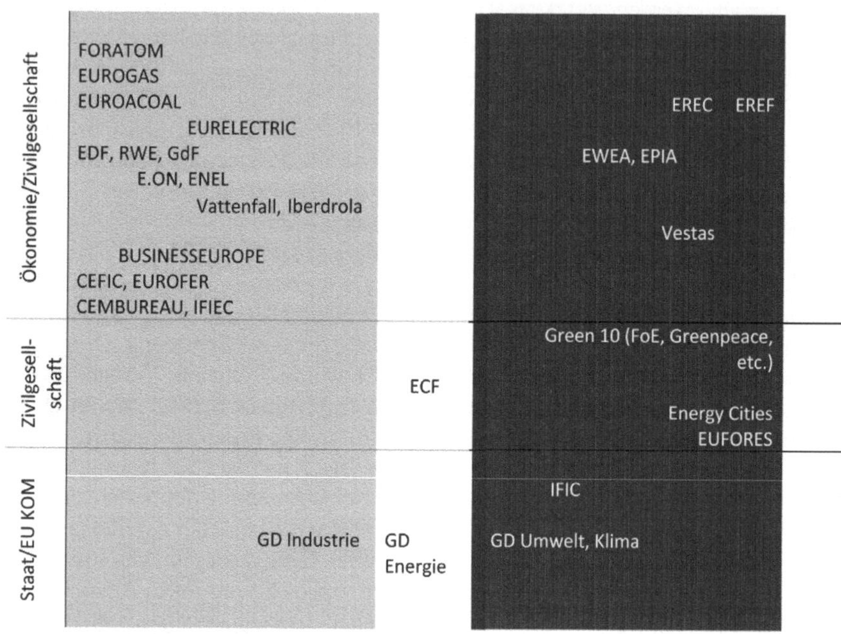

Quelle: Eigene Darstellung.

4.3 Die klimapolitisch dominierte Phase europäischer Energiepolitik im Vorfeld der Krise

Vor dem Hintergrund der symbolischen und materiellen Aufwertung der Klimapolitik und der Konflikte zwischen dem grauen und dem grünen Hegemonieprojekt im klima- und energiepolitischen Feld hat der Europäische Rat am 9. März 2007 unter deutscher Präsidentschaft das Klima- und Energiepaket mit den „20-20-20-Zielen“ beschlossen. Die Zieltrias schreibt eine Emissionsminderung um mindestens 20 % gegenüber dem Niveau von 1990, eine Erhöhung der Energieeffizienz um mindestens 20 % sowie eine Erhöhung des Anteils der erneuerbaren Energien am Gesamtenergieverbrauch auf 20 % bis zum Jahr 2020 verbindlich fest. Darüber hinaus wurde in dem Beschluss des Pakets verankert, dass bei ambitionierten klimapolitischen Ansätzen in anderen Weltregionen die EU ihr Treibhausgasemissionsminderungsziel auf 30 % anheben wird (Skovgaard 2014).

Im Hinblick auf das Erneuerbarenziel konnten sich die grünen Akteur_innen mit ihrer Forderung nach einem verbindlichen Ausbauziel durchsetzen (Hirschl 2008: 393-399). Dies war nur möglich vor dem Hintergrund bereits in Gang befindlicher Transitionen der Stromsysteme in zahlreichen europäischen Ländern, unter anderem in Deutschland und Spanien. Sowohl die globale politische Großwetterlage als auch die spezifische europäische Konstellation vor dem Ausbruch der großen Krise begünstigten das grüne Hegemonieprojekt. Den Träger_innen des Projekts gelang es, den Ausbau der erneuerbaren Energien als einen Baustein einer ökologischen Modernisierungsagenda zu verankern und als glaubwürdige Alternative zum fossil-nuklearen Energieregime zu verbreitern. Zur Erfüllung des Erneuerbarenziels wurde eine Governance-Architektur angedacht, deren Kern eine Richtlinie bilden sollte, die die im Jahr 2010 auslaufende Richtlinie 77/2001 ablöst.

Abgesehen von den Regelungen im Hinblick auf den Bereich der erneuerbaren Energien umfasst das Klima- und Energiepaket auch Vereinbarungen zur Ausgestaltung des Emissionshandelssystems (Bitter 2013: 272-278) und Konkretisierungen zur Erreichung des Energieeffizienzziels. Mit der Verabschiedung des Klima- und Energiepakets gelang es dem Europäischen Rat in Einklang mit weiten Teilen der Europäischen Kommission, die Position der EU als Vorreiterin in der globalen Klima- und Umweltpolitik zu erneuern (Kelemen und Vogel 2010).

Die oben skizzierte energiepolitische Konfliktkonstellation bildete sich auch im Aushandlungsprozess der 2009 verabschiedeten Richtlinie über den weiteren Ausbau der erneuerbaren Energien ab. Nachdem mit der Vorgabe des 20%-Ziels bereits das Ambitionsniveau vorab festgelegt wurde, war der wesentliche Konfliktpunkt im Policy-Prozess hin zur Erneuerbarenrichtlinie 2009/28 EG die Frage des Fördersystems. Hierbei gab es zwei konkurrierende Vorstellungen. Innerhalb des grauen Akteursspektrums gab es eine große Mehrheit für ein System europaweit handelbarer Grünstromzertifikate nach britischem Vorbild, das ein upscaling der bisher nationalstaatlichen Kompetenzen im Bereich der Erneuerbarenförderung implizieren würde. Weite Teile des grünen Akteursspektrums hingegen setzten sich auf Grund der überwiegend positiven Erfahrungen mit nationalen Einspeisevergütungssystemen dafür ein, dass die Art und Weise der Förderung den Mitgliedsstaaten weitgehend selbst überlassen bleibt. Im ersten noch informellen Entwurf der Kommission im Herbst 2007 war entsprechend den Vorstellungen der grauen Akteur_innen ein verpflichtender Übergang zu einem europaweit vereinheitlichten Fördersystem basierend auf einem Quotenmodell vorgesehen. Dieser

Vorschlag fand auch die Zustimmung einiger Mitgliedsstaaten. Grüne Akteur_innen und besonders die Verbände der Erneuerbarenindustrie stellten sich entschieden gegen den Entwurf und orientierten darauf, die Einspeisevergütungsmodelle zu verteidigen. Unterstützung fanden sie vor allem bei der deutschen und der spanischen Regierung. Ein wichtiges Ereignis war die Konferenz der International Feed-In Cooperation (IFIC) im Oktober 2007 in Ljubljana, die zur Verständigung der Gegner_innen eines Quotenmodells wesentlich beitrug (Futterlieb und Mohns 2009: 36-39).

Wenige Tage vor der Veröffentlichung des ersten Entwurfs der Richtlinie im Frühjahr 2008 hat ein Treffen zwischen Vertreter_innen der Erneuerbarenindustrie und dem damaligen Energiekommissar Andris Piebalgs stattgefunden. Im Entwurf wurde zwar am Quotensystem festgehalten, allerdings eine sogenannte opt-out Klausel eingefügt, die es Mitgliedsstaaten unter gewissen Umständen weiterhin ermöglicht hätte, andere Fördermodelle beizubehalten. Damit wurde die ursprüngliche Linie der Kommission abgeschwächt. Die Gegner_innen des Quotenmodells gaben sich damit jedoch nicht zufrieden. Im April 2008 fand in Brüssel eine weitere IFIC-Konferenz statt. Deren Charakter schildern Futterlieb und Mohns (ebd.: 43) auf Basis eines Interviews mit Reiner Hinrichs-Rahlwes, dem damaligen Vorsitzenden von EREC, dem Dachverband der Erneuerbarenverbände, folgendermaßen:

> „Nach Einschätzung von Hinrichs-Rahlwes ‚hat das BMU hörbar auf den Tisch gehauen' und auf diesem Workshop gezeigt, dass der Kommissionsvorschlag bestehende Systeme unterhöhlen würde. ‚Daraufhin hat es in der Kommission die Ansage gegeben, Wir können diesen Kurs nicht halten und müssen an Kompromissen arbeiten.'"

Unterstützung fanden die Gegner_innen des Quotenmodells kurioserweise auch in den Fortschrittsberichten der Kommission zur Richtlinie 77/2001/EG, in welchem die deutschen und spanischen Einspeisevergütungsmodelle explizit als effiziente, zielführende Systeme benannt wurden:

> „It is commonly stated that the high level of feed-in tariffs is the main driver for investment in wind energy especially in Spain and Germany. As can be seen, the level of support is rather well adjusted to generation cost. A long-term stable policy environment seems to be the key to success in developing RES markets, especially in the first stage." (EU KOM 2005: 28)

Die Diskrepanz zwischen den Kommissionsberichten, die Einspeisevergütungsmodelle insgesamt positiv evaluieren, und der Linie der Europäischen Kommission in der zu verhandelnden neuen Richtlinie, erklärte die Greenpeaceexpertin Frauke Thies folgendermaßen: „Da sieht man eben, dass die Arbeitsebene die Analyse macht, und dann sind es politische Interessen, die auf höheren Ebenen gesagt haben, wir wollen es aber soundso machen“ (zitiert nach Futterlieb und Mohns 2009: 41).

Innerhalb des Parlaments wurde der Richtlinienentwurf vom Comittee on Industry, Research and Energy (ITRE) beraten, Berichterstatter war Claude Turmes, Abgeordneter der Grünen und damals stellvertretender Vorsitzender von EUFORES. Diesem gelang es, innerhalb des Ausschusses eine klare Mehrheit für eine quotensystemkritische Position zu organisieren und damit den Druck gegen die Linie der Kommission zu erhöhen. Im weiteren Verlauf erfolgten die Verhandlungen zur Erneuerbarenrichtlinie wesentlich über einen informellen Trilog, also über das Parlament, den Rat und die Kommission. Im Dezember 2008 wurde im Ministerrat ein Richtlinienentwurf beraten und angenommen, der nicht auf die Einführung europaweit handelbarer grüner Zertifikate orientierte, sondern den Mitgliedsstaaten einen großen Gestaltungsspielraum gewährte, mit welchen Fördermaßnahmen sie die Erreichung ihrer national verbindlichen 2020-Ziele gewährleisten (ebd.: 49-52).

Die Annahme der Richtlinie erfolgte nicht nur kurz vor dem Ende der Amtszeit der Kommission Barroso I, sondern bildete auch den Abschluss eines klima- und energiepolitischen Zyklus in Europa, der relativ stark von klimapolitischen Ambitionen geprägt war. Allerdings spitzten sich nach dem Scheitern der UN-Klimakonferenz in Kopenhagen im Dezember 2009 und der besonders in Europa eskalierenden Weltfinanz- und Wirtschaftskrise klima- und energiepolitische Konflikte im europäischen Kontext zu. Insofern fanden die weiteren Entwicklungen in diesem Feld unter geänderten Vorzeichen statt.

4.4 Wachsende energiepolitische Spannungen im Schatten der Krise

Anfang des Jahres 2010 nahm die Kommission Barroso II ihre Arbeit auf. Neuer Energiekommissar wurde der damalige Baden-Württembergische Ministerpräsident Günther Öttinger, das Klimaressort übernahm die Dänin Connie Hedegaard. In der Folgezeit entwickelte sich die Kommission zu einer zentralen Akteurin im europäischen Krisenmanagement, das sich stark am Leitbild der Austerität und Wettbewerbsfähigkeit orientierte und bestehende Demokratiedefizite der EU verstärkte (Heinrich 2012; Urban 2011; Wöhl 2013). Die Klima- und Energiepolitik geriet im Verlauf der Krise zunehmend in den Hintergrund, der Mythos eines grünen Europas (Lenschow und Sprunk 2010) verlor an Bedeutung. Ansätze eines Green New Deals oder eines sozial-ökologischen Transformationsprozesses konnte das grüne Akteursspektrum allenfalls marginal in das Krisenmanagement einschreiben.

Zunächst sollen die bedeutendsten polit-ökonomischen Krisendynamiken und Bausteine des austeritätsgetriebenen europäischen Krisenmanagements herausgearbeitet und vor diesem Hintergrund die energiepolitischen Entwicklungsdynamiken auf der europäischen Ebene während der Legislatur der Kommission Barroso II analysiert werden. Ein besonderes Augenmerk wird dabei auf die beiden zentralen energiepolitischen Weichenstellungen gelegt, die Verabschiedung des Klima- und Energiepakets für 2030 und die Neufassung der Umwelt- und Energiebeihilfeleitlinien.

4.4.1 Die austeritätspolitische „Wende" des Krisenmanagements

Der „europäische Krisenkonstitutionalismus" (Bieling 2013: 89), dessen Kern die juridische Verankerung einer verschärften Austeritätspolitik bildet, basiert nach Heinrich und Jessop (2013: 28) wesentlich auf drei Bausteinen:

> „(1) die europäischen Rettungs- und Garantiemaßnahmen für in Zahlungsschwierigkeiten geratene Staaten der europäischen Peripherie; (2) eine zunehmend expansivere Geldpolitik der EZB; und (3) die Reformen der europäischen Governance-Strukturen zur Sicherstellung fiskalischer Disziplin und globaler Wettbewerbsfähigkeit durch den Abbau makroökonomischer Ungleichgewichte."

Der erste Baustein, die „Rettungsmaßnahmen", adressiert die Länder, die besonders stark von der Krise betroffen sind und deren finanzialisierte und passiv extravertierte Akkumulationsregime durch ausbleibende Kapitalzuflüsse in eine massive Krise gerieten. Den Kern der Rettungsmaßnahmen bildeten der im Jahr 2010 eingerichtete europäische Finanzstabilisierungsmechanismus (EFSM) und die europäische Finanzstabilisierungsfazilität (EFSF), die 2013 in dem europäischen Stabilisierungsmechanismus (ESM) aufgingen. Der ESM ist mit einem Stammkapital in Höhe von 700 Mrd. Euro ausgestattet. 80 Mrd. Euro tragen die Euromitgliedsstaaten in Form von Einlagen bei, die restlichen 620 Mrd. Euro basieren auf Garantien. Neben diesen originär europäischen Stabilisierungsmechanismen trug auch der Internationale Währungsfonds (IWF) zu den sogenannten Rettungspaketen bei. Der IWF bildet gemeinsam mit der Europäischen Kommission und der EZB die Troika, die die Rettungspakete für die krisengeplagten Staaten geschnürt haben. Die Vergabe der Kredite wurde an teils drastische austeritäspolitische Konsolidierungsmaßnahmen geknüpft.

Als erstes Mitgliedsland der Eurozone musste Griechenland im Frühjahr 2010 unter den Rettungsschirm. Irland, Portugal und Zypern folgten. Die spanische Regierung beantragte im Jahr 2012 ebenfalls Hilfskredite, konnte aber durch geschickte Verhandlungen erreichen, dass lediglich der Bankensektor Hilfen aus dem europäischen Rettungsschirm bekam, obgleich dieser eigentlich für Staaten konzipiert wurde. Insgesamt belaufen sich die gewährten Kredite aus dem ESM bzw. dem EFSM und dem EFSF auf über 500 Mrd. Euro. Bevor die oben genannten Staaten die EU um Kredite ersuchten, mussten bereits zahlreiche osteuropäische Staaten Notkredite bei der EU und dem IWF aufnehmen. Insofern konnten an der osteuropäischen Peripherie bereits Rettungsmaßnahmen „erprobt" werden (Bohle 2013: 118).

Der zweite Baustein der europäischen Krisenpolitik ist die expansive Geldpolitik der EZB. Die Rolle der EZB in der Bearbeitung der Eurokrise ist jedoch wesentlich weitgehender und insgesamt sehr ambivalent. Der Zentralbank kommt eine wichtige Aufgabe in der Regulation des Geldverhältnisses zu. Im Kontext der wettbewerbsstaatlichen Integrationsweise ging die Gründung der EZB im Jahr 1998 in der Tradition der Deutschen Bundesbank einher mit einer Priorisierung der Preisstabilität. Dabei wurde die EZB der monetaristischen Logik folgend als politisch unabhängig konzipiert, obgleich die Geldpolitik jeder Zentralbank von wesentlicher Bedeutung für gesellschaftliche Verteilungskonflikte ist (Sablowski und Scheider 2013: 1). Die EZB verfolgte bis in das Jahr 2008 hinein eine restriktive Geldpolitik. Im Juni 2008 lag der Leitzinssatz bei 4,25 %. Im Verlauf der Krise rückte die EZB von dieser Linie ab und senkte den Leitzinssatz bis auf 0,05 % im Jahr 2014, ohne dass durch diese Politik des billigen Geldes die Inflation angeheizt wurde.

Darüber hinaus hat die EZB seit dem Ausbruch der Krise ihren Tätigkeitsbereich erheblich erweitert (Bieling und Heinrich 2015). Einerseits konzipierte sie, wie oben bereits angesprochen, als Teil der Troika die sogenannten Stabilisierungsmaßnahmen für die krisengeplagten Länder und hat dabei auf soziale Einschnitte und die Schwächung der Gewerkschaften in den Tarifauseinandersetzungen hingewirkt (Schulten und Müller 2013). Andererseits, und diese Maßnahme hat zu heftigen internen Auseinandersetzungen innerhalb der Zentralbank geführt, kauft die EZB auf den Sekundärmarkten Staatsanleihen. Bis September 2016 sind Anleihenkäufe mit einem Volumen von über 1 Billion Euro geplant. Damit konnten die Refinanzierungskosten der Staaten gesenkt und der Druck zur austeritätspolitischen Restrukturierung gemildert werden. Gleichzeitig wurde der Aufkauf von Staatsanleihen an die Bedingung geknüpft, eben jene Sparpolitik in Verbindung mit umfassenderen wettbewerbsorientierten Strukturanpassungsmaßnahmen fortzuführen. Kritiker_innen des Aufkaufs der Staatsanaleihen sehen die Unabhängigkeit der EZB gefährdet. Der Konsolidierungsdruck auf die überschuldeten Staaten werde „künstlich" abgeschwächt und die Kosten eines Staatsbankrotts müssten von der EZB getragen werden. Diese Kritiken verweisen darauf, dass die EZB in der Krise ihr eigentlich vorgesehenes Mandat überschritten und damit der strikten Orientierung auf Preisstabilität nicht gerecht werde (Stark 2015). Diese

„orthodox-neoliberale Gruppierung“ kann sich jedoch gegen die „pragmatisch neoliberale Gruppierung“ nicht durchsetzen, die auf eine „proeuropäische Strategie der autoritär-neoliberalen Konsolidierung des Kapitalismus [hinarbeitet]“ (Sablowski und Scheider 2013: 6, Hervorhebung im Original). Dies verweist auf den dritten Baustein der europäischen Krisenbearbeitungsstrategie, die Reform der Governance-Strukturen.

Im Zuge der Krisenbearbeitung wurden mehrere Maßnahmen ergriffen, die auf eine stärkere Koordinierung der nationalen Wirtschafts- und Finanzpolitiken abzielten und vor allem den Einflussbereich der Europäischen Kommission ausweiten. Das im Jahr 2010 beschlossene Europäische Semester legt fest, dass die nationalen Budgetpläne vorab nach Brüssel zur Überprüfung durch die Europäische Kommission gesandt werden müssen. Diese spricht Empfehlungen zur Haushaltskonsolidierung aus, die als Grundlage für die Diskussionen im Europäischen Rat dienen. Erst nach diesem „naming and shaming“ (Guth 2013: 39) geht der Haushaltsentwurf in die nationalen Parlamente. Bei dem ein Jahr später beschlossenen Euro-Plus-Pakt handelt es sich um kein völkerrechtlich bindendes Vertragswerk, sondern um eine freiwillige Vereinbarung der Eurostaaten und sechs weiteren Mitgliedsländern der EU (Großbritannien und Tschechien tragen den Pakt nicht mit). Auch hier geht es um eine stärkere Koordinierung der Wirtschafts- und Finanzpolitik, wobei die festgelegten Indikatoren eine eindeutig angebotsorientierte Schlagseite aufweisen. Eine moderate Entwicklung der Lohnstückkosten und die verfassungsrechtliche Verankerung von Schuldenbremsen gehören zu den zentralen Indikatoren.

Über das Europäische Semester und den Euro-Plus-Pakt geht das ebenfalls im Jahr 2011 beschlossene Economic Governance-Paket, der sogenannte Sixpack, hinaus. Das Paket umfasst fünf Verordnung und eine Richtlinie und ermöglicht es der Kommission, Empfehlungen auszusprechen, die auf einen Abbau makroökonomischer Ungleichgewichte und der Haushaltsverschuldung abzielen und sich am austeritätspolitischen Paradigma orientieren. Der Sixpack eröffnet der Kommission die Möglichkeit, den Mitgliedsländern bei Nichtbefolgung ihrer „Empfehlungen“ Strafen in Höhe von bis zu 0,1 % ihres BIP aufzuerlegen. Der im Jahr 2013 in Kraft getretene Fiskalpakt stärkt die Europäische Kommission weiter und legt die Mitgliedstaaten auf eine maximale jährliche Neuverschuldung von 0,5 % des BIP fest. Falls dieses Defizit überschritten wird, sollen „automatische Korrekturmaßnahmen“ greifen, die über Ausgabenkürzungen die anvisierte Neuverschuldungsobergrenze erreichen sollen. Bei Verletzung der Vereinbarungen des Fiskalpaktes drohen ebenfalls Sanktionsmaßnahmen. Insofern schränkt der Fiskalpakt die Spielräume nationaler Wirtschafts- und Finanzpolitik weiter ein (Bieling 2013a).

Die Reformen der Economic-Governance stärken die Exekutive und definieren enge Korridore des Möglichen im Hinblick auf die nationalen finanz- und wirtschaftspolitischen, aber auch arbeits- und sozialpolitischen Maßnahmen. Die Art und Weise der juridisch abgesicherten Festschreibung der nationalen Politiken entlang der Leitbilder der Austerität und Wettbewerbsfähigkeit folgt dem Muster des europäischen „ordoliberal iron cage" (Ryner 2015: 275). Die Durchsetzung dieser Agenda sorgt insbesondere in der europäischen Peripherie für massive soziale Krisen: „Disembedded ordo-liberalism, applied outside its German context, cannot but perpetuate the torture of peripheral Eurozone states" (Everson 2015: 132).

In klimapolitischer Hinsicht hat im Zuge der austeritätspolitischen Krisenbearbeitung eine Diskursverschiebung von einem *green-growth* in Richtung eines *trade-off* zwischen Klimaschutz und Wirtschaftswachstum stattgefunden. Klimaschutzmaßnahmen wie etwa der Ausbau regenerativer Energieträger, wurden zunehmend als Gefahr für die europäische Ökonomie und als hinderlich, um die Krise zu überwinden, angesehen (Skovgaard 2014). In Zusammenhang damit wurden massive Einschnitte in der Förderung der erneuerbaren Energien in allen südeuropäischen Staaten vorgenommen, bis hin zu den Moratorien in Spanien und Portugal. In den Staaten Kerneuropas fielen die Kürzungen der Förderungen hingegen tendenziell moderater aus (Brunnengräber und Haas 2013: 224). Nichtsdestotrotz war die Entwicklung unter der Kommission Barroso II widersprüchlich. Es wurden auch Impulse für eine Dekarbonisierung der EU bis zum Jahr 2050 gesetzt.

4.4.2 Energiepolitische Rahmensetzungen: die Roadmap 2050 als Dekarbonisierungsfahrplan

Bereits vor dem Klimagipfel von Kopenhagen fassten die EU Staats- und Regierungschefs den Entschluss, eine langfristige Planung der europäischen Klima- und Energiepolitik zu entwickeln. Der Fluchtpunkt dieser Planungen war in Anlehnung an die Empfehlungen des IPCC eine Treibhausgasemissionsminderung um mindestens 80 % bis zum Jahr 2050. Konkretisiert wurden diese Überlegungen durch ein Bündel verschiedener Roadmaps, die von den jeweils zuständigen Generaldirektionen der Europäischen Kommission ausgearbeitet wurden.

Noch bevor die erste Roadmap der Kommission im Jahr 2011 veröffentlicht wurde, stellte Greenpeace gemeinsam mit EREC einen Fahrplan für eine komplette Umstellung des Energiesystems auf erneuerbare Energien bei deutlich erhöhter Energieeffizienz vor (Greenpeace und EREC 2010). Ebenfalls im Jahr 2010 veröffentlichte EURELECTRIC eine Studie über mögliche Energieszenarien. Darin spielen neben einer erhöhten Energieeffizienz und einem Ausbau erneuerbarer

Energien auch explizit die CCS-Technologie eine wichtige Rolle, zudem wird der Bau neuer Atomkraftwerke gefordert (EURELECTRIC 2010: 82-85). Nichtsdestotrotz zeigt die Studie von EURELECTRIC, dass die wesentlich klimapolitisch induzierte Dekarbonisierungagenda zumindest diskursiv von Seiten der traditionellen Energiewirtschaft nicht mehr bekämpft wird. Vielmehr wird der Diskurs reproduziert und versucht eine Interessenkongruenz herzustellen. Der damalige Präsident von EURELECTRIC, Lars G. Josefsson, schrieb im Vorwort der Studie: „I am proud to share with you EURELECTRIC's vision of a cost-effective and secure pathway to a carbon-neutral power supply by 2050" (ebd.: 1). In eine ähnliche Richtung geht die von der European Climate Foundation (ECF)[26] erarbeitete Roadmap 2050, die einen „technologieneutralen" Ansatz verfolgt und unter der Einbeziehung zahlreicher Energiekonzerne, Verbände, Netzbetreiber, Anlagenbauer, Umwelt-NGOs und Instituten, also „hegemonieprojektübergreifend", eine Dekarbonisierungsagenda im Hinblick auf 2050 zu verallgemeinern versucht (ECF 2010).

Den Beginn auf Seiten der Kommission machte die Klimakommissarin Connie Hedegaard im März 2011 mit der Vorstellung der „[.] Roadmap for moving to a competitive low carbon economy in 2050" (EU KOM 2011a). Spezifiziert wurden diese Szenarien durch den den Verkehrsbereich betreffenden „Fahrplan zu einem einheitlichen europäischen Verkehrsraum – Hin zu einem wettbewerbsorientierten und ressourcenschonenden Verkehrssystem" und den das Energiesystem adressierenden „Energiefahrplan 2050" bzw. die „Energy Roadmap 2050" (EU KOM 2011b) (Geden und Fischer 2012: 41).

Der umfassende Dekarbonisierungsfahrplan bis 2050 unterstreicht die elementare Bedeutung des Energiesektors, da dieser einerseits Hauptverursacher der Treibhausgasemissionen ist und gleichzeitig das Potential in sich birgt, nahezu komplett dekarbonisiert zu werden. Zudem sieht der Fahrplan eine verstärkte Elektrifizierung des Verkehrssektors und der Wärme-/Kälteproduktion vor. Gleichzeitig wird in dem Dokument vor dem Hintergrund notwendiger Investitionen zumindest ein Spannungsverhältnis zur austeritätsgetriebenen Krisenbearbeitungsstrategie der EU angedeutet:

---

26 Die ECF wurde im Jahr 2008 überwiegend von US-amerikanischen Stiftungen gegründet. Sie hat ein Jahresbudget von ca. 25 Millionen Euro, ca. sechzig Mitarbeiter_innen in Den Hag, Brüssel, Berlin, London und Warschau. Die Stiftung orientiert sich am Leitbild der Dekarbonisierung und verfolgt einen „pragmatisch/post-ideologischen" Ansatz. Sie wird geleitet von Johannes Maier, der zuvor bei McKinsey arbeitete und die Stiftung auch stark nach betriebswirtschaftlichen Effizienzkriterien ausrichtete (Centrum für soziale Investitionen & Innovationen 2014). Die Stiftung bewegt sich in der Schnittmenge zwischen dem grünen und den grauen Hegemonieprojekt und nimmt eine bedeutende Scharnierfunktion ein. Sie organisiert die Annährung des modernisierungsaffinen Teils des grauen Spektrums mit den transitionsaffinen Teilen des grünen Spektrums.

> „ […] on average over the coming 40 years, the increase in public and private investment is calculated to amount to around € 270 billion annually. This represents an additional investment of around 1.5% of EU GDP per annum on top of the overall current investment representing 19% of GDP in 2009. It would take us back to the investment levels before the economic crisis." (EU KOM 2011a: 10)

Vor dem Hintergrund der notwendigen Investitionen, um eine Transition des Energiesystems herbeizuführen, geht der Energiefahrplan von steigenden Strompreisen bis zum Jahr 2030 aus. Danach sollen diese jedoch wieder sinken (EU KOM 2011b: 6-7). Es wurden vier verschiedene Dekarbonisierungsszenarien entwickelt, die auf vier Säulen basieren: eine Steigerung der Energieeffizienz, ein Ausbau regenerativer Energien, die Nutzung der CCS-Technologie und die Atomenergie. Unstrittig ist, dass eine Erhöhung der Energieeffizienz stattfinden muss und erneuerbare Energien eine sehr prominente Rolle im Jahr 2050 spielen müssen, um das sektorspezifische Dekarbonisierungsziel von zumindest 95 % zu erreichen.

Allerdings ist es sehr umstritten, welche Bedeutung den einzelnen Bausteinen konkret zukommen soll. Der Anteil erneuerbarer Energien am Gesamtenergieverbrauch im Jahr 2050 erreicht in den Szenarien zwischen 55 % und 97 %. Entsprechend groß sind die Varianzen der modellierten Anteile für CCS/Kohle und Atom (ebd.: 7-8). Eine Festlegung auf ein Szenario wird in dem Dokument auch vor dem Hintergrund der nationalstaatlichen Kompetenz über den Energiemix vermieden. Die Szenarien kommen zu nahezu identischen Dekarbonisierungskosten. Dies rief innerhalb des grünen Spektrums Kritik hervor, etwa von Seiten des deutschen Bundesumweltministeriums in seiner Pressemitteilung zum Energiefahrplan:

> „Innerhalb dieser Szenarien sind die vorgesehenen Preisannahmen teilweise nicht nachvollziehbar. Beispielsweise werden für Kernenergie und CCS-Technologie eher zu niedrige Kosten angenommen, dagegen für die erneuerbaren Energien zu hohe Technologiekosten angesetzt. Diese liegen real bereits deutlich unter den Annahmen der Kommission." (BMU 15.12.2011)

Der Kritikpunkt, dass die Prognosen für die Atomenergie und CCS zu optimistisch und für die Erneuerbaren zu pessimistisch ausfallen, wurde auch von anderen grünen Akteur_innen hervorgebracht (WWF 15.12.2011; EREC 15.12.2015; Matthes 2012: 52). EURELECTRIC hingegen bemängelte die Unvollständigkeit der Szenarien und die intrasparente Datengrundlage. Der Verband übte aber keine grundsätzliche Kritik, sondern begrüßte die Roadmap und die darin angelegte Dekarbonisierung und Aufwertung des Stromsektors. Gleichzeitig zeigt das Positionspapier von EURELECTRIC klar auf, dass der Verband an seiner Position festhält, das Emissionshandelssystem ins Zentrum der Dekarbonisierung zu stellen und die Erneuerbaren „wettbewerblich" in einem europäischen Rahmen zu fördern, ohne neue Zielvorgaben über das Jahr 2020 hinaus festzulegen (EURELECTRIC 2012).

Im Hinblick auf die politischen Implikationen der Roadmap gab es nach Geden und Fischer (2012: 43) drei mögliche Optionen: eine an die Roadmap anknüpfende Vereinbarung von mittelfristigen Zielen, der Übergang zu einer europäischen Koordinierung der Erzeugungsstrukturen oder einen energiepolitischen Leerlauf. In Anbetracht wachsender Skepsis in zahlreichen europäischen Staaten gegenüber den erneuerbaren Energien, den Auswirkungen der Finanz- und Wirtschaftskrise sowie des Regierungswechsels in Spanien Ende 2011, sahen Geden und Fischer das letzte Szenario als das Wahrscheinlichste an.

Die Roadmap wurde auch im Europäischen Parlament beraten und aus den verschiedenen Energieszenarien die Notwendigkeit einer Fortführung der Zieltrias bestehend aus einem Treibhausgasminderungsziel, einem Erneuerbarenziel und einem Effizienzziel über das Jahr 2020 hinaus abgeleitet. EREF argumentierte, dass es ambitionierte, auf nationaler Ebene verbindliche Erneuerbarenziele bedürfe und das Emissionshandelssystem auf Grund der bisherigen Probleme und der Subventionierung von fossilen und atomaren Energieträgern nicht der einzige Baustein der europäischen Dekarbonisierungsstrategie sein könne. Der Verband forderte in seinem Positionspapier ein Erneuerbarenziel in Höhe von 45 % am Gesamtenergieverbrauch für 2030 und stellte den Ausbau der regenerativen Energieträger als Ausweg aus der Krise dar. Eine explizite Kritik der austeritätspolitischen Restrukturierung der europäischen Ökonomie wurde hingegen vermieden: „Renewable energies should be seen as way out of this economic and financial crisis. Investments in the sector have already been made by Member States and it is crucial not to waste these investments by sending the wrong signals to investors or by delaying decisions" (EREF 2012: 3).

In der Folgezeit sollte es zu intensiven Verhandlungen um die Verabschiedung von Klima- und Energiezielen für das Jahr 2030 kommen, die entgegen der Prognose von Geden und Fischer in der Verabschiedung einer Zieltrias im Jahr 2014 mündeten. Darüber hinaus kommt den Roadmaps eine wichtige Rolle im diskursiven Feld zu. Es stellt sich nicht mehr die Frage, ob eine Dekarbonisierung möglich ist, sondern wie dies geschehen kann. Diesen Wandel fasste die interviewte Person von der ECF folgendermaßen zusammen:

> „[…] to move beyond the stage of weather this is possible or not, to the question how you do it. It is a much more interesting question. Once you get there, then you are dealing with basically engineering problems and political problems, but all problems have a solution" (Interview ECF 23.03.2015).

4.4.3 Das Klima- und Energiepaket 2030: Abbild eines wachsenden Konfliktpotentials

Nach der Veröffentlichung der Roadmaps begannen in der Kommission die Arbeiten an einem klima- und energiepolitischen Rahmen für die Zeit zwischen 2020 und 2030. Unterdessen wurde in der EU die Austeritätspolitik verfestigt und eine wirtschaftliche Stabilisierung der „Krisenländer", mit Ausnahme Griechenlands, erreicht. Gleichwohl wurden weder die Massenerwerbslosigkeit noch andere gravierende soziale Probleme abgeschwächt. Insofern konnten die Legitimationsprobleme des europäischen Integrationsprozesses nicht überwunden werden (Möller 2015). Gleichzeitig intensivierten sich die Debatten um einen Austritt Griechenlands (Grexit) und Großbritanniens (Brexit) aus der EU. Die wachsende Fragilität des europäischen Projekts artikulierte sich in den Aushandlungen des zukünftigen klima- und energiepolitischen Kurses der EU mit einer wachsenden Diskrepanz in den nationalen, energiepolitischen Entwicklungspfaden. Vor diesem Hintergrund befand sich die Europäische Kommission in einer relativ schwachen Position (Geden und Fischer 2012). Die federführende Generaldirektion für Energie stimmte sich im Aushandlungsprozess sehr intensiv mit den nationalen Regierungen ab (Interviews GD Energie II 11.03.2015, EREF 11.03.2015).

Der Prozess hatte, zumal das Paket im Europäischen Rat beschlossen werden sollte, einen relativ starken intergouvernementalen Charakter. Zudem ist es wichtig anzumerken, dass es zeitliche und inhaltliche Überlappungen mit dem Policy-Prozess hin zu den ebenfalls im Jahr 2014 verabschiedeten Umwelt- und Energiebeihilfeleitlinien gegeben hat. Während des Aushandlungsprozesses vollzogen sich wichtige Veränderungen auf der nationalstaatlichen Ebene. Besonders die Bildung der großen Koalition in Deutschland im Herbst 2013 und die Reform des EEG im Jahr 2014 beeinflussten die Entwicklungen auf der europäischen Maßstabsebene entscheidend.

Am 27. März 2013 veröffentlichte die Europäische Kommission ein Grünbuch für ein energie- und klimapolitisches Rahmenwerk der EU im Hinblick auf 2030. Das Grünbuch unterstreicht, dass die Policies im Hinblick auf 2030 konsistent sein sollten mit den Zielsetzungen aus den Dekarbonisierungsfahrplänen/Roadmaps, die im Jahr 2011 von der Kommission vorgelegt wurden. In Bezug auf die erneuerbaren Energien wird festgehalten, dass deren Anteil gemäß den verschiedenen Szenarien des Energiefahrplans im Jahr 2030 in etwa 30 % betragen solle (EU KOM 2013c: 3).

Innerhalb des grauen Hegemonieprojekts gab es eine weitgehende Einigkeit dahingehend, dass sich die EU darauf beschränken sollte, lediglich ein Treibhausgasminderungsziel zu beschließen. Diskursiv wurde die Forderung häufig damit begründet, dass eine Zieltrias zu Ineffizienzen führen würde. Zudem wurde in der

Logik des *trade-off*-Diskurses argumentiert, dass in Anbetracht der Wirtschafts- und Finanzkrise ein forcierter Ausbau der Erneuerbaren die Wettbewerbsfähigkeit der europäischen Industrie massiv gefährde. Diese Position wurde sowohl von EURELECTRIC (EURELECTRIC 2013) als auch von BUSINESSEUROPE (BUSINESSEUROPE 2013) in ihren Stellungsnahmen zum Grünbuch vertreten. EURELECTRIC sprach sich für ein Emissionsreduktionsziel von mindestens 40 % und bestenfalls indikative Ziele für erneuerbare Energien und Energieeffizienz aus. BUSINESSEUROPE hingegen legte sich auf kein quantifiziertes Emissionsreduktionsziel fest und plädierte explizit dafür jegliche Förderung der erneuerbaren Energien zum Zweck der Marktintegration im Jahr 2020 auslaufen zu lassen. Der Verband argumentierte, dass sich die europäische Klima- und Energiepolitik stärker an den Zielen der Wettbewerbsfähigkeit und der Versorgungssicherheit als der Nachhaltigkeit ausrichten solle. Als weiterer Grund wurden vermeintlich höhere Industriestrompreise im Vergleich zu den USA, die einen Fracking-Boom erlebten, angeführt. Mit der Fokussierung auf ein bindendes Klimaziel befinden sich die Verbände in Übereinstimmung mit der neoklassischen Umweltökonomie:

> „The neoclassical economic arguments for carbon pricing as the primary, even sole, form of intervention appear attractive, at least at first glance. In this theoretical world, if policymakers also intervene directly to subsidise renewable energy the effect is to undermine the market and increase the costs of abating carbon emissions." (Imperial College London 2012: 3)

Übereinstimmung besteht zwischen den Verbänden darin, dass das Emissionshandelssystem das zentrale Instrument der Dekarbonisierung sein sollte. Dass EURELECTRIC eine weniger eindeutige Position gegen ein Erneuerbarenziel einnimmt als BUSINESSEUROPE, liegt in seiner heterogenen Mitgliederstruktur begründet. Bereits im Jahr 2012 hat sich eine Ad-hoc-Koalition von acht „progressiven Energiekonzernen" (Coalition of Progressive European Energy Companies) zusammengefunden. Neben den Stadtwerken München und dem Energiedienstleister EWE gehören dazu auch der spanische Konzern Acciona sowie der größte dänische Energiekonzern, Dong Energy. Diese Koalition hat im November 2012 an die Energieminister appelliert, ein verbindliches Erneuerbarenziel für 2030 einzufordern (SSE et al. 2012). Als „Gegenspieler" zu dieser Koalition innerhalb des grauen Akteursspektrums wurde auf Initiative des Vorsitzenden von Gas de France (GdF), Gerard Mestrallet, im Mai 2013 die sogenannte Magritte-Gruppe ins Leben gerufen[27]. Die Gruppe bestand zunächst aus 11 Mitgliedern und umfasste mit Ausnahme von EdF alle großen Strom- und Gaskonzerne Europas.

27 Der Name der Gruppe geht darauf zurück, dass das erste Treffen im René Magritte Museum in Brüssel stattgefunden hat. René Magritte war ein Belgischer Maler und Kommunist. Zu den Sponsor_innen des Museums gehört GdF.

E.ON und RWE gehörten ebenso zu den Gründungsmitgliedern wie Ibderdrola, Gas Natural Fenosa, Enel und Vattenfall. Dieses sehr gewichtige Bündnis, das circa die Hälfte der europäischen Stromerzeugungskapazitäten auf sich vereint, forderte mehrfach ein Auslaufen aller Subventionen für die Erneuerbaren und die Einführung von Kapazitätsmärkten (euractiv 2013; Crouch 2014).

Auch auf der Ebene der Mitgliedsstaaten gab es zahlreiche Gegner_innen eines Erneuerbarenziels. Während sich einige Regierungen in ihren Stellungsnahmen unter gewissen Bedingungen, etwa dem Inkrafttreten eines ambitionierten globalen Klimaschutzabkommens, einem Ziel gegenüber aufgeschlossen zeigten, lehnten dies Großbritannien und Tschechien explizit ab. Die polnische Regierung ging als einzige darüber hinaus und opponierte gegen die Setzung eines Klimaziels für 2030. Die spanische Regierung sprach sich für ein verbindliches 40%-Emissionsreduktionsziel und einen Ausbau der grenzüberschreitenden Netze aus (EU KOM 2013a). Von der deutschen Regierung wurde keine Stellungnahme eingereicht. Dies dürfte darauf zurückzuführen sein, dass sich die damals regierende schwarz-gelbe Koalition auf keine gemeinsame Position festlegen konnte. Während das Bundesumweltministerium eine Erneuerung der Zieltrias favorisierte, war das FDP-geführte Wirtschaftsministerium unter Philipp Rösler dagegen und die Bundesregierung damit zunächst handlungsunfähig (Interview GD Energie II 11.03.2015).

Innerhalb des grünen Akteursspektrums gab es einen Konsens dahingehend, dass der klima- und energiepolitische Rahmen für 2030 auf einer ambitionierten Zieltrias aufgebaut werden sollte. Bereits im April 2013, also kurz nach Veröffentlichung des Grünbuchs, legte der Dachverband der Erneuerbarenverbände, EREC, ein Positionspapier vor, in dem zehn Argumente für eine Zieltrias ausgeführt werden. Eine Zieltrias sei der effizienteste Weg hin zu einer Dekarbonisierung, da sie klare Signale an Investor_innen aussende, zu Wirtschaftswachstum und mehr Beschäftigung beitrage, darüber hinaus die Technologieführerschaft der europäischen Industrie zu verteidigen helfe und durch reduzierte Importe fossiler Energieträger die Handelsbilanz der EU aufzubessern helfe. Als neuntes der zehn Argumente wird zudem der Aspekt des Umweltschutzes genannt (Muth und Flynn 2013)[28]. Während in dem Positionspapier keine Zahlen genannt werden, hatte EREC in einem im Mai 2011 veröffentlichten Positionspapier bereits für ein 45%-Erneuerbarenziel für 2030 plädiert (Muth und Smith 2011). Diese Linie wurde zunächst von allen wesentlichen grünen Kapitalverbänden geschlossen vertreten. So heißt es in dem Positionspapier von EPIA zum Grünbuch der Kommission:

28 Dies indiziert, was auch in zahlreichen Interviews angeklungen ist, dass ein Bedeutungsverlust der Klima- und Umweltpolitik stattgefunden hat. Dies dürfte der Grund dafür sein, dass EREC den Nachhaltigkeitsaspekt erst als neuntes Argument anführt.

> „EPIA, in line with renewable energy associations assembled in the European Renewable Energy Council EREC, believes that a legally binding EU target of 45% for the share if renewable energy in 2030 is necessary and appropriate. [...] The 45% EU target should be broken down into legally binding national targets." (EPIA 2013: 2)

Die Argumentationslinie der grünen Verbände orientierte sich insgesamt stark an dem Positionspapier, das von EREC bereits im Jahr 2011 erarbeitet wurde. Unterstützt wurde die Argumentation für ein Erneuerbarenziel durch eine vom WWF UK in Auftrag gegebene Studie des Imperial College London. Diese zeigt auf, dass der Argumentation des grauen Akteursspektrums ein statisches Verständnis zu Grunde liegt und die dynamische und komplexe Entwicklung der Erneuerbaren nicht lediglich über Kohlenstoffmärkte ermöglicht werden kann (Imperial College London 2012). Das Erneuerbarenziel in Höhe von 45 % wurde auch von weiten Teilen der Umwelt-NGOs explizit gefordert (Greenpeace EU 27.03.2013; BUND 2013) oder zumindest in diese Richtung gehend argumentiert (ECOFYS 2012). Die Argumentation aus diesem Spektrum hat jedoch einen stärkeren Fokus auf die Klimaverträglichkeit der erneuerbaren Energien als dies bei den Unternehmensverbänden der Fall ist. Die 45%-Forderung ist innerhalb des grünen Akteursspektrums die weitest gehende. Innerhalb des Parlaments gelang es den erneuerbaren Energien gegenüber positiv gesinnten Abgeordneten, Mehrheiten für die Forderung nach einem verbindlichen 30%-Ziel zu organisieren (EP 2014).

Auf der Ebene der Mitgliedstaaten nahmen die Regierungen Dänemarks und Österreichs, aber auch Frankreichs, das im Jahr 2015 die Weltklimakonferenz ausrichtete, eine relativ progressive Position ein. Sie waren jedoch zunächst innerhalb des Europäischen Rats in einer eher defensiven Position. Die deutsche Bundesregierung hat erst nach den Bundestagswahlen am 22. September 2013 und der Einleitung eines Beihilfeverfahrens gegen das deutsche EEG am 18. Dezember 2013 eine Position eingenommen. Sie war in der Folgezeit, wie übereinstimmend alle Interviewpartner_innen darlegten, eine sehr zentrale Akteurin, die sich mit großer Vehemenz für ein Erneuerbarenziel eingesetzt hat und damit die Kräfteverhältnisse stark verschoben hat.

Mit der Einleitung des Beihilfeverfahrens erkannte die Bundesregierung, dass ein verbindliches Erneuerbarenziel das beste „Schutzschild" für das EEG gegen Angriffe aus Brüssel ist. Nationale Fördersysteme widersprechen grundsätzlich dem Gedanken des Wettbewerbsrechts. Insofern sind sie nur dann zu rechtfertigen, wenn sie der Erfüllung übergeordneter (europäischer) Ziele dienen. Das Beihilfeverfahren richtete sich gegen die sogenannte „Besondere Ausgleichsregelung", die die energieintensive Industrie weitgehend von der EEG-Umlage befreit (im Umfang von ca. 5 Mrd. Euro pro Jahr). Dies wurde innerhalb der Bundesregierung als Angriff auf die Wettbewerbsfähigkeit der deutschen Industrie, also auf einen Grundpfeiler des aktiv extravertierten deutschen Akkumulationsregimes, wahrgenommen. Der zweite Angriffspunkt war das sogenannte Grünstromprivileg[29], das im Ausland produzierten Strom aus regenerativen Energiequellen nicht mit inländischem Grünstrom gleichstellt, der im Rahmen des EEG gefördert wurde. Die Frage der (Un-)Gleichbehandlung von in- und ausländischem Grünstrom markiert auch den Kern der Auseinandersetzungen der seit dem 06. Dezember 2012 am Europäischen Gerichtshof anhängigen Klage des finnischen Windstromproduzenten Ålands Vindkraft AB. Dieser klagte gegen den schwedischen Staat auf Zugang zum schwedischen, zertifikatbasierten Erneuerbarenfördersystem (EuGH 2014).

Über die inhaltlichen Differenzen zwischen der Bundesregierung und der GD Wettbewerb in der Beihilfefrage hinaus sorgte, wie eine interviewte Person berichtete, die Art und Weise der Begründung des Verfahrens innerhalb der Bundesregierung für zusätzlichen Unmut:

> „[…] und dann stand auch noch der Satz drin, die deutsche Energiewende sei nicht im europäischen Interesse und könne deshalb auch nicht auf besondere Weise gerechtfertigt werden aus Sicht des Beihilferechts. Das hat natürlich die Kollegen im Kanzleramt die Wände hochgetrieben […].“ (Interview GD Energie II 11.03.2015)

Eine der ersten Amtshandlungen des neuen Wirtschafts- und Energieministers Sigmar Gabriel war es, eine Koalition für ein europäisches Erneuerbarenziel im Rahmen des energie- und klimapolitischen Rahmens für 2030 zu formen. Gemeinsam mit seinen Kolleg_innen aus Österreich, Belgien, Dänemark, Frankreich, Irland, Italien und Portugal verfasste er am 23. Dezember 2013 einen Brief an die EU-Kommissare Öttinger und Hedegaard mit der Forderung nach einem Erneuerbarenziel: „A target for renewable energy will strengthen European competitiveness and lead to more jobs and growth. We cannot afford to miss this opportunity“ (BMWi 2013: 2). Allerdings gab es wohl keinen Konsens über die Höhe des Ziels, denn eine Zahl wurde in dem Brief nicht genannt. Die einheitliche Linie der deutschen Bundesregierung war fortan jedoch ein 30%-Ziel.

Zunächst tendierte die Kommission dazu, in Anbetracht der breiten Gegnerschaft gegen ein Erneuerbarenziel aus dem grauen Akteursspektrum und zahlreicher Mitgliedsstaaten in ihrer Mitteilung, die am 22. Januar 2014 veröffentlicht werden sollte, kein Ziel vorzuschlagen (Interview GD Energie II). Letztendlich tat sie dies dann doch, wesentlich hervorgerufen durch die neue Linie der deutschen Bundesregierung, in Form eines auf EU-Ebene verbindlichen 27%-Ziels. Dieses Ziel leitete sie aus einem übergeordneten 40%-Emissionsreduktionsziel ab. Für

29 Das Grünstromprivileg wurde im Rahmen des EEG 2012 eingeführt und befreit Stromhandelsunternehmen teilweise oder vollständig von der Zahlung der EEG-Umlage, wenn sie bestimmte Anteile an Strom, der unter die Vergütungsregelungen des EEG fällt, vertreiben. Im EEG 2.0 von 2014 wurde das Grünstromprivileg wieder abgeschafft.

den Bereich der Energieeffizienz wurde von Seiten der Kommission kein Ziel vorgeschlagen (EU KOM 2014a). Der EREC-Präsident Reiner Hinrichs-Rawhles kommentierte die Entscheidung folgendermaßen: „After a heated internal debate on whether to propose a very unambitious or just an unambitious climate and energy framework for 2030, the Commission has chosen the latter" (EREC 22.01.2014).

Auch innerhalb des Europäischen Parlaments wurde mehrfach über den klima- und energiepolitischen Rahmen für das Jahr 2030 debattiert. Gegen den Kommissionsvorschlag, der ein 27%-Ziel beinhaltete, gelang es den Erneuerbarenbefürworter_innen innerhalb des Parlaments erneut, eine knappe Mehrheit für ein 30%-Ziel in der Abstimmung am 05. Februar 2014 zu organisieren. Allerdings bröckelte die gemeinsame Linie der grünen Verbände, die zunächst noch ein 45%-Ziel gefordert hatten. Im Januar verließ der Windenergieverband EWEA, einer der Gründungsmitglieder von EREC, den Dachverband. Zwei Monate später meldete dieser Insolvenz an. EREC hatte als Hauptmieter des Erneuerbarenhauses im Brüsseler Europaviertel hohe Mietgarantien übernommen, die die Mitgliedsverbände nicht länger mittragen wollten. Zudem waren zu diesem Zeitpunkt bereits EWEA und der Solarverband EPIA in andere Räumlichkeiten umgezogen (EREC 07.03.2014). Die Auflösung von EREC steht nicht nur materiell, sondern auch symbolisch für eine zunehmende Spaltung der grünen Verbändelandschaft.

Diese Desintegrationsprozesse schlugen sich etwa im Hinblick auf die 2030-Ziele nieder. Die beiden Verbände werden wesentlich von den großen, transnationalisierten Energie- oder im Fall von EPIA auch von Chemiekonzernen finanziert, die dem grauen Akteursspektrum zuzuordnen sind. Dies bildet sich inzwischen in den Boards der Verbände ab. Entsprechend haben zahlreiche „lead sponsors" bei EWEA massiv Druck ausgeübt, dass der Verband die Forderung nach einem 45%-Erneuerbarenziel für 2030 aufgibt (Interview E.ON II 12.03.2015). Letztendlich schwächte EWEA seine Forderung auf 30 % ab. EPIA folgte dieser Kursänderung. Damit gab es innerhalb der Erneurbarenverbände nur noch einen Minimalkonsens und die Verbände waren dadurch in ihrer Verhandlungsposition deutlich geschwächt (Neslen 2015).

Die Schwächung des grünen Hegemonieprojekts im Bereich der grünen Kapitalverbände wurde jedoch durch die Neujustierung der deutschen Bundesregierung mehr als überkompensiert. Der ursprüngliche Fahrplan, wie er vor allem von Seiten der britischen Regierung verfolgt wurde, nämlich den klima- und energiepolitischen Rahmen beim Treffen des Europäischen Rats im März 2014 zu beschließen, ließ sich nicht aufrechterhalten. Zudem sorgten zwei Ereignisse im Lauf des Jahres 2014 dafür, dass sich die energiepolitischen Diskurse zu Gunsten derjenigen Akteur_innen verschoben, die ein verbindliches Erneuerbarenziel favorisierten. Bis Ende 2013 war die Logik des *trade-off* zwischen Wettbewerbsfähigkeit und dem Ausbau erneuerbarer Energien die dominante Diskursformation (Interview GD Energie II 11.03.2015).

Zunächst eskalierten im Februar 2014 die Auseinandersetzungen in der Ukraine. Alle Akteursgruppen versuchten das Thema für sich zu instrumentalisieren. Zahlreiche graue Akteur_innen drängten verstärkt auf den Einsatz der Fracking-Technologie und der Diversifizierung der Gasimportinfrastrukturen auch via Flüssiggasterminals (Interview Greenpeace III 27.02.2015). Die grünen Akteur_innen konnten die Krise nutzen, indem sie den Beitrag der erneuerbaren Energien zur Versorgungssicherheit herausstrichen und den Diskurs in Brüssel in die Richtung drehten, dass die notwendigen Investitionen in erneuerbare Energien nur dann gemacht werden, wenn ein verlässlicher regulatorischer Rahmen gesetzt würde. In der Regierungserklärung vor dem deutschen Bundestag am 16. Oktober 2014, also unmittelbar vor dem Treffen des Europäischen Rates, erklärte die Bundeskanzlerin Angela Merkel:

> „Die Situation in der Ukraine hat uns zudem in besonderem Maße noch einmal die Bedeutung der Energieversorgungssicherheit für unser Land und für Europa vor Augen geführt. Beide Themen gehören eng zusammen: Fortschritte beim Ausbau der erneuerbaren Energien und bei der Energieeffizienz tragen auch dazu bei, die Abhängigkeit Europas von Energieimporten zu verringern." (Bundesregierung 2014c)

Darüber hinaus führte die Entscheidung des EuGH im Fall Ålands Vindkraft AB gegen Schweden allen Akteur_innen, die die Fortführung nationaler Fördersysteme für erneuerbare Energien über das Jahr 2020 hinaus beibehalten wollen, die Notwendigkeit eines verbindlichen Erneuerbarenziels vor Augen. Die Richter_innen wiesen die Klage des Unternehmens mit der Begründung ab, dass die Förderung der erneuerbaren Energien im nationalstaatlichen Kontext über den klima- und energiepolitischen Rahmen der EU für 2020 legitimiert und in dem konkreten Fall schützenswerter als die Warenverkehrsfreiheit sei (EuGH 2014). Vor dem Hintergrund dieses Urteils war klar, dass die deutsche Bundesregierung ein klima- und energiepolitisches Paket für 2030 ohne ein bindendes Ziel für regenerative Energien nicht akzeptieren würde. Wie später noch zu zeigen sein wird (vgl. Kap. 5.) wurde mit der Reform des EEG im Jahr 2014 zwar die Ausbaudynamik gedrosselt, allerdings hält die Bundesregierung an der Energiewende in Deutschland fest (Interview GD Energie II 11.03.2015).

Der Europäische Rat verabschiedete im Oktober 2014 in Brüssel den klima- und energiepolitischen Rahmen für 2030. Dessen Kern beinhaltet ein Emissionsminderungsziel von 40 %, ein auf europäischer Ebene verbindliches Erneuerbarenziel von mindestens 27 % und ein indikatives 27%-Effizienzziel. Darüber hinaus wurden im Hinblick auf den Emissionshandel Vereinbarungen getroffen (siehe Kap. 4.4.5.2.) und der Wille zur weiteren Integration des Energiebinnenmarktes festgehalten (Europäischer Rat 2014). Diese Rahmenvorgaben, die die konkrete Governance relativ offen lassen, stehen im Einklang mit den Dekarbonisierungsfahrplänen aus dem Jahr 2011. Sie stellen einen Kompromiss zwischen den Regierungen dar, die eine forcierte ökologische Modernisierung des Energiesektors betreiben wollen, und denjenigen, die den Wandel ihrer Energiesysteme blockieren wollen.

Für die Legitimation des 27%-Erneuerbarenziels war auch die Tatsache wichtig, dass nach Berechnungen des Primes-Modells[30] jeder kosteneffiziente Dekarbonisierungspfad einen Mindestanteil von 27 % erneuerbaren Energien im Jahr 2030 aufweisen würde. Somit genügt das 27%-Ziel, das im Gegensatz zum 20%-Ziel von 2020 nicht mit bindenden nationalen Zielen unterlegt wird, gesamtökonomischen Effizienzkriterien. Während es im Zuge der Aushandlungen des Klima- und Energiepakets für 2020 innerhalb der EU einen relativ breiten Konsens gegeben hatte, dass die energiepolitische Rahmensetzung mit einer ambitionierten klimapolitischen Agenda kombiniert werden muss, ist dieser Konsens inzwischen aufgebrochen (Geden und Fischer 2012). Teilweise ist dies auf die wachsende ökonomische Kluft zwischen den Ländern Kerneuropas und der europäischen Peripherie zurückzuführen, deren Handlungsmöglichkeiten durch die austeritätspolitische Agenda eingeschränkt werden:

> „Und dann muss man natürlich konsistent sein. Ich kann nicht, beispielsweise den Spaniern Austeritätsprogramme auferlegen, um deren Haushalt in Ordnung zu bringen und gleichzeitig sie darauf festlegen, wesentlich zu hohe Fördersätze für den Erneuerbaren-Ausbau bis zum Erreichen des nationalen Erneuerbaren-Ziels durchzuziehen. Das ist […] jedenfalls bei bestimmten Rahmenbedingungen nicht wirtschaftlich sinnvoll." (Interview GD Energie II 11.03.2015)

4.4.4 Der neue Interventionismus aus Brüssel: die Umwelt- und Energiebeihilfeleitlinien von 2014

Parallel zur Aushandlung des Klima- und Energierahmens für 2030 fanden die Konsultationen zu neuen Umwelt- und Energiebeihilfeleitlinien für den Zeitraum zwischen 2014 und 2020 statt. Beihilfeleitlinien sind eingebettet in das europäische Wettbewerbsrecht, das mit dem Anspruch geschaffen wurde, einen unverfälschten Wettbewerb im europäischen Binnenmarkt zu gewährleisten. Grundsätzlich sind im europäischen Binnenmarkt staatliche Beihilfen nicht erlaubt. Mittels

---

30 Das Primes-Modell wurde an der Technischen Universität Athen entwickelt und wird von der Europäischen Kommission zur Modellierung von umwelt- und energiepolitischen Szenarien als Standardmodell verwendet.

Beihilfeleitlinien kann die Europäische Kommission jedoch einen Orientierungsrahmen vorgeben, in dessen Grenzen es zur Erfüllung bestimmter Ziele, die im europäischen Interesse sind, möglich ist, Beihilfen zu gewähren. Die Zuständigkeit hierzu liegt innerhalb der Kommission bei der GD Wettbewerb, die am 18. Dezember 2013 den Entwurf „Leitlinien für staatliche Umwelt- und Energiebeihilfen für die Jahre 2014-2020“ (EU KOM 2013b) vorgelegt hat, die unmittelbar die Fördersysteme der erneuerbaren Energien betreffen (Stiftung Umweltenergierecht 2014: 1)[31].

Dieser Leitlinienentwurf steht im Zusammenhang mit einem seit der Liberalisierung der Energiemärkte bestehenden Konflikt um die Fördersysteme der erneuerbaren Energien. Bereits im Vorfeld der Erneuerbarenrichtlinie aus dem Jahr 2001 wurde von Teilen der Kommission versucht, ein europaweit harmonisiertes Fördersystem auf der Basis grüner Zertifikate zu implementieren. Allerdings setzten sich diejenigen (grünen) Kräfte durch, die ein Interesse an der Fortführung nationaler Fördersysteme hatten. Dieser Vorgang wiederholte sich nach einem ähnlichen Muster im Verlauf der Auseinandersetzungen um die Erneuerbarenrichtlinie von 2009, als das „Damoklesschwert Harmonisierung“ (Hirschl 2008: 392) erneut abgewendet werden konnte zu Gunsten weitgehender nationalstaatlicher Spielräume. Mit den Umwelt- und Energiebeihilfeleitlinien unternahm die Kommission, bzw. die GD Wettbewerb einen neuerlichen Versuch, eine Harmonisierung der Fördersysteme herbeizuführen (Interview EREF 11.03.2015). Die neuen Leitlinien stehen im Kontext einer umfassenden Modernisierung des Beihilfenrechts. Während explizite Beihilfeleitlinien für den Umweltbereich bereits existierten, galt dies für den Energiebereich bis dahin nicht (Stiftung Umweltenergierecht 2014: 1-3).

Der Entwurf der GD Wettbewerb umfasste sehr detaillierte Regelungen in Bezug auf die Fördersysteme der regenerativen Energien. Die Orientierung des Papiers knüpfte an den (auch auf europäischer Ebene) dominanten Diskurs der Notwendigkeit einer „Marktintegration“ der erneuerbaren Energien an (Interview GD Wettbewerb 25.02.2015). Um dieses übergeordnete Ziel zu erreichen, wurden Ausschreibungsmodelle zur Ermittlung der Förderhöhe verpflichtend vorgesehen. Kleinanlagen mit einer Kapazität von weniger als 1 MW wurden davon ausgenommen. Zudem wurde eine Unterscheidung zwischen etablierten (deployed) Technologien, die zwischen 1-3 % der Stromerzeugung auf sich vereinen, und nicht etablierten Technologien (less deployed) vorgenommen. Die Pflicht zur Ausschreibung sollte nur für etablierte Technologien (also vor allem Wind und PV) gelten. Darüber hinaus sind in dem Entwurf zahlreiche Bausteine zur Öffnung nationaler Fördersysteme angelegt (Stiftung Umweltenergierecht 2014: 83-86).

31 Am selben Tag wurde auch ein förmliches Prüfverfahren gegen das deutsche EEG eingeleitet.

Gleichzeitig machte der Leitlinienentwurf Vorgaben für mögliche Befreiungen von energieintensiven Unternehmen und setzte für die Befreiungen hohe Hürden. Lediglich Sektoren mit einer Handelsintensität von über 10 % mit Drittstatten und Sektoren, deren Beteiligung an der Erneuerbarenförderung mehr als 5 % der Bruttowertschöpfung betragen, sollten Ermäßigungen erhalten können (EU KOM 2013b: 49-51).

Darüber hinaus beinhaltete der Leitlinienentwurf Regelungen zu Kapazitätsmärkten. In diesem Zusammenhang war es insbesondere umstritten, ob mittels Kapazitätsmärkten klimapolitische Ziele adressiert werden sollten, also ob kohlenstoffarme Technologien gegenüber kohlenstoffintensiven bevorzugt werden sollen, oder ob Kapazitätsmechanismen einzig und allein auf die Versorgungssicherheit abzielen sollten. Die GD Wettbewerb legte sich in ihrem Entwurf darauf fest, „[to] give preference to low-carbon generators in case of equivalent technical and economic parameters" (EU KOM 2013b: 58). Beihilfen für die Atomtechnologie wurden hingegen nicht in den Entwurf aufgenommen, nachdem sich Akteur_innen aus dem grünen Spektrum, die bereits im Vorfeld der Publikation des ersten Leitlinienentwurfs Möglichkeit hatten, Stellung zu beziehen, dagegen ausgesprochen haben. Auch die deutsche und die österreichische Regierung setzten sich vehement gegen die Aufnahme der Atomenergie in die Beihilfeleitlinien ein (Greenpeace 2013, Interview EREF 11.03.2015).

Auf die Veröffentlichung des ersten Entwurfs folgte ein Konsultationsverfahren bis zum 14. Februar 2014. Von Seiten der Mitgliedsstaaten gab es große Widerstände gegen den Leitlinienentwurf. Dabei wurde vor allem argumentiert, dass die EU-Kommission ihre Kompetenzen massiv überschreiten würde. Bei der Energiepolitik handelt es sich um eine geteilte Zuständigkeit. Im Vertrag von Lissabon wird in Artikel 194 Absatz 2 den Mitgliedstaaten die Souveränität über den nationalen Energiemix zugebilligt. Darüber hinaus wurde vielfach kritisiert, dass der Leitlinienentwurf nicht kompatibel mit der Erneuerbarenrichtlinie von 2009 sei, da diese im Hinblick auf die Fördermechanismen den Nationalstaaten einen großen Spielraum einräume und die Zusammenarbeit mit anderen Mitgliedsländern lediglich auf freiwillige Basis gestellt wurde (Stiftung Umweltenergierecht 2014: 88-89). Die zu große Detailschärfe des Leitlinienentwurfs kritisierte das deutsche BMWi in seiner Stellungnahme im Namen der deutschen Bundesregierung folgendermaßen:

> „Viele Vorschläge der Kommission sind zu detailliert, zu eng oder mangels Erfahrungen schlicht verfrüht, so etwa hinsichtlich der Ausnahmeregelungen für stromintensive Industrien, des Fördermechanismus bei den Erneuerbaren Energien (EE), der Kapazitätsmechanismen und der umfassenden Transparenz- und Berichterstattungspflichten. Flexibilitäten für die Mitgliedstaaten im Rahmen der entsprechenden Binnenmarktregelungen sind hier unerlässlich. […] Vor diesem Hintergrund bittet die

> Bundesregierung, dass die Kommission den Entwurf der Umwelt- und Energiebeihilfeleitlinien umfassend überarbeitet und vereinfacht.“ (BMWi 2014e: 1)

In die gleiche Richtung argumentiert die Bundesnetzagentur in ihrer Stellungnahme und kritisiert darüber hinaus die in den Leitlinien implizit angelegte Vorstellung, es gäbe ein für alle Länder gleichermaßen optimales Fördersystem:

> "Dagegen ist die Bundesnetzagentur sehr über die Detailtiefe der vorgegebenen Ausgestaltungsmerkmale besorgt. Es blieben den Mitgliedsstaaten nur sehr wenige Spielräume zur Gestaltung ihrer nationalen Fördersysteme. Ferner suggerieren die Leitlinien, dass es ein optimales und für alle Mitgliedsstaaten, Technologien und Marktsegmente gültiges Fördersystem für Erneuerbare Energien gäbe. Dies ist keineswegs der Fall." (Bundesnetzagentur o. J.)

Die Kritik der Mitgliedstaaten an dem Entwurf wurde auch innerhalb der EU Kommission teilweise mitgetragen, insbesondere innerhalb der GD Energie wurde der Entwurf sehr kritisch gesehen. Die GD Energie hat Ende 2013 sogenannte *Guidances* zur Förderung erneuerbarer Energien veröffentlicht, in denen Ausschreibungsmodelle als eine von vier „wettbewerblichen“ Optionen aufgeführt werden (Stiftung Umweltenergierecht 2014: 25-27). Dessen ungeachtet hat sich die GD Wettbewerb in ihrem Leitlinienentwurf auf Ausschreibungsmodelle festlegt. Insofern gab es unter anderem in dieser Frage zwischen den beiden Generaldirektionen einen inhaltlichen Dissens und, so zumindest die Wahrnehmung einer interviewten Person aus der GD Energie, eine mangelnde Abstimmung von Seiten der GD Wettbewerb:

> „Es gab eine breite Front an Mitgliedsstaaten, die den Eindruck hatten, dass die Kommission, in diesem Fall konkret die Generaldirektion Wettbewerb, überzieht mit dem, was sie macht. Das hat auch damit zu tun, dass die zum ersten Mal Leitlinien für Energie in dieser Detailschärfe gemacht haben. Und die Kollegen der DG Wettbewerb sind Experten im Wettbewerbsrecht, aber nicht notwendig Experten in der Energiepolitik. Es gibt komplexe wirtschaftliche und technische Zusammenhänge wie der Strommarkt funktioniert oder das Investitionsprofil einzelner Energietechnologien etc.. Das können die gar nicht verstehen, es sei denn, sie holen sich die Expertise rein. Das war aber nicht unbedingt das, was stattgefunden hat. […] also was in ersten Entwürfen der Leitlinien zum Teil drin stand war hanebüchen.“ (Interview GD Energie II 11.03.2015)

Von Seiten der Erneuerbarenverbände wurde ebenfalls sehr deutliche Kritik an dem Leitlinienentwurf geübt, der im Hinblick auf die Detailschärfe in die gleiche Richtung ging wie die Positionen der Regierungen der Mitgliedsstaaten. Vor dem Hintergrund der vergangenen Auseinandersetzungen um die Richtlinien zu erneuerbaren Energien kam es für die Verbände nicht überraschend, dass dieses Mal über das Beihilferecht versucht wurde, eine Harmonisierung der Fördersysteme zu erzwingen. Alle Verbände kritisierten den Beihilfeleitlinienentwurf (EREC o. J.; EREF 2014; EWEA o. J.; EPIA 2014). Allerdings gab es auch im Hinblick auf die Beihilfeleitlinien eine Spaltung innerhalb der grünen Verbandslandschaft. Während die meisten Verbände die Beibehaltung von Systemen mit garantierter Einspeisevergütung zu ermöglichen versuchten, änderten EPIA und EWEA ihre Positionen:

> „Also ich glaube, es haben sich da schon zwei Schulen aufgemacht. Es gibt EPIA und EWEA, die plötzlich weniger Probleme mit diesen Ausschreibungsmodellen hatten und das liegt an der Mitgliederschaft. Wir haben da viel mehr Schwierigkeiten mit, weil wir für die mittelständigen, meistens unabhängigen Produzenten hier das Sprachrohr sind." (Interview EREF 11.03.2015)

Dass analog zu den Konflikten rund um den klima- und energiepolitischen Rahmen für 2030 auch im Hinblick auf die Beihilfeleitlinien wichtige Mitgliedsunternehmen bei EPIA Druck ausgeübt haben bisherige Positionen aufzugeben, wurde auch im Interview mit EPIA deutlich:

> „[...] es ist ja insgesamt der Haupttrend Ausschreibungen für alles. Also in der Praxis gibt es keine wirklichen Positivbeispiele, keiner weiß wie es aussehen kann. Wir lassen uns jetzt darauf ein, wir haben einige Mitglieder die sagen, das ist gut, das wird uns helfen. Die Ausschreibungen sind eine Sache, die wir nicht als Verband vorangetrieben haben, aber wo wir sagen, okay, wir müssen uns darauf einlassen und wir müssen damit arbeiten, wenn das kommt." (Interview EPIA 25.03.2015)

Die grünen Akteur_innen fokussierten ihre Kritik auf die Regelungen zu den Fördersystemen für erneuerbare Energien und bemühten sich um größere nationale Gestaltungsspielräume. Darin fand es Unterstützung von der überwiegenden Mehrzahl der Regierungen. Zudem wurde die Aufnahme der Atomenergie in die Beihilfeleitlinien verhindert.

Die Akteur_innen des grauen Spektrums, insbesondere EURELECTRIC, begrüßten hingegen die Stoßrichtung des Entwurfs der GD Wettbewerb im Hinblick auf die Erneuerbarenfördersysteme und erneuerten ihre Forderung nach einem stärker harmonisierten Fördermodell für den Zeitraum bis 2020 und dem anschließenden Auslaufen der Förderung für entwickelte Technologien (EURELECTRIC 2014). Je nach Mitgliederstruktur und Branche spielten für die Verbände und Unternehmen aus dem grauen Akteursspektrum unterschiedliche Aspekte der Beihilfeleitlinien eine bedeutende Rolle.

Für die Industrieverbände, insbesondere den deutschen BDI, waren die Regelungen zu den Möglichkeiten einer Befreiung für energieintensive Branchen zentral. Aus zwei Gründen war dabei die deutsche Industrie in einer besonderen Position. Erstens ist das deutsche EEG mit einem Fördervolumen in Höhe von ca. 25 Mrd. Euro im Jahr 2014 das bei Weitem größte in Europa. Die Befreiungen im

Rahmen der Besonderen Ausgleichsregelung beliefen sich im selben Jahr auf ca. fünf Mrd. Euro. Gleichzeitig standen diese Ausnahmen auf Grund der Einleitung eines förmlichen Prüfverfahrens im Dezember 2013 zur Disposition. Die Frage, ob die Befreiungen im Rahmen des EEG mit dem europäischen Beihilferecht kompatibel sind, sollte sich der Logik des Beihilferechts folgend, auf Grundlage der neuen Beihilfeleitlinien entscheiden. Entsprechend konzentrierte sich der BDI darauf, gemeinsam mit der deutschen Bundesregierung die Industriebefreiungen zu verteidigen und die Beihilfeleitlinien so auszugestalten, dass sie kompatibel mit den Regelungen des EEG sind (BDI 2014, Interview BDI II 16.03.2015).

Für die traditionelle Energiewirtschaft und ihren Dachverband EURELECTRIC hingegen waren die Regelungen für Industriebefreiungen von untergeordneter Bedeutung. Ihr zentrales Anliegen war es, die Beihilfeleitlinien so auszugestalten, dass länderübergreifende, technologieneutrale Kapazitätsmechanismen damit vereinbar sind. Entsprechend konzentrierte sich die Kritik der Verbände und großen Energiekonzerne darauf, die Regelungen zu den Kapazitätsmechanismen in diese Richtung zu ändern und die im Entwurf vorgesehene Bevorzugung kohlenstoffarmer Technologien im Hinblick auf Kapazitätsmärkte zu streichen. In Bezug auf die Erneuerbarenförderung gab es von Seiten der traditionellen Energiewirtschaft große Unterstützung für die Linie der GD Wettbewerb, die Fördersysteme in Richtung Ausschreibungssysteme umzustellen. Kritisiert wurden die vorgesehenen Ausnahmeregelungen für Kleinanlagen und einige Detailregelungen (EURELECTRIC 2014, Interviews EURELECTRIC 04.03.2015, E.ON II 12.03.2015).

Am 09. April 2014 hat die Europäische Kommission die neuen Umwelt- und Energiebeihilfeleitlinien beschlossen. Sie besitzen Gültigkeit bis ins Jahr 2020. In Bezug auf die Regelungen zu den Erneuerbaren machte die GD Wettbewerb vor dem Hintergrund der sehr grundlegenden Widerstände zahlreiche Zugeständnisse. An der Orientierung auf Ausschreibungsmodelle wurde zwar festgehalten, allerdings wurde eine Übergangsfrist bis 2017 eingeräumt. Ausschreibungen müssen nicht technologieneutral sein, es gibt großzügigere Freigrenzen für kleinere Projekte und es wurden zahlreiche opt-out Klauseln verankert (Tews 2014: 12, Interview EPIA 25.03.2015). Diese aus Sicht der traditionellen Energiewirtschaft „Aufweichung“ der Linie der GD Wettbewerb wurde insbesondere im Hinblick auf die Ausnahmeregelungen für Kleinanlagen kritisiert:

> „The state aid guidelines introduced a lot of good things, for example balancing responsibility for renewables and in general they favor a kind of market based support and market integration of renewables. But then there is an extensive exemption for small scale generation. [...] In our view small is big, I mean there is so much small scale generation that its market impacts are large […]” (Interview EURELECTRIC 04.03.2015)

Während aus Sicht des grauen Hegemonieprojekts die Bilanz im Hinblick auf die Regelungen zu den regenerativen Energien gemischt ausfällt, konnte sich die traditionelle Energiewirtschaft bei den Regelungen zu den Kapazitätsmärkten weitgehend durchsetzen. Diese sind gemäß den Beihilfeleitlinien grenzüberschreitend möglich und weitgehend technologieneutral vorgesehen. Die Bevorzugung kohlenstoffarmer Technologien, wie sie im Entwurf verankert war, ist in die Leitlinien auf Druck der fossil-nuklearen Energiewirtschaft nicht aufgenommen worden (Interview E.ON II 12.03.2015). Die Einführung von Kapazitätsmärkten ist für EURELECTRIC und die transnationalen Energiekonzerne ein zentrales Anliegen. Damit verbunden ist die Hoffnung, dass die bereits eingeführten Kapazitätsmärkte eine Art Dominoeffekt auslösen werden (Interviews EURELECTRIC 04.03.2015, E.ON II 12.03.2015).

In Bezug auf die Industriebefreiungen konnte sich der BDI gemeinsam mit der deutschen Regierung weitgehend gegen die Vorschläge der GD Wettbewerb durchsetzen. Es kam zu massiven Veränderungen gegenüber dem ersten Entwurf. Die Leitlinien wurden so ausgestaltet, dass die Befreiungen für die deutsche Industrie im Rahmen der Besonderen Ausgleichsregelung kompatibel mit dem Beihilferecht sind (Interviews BDI II 16.03.2015, E.ON II 12.03.2015, GD Energie II 11.03.2015). Entsprechend ist am 23. Juli 2014 das novellierte EEG 2.0 von der Kommission notifiziert worden (EU KOM 23.07.2014). Insofern konnte sich das graue Akteursspektrum im Hinblick auf die Industriebefreiungen weitgehend durchsetzen.

Die Leitlinien haben jedoch nicht die Wirkung eines Gesetzes. Sie machen den nationalen oder föderalen Gesetzgebungsinstanzen Rahmenvorgaben. Die Ausgestaltung der Erneuerbarenfördersysteme und von Kapazitätsmärkten, wenn sie denn eingeführt werden, bleibt nach wie vor im nationalstaatlichen Kompetenzbereich. Der auf eine Transformation der Energiesysteme hinarbeitende Dachverband der Energiekooperativen RESCOOP etwa befürchtet zwar einerseits die Bevorteilung großer Projekte durch die Leitlinien, entwickelt jedoch strategische Ansätze wie damit umzugehen ist:

> „We fear that with this tendering system that it will be large things that will go through now. That it will be big projects, offshore, large solar parks, large wind farms and I think therefore it is necessary that we try to give to member states some good examples and best practices […] like in Scotland. There is a community power target in the renewable energy target, a 500 MW. And there is a mechanism to help local communities to reach this target. […] And we said to our members, perhaps you should start thinking about how would you implement these state aid guidelines in your country, or how would you like your government to implement it? And try to influence, give them the example of Scotland for instance, give them some good ideas. Because tendering might be frightening, but if it is a good tender, you can win it. So we have had some experience with public tenders in Flanders, when it is well written, when they

> are looking for a good project developer, that gives citizens the opportunity to own wind farms, if the government is looking for this and if this written in the tender [...]" (Interview RESCOOP 09.03.2015)

Nichtsdestotrotz hat EREF, der sich traditionell für Einspeisevergütungssysteme und einen dezentralen Charakter der Energieversorgungssysteme einsetzt, Klage gegen die Beihilfeleitlinien eingereicht. Der Hauptkritikpunkt des Verbandes ist es, dass die Europäische Kommission mit den Leitlinien ihre Kompetenzen überschreite. Die Erneuerbarenrichtlinie von 2009 gewährt den Nationalstaaten weite Handlungsspielräume im Hinblick auf die Erreichung der nationalen Erneuerbarenziele. Diese dürften, so die Argumentation von EREF, nicht nachträglich über das Beihilferecht eingeschränkt werden (Interview EREF 11.03.2015). Auch die deutsche Bundesregierung hat im Februar 2015 den Europäischen Gerichtshof eingeschaltet, um klären zu lassen, ob das EEG als Beihilfe einzustufen ist (Standpunkt der Kommission) oder nicht (Standpunkt der deutschen Regierung) (euractiv 2015). Die Sichtweise der Bundesregierung wird von der Einschätzung von Kerstin Tews gestützt, wonach sich die Kommission über das Beihilferecht Zugriff auf die Fördersysteme verschafft habe:

> „It seems obvious that the Commission did not really intend to curtail advantages for German Industry, as the main engine of the European economic development, in such an extreme manner. Instead it is (mis)using its discretionary power in competition matters as a compulsive lever to enforce regulatory harmonization of national support schemes for renewable energy, according to its perceptions of market compatibility and cost-efficiency." (Tews 2014: 13-14)

Selbst falls die Klagen von EREF und der Deutschen Bundesregierung Erfolg haben sollten, werden die Leitlinien bereits eine starke Wirkung entfaltet haben, da mit einer Entscheidung erst in einigen Jahren zu rechnen ist.

4.4.5 Umkämpfte Kontinuität europäischer Policies zur fossil-nuklearen Energieerzeugung

Im Rahmen der Auseinandersetzungen zwischen dem grünen und dem grauen Hegemonieprojekt spielt die Frage der externen Kosten (vorwiegend der fossilen und nuklearen Energieträger) und damit zusammenhängend der Subventionen für die verschiedenen Energieträger eine wichtige Rolle. Vor dem Hintergrund der voranschreitenden Transition der Energiesysteme und der aus dem grauen Akteursspektrum verstärkt artikulierten Forderung nach einer Integration der erneuerbaren Energien in den bestehenden Energiemarkt, gewann dieser Aspekt zusätzliche Brisanz. Diese auf das energiepolitische Feld bezogene Auseinandersetzung ist in einen breiteren Kontext eingebettet.

Im Jahr 2011 wurde in dem Kommissionsfahrplan zu einem ressourceneffizienten Europa das Ziel proklamiert, bis zum Jahr 2020 alle umweltschädlichen Subventionen auslaufen zu lassen. Vor diesem Hintergrund hat die GD Umwelt eine überblicksartige Studie in Auftrag gegeben, um diese zu identifizieren. Ein Teil der Analyse bezog sich auf den Energiesektor (Withana et al. 2012). Daran knüpft eine Studie von Ecofys für die GD Energie an, die ausschließlich die Subventionen im Energiesektor (ohne den Verkehrsbereich) analysiert und im Oktober 2014 von Energiekommissar Günther Öttinger vorgestellt wurde (ECOFYS 2014). In der Studie wird zwischen Subventionen und externen Kosten differenziert. Während die Subventionen innerhalb der EU für das Jahr 2012 auf 122 Mrd. Euro beziffert werden, wird von externen Kosten in Höhe von 200 Mrd. Euro ausgegangen. Das Ausmaß der externen Kosten ist jedoch nur sehr schwer zu bestimmen. Die Bandbreite liegt je nach Berechnungsgrundlage zwischen 150 und 310 Mrd. Euro. Die Summe der Subventionen für erneuerbare Energien belief sich im Jahr 2012 auf 41. Mrd. Euro, für die fossil-nuklearen Energieträger auf 43 Mrd. Euro. Die externen Kosten gehen hingegen fast ausschließlich auf die fossil-nuklearen Energieträger zurück, so dass diese in der Gesamtbetrachtung von Subventionen und nicht internalisierten Kosten ca. 70 % auf sich vereinen, die erneuerbaren Energien hingegen lediglich 18 %.

Dieser Zusammenhang wurde aus dem grünen Akteursspektrum gegen die fossil-nukleare Energiewirtschaft in Stellung gebracht: „Renewables get fewer subsidies and are cheaper than dirty energies, Commission's study shows" (WWF 14.10.2014). In der FAZ, der die Studie vorab vorlag, wurde der entsprechende Artikel über die Studie hingegen folgendermaßen betitelt: „40 Milliarden Euro Subventionen für Ökostrom" (Kafsack 2014b). Die Deutungshoheit darüber, welche „wahren" Kosten die einzelnen Energieträger haben, schlägt sich auch im Hinblick auf die für die Wirtschaftlichkeit der fossil-nuklearen Energieträger wichtigen regulatorischen Rahmenbedingungen zu den Kapazitätsmärkten, dem Emissionshandelssystem und den Subventionen für neue Atomkraftwerke nieder.

4.4.5.1 Kapazitätsmechanismen als Rettungsanker für die fossil-nukleare Energiewirtschaft?

Die konzeptionellen Grundlagen zur Etablierung von Kapazitätsmärkten wurden im Spektrum der fossil-nuklearen Energiewirtschaft entwickelt und auf der europäischen Maßstabsebene wesentlich durch EURELECTRIC und die Magritte-Gruppe in die Debatte gebracht. EURELECTRIC hat im Jahr 2015 ein Positionspapier zu Kapazitätsmärkten entwickelt und dabei grundlegende Erfordernisse definiert. Sie sollten marktbasiert, technologieneutral, offen für bestehende und neue

Anlagen, regional ausgerichtet und offen für Erzeugungsanlagen, Speicher und Nachfragemanagement sein (EURELECTRIC 2015: 6). Das zentrale Argument für die Etablierung von Kapazitätsmärkten ist die Gewährleistung der Versorgungssicherheit. Vor dem Hintergrund wachsender fluktuierender Ökostromeinspeisung, einem verstärkten Netzausbau, vertiefter Integration der Märkte und sinkenden Börsenstrompreisen gibt es eine wachsende Zahl unrentabler Kraftwerke, die jedoch in einigen Stunden des Jahres notwendig für die Gewährung der Versorgungssicherheit sein können. Um die Stilllegung dieser Kraftwerke zu verhindern und den Veränderungen des Strommarktes Rechnung zu tragen, müsse das Strommarktdesign dahingehend weiter entwickelt werden, dass Kapazitätsmärkte eingeführt werden, die die Vorhaltung von Erzeugungskapazität entlohnen.

Großbritannien hat als erster Mitgliedstaat auf Drängen der fossil-nuklearen Energiewirtschaft einen Kapazitätsmarkt für das Jahr 2018 eingeführt und diesen auch von der Europäischen Kommission bzw. der federführenden GD Wettbewerb auf Grund des beihilfenrechtlichen Charakters notifizieren lassen. Es wurde ein Auktionsverfahren organisiert. Geboten werden konnte für Kapazitätszusagen in einem Umfang, der die Gewährleistung der Versorgungssicherheit garantieren soll. Der bei der Auktion erzielte Preis lag bei 19 Pfund je KW. Bezogen auf das Gesamtsystem summieren sich die Kosten für die Verbraucher_innen auf ca. 1 Mrd. Pfund. Der Preis von 19 Pfund je Kilowatt ist jedoch zu gering um wirksame Investitionsanreize etwa für neue Wasserkraftwerke zu setzen. So kamen bei der Auktion fast ausschließlich bestehende Kraftwerke zum Zug. Insofern resümiert Chris Goodall (2014) im Guardian die Auktion zum britischen Kapazitätsmarkt folgendermaßen: „A billion pounds will be handed to generators in 2018 in return for doing precisely what they would have done anyway."

Diese Einschätzung verweist auf den zentralen inhaltlichen Konfliktpunkt in den Auseinandersetzungen um Kapazitätsmärkte. Während die fossil-nukleare Energiewirtschaft nicht geschlossen, aber in ihrer überwiegenden Mehrheit auf deren Einführung drängt und mit dem Argument der Versorgungssicherheit versucht, Zustimmung zu organisieren, sprechen sich die grünen Akteur_innen nahezu geschlossen gegen die Einführung von Kapazitätsmärkten aus. Das Kernargument der Gegner_innen von Kapazitätsmärkten ist, dass es sich dabei lediglich um mehr oder weniger gut getarnte Subventionen für bestehende Kraftwerke handele (Interview EPC 17.07.2015).

Dieser Kritik ungeachtet hat die EU-Kommission den britischen Kapazitätsmarkt genehmigt und allgemeine Regelungen zu Kapazitätsmechanismen in die Energie- und Umweltbeihilfeleitlinien von 2014 aufgenommen. Allerdings ist es zum gegenwärtigen Zeitpunkt relativ offen, wie sich die Europäische Kommission in Zukunft zu Kapazitätsmärkten verhalten wird. Innerhalb der Kommission ist das Thema sehr umstritten. Im April 2015 hat sie ein Prüfverfahren gegen bestehende Kapazitätsmechanismen eingeleitet (EURELECTRIC 07.05.2015). Zudem kann die Einführung von Kapazitätsmechanismen nicht auf der europäischen Maßstabsebene entschieden werden.

4.4.5.2 Das darniederliegende Flaggschiff der europäischen Klimapolitik: das europäische Emissionshandelssystem (EU EHS)

Ausgehend von den Verhandlungen auf der Weltklimakonferenz in Kyoto und dessen Inkrafttreten im Jahr 2005 wurde ab dem 01. Januar 2005 die erste Handelsperiode des EU EHS gestartet. Auf Grund der großen Heterogenität der Energieversorgungssysteme, die zu einem wesentlichen Teil unter das System fallen, und nationaler Souveränitätsansprüche fand die Allokation der Zertifikate auf nationalstaatlicher Ebene statt. Es stellte sich schnell heraus, dass zu viele Zertifikate ausgegeben wurden. Dieser Überallokationseffekt wurde durch einen sehr großen Zufluss an CDM und JI[32]-Zertifikaten vornehmlich aus China, Russland, Indien und der Ukraine in das EU EHS verstärkt. Entsprechend setzte ein massiver Preisverfall der Zertifikate ein. Das im Vorfeld des Starts gemeinhin als Preisziel angegebene Niveau von 30 Euro wurde nie erreicht. Nachdem für die zweite Handelsperiode zwischen 2008 und 2012 keine tiefgreifenden Reformen durchgesetzt wurden und es vor allem in Folge der Wirtschaftskrise zu einem tendenziell sinkenden Stromverbrauch bei gleichzeitig wachsender Einspeisung von erneuerbaren Energien kam, sank der Zertifikatspreis im Jahr 2013 zwischenzeitlich auf unter fünf Euro ab (Agora Energiewende 2015: 6).

Dieser Preisverfall sorgte dafür, dass vom EU EHS keine nennenswerten Anreize zur Zurückdrängung der besonders klimaschädlichen Kohlekraftwerke ausgingen. Vor diesem Hintergrund beschlossen die Staats- und Regierungschefs sowie das Europaparlament im Rahmen des 2007 verabschiedeten klima- und energiepolitischen Rahmens für 2020 vier grundlegende Änderungen am EU EHS. Diese traten mit Beginn der dritten Handelsperiode ab 2013 in Kraft. Erstens erfolgte die Zuteilung der Zertifikate über die europäische Ebene mit einer jährlichen Degression der ausgegebenen Zertifikate um 1,74 % im Einklang mit dem Klimaziel für 2020. Zweitens werden seit 2013 die Zertifikate für den Energiesektor nichtmehr kostenlos ausgegeben, sondern versteigert. Drittens wurden die Kri-

32 Der *Clean Development Mechanism* und der *Joint Implementation* sind Teil der flexiblen Mechanismen und sollen gewährleisten, dass die Emissionsreduktion auf ökonomisch effiziente Weise erfolgen kann, ohne dass die sozial-räumliche Dimension ein Hindernis darstellt (Altvater und Brunnengräber 2008; Brouns und Witt 2008; Witt und Moritz 2008).

terien für CDM und JI-Projekte deutlich verschärft und deren Anrechenbarkeit gedeckelt. Viertens wurde jedoch beschlossen, dass sämtliche überschüssigen Zertifikate aus der zweiten Handelsperiode in die dritte Handelsperiode übertragen werden können (ebd.: 5).

Im Jahr 2013 belief sich der kumulierte Überschuss an Zertifikaten auf ca. 2 Mrd. Tonnen. Der Preis stabilisierte sich auf einem Niveau deutlich unter 10 Euro. Während die grünen Akteur_innen weitgehend einhellig eine grundlegende Reform des EU EHS forderte[33] und damit zumindest in der gegenwärtigen Konstellation eine weitgehende Interessenkongruenz mit der traditionellen Energiewirtschaft aufwies, stellte sich der überwiegende Teil der restlichen Industrie gegen eine Reform des Emissionshandels. Unterstützung bekam die Industrie dabei vor allem von der polnischen Regierung[34] (Interview EURELECTRIC 04.03.2015). Entsprechend kurz griffen die ersten Reformbemühungen. Im Jahr 2012 wurde ein *Backloading*, ein temporäres Entziehen von 900.000 Zertifikaten, beschlossen.

Im Rahmen der Aushandlung des klima- und energiepolitischen Rahmens für 2030 einigten sich der Europäische Rat und die Kommission darauf, ab 2021 die Menge der ausgegebenen Zertifikate stärker abzusenken und eine so genannte Marktstabilitätsreserve (MRS) einzuführen, deren konkrete Gestalt allerdings erst im folgenden Jahr festgeschrieben wurde. Die MRS zielt darauf ab, dass im Falle eines großen Zertifikatsüberschusses im folgenden Jahr deutlich weniger Zertifikate ausgegeben werden. Allerdings greift die MRS erst ab dem Jahr 2019. In Folge des tendenziell stagnierenden BIPs, weiterer Effizienzfortschritte und wachsender Einspeisung erneuerbarer Energien ist insofern davon auszugehen, dass der EU EHS, das häufig als Flaggschiff der europäischen Klimapolitik gepriesene Instrument, auf absehbare Zeit keinen relevanten Beitrag zur Transition der Energiesektoren leisten wird. Entsprechend ernüchternd ist die Schlussfolgerung einer Studie von Agora Energiewende: „Ohne eine schnell wirkende Reform ist der Emissionshandel als Instrument der europäischen Klimapolitik tot" (Agora Energiewende 2015: 5). Gleichzeitig wird in der Studie darauf verwiesen, dass in Anbetracht dessen, dass eine schnelle, tiefgreifende Reform des EU EHS eher unwahrscheinlich ist, weitere nationale Klimaschutzmaßnahmen ergriffen werden müssen. Ein Beispiel hierfür ist der *Carbon Support Mechanism*, der in Großbritannien eingeführt wurde, um die Grenzkosten der Kohlekraftwerke über diejeni-

---

33 Vereinzelt gab es insbesondere innerhalb des linken Flügels des grünen Hegemonieprojekts Stimmen, die die Abschaffung des EU EHS fordern (siehe exemplarisch hierzu: Brand et al. 2013)

34 Innerhalb von EURELECTRIC spricht sich einzig der polnische Mitgliedsverband gegen eine grundlegende Reform des EU EHS aus. Der Verband machte dies in seinen Stellungnahmen zum EU-EHS deutlich (Interview EURELECTRIC 04.03.2015).

gen der Gaskraftwerke zu heben. Damit soll eine Dekarbonisierung befördert werden. Dasselbe Ziel verfolgte der deutsche Bundeswirtschafts- und Energieminister Sigmar Gabriel mit der geplanten Klimaabgabe, die er jedoch nicht durchsetzen konnte (vgl. Kap. 5.4.5).

Trotz der offensichtlich nicht vorhanden Lenkungswirkung des EU EHS und großer politischer Widerstände gegen eine grundlegende Reform erheben weite Teile des grauen Akteursspektrums das EU EHS zum zentralen Instrument der europäischen Dekarbonisierungsstrategie. Auch in der wissenschaftlichen Literatur, die dem grauen Akteursspektrum zuzurechnen ist, wurde wiederholt die Forderung erhoben, die Förderung der erneuerbaren Energien auslaufen zu lassen, da das EU EHS eine Begrenzung der Treibhausgasemissionen gewährleiste. Dabei wurden häufig die real existierenden und sehr evidenten Probleme des bestehenden Systems schlichtweg ignoriert (Sinn 2008; Weimann 2010). Der Argumentationsgang, der das EU EHS gegen die Erneuerbarenförderung in Stellung bringt, läuft somit ins Leere[35]. Insofern lässt sich festhalten, dass das EU EHS Teil der hegemonialen Auseinandersetzungen ist, für die Transition des europäischen Stromsektors jedoch keinerlei Impulse setzt. Im Gegenteil, es dient den grauen Akteur_innen als Angriffspunkt gegen die erneuerbaren Energien und hat durch die windfall-profits[36] die ökonomische Dominanz der fossil-nuklearen Energiewirtschaft gestärkt (Brouns und Witt 2008).

4.4.5.3 Atompolitische Konflikte und ihr Kulminationspunkt Hinkley Point C

Ein weiteres energiepolitisches Konfliktfeld ist die Atomtechnologie. Die Auseinandersetzungen verdichteten sich um die Neubaupläne am britischen Atomkraftwerk Hinkley Point. Ungeachtet des Diskurses um eine „Renaissance der Atomkraft" werden seit Jahren sowohl global als auch europaweit mehr AKWs vom Netz genommen als neue gebaut. Neben dem Fachkräftemangel sind steigende Kosten, Finanzierungsrisiken, Verzögerungen beim Bau von AKWs und die Endlagerfrage ungelöste Probleme. In Europa befinden sich aktuell vier Atomreaktoren in der Bauphase (Mez 2011).

35 Darüber hinaus wird aus dem grünen Akteursspektrum häufig darauf verwiesen, dass selbst ein reformiertes EU ETS nicht dazu in der Lage wäre, einen sinnvollen Transitionspfad des europäischen Energiesystems herbeizuführen, da ohne Fördersysteme eine einseitige, auf die billigste EE-Technologie fokussierte Entwicklung stattfinden würde, die den Anforderungen des Strommarktes nicht gerecht werden würde (Interview EPIA 25.03.2015).

36 Als windfall-profits werden leistungslose Gewinne bezeichnet, die Stromproduzenten durch die Einpreisung (als Opportunitätskosten) kostenlos ausgegebener Zertifikate erzielen konnten.

Im slowakischen Mochovce, etwa 150 Kilometer östlich von Wien, läuft ein Atomkraftwerk mit zwei Reaktorblöcken. Im Jahr 1986 wurde eine Baugenehmigung für zwei weitere Reaktoren erteilt. Nachdem in den 1990er Jahren die Arbeiten eingestellt wurden, wurde der Bau im Jahr 2008 unter der Federführung der Slowakischen Stromwerke, die mehrheitlich im Besitz der italienischen Enel sind, wieder aufgenommen. Greenpeace klagte gegen die atomrechtliche Genehmigung für die Fertigstellung des AKWs und bekam vom höchsten slowakischen Gericht im August 2013 Recht. Bereits zuvor war das Datum für die Inbetriebnahme der Blöcke 3 und 4 mehrfach nach hinten verschoben worden, die Kostenschätzungen stiegen ebenfalls kontinuierlich an (o. N. 2013b).

Seit August 2005 werden im finnischen Olkiluoto und seit Dezember 2007 im französischen Flamanville jeweils ein Druckwasserreaktor (EPR) errichtet. In diese neue Technologie wurden von den Atomkraftbefürworter_innen große Hoffnungen gesetzt. Allerdings verzögerte sich die geplante Inbetriebnahme mehrmals, die Kosten explodierten. Beim finnischen Reaktor wird inzwischen von Baukosten in Höhe von 9 Mrd. Euro (ursprünglich geplant waren 3,2 Mrd. Euro) ausgegangen. Der französische Hersteller Areva befindet sich in einer existenziellen Krise (Mez 2011; Wüpper 2015).

Vor dem Hintergrund dieser Entwicklungen gaben die deutschen Konzerne E.ON und RWE im März 2012 bekannt, ihre Pläne zur Errichtung von Atomkraftwerken in Großbritannien aufzugeben (Arzt 2012). Ungeachtet dessen trieb die britische Regierung ihre Pläne für den Neubau von AKWs voran. Im März erteilte sie einem Konsortium (dem einzigen, das sich beworben hatte) unter Führung der französischen EdF die Genehmigung für den Bau von zwei ERP-Reaktoren am Standort Hinkley Point C. Neben EdF gehören Areva und die chinesischen Konzerne CGN und CNNC dem Konsortium an. Der Zuschlag war verbunden mit der Zusage zahlreicher Beihilfen, unter anderem eine garantierte Einspeisevergütung für den Atomstrom für 35 Jahre in Höhe von 92,50 Pfund pro MWh plus Inflationsausgleich sowie die Übernahme zahlreicher Risiken. In Anbetracht dieser Umstände bezeichnete der EU-Energiekommissar Günther Öttinger die britischen AKW-Pläne auf einem Treffen des European Energy Forums als „sowjetisch" (Neslen 2013)[37].

Am 18. Dezember 2013 startete die GD Wettbewerb eine beihilfenrechtliche Prüfung und äußerte sich darin sehr skeptisch gegenüber dem geplanten Subventionsmodell. Nach mehreren Verhandlungsrunden und einigen marginalen Zugeständnissen von britischer Seite erklärte der Wettbewerbskommissar Almunia,

37 Bei dem Treffen galt die sogenannte *Chatham House Rule*, die unter anderem besagt, dass die Äußerungen einzelner Mitglieder nicht öffentlich gemacht werden dürfen. Nichtsdestotrotz wurde diese Aussage Öttingers von Mark Johnston, einem „grünen" Umweltexperten, per Twitter verbreitet.

dass er in der Sitzung der Europäischen Kommission am 08. Oktober 2014 darauf plädieren werde, die Beihilfen zu genehmigen (Uken 2014). Laut dem Protokoll der Kommissionssitzung argumentierte Almunia wesentlich damit, dass ohne die Subventionen nicht gewährleistet werden könne, dass die notwendigen Investitionen in den britischen Stromsektor getätigt werden würden, die zur Aufrechterhaltung der Versorgungssicherheit notwendig seien. Bis zum Jahr 2023 werden, abgesehen von einem einzigen, alle britischen Atomreaktoren stillgelegt werden:

> "[...] no financing instrument currently available on the market covered a period of more than 15 years, compared with the 60-year operational lifetime expected of Hinkley Point C. The Chief Economist at the Directorate-General for Competition had applied no less than 24 econometric models before concluding that the aid was proportionate. The proposal for a Commission decision to authorise the state aid was therefore based on a particularly robust economic analysis. Mr ALMUNIA added that his departments had carried out numerous analyses and tested many different scenarios in order to determine whether the private sector would be able to undertake such a project without government support. The conclusion of all these studies was that there was a market failure. Finally, he pointed out that a public call for expressions of interest in the project had been issued, to which only one tenderer, *EDF*, had ultimately responded." (EU KOM 2014b: 14-15)

Nach einer kontroversen Diskussion und bei vier Gegenstimmen von den Kommissar_innen Connie Hedegaard (Dänemark, GD Klima), Janez Potočnik (Slowenien, GD Umwelt), Viviane Reding (Luxemburg, GD Justiz, Grundrechte und Bürgerschaft) und Johannes Hahn (Österreich, GD Regionalpolitik) entschied die Kommission, dass die geplanten Beihilfen des britischen Staates in Einklang mit dem europäischen Recht seien (Global 2000 28.04.2015). Kommissionpräsident Barroso versuchte in der Sitzung die politische Brisanz der Entscheidung herunterzuspielen und sie in das Gewand der Objektivität zu hüllen:

> „The PRESIDENT thanked the Commission Members for this discussion, which would doubtless be seen in political or even ideological terms by public opinion and the media whereas in fact it was an objective decision by the Commission, as the guardian of the Treaties, in particular the Euratom Treaty, which was based on a very detailed legal and economic analysis of the compatibility of a state aid measure with European law." (EU KOM 2014b: 19)

Während aus dem grünen Akteursspektrum die Entscheidung der Kommission heftig kritisiert wurde, gab es von grauen Akteur_innen nur wenige Reaktionen. EURELECTRIC etwa beteiligte sich nicht an den Auseinandersetzungen um die Beihilfeentscheidung (Interview EURELECTRIC 04.03.2015). Auch innerhalb des grauen Akteursspektrums scheint der Glaube an eine atomare Renaissance in Europa zu schwinden. Mit Blick auf die Kosten des Projekts und der immens hohen Subventionen konstatierte der taz-Redakteur Malte Kreutzfeldt (2014), dass es sich bei Hinkley Point C trotz der Genehmigung durch die Europäische Kommission um eine „Bankrotterklärung" der Nuklearindustrie handele.

Die Auseinandersetzungen um den AKW-Neubau verlagerten sich nach der Kommissionsentscheidung auf die juristische Ebene. Österreich reichte, wie bereits im Vorfeld der Kommissionsentscheidung angekündigt, mit der Unterstützung Luxemburgs im Jahr 2015 Klage beim EuGH ein. Neben der breiten Ablehnung der Atomkraft in Österreich dürfte für den konfrontativen Kurs der österreichischen Regierung auch der Umstand wichtig sein, dass in der Slowakei zwei Atomreaktoren in Bau sind und darüber hinaus in zwei weiteren Nachbarländern, Tschechien und Slowenien, der Bau neuer AKWs zur Diskussion steht. Zudem wurden von deutschen Ökostromanbietern und Stadtwerken Klagen eingereicht. Die österreichische NGO Global 2000 reichte Beschwerde bei der UN ein. Diese Klagen dürften mit dazu beitragen, dass das Konsortium um EdF die endgültige Investitionsentscheidung hinauszögert (Global 2000 2015; Preuß und Theurer 2015). Insofern deutet Momentan sehr wenig auf eine atomare Renaissance in Europa hin. Umkämpft bleiben hingegen die Fragen der Restlaufzeiten und der Lagerung, die jedoch nicht auf der europäischen Maßstabsebene ausgetragen werden.

4.4.6 Krise, Begrünung und wachsende Risse im grauen Hegemonieprojekt

Die großen, transnationalisierten Energiekonzerne, die den Kern des grauen Hegemonieprojekts bilden, wurden in mehrfacher Hinsicht von der Finanz- und Wirtschaftskrise stark getroffen. Sie wandelten sich von hochprofitablen zu kriselnden Unternehmen. Zwischen 2007 und 2012 ging die Stromnachfrage in der EU-27 um 2,5 % zurück, bei wachsender Einspeisung erneuerbarer Energien. Die zehn größten Stromversorger, die noch immer nahezu 60 % der Stromproduktion auf sich vereinen, haben diesen Wandel spät erkannt und reagierten mit einer Art „Doppelstrategie". Einerseits wurde mit den Kapazitätsmechanismen ein Projekt entwickelt, um die Verwertung bestehender, aber nicht mehr rentabler fossiler Erzeugungskapazitäten unter dem Deckmantel der Versorgungssicherheit zu sichern. Andererseits wurde von Seiten der großen Konzerne verstärkt in erneuerbare Energien investiert, zugleich aber darauf gedrungen, deren Entwicklung auszubremsen (Greenpeace 2014a).

Dies zeigte sich in den Auseinandersetzungen um die 2030-Ziele als sich EURELECTRIC und alle großen EVUs gegen ein eigenständiges Erneuerbarenziel aussprachen und stattdessen das EU EHS als vermeintlich technologieneutrales Instrument favorisierten. Während es in dieser Frage eine Kontinuität bei EURELECTRIC gibt (Interview GD Energie I 04.03.2015), ist die „Übernahme" der beiden wichtigsten grünen Kapitalverbände, EWEA und EPIA, Ausdruck einer strategischen Neuausrichtung. Damit gelang es den großen EVUs, einen Keil in die grüne Verbändelandschaft zu treiben. Zwei Verbände des grünen Spektrums wurden auf Betreiben der großen Mitgliedsunternehmen auf eine deutlich weniger ambitionierte Linie gebracht (Interview E.ON II 12.03.2015). Auf diskursivem Terrain bedeutete dies eine Abkehr von der Orientierung auf 100 % erneuerbare Energien. Stattdessen wurde die Vision einer Kombination von Erneuerbaren und Gas verankert. Sowohl die Vorstände von EPIA als auch von EWEA schwenkten auf diese Linie ein. Gleichzeitig bildet die „Übernahme“ eine verstärkte strategische Orientierung in Richtung erneuerbare Energien ab, die eine Stimme aus der Erneuerbarenbranche folgendermaßen auf den Punkt brachte: „[…] if you can't beat them, join them. And if you join them, slow them down so that you can survive in the market" (zitiert nach Neslen 2015).

Parallel zur „Übernahme“ von EWEA und EPIA fand sich im Mai 2013 zum ersten Mal die Magritte-Gruppe zusammen. Dieser eher informelle Zusammenschluss der CEOs der beteiligten Konzerne wurde vor dem Hintergrund der Krise der großen Stromversorger gebildet und zielte darauf ab, auf höchster politischer Ebene die eigene klima- und energiepolitische Agenda zu verankern. Dabei einigte sich die Gruppe auf vier zentrale Forderungen, die im Einklang mit den Kernforderungen von EURELECTRIC stehen. Erstens sollten die Energiepreise die „wahren Kosten“ abbilden, also nicht durch Steuern und Fördersysteme aufgebläht werden. Zweitens sollen die Erneuerbaren in die Märkte integriert werden. Drittens sollen Kapazitätsmechanismen eingeführt werden. Viertens soll das EU EHS, gegen den Widerstand weiter Teile der Industrie, grundlegend reformiert werden. Die Magritte-Gruppe wurde bewusst nicht als Konkurrenz zu EURELECTRIC konstituiert. Sie bildet eine Art „schnelle Eingreiftruppe“, die auf die CEOs der Konzerne beschränkt bleibt (Interviews E.ON II 12.03.2015, EREF 11.03.2015). In einem Positionspapier der grünen Fraktion im Europaparlament wird die Etablierung der Magritte-Gruppe hingegen als Resultat eines Richtungsstreits innerhalb von EURELECTRIC dargestellt:

> „This grouping is the result of a profound dispute within Eurelectric […] on the future organisation of the European electricity sector. The companies do not agree on how prominent renewables should be in the future energy market. The most backward looking companies created a new lobby organisation under the leadership of Gérard Mestrallet, CEO of GDF Suez." (The Greens EP 2014)

Im Hinblick auf die erneuerbaren Energien gibt es innerhalb des EURELECTRIC-Spektrums in der Tat unterschiedliche Vorstellungen und eine wachsende Heterogenität (Greenpeace 2014a, Interview GD Energie I 04.03.2015). Während sich alle Mitglieder der Magritte-Gruppe gegen ein verbindliches Erneuerbarenziel für 2030 ausgesprochen haben, unterzeichneten unter anderem die EVUs Dong

Energy, EnBW und EDP Renewables im Herbst 2013 einen Aufruf von 77 Verbänden und Unternehmen, die ein verbindliches Erneuerbarenziel einforderten (Alstom et al. 2013). Vattenfall verließ die Magritte-Gruppe bereits im Jahr 2014, unter anderem weil sich das Unternehmen gegen die Einführung von Kapazitätsmärkten positioniert (Crouch 2014). Diese „Risse" im grauen Akteursspektrum deuten darauf hin, dass es im Hinblick auf die strategische Ausrichtung innerhalb der Energiekonzerne zwei Richtungen gibt. Während die in der Magritte-Gruppe versammelten Unternehmen die Transition ausbremsen und darauf hinarbeiten die fossilen und nuklearen Erzeugungskapazitäten möglichst optimal zu verwerten, gibt es einige, wenn auch eher kleinere EVUs, die sich stärker hin zum grünen Akteursspektrum orientieren. Dies bildet sich darin ab, dass sie Erneuerbarenzielen gegenüber aufgeschlossen und Kapazitätsmärkten gegenüber kritisch eingestellt sind. Einigkeit besteht in den Bestrebungen, den EU EHS grundlegend zu reformieren und die Erneuerbaren „stärker in den Markt zu integrieren".

Erfolgreich war die fossil-nukleare Energiewirtschaft in ihren Bemühungen um die Verankerung von Kapazitätsmärkten und deren Regulierung im Rahmen der Umwelt- und Energiebeihilfeleitlinien von 2014 sowie der Forcierung der Marktintegrationsagenda für die Erneuerbaren, die sich ebenfalls in den Beihilfeleitlinien niederschlug. Allerdings war das graue Hegemonieprojekt nicht in der Lage, ein Erneuerbarenziel für 2030 zu verhindern. Im Hinblick auf die Reform des EU EHS konnten sich diejenigen Industriezweige, die eine grundlegende Reform bekämpften, bislang gegen die fossil-nukleare Energiewirtschaft und das grüne Akteursspektrum durchsetzen.

Während die Finanz- und Wirtschaftskrise den Rückgang des Stromverbrauchs mit bedingt hat und damit über eine geringere Auslastung der Erzeugungsanlagen und sinkende Börsenstrompreise die Rentabilität der Konzerne wesentlich geschmälert hat, spielte dem grauen Hegemonieprojekt die Austeritätsagenda im Hinblick auf die erneuerbaren Energien in die Hände. Es gelang dem grauen Akteursspektrum trotz der Kostendegressionen bei den Erneuerbaren das Kostenargument mittels des *trade-off*-Diskurses gegen die beschleunigte Transition der Energiesysteme in Stellung zu bringen. Starke Unterstützung bekam es auf der Ebene der Mitgliedsstaaten vor allem aus den osteuropäischen Ländern, insbesondere Polen, die ihre Energieversorgung stärker auf fossil-nukleare Energien ausrichten wollen. Auch die Regierung Großbritanniens handelte weitgehend im Sinne des grauen Hegemonieprojekts. Zwar wurde auf nationaler Ebene mit dem *Carbon Support Mechanism* darauf hinwirkt, alte Kohlekraftwerke aus dem Energiemix heraus zu drängen. Allerdings hat die britische Regierung einen Kapazitätsmarkt eingeführt, versucht der Atomenergie eine Zukunftsperspektive zu geben und hat gegen ein Erneuerbarenziel für 2030 opponiert.

4.4.7 *Krisen und zunehmende Desintegrationsprozesse im grünen Hegemonieprojekt*

Die grünen Kapitalfraktionen als Kern des grünen Hegemonieprojekts waren in zweifacher Hinsicht mittelbar und unmittelbar von ökonomischen Krisenprozessen betroffen. Die austeritätspolitische Reorganisation des europäischen Wirtschaftsregierens wirkte generell einer beschleunigten Transition der Energiesysteme, die zunächst hohe Investitionen erfordert, entgegen. In Anbetracht der Heterogenität der Energiesysteme und sehr ungleicher Krisenbetroffenheiten artikulierte sich diese übergreife Tendenz jedoch sehr divers. In zahlreichen Ländern, unter anderem Spanien und Tschechien, wurden die garantierten Vergütungssätze für Regenerativstrom retroaktiv gekürzt. Die dadurch entstehende Unsicherheit unter potentiellen Investor_innen wird von Seiten der Kommission als größte Gefahr für die Erreichung des 20%-Erneuerbarenziels bis 2020 gesehen (Interview GD Energie I 04.03.2015).

Die grünen Akteur_innen versuchten den Ausbau der erneuerbaren Energien in der Logik eines Green New Deals als Ausweg aus der Krise zu verankern. Sie waren jedoch viel zu schwach um diesen Ansatz zu verallgemeinern. Die institutionelle Separierung der einzelnen Politikbereiche trug dazu bei, dass aus dem grünen Akteursspektrum im energiepolitischen Kontext keine nennenswerten Impulse gegen die austeritätspolitische Krisenbearbeitung ausgingen. Darüber hinaus kam es zu einer existenziellen Krise der europäischen Solarzellenhersteller_innen. Nur wenige konnten im Wettbewerb mit der Konkurrenz aus Asien bestehen. Die von der EU-Kommission verordneten Mindestpreise im Handelsstreit mit China konnten den Niedergang der europäischen Solarzellenhersteller bestenfalls verlangsamen (Interview EPIA 25.03.2015).

Diese ökonomischen Krisenprozesse verbanden sich mit Spaltungsprozessen innerhalb der grünen Verbändelandschaft in Folge der „Übernahme" von EWEA und EPIA, wobei sich ähnliche Prozesse auch in nationalen Verbänden vollzogen haben, etwa in flämischen Erneuerbarenverbänden (Interview RESCOOP 09.03.2015). Der Journalist Arthur Neslen beschreibt im Guardian die schrittweise „Übernahme", die strategische Neuausrichtung und die Auswirkungen auf die Beschäftigten der beiden Verbände folgendermaßen:

> „Energy utilities and fossil fuel firms began moving into the renewable associations in 2010 as part of an intensifying effort to influence policy lobbying in Brussels, according to Brussels insiders. In March 2011, the French oil and gas company, Total, bought a controlling share in the solar manufacturer, SunPower. That company's marketing director, Oliver Schaefer, was elected as EPIA's president two years later, while another Total executive, Arnaud Chaperon, became EPIA's vice president. In

> all, five of EPIA's eight board members now represent big energy and chemical concerns, such as Enel, Dupont, and Wacker Chemie.
>
> At the same time, the complexion of the organizations was changing. 'Most policy officers were made redundant or left because they no longer fitted in [...]', said one source.
>
> As security of supply concerns rose across Europe last year in response to the Ukraine crisis, [...] 'Oliver Schaefer put forward the line that the solar and wind sectors should see gas as a partner – a flexible technology that can serve as backup – for sure, he also wanted the association to say this.' EPIA's CEO James Watson, denied that any staff members had been told to advocate a partnership with gas on energy security. 'EPIA believes that we need flexibility in the EU energy system and gas is a technology that can provide this,' he said.
>
> Schaefer is politically and personally close to Thomas Becker, EWEA's CEO since 2012, who former employees describe as dazzled by major corporate players. 'I think Becker brokered a deal with EWEA's 'lead sponsors' – the major corporates – that fund it much more than the national wind associations,' an ex-staffer said. 'They've become a lot more influential and that has an advantage in creating resources and the capacity to lobby. But, politically, there's a price to pay for that.' EWEA's board structure, always finely balanced, tilted decisively in favour of big energy firms in recent years, he said. Fifteen firms such as Alstom and EDF now have seats on EWEA's board, compared to just three national associations. In 2012, there had been 19 national associations on the board." (Neslen 2015)

Analog zu diesen Prozessen wurde der Dachverband der Erneuerbarenverbände, EREC, aufgelöst. Durch die Neuausrichtung von EPIA und EWEA kam es in beiden zentralen Policy-Prozessen während der Kommission Barroso II zu einer Spaltung der Erneuerbarenverbände. EPIA und EWEA schwächten ihre Ziele für 2030 deutlich ab und widersetzten sich dem in den Beihilfeleitlinien angelegten Trend hin zu Ausschreibemodellen nicht, wohingegen zahlreiche Verbände Systeme garantierter Einspeisevergütungen beibehalten wollten (Interview EREF 11.03.2015). Darüber hinaus wendeten sich EWEA und EPIA deutlich von ihren traditionellen Verbündeten, den Umweltverbänden ab: „I think it is definitely true that they are trying to be seen as major players not small players anymore. And if in their understanding that means moving away from the NGOs that definitely seems to be something that they are doing" (Interview Greenpeace III 27.02.2015).

Innerhalb des grünen Projekts gab es, ausgelöst durch die „Übernahme" zweier Verbände durch graue Akteur_innen eine starke Orientierung in Richtung des grauen Projekts. Erneuerbare Energien und Gas wurden verstärkt als Tandem geframt, die Forderungen zum Erneuerbarenausbau wurden deutlich abgeschwächt und eine wachsende Distanzierung zu anderen Akteur_innen des grünen

Spektrums vorgenommen. Zugleich gab es innerhalb des grünen Akteursspektrums eine Stärkung des Flügels, der auf eine Transformation des Energiesystems hinarbeitet. Diskursiv manifestiert sich die divergierende Ausrichtung durch die Verwendung des Begriffs der „Energiedemokratie", als Leitbild eines dezentralisierten, auf erneuerbaren Energien basierten Energiesystems in der Hand der Bürgerinnen und Bürger und/oder der öffentlichen Hand. Diese Vision wird von zahlreichen kommunalen Netzwerken wie etwa Energy Cities vertreten, die in den letzten Jahren neben einer stärkeren Vernetzung der energiewendeaffinen Kommunen zusätzliche Ressourcen in Lobbyaktivitäten aufgewendet haben. Dies ist darauf zurückzuführen, dass auch innerhalb der Mitgliedskommunen die Erkenntnis gereift ist, dass der europäische Kontext von wachsender Bedeutung für die lokale Maßstabsebene ist. Aus Sicht von Energy Cities wird der Umstand, dass der Wandel hin zu regenerativen Energien im lokalen Bereich umgesetzt wird, bisher von der Europäischen Kommission nicht hinreichend berücksichtigt:

> „So what is missing and still miss is that the [...] energy transition will be done at local level and that EU policies for the moment are not fit for disaggregated actions for small actors for local action for local access to the grids and so on. It's not fit yet and that was most important to say." (Interview Energy Cities 23.03.2015)

Darüber hinaus hat sich im Jahr 2013 der europäische Dachverband der Energiegenossenschaften (RESCOOP) formal gegründet. Der Impuls hierfür kam von der französischen Energiekooperative ENERCOOP, die auf Grund von gesetzlichen Vorgaben Probleme hatte, eine Ausweitung ihrer Tätigkeiten zu finanzieren. Aus der Anfrage bei anderen Energiekooperativen, unter anderem der flämischen Genossenschaft ECOPOWER, hat sich die Idee zur Gründung eines institutionalisierten Netzwerks entwickelt. Auf Vorschlag eines Mitarbeiters der GD Energie konnte das Netzwerk Mittel im Rahmen des *Intelligent Energy Europe Programme* akquirieren und damit die Zusammenarbeit vertiefen und die Mitgliederbasis erheblich verbreitern. RESCOOP arbeitet eng mit den kommunalen Verbänden und den Umwelt-NGOs zusammen. Im Hinblick auf die Entwicklung seiner Lobbyaktivitäten ist der Verband in einem sehr frühen Stadium. Gleichwohl wird die Notwendigkeit der Präsenz in Brüssel gesehen: „[...] but what we learned: that what happens in Brussels weather it is a directive or [...] something from the European Parliament, sooner or later it affects us on the local level, for instance the state aid guidelines last year" (Interview RESCOOP 09.03.2015). Die oben beschriebenen wachsenden Diskrepanzen innerhalb des grünen Akteursspektrums werden auch von der interviewten Person wahrgenommen und eine Spaltung des grünen Projekts ausgehend von den Erfahrungen in Flandern prognostiziert:

> „[...] our own cooperative ECOPOWER and in fact all Flemish rescoops, we stepped out of the renewable energy organizations because also in Flanders they are controlled

> by the big energy companies now. And the funny thing is, in the 90s we founded this federation [...] I was one, I have been vice-president for a long time. So we steeped out because we were, we were put in a corner, we were called Communists, because, according to us, renewable energy is also a common good and they can't be privatized according to us. And according to us, the energy transition should not only lead to, not only lead us from fossil and nuclear to renewables but also from monopolistic or oligarchic organizations to energy democracy. So, in fact what we do is very frightening for them, it's threatening them. So if all Europeans do what our members do, install solar panels, solar boilers, insulate their houses, their business model is gone. So in Flanders we stepped out of the renewable energy organization and we joined the environmental umbrella organization. [...] I think on a European level this will be the same what will happen." (Interview RESCOOP 09.03.2015)

Trotz der geringen finanziellen Kapazitäten des Verbandes wird RESCOOP jedoch von Seiten der Kommission wahrgenommen. In der Pressemitteilung der Kommission Juncker zur Energieunion (vgl. Kap. 4.5.) etwa werden Energiegenossenschaften genannt. Ein wesentlicher Ansatzpunkt der weiteren Arbeit von RESCOOP wird vor dem Hintergrund der neuen Beihilfeleitlinien die Beschäftigung mit Ausschreibemodellen sein. In Schottland gibt es eine eigene Zielvorgabe für Bürgerenergieprojekte, im US-Bundesstaat Ohio gibt es ein Ausschreibungsdesign, das lokal verankerte Anbieter begünstigt. Insofern versucht RESCOOP *best-practices* zu entwickeln und die weitere Ausbreitung von „Bürgerenergie" unter den geänderten Vorzeichen weiter zu forcieren (Interview RESCOOP 09.03.2015).

Auf der Ebene der Mitgliedstaaten wurde die „neue" deutsche Regierung im Hinblick auf den klima- und energiepolitischen Rahmen für 2030 die wichtigste Verbündete des grünen Akteursspektrums. Darüber hinaus orientierten zahlreiche andere Regierungen in dieselbe Richtung und ermöglichten dadurch eine Zieltrias (Interview GD Energie II 11.03.2015). Dazu gehörte unter anderem auch die österreichische Regierung, die sich mit ihrem sehr konsequenten Anti-Atom-Kurs als Gegenspielerin der britischen Regierung profilierte. Die spanische Regierung hingegen fiel als Verbündete im Gegensatz zu den Aushandlungen um das Klima- und Energiepaket von 2020 weg (Interview EREF 11.03.2015). Das Europäische Parlament, das bei den letzten Aushandlungen eine gewichtige Rolle gespielt hatte und in dem die Befürworter_innen eines regenerativen Energiesystems meist Mehrheiten organisieren konnten, sprach sich zwar für ein 30%-Erneuerbarenziel aus, war in den Aushandlungsprozess jedoch kaum eingebunden (Turmes 2014).

Abbildung 2: Das energiepolitische Akteursspektrum Europas Mitte 2015

Ökonomie/Zivilgesellschaft	FORATOM EUROGAS EUROACOAL EURELECTRIC EDF RWE, GdF E.ON, ENEL Iberdrola, Vattenfall Magritte-Gruppe BUSINESSEUROPE CEFIC, EUROFER CEMBUREAU, IFIEC	Coalition of Progressive European Energy Companies	EREF EWEA, EPIA Vestas RESCOOP
Zivilgesell-schaft		ECF	Green 10 (FoE, Greenpeace, etc.) Energy Cities EUFORES
Staat/EU KOM	GD Industrie	GD Energie	GD Umwelt, Klima

Quelle: Eigene Darstellung

4.5 Energiepolitische Perspektiven der Kommission Juncker und darüber hinaus

Vor dem Hintergrund dieser Entwicklungen nahm im Herbst 2014 die Kommission Juncker ihre Arbeit auf. Im Folgenden sollen die ersten energiepolitischen Impulse der neuen Kommission, beginnend mit den personellen Neubesetzungen und dem neuen Ressortzuschnitt, analytisch eingeordnet werden. Ferner soll argumentiert werden, dass die wachsenden nationalstaatlichen (energiepolitischen) Divergenzen artikuliert sind mit zunehmenden Desintegrationsprozessen innerhalb der beiden Hegemonieprojekte.

Neben Kommissionspräsident Juncker wurden sieben Vizepräsident_innenstellen geschaffen. Die Posten sind jeweils mit der Aufgabe verbunden, ein europäisches Kernprojekt voranzutreiben. Als eines dieser Kernprojekte wurde von

Juncker die Energieunion definiert. Der Slowake Maroš Šefčovič wurde Vizepräsident mit Zuständigkeit für die Energieunion. Neuer Energiekommissar wurde der konservative spanische Politiker Miguel Arias Cañete, dessen Kompetenzbereich um das Klimaressort erweitert wurde. Die Ernennung von Cañete stieß auf heftigen Widerstand. Seine Familie ist Teil der andalusischen Agraroligarchie und hat enge Verbindungen in die Ölindustrie. Zudem ist er durch sexistische Äußerungen negativ aufgefallen. Eine Petition gegen die Ernennung Cañetes wurde von mehreren hunderttausend EU-Bürger_innen unterzeichnet (Bonse 2014), konnte diese aber nicht abwenden.

Die Umstrukturierung ging Hand in Hand mit einer stärkeren Machtkonzentration beim Kommissionspräsidenten und dessen Büro. Ein Grund dafür dürfte es sein, dass die Kommission Barroso II sowohl in energiepolitischer Hinsicht als auch generell als relativ schwache Kommission eingeschätzt wurde, die sehr darauf bedacht war, die Wünsche der Mitgliedstaaten bzw. der jeweiligen Regierungen zu berücksichtigen. Die neue Struktur rief in der Praxis teils erhebliche Probleme hervor. Die Vizepräsidenten sind den „einfachen Kommissaren" formell übergeordnet, allerdings arbeiten die Generaldirektionen den Kommissaren zu. Die Kompetenzverteilung ist in formaler Hinsicht sehr vage, das Verhältnis zwischen Cañete und Šefčovič ist belastet. Der Grund liegt weniger in inhaltlichen Differenzen begründet als vielmehr in unklaren Kompetenzzuschreibungen und persönlichen Eitelkeiten (Kafsack 2014a, 2015).

Dessen ungeachtet wurde in Anbetracht des relativ langsamen Tempos der Kommission Barroso II im energiepolitischen Kontext spektrenübergreifend die neue Kommissionsarchitektur mit einem eigenen Vizepräsidenten für die Energieunion positiv eingeschätzt. Damit ist die Hoffnung verbunden, dass die Kommission Juncker die Integration der Energiemärkte entschlossener voranbringt, als dies unter der Kommission Barroso II der Fall gewesen ist (Interviews E.ON II 12.03.2015, EREF 11.03.2015).

In Februar 2015 legte die neue Kommission ihre Mitteilung zur Energieunion vor, die die energiepolitischen Initiativen der Kommission abstecken sollte (EU KOM 2015). Der Begriff geht auf ein Papier aus dem Jahr 2010 zurück, indem der damalige Präsident des Europäischen Parlaments, Jerzy Buzek, gemeinsam mit dem ehemaligen Kommissionspräsidenten Jaques Delors für eine „Europäische Energiegemeinschaft" plädierte. Deren Kern sollte eine verbesserte Abstimmung der Mitgliedstaaten und eine vertiefte Integration der osteuropäischen Energiemärkte zur Gewährleistung der Versorgungssicherheit sein. Während die Resonanz auf diesen Vorschlag eher gering war, knüpfte der damalige polnische Ministerpräsident Donald Tusk in einem Beitrag für die Financial Times im April 2014 daran an und entwickelte den Begriff der Energieunion. In diesem Artikel prangerte er an, dass auf Grund der klimapolitischen Ambitionen der europäischen

Energiepolitik die Frage der Versorgungssicherheit aus dem Blick geraten sei. Er forderte eine stärkere Fokussierung auf heimische Energieträger wie Kohle sowie die verstärkte Nutzung der Atomenergie. Dieser Artikel bildet die wachsende Diskrepanz der energiepolitischen Orientierungen auf der nationalstaatlichen Ebene ab. Vor diesem Hintergrund griff die Juncker Kommission den Begriff der Energieunion auf und formulierte eine energiepolitische Agenda, die die verschiedenen Entwicklungsdynamiken berücksichtigt (Fischer und Geden 2015).

Das Energieunionspapier benennt fünf zentrale Dimensionen, die Versorgungssicherheit, Solidarität und Vertrauen, die Vollendung des Binnenmarktes, die Erhöhung der Energieeffizienz, die Dekarbonisierung sowie Forschung, Innovation und Wettbewerbsfähigkeit (EU KOM 2015). Da das Papier relativ abstrakt bleibt und darauf ausgerichtet ist, bestehende Differenzen nicht zu eskalieren, sind entsprechend auch die Reaktionen auf das Papier aus dem grauen wie auch dem grünen Akteursspektrum überwiegend wohlwollend (Interviews EURELECTRIC 04.03.2015, EPIA 25.03.2015, EREF 11.03.2015). Auf Initiative von EUROGAS verfasste der Verband gemeinsam mit EURELECTRIC, EWEA und EPIA ein gemeinsames Positionspapier zur Energieunion, um die Gemeinsamkeiten der Verbände aufzuzeigen (EPIA et al. 2015).

Auffällig ist, dass in der Energieunionsmitteilung die Frage der Versorgungssicherheit sehr prominent ist, nicht zuletzt wegen des Krieges in der Ukraine und der Abhängigkeit von russischen Gaslieferungen. Insofern geht die Stoßrichtung des Papiers klar in die Richtung, dass eine Diversifizierung der Importinfrastrukturen vorangetrieben werden muss. Gleichzeitig wird in dem Papier das Ziel vorgegeben, dass die EU Weltführerin im Bereich der erneuerbaren Energien werden solle. Eine präzise inhaltliche Fundierung der Bedeutung dessen, wird jedoch in dem Papier nicht vorgenommen. Es impliziert aber eine Akzentverschiebung. Während sich der Diskurs über erneuerbare Energien in der Vergangenheit sehr stark auf deren realen Ausbau bezogen hat, orientieren die Ausführungen im Energieunionspapier eher in die Richtung einer Führungsrolle im Hinblick auf Technologieentwicklung und globale Wettbewerbsfähigkeit. Dies ist auch vor dem Hintergrund der austeritätspolitischen Konstellation innerhalb der EU und des geringen Ambitionsniveaus im Hinblick auf das Jahr 2030 zu sehen (Interview Greenpeace III 27.02.2015). Gleichzeitig ist in dem Energieunionspapier angelegt, dass es einen neuen Legislativrahmen für die erneuerbaren Energien geben wird, allerdings keine eigene Governancestruktur. Der Vorschlag einer eigenen Governancestruktur ist auf den Widerstand zahlreicher Regierungen, allen voran der Britischen, gestoßen. Darüber hinaus wurde ein Papier zum Eigenverbrauch angekündigt, das insbesondere vor dem Hintergrund der Konflikte um diese Frage in Spanien von Bedeutung sein könnte (vgl. Kap. 6.4.2.) (Interviews GD Energie II 11.03.2015, EPIA 25.03.2015).

Zusammenfassend lässt sich festhalten, dass das Energieunionspapier vor dem Hintergrund einer wachsenden energiepolitischen Konfliktivität in Europa und nur begrenzter Handlungsspielräume der Kommission darauf ausgerichtet ist, Ansatzpunkte für eine weitere Integration der Energiemärkte gemäß dem bisherigen Integrationsmodus aufzuzeigen:

> „Anders ist nicht zu erklären, dass sie mit ihrem Konzept kaum mehr als eine Fortschreibung bereits existierender Instrumente unter einem neuen Schlagwort wagt und sich damit bescheidet, die lückenlose Anwendung der in den vergangenen Jahren beschlossenen Richtlinien und Verordnungen ins Zentrum ihres weiteren Vorgehens zu stellen. [...] Kleine Harmonisierungsschritte im Binnenmarkt unter Wahrung nationaler politischer Präferenzen – das ist bislang das dominierende Integrationsmuster der EU-Energiepolitik. Diese Methode dürfte auch beim Versuch der Verwirklichung einer Energieunion handlungsleitend sein." (Fischer und Geden 2015: 3)

Trotz dieser Ausgangskonstellation und nicht zu erwartender großer Integrationsschritte ist davon auszugehen, dass in den nächsten Jahren zahlreiche energiepolitische Konflikte auf der europäischen Maßstabsebene ausgetragen werden. Das Konfliktpotential speist sich einerseits aus sehr unterschiedlichen nationalstaatlichen Entwicklungspfaden, andererseits aus den spezifischen Konfliktkonstellationen im Stromsektor. Der Ausbau der erneuerbaren Energien in Kombination mit der Finanz- und Wirtschaftskrise, der voranschreitenden Integration der Strommärkte und strategischen Fehlern der Unternehmensführungen der großen transnationalisierten Energiekonzerne haben zu massiven Überkapazitäten und schwindenden Konzernrenditen geführt (Greenpeace 2014a). Insofern wird die Frage des zukünftigen Marktdesigns und der Zuständigkeiten weiter umkämpft bleiben. Im Hinblick auf die Förderung der erneuerbaren Energien wird es darum gehen, die nationalen Fördersysteme beihilferechtskonform auszugestalten und eine Position zum Eigenverbrauch zu finden. Selbst verbrauchter Strom wird in Anbetracht steigender Haushalts- und auch Industriestrompreise auf der einen Seite, und der Kostendegression der erneuerbaren Energien auf der anderen Seite, immer lukrativer. Darüber hinaus drängen Akteur_innen aus dem grünen Spektrum, beispielsweise EPIA darauf, dass ein europäischer Rechtsrahmen entwickelt wird, der retroaktive Kürzungen für erneuerbare Energien verunmöglicht (Interview EPIA 25.03.2015).

Über diese Konflikte hinaus lässt sich feststellen, dass nach dem Ende des stark von klimapolitischen Ambitionen getragenen Zyklus der energiepolitischen Weichenstellungen bis ins Jahr 2009 hinein, sich die Transitionsdynamiken auf der europäischen Maßstabsebene deutlich abgeschwächt haben. Dies korrespondiert mit der austeritätspolitischen Restrukturierung des europäischen Wirtschaftsregierens, die es dem grauen Akteursspektrum erleichterte, die Transition als teuer und als Gefahr für die Wettbewerbsfähigkeit der europäischen Industrie darzustellen. Während es nichtsdestotrotz im Zentrum Europas zu einem Wandel der Energiesysteme kommt, gibt es in den peripheren Regionen eine starke Tendenz hin zur Fortschreibung der fossil-nuklearen Energiesysteme. Insofern bildet sich die widersprüchliche Einheit der europäischen Akkumulationsregime, auf der einen Seite die produktiven, aktiv extravertierten in den Kernstaaten und die finanzialisierten, passiv extravertierten in der europäischen Peripherie, auch in energiepolitischer Hinsicht zu einem gewissen Grad ab (Brunnengräber und Haas 2013: 224).

Die wachsende Divergenz der nationalen energiepolitischen Entwicklungspfade korrespondiert mit einer zunehmenden Konfliktdynamik innerhalb der Hegemonieprojekte. Im grünen Akteursspektrum formierte sich zwar mit der Gründung von RESCOOP das genossenschaftliche Spektrum auf der europäischen Maßstabsebene und wirkt gemeinsam mit einigen kommunalen Netzwerken, kleineren Industrie- und Betreiberverbänden und den Umwelt-NGOs auf eine Transformation der Energieversorgung hin. Zugleich bildet die „Übernahme“ von EPIA und EWEA auch eine verstärkte Orientierung von Teilen des grünen Akteursspektrums am Leitbild einer Integration der erneuerbaren Energien in den bestehenden Energiemarkt ab. Damit verbunden ist häufig eine Abkehr von der Zielvorstellung eines komplett regenerativen Energiesystems hin zu der Vision eines dekarbonisierten Systems, wie es etwa die ECF proklamiert. Damit wird eine größere Anschlussfähigkeit an Teile des grauen Akteursspektrums geschaffen. Vor diesem Hintergrund und der Tendenz, dass sich die großen Energiekonzerne in „grüne“ und „graue“ Teile aufspalten (etwa E.ON und RWE), gibt es auch im grauen Akteursspektrum eine wachsende Heterogenität. Diese könnte in Zukunft zu starken Auseinandersetzungen zwischen den „modernisierungsaffinen“ und den „traditionalistischen“ Teilen des grauen Hegemonieprojekts führen (Interview Greenpeace III 27.02.2015).38

Diese Neuzusammensetzung der Konfliktlinien wird (skalar) artikuliert mit der wachsenden Divergenz der energiepolitischen Entwicklungspfade und den Auseinandersetzungen um die Vollendung des Energiebinnenmarktes. In den folgenden Kapiteln werden die Konfliktdynamiken in Deutschland und Spanien analysiert und aufgezeigt, dass diese auf unterschiedliche Art und Weise mit den Dynamiken auf der europäischen Maßstabsebene vermittelt sind.

38 Claude Thurmes hat die Aufspaltung E.ONs satirisch zugespitzt als Aufspaltung in E.ON und E.OFF bezeichnet. Damit deutet er an, dass der traditionelle Geschäftsbereich, die fossil-nukleare Stromerzeugung auf der Basis von zentralistischen Großkraftwerken, keine Zukunft besitzt.

5 Konfliktdynamiken im Wandel der deutschen Energiewende

Nach dem Reaktorunglück im März 2011 im japanischen Fukushima hat die deutsche Bundesregierung eine atompolitische Wende vorgenommen und sich zur Energiewende bekannt. Diese Kursänderung ist nicht zuletzt auf eine sehr starke, mobilisierungsfähige Anti-AKW-Bewegung zurückzuführen, der es in jahrzehntelangen Auseinandersetzungen gelungen ist, die Atomtechnologie zu delegitimieren und zugleich wichtige Impulse für ein regeneratives Energieregime zu setzen (Tresantis 2015). Ein wichtiger Meilenstein in der Entwicklung der Energiewende, die ihre Wurzeln in den neuen sozialen Bewegungen, bzw. der Umweltbewegung der 1970er Jahr hat, war die Verankerung des EEG im Jahr 2000. Damit wurde die Grundlage für einen forcierten Ausbau der erneuerbaren Energien im Stromsektor gelegt. Gleichwohl war die Transformation der Energieversorgung stets umkämpft. In den letzten Jahren wurde aus dem grauen Akteursspektrum heraus mit einigem Erfolg versucht, die Ausbaudynamik zu bremsen und sie in eine andere, stärker zentralistische Richtung zu lenken (Sander 2016a: 242-247; Geels et al. 2016: 911). Die Kämpfe um die Energiewende im Stromsektor sollen in drei Schritten analytisch aufgearbeitet werden.

Zunächst werden in der Kontextanalyse die Genese und wesentlichen Strukturmerkmale des deutschen Kapitalismusmodells herausgearbeitet und aufgezeigt, dass die starke Fokussierung auf die Industrie und die damit einhergehende Exportorientierung tief verankert sind. Das deutsche aktiv extravertierte Akkumulationsregime (Becker und Jäger 2012: 178-179) bildet die zentrale Kontextbedingung der hegemonialen Auseinandersetzungen um die Energiewende und kann auf unterschiedliche Art und Weise interpretiert werden. Zum einen kann die Energiewende als Chance verstanden werden, um das Akkumulationsregime dynamisch zu erneuern, indem im globalen Wachstumsmarkt der regenerativen Energien neue Exportpotentiale erschlossen werden. Zum anderen kann die Energiewende als teuer und damit als Gefahr für die Wettbewerbsfähigkeit der deutschen Industrie dargestellt werden. Diese beiden Frames verweisen bereits auf den zweiten Analyseschritt, die Akteursanalyse.

In der Akteursanalyse werden die wesentlichen Akteur_innen, Interessen und strategischen Ansätze bzw. politischen Projekte des grauen und des grünen Hegemonieprojekts vorgestellt und wesentliche Entwicklungsdynamiken innerhalb der Projekte im Untersuchungszeitraum angedeutet, die in der Prozessanalyse vertieft werden.

In dem abschließenden Analyseschritt werden die zentralen energiepolitischen Entwicklungsdynamiken untersucht und herausgearbeitet, dass das grüne Akteursspektrum nach Fukushima und dem dynamischen Zubau der erneuerbaren Energien bis ins Jahr 2012 hinein die Deutungshoheit über die Energiewende verloren hat. Dies geht zurück auf eine Offensive der grauen Akteur_innen in Verbindung mit einer strategischen Neuausrichtung von Teilen des grünen Spektrums. Gleichwohl ist die Energiewende sowohl im zivilgesellschaftlichen als auch im staatlichen Terrain fest verankert und wird weiter getrieben, allerdings gebremst und stärker orientiert an den Interessen der grauen Akteur_innen.

5.1 Das produktive, aktiv extravertierte Akkumulationsregime als Arena der Energiewende

Im Folgenden sollen zunächst die Genese der zentralen Charakteristika des deutschen Kapitalismusmodells und seine energiepolitischen Implikationen skizziert werden. Darauf aufbauend wird gezeigt, wie in den 1990er Jahren die Integration der ostdeutschen Ökonomie erfolgte und die ordoliberale Agenda der rot-grünen Bundesregierung die sozialen Desintegrationsprozesse vorantrieb. Abschließend wird herausgearbeitet, dass die erste Krisenphase gekennzeichnet war durch die Stabilisierung des Finanzsektors und zaghafte konjunkturpolitische Impulse, die sich in energiepolitischer Hinsicht kaum ausgewirkt haben.

5.1.1 Die Genese des exportorientierten deutschen Kapitalismusmodells

Einige der zentralen Charakteristika des deutschen Kapitalismusmodells, bzw. des „Modell Deutschland", das sich in der aktuellen Krise als sehr robust erweist, haben sich bereits im 19. Jahrhundert ausgeprägt. Die nachholende Industrialisierung Deutschlands vollzog sich unter der Bedingung eines kaum entwickelten Handelskapitals. Deutschland hatte keine für die eigene wirtschaftliche Entwicklung bedeutenden Kolonien. So fand bereits in der Frühphase der Industrialisierung eine Fokussierung auf den Maschinenbau, die Elektro- und Chemieindustrie statt. Unterstützt wurde der Industrialisierungsprozess durch ein relativ hohes Niveau der

Fachkräfteausbildung. In Deutschland hatten sich bereits einige Technische Universitäten etabliert. Des Weiteren entwickelten sich die Elektro- und Chemieindustrie rasant. Die Arbeitsbeziehungen waren relativ kooperativ ausgestaltet, auch vor dem Hintergrund der Stärke der Arbeiterbewegung und ihrer damals zentralen Organisation, der Sozialdemokratie. Das bestehende industrielle Spezialisierungsprofil wurde durch den ersten und zweiten Weltkrieg weiter verstetigt. Der relativ unterentwickelte Binnenmarkt führte von Beginn an zu einer starken Exportorientierung der deutschen Industrie (Junne 1998: 44-45).

Nach dem Ende des Zweiten Weltkriegs kam der neugegründeten Bundesrepublik zugute, dass die USA ein strategisches Interesse an einer starken, in den westlichen Machtblock eingebundenen, Bundesrepublik Deutschland hatten. Von daher wurden relativ großzügige Hilfen aus dem Marschall-Plan gewährt, der Prozess der europäischen Integration wurde eingeleitet und die industrielle Produktion wurde in den 1950er und 1960er Jahren massiv ausgeweitet. Vor diesem Hintergrund spricht Ziebura (1998: 21) von einer

> „fast optimalen Kongruenz von externen und internen Bestimmungsfaktoren. Der Pax Americana waren nicht nur stabile sicherheitspolitische Rahmenbedingungen zu verdanken, sondern auch der Weg zum fordistischen Wachstumsmodell und dessen Integration in die Arbeitsteilung der kapitalistischen Weltökonomie, vornehmlich im atlantisch-westeuropäischen Raum. Dieser Tatbestand erwies sich als umso glücklicher, da er die volle Entfaltung historisch gewachsener ökonomischer Strukturen (v. a. das industrielle Spezialisierungsprofil) erlaubte, die durch die Organisation gesellschaftlicher Machtverhältnisse (v. a. die Beziehung Kapital-Arbeit als Kern der Sozialen Marktwirtschaft) sowie das politische System wirkungsvoll unterstützt wurden."

Hegemonial abgesichert wurde die fordistische Entwicklungsweise in Deutschland durch einen stark ausgeprägten Antikommunismus und die materielle Teilhabe der abhängig Beschäftigten an der stetig wachsenden Produktion, die zudem durch einen Ausbau sozialstaatlicher Leistungen flankiert wurde. Die fordistische Modernisierung ging auch einher mit gesellschaftlichen Desintegrationsprozessen und der Auflösung traditioneller Sozialmilieus. Staatliche Überwachungs- und Kontrollmechanismen wurden zunehmend ausgebaut, der „fordistische Sicherheitsstaat“ (Hirsch 1990: 68) umfasste zugleich wohlfahrtsstaatliche als auch überwachungsstaatliche Elemente. Die Erweiterung des staatlichen Aufgabenbereichs wurde wesentlich durch die „Bürokratisierung und Etatisierung von Parteien und Gewerkschaften“ (ebd.) getragen. Die sich neu herausbildenden oder stark wandelnden massenintegrativen Apparate in Form von Volksparteien und Gewerkschaften zeichneten sich durch eine sozial heterogene Basis und einen bürokratischen Aufbau aus. Die geldpolitische Ausrichtung am Leitbild der Preisstabilität durch die Etablierung einer unabhängigen Zentralbank und die Wettbewerbsordnung wurden wesentlich durch die ordoliberale Freiburger Schule um Walter Eucken geprägt, die wirtschaftliche Freiheit als zentrales gesellschaftliches Organisationsprinzip sehen. Allerdings messen die Ordoliberalen, im Gegensatz zu den Verfechtern des „reinen" Laissez-faire-Liberalismus, dem Staat eine wesentliche Bedeutung bei der Entfaltung einer liberalen Wirtschaftsordnung bei (Young 2013: 43).

Trotz großen politischen Einflusses und einer breiten Ausstrahlung des ordoliberalen Diskurses wurden auch starke keynesianisch-korporatistische Elemente im deutschen Kapitalismusmodell verankert. Diese wurden besonders in der ersten großen Koalition (1966-1969) und der darauf folgenden sozial-liberalen Regierung unter Wirtschaftsminister Karl Schiller mit dem Konzept der Globalsteuerung deutlich ausgebaut (Deckwirth 2008: 67). Diskursiv wurde die marktwirtschaftliche Ausrichtung mit dem Konzept der „Sozialen Marktwirtschaft" verallgemeinert (Nonhoff 2011: 316-328).

In der Phase des sogenannten Wirtschaftswunders gewann das Modell Deutschland klarere Konturen. Es basierte nach Simonis wesentlich auf vier Strukturmerkmalen. Erstens ist es gekennzeichnet durch eine Dominanz des Exportsektors. Die wirtschafts- und finanzpolitische Ausrichtung ist klar am Leitbild der Wettbewerbsfähigkeit orientiert. Zweitens spielt der Binnenmarkt eine nur untergeordnete Rolle. Über Konkurrenzverhältnisse auf den Binnenmärkten (Investitionsgüter, Konsumgüter, Arbeit) wird der Exportsektor gestärkt. Drittens sichert eine gut ausgebildete Facharbeiterschaft, die über sozialpartnerschaftliche Arrangements und starke Gewerkschaften hegemonial eingebunden ist, die Stabilität des Modells Deutschland. Viertens wird das exportorientierte Modell durch staatliche Modernisierungspolitiken und die Öffnung immer neuer Absatzmärkte mittels handelspolitischer Liberalisierungen abgesichert (Simonis 1998: 260-262).

Zugleich verschärften sind die mit dem rasanten Wachstum verbundenen sozial-ökologischen Problemlagen. Ausgehend von einer verstärkten Politisierung ökologischer Problemlagen kam es zu einer verstärkten staatlichen Regulierung. Im Jahr 1961 forderte der SPD-Kanzlerkandidat Willy Brand, der Himmel über der Ruhr müsse wieder blau werden. Die Luftverschmutzung an der Ruhr ging zu einem wesentlichen Teil auf die Verfeuerung der heimischen Braun- und Steinkohle zurück (Preisendörfer und Diekmann 2012: 1200). Die Kohle bildete die energetische Basis des Wirtschaftswunders. Bis in die späten 1950er Jahre hatte sie einen Anteil von knapp 90 % am Primärenergiebedarf. Mit der verstärkten Motorisierung kam dem Mineralöl eine immer wichtigere Rolle zu (Agora Energiewende 2016: 15). Die Energieversorgung wurde während der fordistischen Phase im Rahmen des stark regulierten und geschützten Infrastrukturbereichs organisiert (Esser 1998: 123). Lokale Gebietsmonopolisten gewährleisteten eine sichere (fossilistische) Stromversorgung und ein stetig steigendes Angebot. Das hohe Wirtschaftswachstum ging einher mit einem rasant anwachsenden Energie- und Stromverbrauch. Ab den 1970er Jahren wurden dann zahlreiche Atomkraftwerke als zweites wichtiges Standbein der deutschen Stromversorgung zugebaut. Diese zunächst über alle politischen Lager hinweg enthusiastisch begrüßte Technologie sollte sich jedoch schnell als eine zentrale gesellschaftspolitische Konfliktquelle entpuppen, deren Kern die destruktive Artikulation der gesellschaftlichen Naturverhältnisse im Zuge der fordistischen Modernisierung bildete (Krüger 2013: 427).

Im Zuge der Wirtschaftskrisen der 1970er Jahre, die einher gingen mit der Erosion des Bretton-Woods Systems und einem Stocken des europäischen Integrationsprozesses, begann die soziale Kohäsion des Modell Deutschland zu schwinden. Der fordistische Klassenkompromiss wurde von der Kapitalseite nach heftigen sozialen Auseinandersetzungen (Schmalz und Weinmann 2013) auf Grund einer abnehmenden Kapitalrentabilität aufgekündigt (Hirsch 2013: 387). Die Krisenursachen wurden von den Wirtschaftseliten und konservativen Intellektuellen als politisch induziert bestimmt. Mit dem Amtsantritt der konservativ-liberalen Regierung unter Helmut Kohl im Jahr 1982 wurde eine geistig-moralische Wende ausgerufen. Der bereits zuvor eingeleitete Übergang zu einer klar angebotsorientierten Wirtschaftspolitik wurde verfestigt. Die Orientierung auf Preisstabilität als oberstes Ziel der Geldpolitik der deutschen Bundesbank wurde gestärkt. Die im Fordismus vorherrschenden Formen tayloristischer Arbeitsorganisation wurden zunehmend durch neue, flexiblere Produktionsformen (lean production) abgelöst. Dadurch gelang es den Unternehmen neue Produktivitätspotentiale auszuschöpfen. Gleichzeitig stieg die Zahl der Arbeitslosenzahlen in den 1970er und 1980er Jahren deutlich an. Im Jahr 1975 wurden erstmals seit 1955 wieder mehr als eine Million Arbeitslose gezählt. Im Jahr 1983 stieg die Zahl der Arbeitslosen auf über 2 Millionen. Insofern hat eine verstärkte Spaltung in Modernisierungsgewinner und -verlierer stattgefunden; es

> „verschärfen sich Konkurrenz, Entsolidarisierung, Ausgrenzung der Randbelegschaften, womit der bereits seit den 70er Jahren erkennbare Trend des selektiven Korporatismus in den Unternehmen massiv zunimmt und die übergreifende Kampfkraft der Gewerkschaften weiter zerstört wird." (Esser 1998: 129)

Allerdings gefährdeten die Krisenprozesse niemals den Kern des deutschen Kapitalismusmodells, das sich insgesamt als relativ robust erwiesen hat. Gegen Ende der 1980er Jahre generierte die BRD wieder hohe Wachstumsraten. Der Bundeshaushalt war im Jahr 1989 nahezu ausgeglichen. Die fiskalischen und wirtschaftlichen Voraussetzungen im Vorfeld der Wiedervereinigung waren also günstig (Czada 1998: 40-61). Junne (1998: 44) macht daher eine „Ultrastabilität des ‚Modell Deutschland'" aus, das mit dem Prozess der deutschen Wiedervereinigung in den Jahren 1989/90 und den sich verstärkenden Globalisierungsprozessen vor neue, interne wie externe, Herausforderungen gestellt wurde.

5.1.2 Das deutsche Kapitalismusmodell von der „Wiedervereinigung" zur Agenda 2010

Die Kosten des Prozesses der deutschen Wiedervereinigung spielten in der Debatte um die Zukunftsfähigkeit des Modells Deutschland zunächst nur eine untergeordnete Rolle. Das Ziel der Eliten bestand darin, eine schnelle Integration der ostdeutschen Wirtschaft und Gesellschaft in das westdeutsche System zu vollziehen. Über die Treuhandgesellschaft wurden weite Teile der ostdeutschen Betriebe in den 90er Jahren rasch privatisiert. Gleichzeitig wurden korporatistische Strukturen gemäß dem westdeutschen Modell aufgebaut und mit großzügigen Steuerabschreibungsmodellen Investitionsanreize für den „Aufbau Ost" geschaffen. Das Ziel der schnellen Angleichung der Löhne in Ost und West gestaltete sich jedoch schwierig. Zum einen übernahmen auch zahlreiche ausländische Konzerne ostdeutsche Unternehmen, deren Unternehmenskulturen Flächentarifverträge fremd waren. Zum anderen stieg die Produktivität in den ostdeutschen Betrieben nicht so schnell wie erhofft. Die vorzeitige Aufkündigung des Tarifvertrags durch die ostdeutschen Metallarbeitgeber im Jahr 1993 verdeutlichte diese Problematik, da deren Erfüllung, so die Argumentation der Kaptialseite, zahlreiche Unternahmen in die Insolvenz getrieben hätte. Von daher führte die Wiedervereinigung zu einer verstärkten Aushöhlung des Flächentarifvertragssystems und einer Schwächung der Gewerkschaften (Czada 1998: 64-66).

Trotz umfassender Transferzahlungen und sozialpolitischer Abfederung folgten auf den Niedergang der DDR eine starke De-Industrialisierung und ein massiver Anstieg der Erwerbslosigkeit, auch in Westdeutschland, aber besonders im Osten. Die Zahl der Erwerbslosen stieg im Westen im Jahr 1995 auf 2,7 Millionen an, im Osten lag die offizielle Zahl bei 1,05 Millionen. Dies entsprach einer Quote von 19,9 % (ebd.: 63). Esser (1998: 135-136) schildert die damalige Situation des deutschen Arbeitsmarktes folgendermaßen:

> „Etwa sechs der zehn Millionen Beschäftigten in der Ex-DDR arbeiten heute noch. Mehr als eine Million ist in den Westen ausgewandert; mehr als 400 000 arbeiten als Tagespendler im Westen; viele sind in Arbeitsbeschaffungsprogrammen oder leisten Kurzarbeit, was nicht tatsächlich, aber statistisch als beschäftigt zählt, weil sie ein staatlich finanziertes Elterngeld erhalten; über 500 000 sind im Vorruhestand. Nur etwa 1,2 Millionen bleiben als offiziell registrierte Arbeitslose übrig. Die Opfer des Prozesses massiver De-Industrialisierung sind ungleich verteilt – sowohl regional wie sozial. Und dies verdoppelt die soziale und regionale Spaltung der Gesellschaft, die wir von Westdeutschland her kennen. Aber die Extreme werden in der ostdeutschen

> *Zweidrittelgesellschaft* wahrscheinlich weiter auseinanderliegen als in der westdeutschen."

Das Energiesystem der vorherigen DDR wurde unter den acht westdeutschen Verbundunternehmen und neu gegründeten Stadtwerken aufgeteilt und umfassend modernisiert. Die beiden Atomkraftwerke der DDR wurden umgehend stillgelegt. Im Zuge der Fusion von VEBA und VIAG zu E.ON wurde die VEAG mit den Berliner (BEWAG) und Hamburger Stadtwerken (HEW) unter dem Dach des schwedischen Staatskonzerns Vattenfall fusioniert. Damit entstand der vierte große Stromkonzern in Deutschland (Becker 2011: 56-85, 320-312).

Der „Aufbau Ost" wurde vor allem durch die Ausweitung der öffentlichen Verschuldung, umfassende Steuererhöhungen, Lohnzurückhaltung der westdeutschen Beschäftigten und über die Sozialversicherungssysteme finanziert, die wiederum die Lohnnebenkosten massiv ansteigen ließen. Zudem wurde mittels einer forcierten Hochzinspolitik ausländisches Kapital angezogen, um die Kosten der Wiedervereinigung aufzubringen (Czada 1998: 58-62). Vor dem Hintergrund dieser Lasten und der sich globalisierungsvermittelt intensivierenden Standortkonkurrenz sahen in den 1990er Jahren einige Wissenschaftler das Modell Deutschland als nicht zukunftsfähig an. Während Junne (1998: 54) den globalen Strukturwandel von der Industrie- zur Dienstleistungsgesellschaft, für den das Modell Deutschland nicht gewappnet sei, als wesentliche Ursache für das Ende des „ultrastabilen" Modell Deutschland ausmachte, sah Wolfgang Streeck (1995: 2) drei wesentliche Ursachen für die tiefe Krise des deutschen Kapitalismusmodells: erstens die Erschöpfung des Modells als solchem, zweitens die mit der Wiedervereinigung verbunden Lasten und drittens die globalisierungsvermittelten Effekte auf das nationale Kapitalismusmodell. Vor diesem Hintergrund folgte er der Prognose Michel Alberts, wonach sich das anglo-amerikanische Kapitalismusmodell gegen den rheinischen Kapitalismus aufgrund der über die wachsende Bedeutung der Finanzmärkte ausgelösten Deregulierungsdynamik, die sich im Zuge der Globalisierung entfaltet, durchsetzen werde. Insofern führe der Anpassungsdruck zu einer Angleichung des rheinischen Modells an das liberale Kapitalismusmodell (ebd.: 27).

Unter der rot-grünen Regierung kam es zwischen 1998 und 2005 zu weitreichenden Änderungen der Regulationsweise. Im Zuge umfassender Liberalisierungen wurde die für das deutsche Kapitalismusmodell bedeutsame enge Verflechtung zwischen Unternehmen sowie den Banken und Versicherungen durch die Abschaffung der Körperschaftssteuer auf Veräußerungsgewinne von Aktiengesellschaften im Jahr 2001 vorangetrieben. Im Jahr 2000 wurde erstmals ein großes deutsches Unternehmen (Mannesmann) durch einen ausländischen Konzern (Vodafone) übernommen. Zudem investierten verstärkt Private-Equity-Fonds in deutsche Unternehmen. Diese Liberalisierungs- und Privatisierungsansätze symbolisieren nach Martin Höpner (2007: 4-9) den Niedergang des rheinischen Kapitalismus.

Die Privatisierungen vollzogen sich vor allem im Bereich der öffentlichen Daseinsfürsorge. Die Privatisierung der Deutschen Telekom hatte dabei einen gewissen Leitbildcharakter. Darüber hinaus wurde die Deutsche Post, zahlreiche kommunale Wasser- und eben auch Energieversorgungsunternehmen privatisiert. Der deutsche Energiesektor war zuvor durch kommunale Betriebe und neun große Verbundunternehmen geprägt. Das Bundeswirtschaftsministerium sperrte sich in den 1990er Jahren lange gegen die Liberalisierung des Strommarktes, änderte aber seine Position auf den Druck der großen Verbundunternehmen und angesichts der generellen Liberalisierungseuphorie (Deckwirth 2008: 81). Noch unter der schwarz-gelben Regierungskoalition trat am 1. April 1998 das novellierte Energiewirtschaftsgesetz (EnWG) in Kraft, das die EU-Richtlinie (96/92/EG) zur Liberalisierung des Strommarktes in deutsches Recht umsetzte.

Kurz nach der Liberalisierung wurde mit der Einführung des EEG im Jahr 2000 ein wichtiger Impuls zur Transformation der Stromversorgung gesetzt. Das Gesetz wurde auf Initiative einiger Abgeordneter um Hermann Scheer (SPD) und Hans-Josef Fell (Bündnis 90/Die Grünen) gegen den Widerstand des federführenden, parteilosen Wirtschaftsministers Werner Müller verabschiedet. Den Kern des EEG bildet die garantierte Einspeisevergütung, die den Betreibern von EE-Anlagen technologiespezifische Vergütungssätze für den Zeitraum von 20 Jahren gewährt. In der Folgezeit wurden die erneuerbaren Energien bei einer tendenziell leicht steigenden Stromnachfrage sukzessive ausgebaut. Zwischen 2000 und 2009 stieg der Anteil der erneuerbaren Energien am Stromverbrauch von 6,6 % auf 15,9 % an. Am dynamischsten entwickelte sich dabei die Windenergie, die ihren Anteil von 1,6 % auf 6,5 % steigern konnte. Durch das Ineinandergreifen der Liberalisierung des Strommarktes mit dem Ausbau der erneuerbaren Energien änderten sich die Formen der Konkurrenz im energiepolitischen Feld. Die großen Verbundunternehmen wurden durch Fusionen und Übernahmen von neun auf vier Unternehmen reduziert (E.ON, RWE, EnBW und Vattenfall), die bis heute eine dominante Stellung im deutschen Strommarkt einnehmen (Maubach 2013: 59-64). Vor diesem Hintergrund zieht Peter Becker ein ernüchterndes Fazit der deutschen Strommarktliberalisierung:

> „Wäre der Staat in die Liberalisierung mit dem Ansatz hineingegangen, wirtschaftliche Macht im Interesse des Wettbewerbs zu beschränken, hätte er zunächst das dafür erforderliche gesetzliche Instrumentarium schaffen müssen: insbesondere Entflechtungsvorschriften. Die Privatisierung staatlicher Beteiligungen hätte zudem genutzt werden können, Unternehmen weiter zu entflechten. Das Gegenteil geschah: Badenwerk und EVS wurden zur EnBW fusioniert, um dann die Anteile umso lukrativer an

die EdF verkaufen zu können. VEBA und VIAG wurden fusioniert, um beim Börsengang die Anteile an der neu geschaffenen E.ON aufzuwerten. Die Fusionskontrolle funktionierte nicht. Statt der vorher acht Energiekonzerne gab es wenige Jahre nach der Liberalisierung nur noch vier. Und die Fusion E.ON/Ruhrgas wurde mit dem Instrument der Ministererlaubnis, dessen Einsatz von Anfang an geplant war, durchgezogen; dabei ist eigentlich auch die Ministererlaubnis nicht konzipiert, um damit Marktmacht noch zu vergrößern." (Becker 2011: 146)

Zudem bildeten sich in Anbetracht der dynamischen Entwicklung der Biomasse, Solar- und Windenergie, die ohne das EEG in dieser Form nicht möglich gewesen wäre, zahlreiche vor allem kleine und mittelständische Unternehmen heraus. Auch Großkonzerne wie Siemens (Wind- und Solarenergie) und Bosch (Solarenergie) bauten „grüne" Geschäftsbereiche auf. Diese Entwicklung übersetzte sich in eine Stärkung der Interessenvertretung der Unternehmen der regenerativen Energiewirtschaft. Insofern kann von der Herausbildung grüner Kapitalfraktionen gesprochen werden, die in klarer Opposition zur traditionellen Energiewirtschaft und den energieintensiven Industriezweigen, den grauen Kapitalfraktionen, stehen (Haas und Sander 2013).

Die wirtschaftspolitische Liberalisierungsagenda wurde von der rot-grünen Regierung durch arbeits- und sozialpolitische Reformen, die auf eine Deregulierung der Arbeitsmärkte und sozialpolitische Einschnitte abzielten, flankiert. Damit wurde auch die Grundlage für die Ausweitung prekärer Beschäftigungsverhältnisse geschafffen, die in bedeutenden Teilen der regenerativen Energiewirtschaft weit verbreitet sind (Dribbusch 2013). Diese Maßnahmen wurden vor allem in der zweiten Legislaturperiode, als die Arbeitslosenquote auf über zehn Prozent angestiegen ist, im Rahmen der Agenda 2010 umgesetzt. Die Bezugsdauer von Arbeitslosengeld wurde im Rahmen des neuen Arbeitslosengeldes I erheblich gesenkt. Die Zusammenlegung der Arbeitslosenhilfe und Sozialhilfe im neuen Arbeitslosengeld II wurde auf dem Niveau der Sozialhilfe angesiedelt. Das Rentenniveau wurde gesenkt, das Renteneintrittsalter im Jahr 2007 auf 67 Jahre angehoben und durch die sogenannte Riesterrente der Wandel von einer umlagefinanzierten hin zu einer kapitalgedeckten bzw. finanzialisierten Altersvorsorge eingeleitet. Darüber hinaus fanden Einschnitte im Bereich der Gesundheitsversorgung statt (Lux 2013: 110-112).

Flankierend zu diesem Abbau sozialer Leistungen wurden gesetzliche Regelungen geschaffen, die den Ausbau von Leiharbeit und prekären Beschäftigungsverhältnissen ermöglichten. Arbeitslosen drohen erhebliche Sanktionen, falls sie die Auflagen des Jobcenters nicht erfüllen. Die Effekte der Agenda 2010 waren die Schaffung eines Niedriglohnsektors, ein allgemeiner Druck auf die Löhne und eine erhebliche Zuspitzung der Lohn- und Vermögensungleichverteilung (Goebel et al. 2010; Butterwegge 2013). Die Reallöhne sanken in Deutschland zwischen

2000 und 2011 um 4,5 %. In Spanien, Frankreich, Portugal und Griechenland legten sie im selben Zeitraum zwischen 7,5 % und 16 % zu (Röttger 2012: 43). Die Agenda 2010 wurde gegen massiven Widerstand von sozialen Bewegungen und Teilen der Gewerkschaften durchgesetzt, wobei die Spitzen der Gewerkschaften einen offenen Konflikt mit der SPD scheuten und darauf fokussierten, die Agenda sozial abzumildern. In Folge der rot-grünen Agenda 2010 hat das Modell Deutschland an Kohäsionskraft verloren:

> „Allerdings tritt in die Hülle dessen, was vom einstigen ‚Modell Deutschland' noch besteht, inzwischen deutlich ein Zwangscharakter in den Vordergrund. Stabilisierung seiner Entwicklung und Abmordung anderer Entwicklungsmöglichkeiten erfolgen immer weniger kompromissgestützt; sie werden vor allem als Durchsetzung ökonomischer Zwänge exekutiert." (ebd.: 31)

Die Erwerbslosenquote sank jedoch ab dem Jahr 2005 deutlich und das aktiv extravertierte deutsche Akkumulationsregime sollte sich im Kontext der Krise als sehr robust erweisen.

5.1.3 Die deutsche Ökonomie kurzzeitig im Sog der Krise

Nachdem spätestens durch die Insolvenz von Lehmann Brothers im Herbst 2008 das Übergreifen der Immobilienkrise auf den Finanzsektor offenbar wurde, gerieten auch zahlreiche deutsche Banken, darunter Landesbanken wie die WestLB oder die LBBW, in eine Schieflage. Sie hatten zahlreiche „toxische", gebündelte Immobilienschuldverschreibungen in ihren Portfolios. Zudem sorgte der Einbruch des US-Konsums für erhebliche Einbußen der deutschen Exportindustrie. Insofern erfolgte die „Ansteckung" der deutschen Ökonomie sowohl über die Finanzmärkte als auch die Handelsverflechtungen. Im Jahr 2009 sank das deutsche BIP um 5,1 % und damit weit stärker als in den meisten anderen Industrieländern (Horn et al. 2009). Der Stromverbrauch ging im Jahr 2009 sogar um 6,0 % zurück. Die Kapitalakkumulation geriet ins Stocken. Entsprechend musste nach Ausbruch der Krise die Regulationsweise neu konfiguriert werden.

Zur Stabilisierung der Konjunktur wurde bereits im November 2008 ein Konjunkturpaket im Umfang von 50 Mrd. Euro geschnürt. Es umfasste unter anderem Investitionen in die Infrastruktur, die Ausweitung der Kreditvergabe durch die Kreditanstalt für Wiederaufbau (KfW) sowie eine befristete Aussetzung der Kfz-Steuer für Neuwagen (Horzetzky 2011: 151-152). Das Konjunkturpaket erwies sich schnell als nicht ausreichend um dem konjunkturellen Einbruch entgegen zu wirken. Im März 2009 wurde bereits das zweite Konjunkturpaket verabschiedet. Dieses Paket umfasste eine zusätzliche Ausweitung der Kreditvergabe der KfW,

Innovationsförderungen für mittelständische Unternehmen, eine Breitbandstrategie, zusätzliche Fördermittel für Hybridantrieb-, Brennstoffzellen- und Speichertechnologien, eine moderate Anhebung des Grundfreibetrags für die Einkommenssteuer und die Absenkung des Eingangssteuersatzes, die Erhöhung des Bundeszuschusses für die Krankenversicherungen, die sogenannte Abwrackprämie für die Verschrottung älterer Automobile beim Kauf eines Neuwagens sowie die Ausweitung öffentlicher Investitionen. Gleichzeitig verabredete die große Koalition die Einführung und verfassungsrechtliche Verankerung einer Schuldenbremse, die eine austeritätspolitische Orientierung festschreibt und somit die fiskalpolitischen Handlungsspielräume des Staates massiv einschränkt. Dies verdeutlicht, dass die „Rückkehr des Staates" (Altvater et al. 2010) von vornherein als eine zeitlich begrenzte Maßnahme zur Regulation der Krise konzipiert wurde.

Ein zentrales Element der Krisenbearbeitungsstrategie der Bundesregierung war zudem die Ausweitung der Möglichkeiten zur Inanspruchnahme von Kurzarbeitergeld. Damit gelang es die Beschäftigung nahezu stabil zu halten. Zwischenzeitlich waren bis zu 1,5 Millionen Arbeitnehmer_innen in Kurzarbeit (Horzetzky 2011). Im Gegensatz zu den Konjunkturpaketen umfassten die Maßnahmen zur Stützung der Banken und des Finanzsektors ein wesentlich größeres Volumen.

Noch im Jahr 2008 wurde im Rahmen des Finanzmarktstabilisierungsgesetzes ein Sonderfonds Finanzmarktstabilisierung (SoFFin) eingerichtet, der für bis zu 400 Mrd. Euro Kredite durch staatliche Bürgschaften absichern sollte. Zudem umfasste das Gesetzespaket die Möglichkeit, „Problemaktiva" von Banken bis zu einer Höhe von 80 Mrd. Euro zu übernehmen. Das Volumen wurde nur teilweise ausgeschöpft. Als gravierendster Problemfall erwies sich die Hypo-Real-Estate (HRE), die im Oktober 2009 verstaatlicht wurde. Insgesamt gelang es der bis Ende 2009 regierenden großen Koalition relativ rasch, die Finanzkrise einzudämmen und ein umfassendes Durchschlagen der Krise auf die deutsche Industrie zu verhindern (Horzetzky 2011: 148-149). Hierfür war jedoch die nach der Rezession im Jahr 2009 wieder anziehende Nachfrage, vor allem in den großen Schwellenländern, von zentraler Bedeutung. Die Binnennachfrage blieb sowohl in Deutschland, wenngleich ab 2010 Reallohnzuwächse und eine leicht steigende Binnennachfrage zu verzeichnen waren, als auch in der EU aufgrund der zunehmend verallgemeinerten austeritätspolitischen Konsolidierungsagenda relativ schwach. Insofern schlussfolgert Steffen Lehndorff (2012: 17): „Deutschland exportiert nicht zu viel, sondern importiert zu wenig. Diese vielfach gerühmte ‚Lohnmäßigung' ist Ergebnis der vor allem unter der Schröder-Regierung durchgesetzten Umbrüche im deutschen Wirtschafts- und Sozialmodell."

5.2 Energiepolitische Konfliktkonstellationen im Vorfeld der Weltfinanz- und Wirtschaftskrise

In energiepolitischer Hinsicht wurde unter Rot-Grün mit der Einführung des EEG der Umbruch hin zu einem regenerativen Energiesystem beschleunigt. Der stark klimapolitisch orientierte Impetus des EEG korrespondierte mit dem globalen Bedeutungsgewinn des Klimawandels (vgl. Kap. 4.3.). Diskursiv wurde der Wandel des Energiesystems über das Konzept der ökologischen Modernisierung, also die „Versöhnung" von Ökonomie und Ökologie, hegemoniefähig. Deutschland galt vielfach als klimapolitischer Vorreiter, insbesondere auf Grund der deutlichen Emissionsreduktionen gegenüber dem Niveau von 1990 (die jedoch zu einem großen Teil auf die De-Industrialisierung der früheren DDR zurückzuführen sind) und des relativ raschen Ausbaus der erneuerbaren Energien. Die Ansätze der ökologischen Modernisierung wurden von der großen Koalition zwischen 2005 und 2009 weitgehend fortgesetzt. Allerdings fand mit dem Ausbruch der Finanz- und Wirtschaftskrise eine Veränderung der Prioritätensetzung statt. Fortan rückten klimapolitische Problemlagen in den Hintergrund:

> „Verbreitete Befürchtungen, es könne unter einer Großen Koalition zu einer entschieden regressiven Umweltpolitik kommen, die die internationale Vorreiterstellung Deutschlands aufgeben, die Förderung der erneuerbaren Energien zugunsten der Kernenergie suspendieren oder vielleicht gar das Umweltministerium wieder abschaffen könnte […], haben sich nicht bewahrheitet. Im Gegenteil konnte sich Bundeskanzlerin Angela Merkel, befördert durch die deutsche Doppelpräsidentschaft der EU und der G8 im ersten Halbjahr 2007, zunächst [.] erfolgreich als ‚Klimakanzlerin' darstellen […]. Seit Anfang 2008 jedoch verblasste Merkels umweltpolitischer Glanz. Im Zeichen der sich allmählich entfaltenden Banken-, Finanz- und Wirtschaftskrise erwies sich die Große Koalition vor allem als Fürsprecherin der deutschen Industrie. In der nationalen Umweltpolitik wie auch im Rahmen der EU-Klimaverhandlungen haben Merkel, die Unionsparteien und die mit ihnen regierende SPD die vorhandenen Potenziale bei weitem nicht ausgeschöpft und die umweltpolitische Handlungsdynamik zum Teil sogar deutlich gebremst." (Blühdorn 2010: 211-212)

Die Bedeutungsverschiebung in den staatlichen Politiken indiziert, dass es mit dem Ausbruch der Krise für die sozialen Kräfte, die eine ökologische Modernisierung oder eine grundlegendere sozial-ökologische Transformation anstreben, schwieriger geworden ist, ihre Interessen zu universalisieren.

5.2.1 Deutschland: fossil-nuklear oder erneuerbar?

Im Jahr 2009 waren die fossil-nuklearen Energieträger noch eindeutig die tragende Säule der Stromversorgung. Es wurden 24,5 % der Stromproduktion auf Basis von Braunkohle gedeckt, 22,6 % durch Kernenergie, 18,6 % durch Steinkohle, 13,6 % durch Erdgas. Die erneuerbaren Energien hingegen deckten erst 15,9 % ab. Die „Hauptverlierer“ gegenüber dem Vorjahr auf Grund des Nachfragerückgangs waren die Steinkohlekraftwerke und die Gaskraftwerke. Auch die Atomreaktoren lieferten im Jahr 2009 deutlich weniger Strom als im Vorjahr. Dieser Rückgang ging jedoch auf das Kalkül der Atomkonzerne zurück, die im rot-grünen Ausstiegsbeschluss verhandelten Restlaufzeiten in die nächste Legislaturperiode hinüber zu retten, um dann eine Laufzeitverlängerung durchzusetzen (Werdermann 2009). Die fossil-nuklearen Erzeugungskapazitäten änderten sich im Zeitraum zwischen 2000 und 2009 nicht signifikant. Ein deutlicher Zuwachs konnte hingegen bei den Windkraft-, den PV- und den Biomassekapazitäten verzeichnet werden, deren kumulierte Kapazität von knapp 7 GW im Jahr 2000 auf über 40 GW im Jahr 2009 gesteigert wurde. Der Ausbau der erneuerbaren Energien wurde mit Hilfe der EEG-Umlage, also einer Abgabe über den Stromverbrauch finanziert, die bis 2009 auf 1,13 Cent pro KWh angestiegen ist (Becker 2011: 256-258).

Vor dem Hintergrund des tendenziell stagnierenden Strommarktes und eines relativ raschen Ausbaus der erneuerbaren Energien, der nur zu einem marginalen Anteil auf Investitionen der großen Vier (E.ON, RWE, Vattenfall, EnBW) zurückging, bildete sich eine relativ klar konturierte Konfliktlinie heraus. Die Konfliktlinie verläuft zwischen denjenigen Akteur_innen, die materiell und/oder ideologisch mit dem zentralistischen, fossil-nuklearen Energieregime verbunden sind und denjenigen, die materiell und/oder ideologisch mit dem sich anbahnenden regenerativen, dezentraleren Energieregime verbunden sind.

5.2.2 Beharrungskräfte und Pfadabhängigkeiten im fossil-nuklearen Energieregime – das graue Hegemonieprojekt

Die G4 haben zwar durch den Ausbau der erneuerbaren Energien bis 2009 bereits Einbußen im Hinblick auf ihre Marktanteile hinnehmen müssen, nichtsdestotrotz waren die Konzerne im Jahr 2009 hochprofitabel. Allein E.ON, RWE und EnBW konnten im Jahr 2009 zusammen einen Gewinn von 23 Mrd. Euro verbuchen. Die kumulierten Gewinne seit dem Jahr 2002 beliefen sich für die drei Konzerne zusammen auf über 100. Mrd. Euro (Leprich et al. 2010). Diese Kennzahlen gehen zu einem nicht unwesentlichen Teil auf die Einführung des EU EHS im Jahr 2005 zurück, bei dessen Ausgestaltung sich die Energiekonzerne weitgehend durchsetzen konnten (Corbach 2007). Die Profitabilität der Stromriesen war wesentlich höher als der Durchschnitt der Dax-Konzerne. Durch eine Laufzeitverlängerung für die deutschen Atomkraftwerke erhofften sich die Konzerne zusätzliche Gewinnsteigerungen (Leprich et al. 2010). Insofern blickten die G4 optimistisch in die Zukunft. Im Hinblick auf die Stromerzeugung sahen die G4 (bezogen jeweils auf den Gesamtkonzern) bis zum Jahr 2020 große Wachstumspotentiale und gute Perspektiven für Kohle- und Atomkraftwerke:

> „**Alle vier Energiekonzerne wollen in teils erheblichem Maße ihre Stromerzeugung ausbauen**. E.ON, der derzeit in Bezug auf die Stromerzeugung größte der vier Energiekonzerne, will bis 2020 im Vergleich zu 2009 ca. 10 % mehr Strom erzeugen, EnBW 22 %, RWE 41 % und Vattenfall 54 %. [...] So geht der prozentuale **Anteil des Stroms aus Kohlekraftwerken** zwar bei allen vier Konzernen zurück, absolut reduziert er sich jedoch bei E.ON und RWE nur geringfügig, bei Vattenfall ist sogar eine Steigerung von 70 auf 100 TWh vorgesehen [...] Ebenso gehen alle Konzerne von einer **Steigerung der Stromerzeugung aus Atomkraft** durch Zukäufe oder Inbetriebnahme aus, zusätzlich und unabhängig von der Laufzeitverlängerung in Deutschland. “ (Hirschl et al. 2011: 143, Hervorhebungen im Original)

Entsprechend gab es in den Jahren 2008/2009 Pläne für den Bau von bis zu 30 neuen Kohlekraftwerken, vor allem Steinkohlekraftwerken (BUND 2008). Diese Szenarien unterschätzten jedoch, wie noch zu zeigen sein wird, die sich intensivierende Ausbaudynamik der erneuerbaren Energien in den Folgejahren und den damit verbundenen Verfall der Börsenstrompreise. Zudem änderten sich die atompolitischen Rahmenbedingungen in Deutschland zunächst zu Gunsten, und nach dem Reaktorunfall von Fukushima, zu Ungunsten der Betreiber_innen.

5.2.2.1 Zentrale Akteur_innen des grauen Hegemonieprojekts

Den Kern des grauen Hegemonieprojekts bilden die G4 gemeinsam mit weiten Teilen des Industriekapitals. E.ON ging aus der Fusion der beiden Mischkonzerne VEBA und VIAG, die gegen das Bundeskartellamt mit einer Ministererlaubnis durchgesetzt wurde, im Jahr 2000 hervor. E.ON veräußerte alle Aktiva, begünstigt durch die Abschaffung der Körperschaftssteuer auf Veräußerungsgewinne im Jahr 2001, die nicht im Bereich Gas und Elektrizität angesiedelt waren. Die Veräußerungsgewinne in Verbindung mit der hohen Profitabilität des Kerngeschäfts ermöglichten es der Konzernleitung eine forcierte Internationalisierung einzuleiten. E.ON war im Jahr 2009 in mehr als 30 Ländern vertreten. Neben fast allen europäischen Märkten war der Konzern auch in Russland und den USA aktiv. Der deutsche Markt spielte jedoch nach wie vor eine wichtige Rolle, ca. 40 % der gut

85.000 Beschäftigten und ca. 34 % der Stromerzeugungskapazitäten befanden sich in Deutschland. Zudem besaß E.ON zahlreiche Beteiligungen an Stadtwerken und war bis 2009 Alleineigentümer der Thüga, die Beteiligungen an zahleichen kommunalen Energie- und Wasserversorgungsunternehmen hält. Auf Druck des Bundeskartellamts verkaufte E.ON die Thüga im Jahr 2009 (Becker 2011: 133-134). Die Internationalisierung des Konzerns bildete sich auch in der Eigentümerstruktur ab. Ca. 70 % der Anteile wurden von ausländischen Investoren, häufig institutionellen Anlegern gehalten (Schülke 2010: 28). Bereits im Jahr 2007 wurde der erneuerbare Energien-Ableger E.ON Climate and Renewables in Essen gegründet, der in der Konzernstrategie eine Doppelfunktion eingenommen hat. Einerseits sollte damit der Einstieg in den weltweit rasant wachsenden Markt der erneuerbaren Energien vollzogen werden. Bis zum Jahr 2010 sollten 10 % der Investitionen in diesen Bereich gelenkt werden. Bis 2030 soll die Erzeugungskapazität von E.ON auf der Basis von erneuerbaren Energien auf 24 GW mehr als verdreifacht werden (E.ON 03.04.2008). Anderseits sollte das Tochterunternehmen einen Anstoß für die Modernisierung des Unternehmens und der Unternehmenskultur geben, in dem sich große, schwerfällige Verwaltungseinheiten herausgebildet haben (Interview E.ON I 08.09.2014). Zugleich wurde bereits im Herbst 2008 vom Vorstand der E.ON ein Sparprogramm mit dem Titel „power to perform" angekündigt, mit dem jährlich Kosten in Milliardenhöhe eingespart werden sollten (Die Welt 2008).

RWE hat seit der Marktliberalisierung eine ähnliche strategische Ausrichtung eingenommen wie E.ON. Auch RWE hat sich auf das Kerngeschäft Energie, also Strom und Gas konzentriert, wobei sich RWE nicht so stark internationalisiert hat wie E.ON. Ein Spezifikum von RWE ist die starke Verwurzelung im rheinischen Braunkohlerevier. Ca. 25 % der RWE-Anteile befinden sich in Händen von Kommunen, die dafür eigens eine RW Energie-Beteiligungsgesellschaft gegründet haben. Das Erzeugungsportfolio ist sehr stark kohlelastig, im Jahr 2008 wies RWE einen Kohleanteil von 61 % auf und war der größte CO2-Emittent Europas. Vor diesem Hintergrund plante RWE eine CCS-Pilotanlage in Hürth zu errichten, die jedoch auf Grund von vielfältigen Widerständen nie gebaut wurde (Interview RWE 09.10.2014). RWE war im Jahr 2007 an insgesamt 97 Stadtwerken beteiligt. Der deutsche Markt steuerte im Jahr 2008 63 % zum Konzernumsatz bei.

Die wichtigsten Auslandsmärkte für RWE sind Großbritannien und die Benelux-Länder. Am britischen Markt wurden im Jahr 2008 20 % des Konzernumsatzes erwirtschaftet. Gemeinsam mit E.ON plante RWE die Errichtung mehrerer Atomkraftwerke in Großbritannien. Im Jahr 2008 wurde RWE Innogy als erneuerbare Energien-Sparte innerhalb des Konzerns gegründet. Deren Investitionspläne umfassten vor allem die Errichtung von Windparks, On- und Offshore. Damit sollte zu einer partiellen Dekarbonisierung des Konzerns beigetragen werden[39]. Bis 2020 soll der Anteil der EE-Erzeugungskapazitäten von 3 % auf 17 % ansteigen, der Anteil von Gas von 16 % auf 30 %, wohingegen der Anteil der Kohle auf 35 % absinken soll. Insofern verkündete RWE im Jahr 2008 das Ziel, die konzernweiten CO2-Emissionen bis 2015 um 30 % zu reduzieren (Schülke 2010: 84-98).

Vattenfall befindet sich als einziger der sieben großen europäischen Stromkonzerne ausschließlich in Staatsbesitz. Das schwedische Unternehmen konnte auf dem deutschen Markt durch die Übernahme der hamburgischen Stadtwerke HEW, der Berliner BEWAG und der VEAG im Zuge der Fusion von VEBA und VIAG Fuß fassen. Es wurde vor allem von den Kartellbehörden darauf gedrängt, ein viertes großes Stromunternehmen neben RWE, E.ON und EnBW zu etablieren. Hinzu kam die Übernahme des Kohlebergbauunternehmens LAUBAG, der Lausitzer Braunkohle AG, die 2002 zur Vattenfall Europe fusioniert wurden. Vattenfall hat ebenso wie RWE einen sehr hohen Kohleanteil in seinem Erzeugungsportfolio. Im Jahr 2009 betrug der Stromerzeugungsanteil der Braunkohle in Deutschland 77,1 %, Steinkohle trug 11,7 % bei. Besonders umstritten war der Bau des Steinkohlekraftwerks in Moorburg bei Hamburg. Vattenfall klagte gegen die Umweltauflagen des schwarz-grünen Senats von 2008 vor dem Schiedsgericht der Weltbank. Im Jahr 2010 wurde ein Vergleich zwischen der Bundesregierung und dem schwedischen Staatskonzern geschlossen, der eine Lockerung der Umweltauflagen beinhaltete (Kopp 2010).

Zudem forcierte Vattenfall die Erprobung der CCS-Technologie mit der Pilotanlage „Schwarze Pumpe". Am Standort Jänschwalde sollte ein Demonstrationskraftwerk gebaut werden. Hierfür sagte die EU im Rahmen des zweiten Konjunkturpakets eine Subvention in Höhe von 180 Millionen Euro zu, die jedoch auf Grund der fehlenden gesetzlichen Grundlagen nicht abgerufen werden konnten (vgl. Kap. 5.3.2.). Im Gesamtkonzern wies Vattenfall im Jahr 2009 einen Anteil von über 20 % erneuerbaren Energien auf. Dies geht jedoch fast ausschließlich auf den Heimatmarkt Schweden und die dortigen Wasserkraftwerke zurück. In Deutschland lag der Anteil bei 1,2 %, der überwiegend auf der Beifeuerung von Biomasse in Kohle- und Gaskraftwerken basierte (Hirschl et al. 2011; Schülke 2010: 107-117).

Die EnBW ging im Jahr 1997 aus der Fusion des Badenwerk und der Energieversorgung Schwaben hervor und gehörte im Jahr 2009 zu jeweils knapp 50 % den Oberschwäbischen Elektrizitätswerken (OEW) und dem größten französi-

39 RWE Innogy hat zudem in das andalusische Thermosolarkraftwerk Andasol 3 investiert und klagt vor dem Schiedsgericht der Weltbank, dem ICSID, wegen der retroaktiven Kürzungen auf Schadensersatz gegen die spanische Regierung (Schönwitz 2015)

schen Stromversorger, der EDF. EnBW besitzt zahlreiche Beteiligungen an kommunalen Energieversorgern, ist allerdings abgesehen von einigen wenigen Beteiligungen innerhalb Europas kaum internationalisiert. EnBW wies im Jahr 2009 einen Atomstromanteil von fast 49 % auf. Die Wasserkraft spielt ebenfalls eine bedeutende Rolle im Konzernportfolio. Daher warb EnBW damit, dass 68 % des eigenerzeugten Stroms CO2-frei seien. Abgesehen von Wasserkraftwerken tätigte EnBW erste Investitionen in die Bereiche Biomasse und Wind. Bis zum Jahr 2020 will EnBW den Anteil erneuerbarer Energien an der konzernweiten Stromerzeugung auf 20 % steigern. Das größte Wachstumspotential wird bei Offshorewindanlagen gesehen, deren Anteil auf 6,4 % gesteigert werden soll (Hirschl et al. 2011: 69-91; Schülke 2010: 67-68).

Die politische Interessenvertretung der G4 wird neben eigenen Büros vorwiegend über den Bundesverband der Deutschen Energie- und Wasserwirtschaft (BDEW) vollzogen. Der BDEW ging im Jahr 2007 aus der Fusion des Bundesverbandes der deutschen Gas- und Wasserwirtschaft (BGW), des Verbandes der Verbundunternehmen und Regionalen Energieversorger in Deutschland (VRE), des Verbandes der Netzbetreiber (VDN) und des Verbandes der Elektrizitätswirtschaft (VDEW) hervor. Geleitet wurde der BDEW von 2008 bis 2016 von Hildegard Müller (CDU), die zuvor Staatsministerin im Bundeskanzleramt war. Der BDEW vertritt ca. 1800 Unternehmen, die auf verschiedenen Stufen der Wertschöpfungsketten im energie- und wasserwirtschaftlichen Bereich tätig sind. Neben den G4 umfasst die Liste der Mitgliedsunternehmen vor allem Stadtwerke, aber auch die Netzbetreiber und Stromhandelsunternehmen. Der BDEW fungiert als eine energiepolitische Lobbyorganisation (Interview BDEW I 29.09.2014). Die Arbeitsbeziehungen in der Energiebranche werden über Flächen- und Haustarifverträge mit der IG BCE und ver.di ausgehandelt, die auf Grund ihrer Mitgliederstruktur auch dem grauen Hegemonieprojekt zuzuordnen sind.

Die Stadtwerke haben zudem mit dem Verband Kommunaler Unternehmen (VKU) einen eigenen Dachverband. Die Stadtwerkelandschaft ist relativ heterogen. Die meisten kommunalen Energieversorger erwirtschaften aus dem Betrieb der Verteilernetze Gewinne, die zur Subventionierung kommunaler Aufgaben, etwa des öffentlichen Personennahverkehrs oder des Betriebs von Schwimmbädern, genutzt werden. Einige Stadtwerke haben darüber hinaus auch Strom und Wärmeerzeugungskapazitäten aufgebaut: teilweise auf Basis von erneuerbaren Energien, teilweise über Beteiligungen an Kohle- oder Gaskraftwerken bzw. Kraft-Wärme-Kopplungsanlagen (KWK)[40]. Sander (2015: 155) ordnet den VKU auf Grund der großen Heterogenität seiner Mitgliedsunternehmen und seines Wi-

40 Die Stadtwerke Bielefeld sind am AWK Grohnde, die Stadtwerke München am AKW Isar II beteiligt.

derstandes gegen die Laufzeitverlängerung für die Atomkraftwerke keinem Hegemonieprojekt zu. Zweifellos befindet sich der VKU in einer ambivalenten Position. Allerdings hat sich etwa in den Auseinandersetzungen um Kapazitätsmärkte und die Fördersysteme für die erneuerbaren Energien gezeigt, dass der VKU dem grauen Akteursspektrum zugerechnet werden kann. In vielen Aspekten ist er jedoch der Energiewende gegenüber aufgeschlossener ist als etwa der BDEW (Interviews Greenpeace II 03.09.2014, EUROSOLAR 29.10.2014).

Darüber hinaus stehen weite Teile der deutschen Industrie, insbesondere die stromintensiven Industriezweige, der Energiewende skeptisch bis ablehnend gegenüber. Die zentrale politische Interessenvertretung ist der Bundesverband der Deutschen Industrie (BDI), der jedoch auch Branchen vertritt, für die die Energiewende das Potential in sich birgt, grüne Akkumulationsstrategien zu entwickeln. Dazu gehört der Verband des Deutschen Maschinen und Anlagenbaus (VDMA). Insofern haben für den BDI zwar die Ziele einer sicheren und für die Industrie kostengünstigen Stromversorgung oberste Priorität, allerdings wird die Energiewende nicht grundsätzlich abgelehnt.

Im zivilgesellschaftlichen Bereich wird das graue Hegemonieprojekt vor allem von „wirtschaftsnahen" Akteur_innen getragen. Wichtig in diesem Zusammenhang sind wirtschaftswissenschaftliche Forschungsinstitute wie das teilweise von RWE und E.ON finanzierte Energiewirtschaftliche Institut der Universität Köln (EWI) oder das RWI aus Essen. Diese beiden Institute haben immer wieder das System garantierter Einspeisevergütungen kritisiert (Bode et al. 2010; RWI 2012b, 2009), so auch in einem für das Bundesministerium für Wirtschaft und Arbeit im 2004 veröffentlichten Gutachten, das sie gemeinsam mit dem Institut für Energetik und Umwelt aus Leipzig erarbeitet haben (EWI et al. 2004). Zugleich unterstützten die Institute die Bemühungen der G4, die Laufzeitverlängerung für die AKWs durchzusetzen (Focus 2008). Im Bereich der Medien stößt die Energiewende in weiten Teilen der Wirtschaftspresse und den konservativen Tageszeitungen (z.B. FAZ, Die Welt) auf Skepsis.

Auf Seiten der Staatsapparate steht das Bundeswirtschaftsministerium (BMWi) traditionell auf Seiten der fossil-nuklearen Energiewirtschaft. Die Zuständigkeit für den Energiemarkt liegt beim BMWi[41]. Im parteipolitischen Spektrum wird das graue Hegemonieprojekt wesentlich von der FDP und den Wirtschaftsflügeln der beiden Volksparteien SPD und CDU/CSU getragen, die jeweils eng mit der fossil-nuklearen Energiewirtschaft verbunden sind (Greenpeace 2007; Hirschl 2008: 194).

41 Die Zuständigkeit für das EEG wurde jedoch mit dem zweiten Kabinett Schröder im Jahr 2002 im „grünen" BMU angesiedelt und verblieb dort bis zum Jahr 2013. Mit der aktuell regierenden Großen Koalition wurde das EEG wieder in das „graue" BMWi zurückgeholt.

5.2.2.2 Graue Interessenlagen

Das Gemeinschaftsinteresse des grauen Hegemonieprojekts liegt darin begründet, die bestehenden Macht- und Herrschaftsverhältnisse zu konservieren, indem die fossil-nuklearen Erzeugungsstrukturen optimal verwertet und die Industriestrompreise niedrig gehalten werden. Insofern orientiert das graue Hegemonieprojekt darauf, die wesentlichen Strukturmerkmale des deutschen Strommarktes und einen breiten Energiemix beizubehalten.

Das Interesse der fossil-nuklearen Energiewirtschaft liegt primär in der Verwertung der bestehenden fossil-nuklearen Erzeugungskapazitäten. Während ab Ende der 2000er Jahre bis Fukushima die Laufzeitverlängerung der Atomanlagen im Fokus der G4 stand, haben sich in den letzten Jahren die Auseinandersetzungen auf die Verwertung der bestehenden Kohle- und Gaskraftwerke verlagert. In diesen Auseinandersetzungen gibt es eine weitgehende Interessenkongruenz der G4 mit den Stadtwerken, die sich auch in den Positionen des BDEW und des VKU niederschlägt.

Für die deutsche Industrie, insbesondere die energieintensiven Branchen, hat eine sichere und kostengünstige Stromversorgung oberste Priorität. Insofern orientiert der BDI darauf, die Energiewende unter das Primat des aktiv extravertierten Akkumulationsregimes zu stellen. Das heißt, die Energiewende muss so ausgestaltet werden, dass sie die Wettbewerbsfähigkeit der deutschen Industrie zumindest nicht einschränkt und das hohe Niveau der Versorgungssicherheit nicht gefährdet wird.

Ein weiteres verbindendes Interesse im grauen Akteursspektrum ist die Schaffung „nationaler Champions“ bzw. die Wettbewerbsfähigkeit der transnationalisierten Energiekonzerne. E.ON wurde trotz Kritik des Bundeskartellamts als „nationaler Champion“ erst durch die Ministererlaubnis geschaffen (Monopolkommission 2004). RWE ist auch auf Grund von zahlreichen Übernahmen und Fusionen eng mit kommunalen Akteur_innen in NRW verflochten, deren Gemeindefinanzen stark von Dividendenzahlungen und der Kursentwicklung der RWE-Aktie abhängen (Schülke 2010: 84-98).

5.2.2.3 Strategische Orientierungen und politische Projekte

Die Akteur_innen des grauen Hegemonieprojektes zielten darauf ab ihre Interessen zu universalisieren, indem sie das fossil-nukleare Energieregime als kostengünstig und unverzichtbar zur Gewährleistung der Versorgungssicherheit darstellten. Es lassen sich für das graue Spektrum fünf zentrale politische Projekte ausmachen.

Das erste Projekt, das in der zweiten Hälfte der 2000er Jahre mit Blick auf die Bundestagswahlen im Jahr 2009 entwickelt wurde, war die Laufzeitverlängerung für die Atomkraftwerke. Das Deutsche Atomforum startete im Jahr 2007 die Kampagne „Deutschlands unbeliebte Klimaschützer", die unter anderem eine breit angelegte Anzeigenkampagne umfasste, in welcher die Atomkraftwerke als Klimaschützer in einer „grünen" Landschaft darstellt wurden. Mit der Verknüpfung der Atomkraft mit erneuerbaren Energien sollte wieder mehr Zustimmung in der Bevölkerung organisiert werden. Diese Kampagne wurde von Lobby Control, Corporate Europe Observatory, Friends of the Earth Europe und SpinWatch im Jahr 2007 mit dem *Worst EU Greenwash Award* „ausgezeichnet" (Müller 2007). Auch im parteipolitischen Spektrum deutete sich eine Verschiebung zugunsten der Atomlobby an. Zum 50. Geburtstag des Atomforums im Juli 2009 sprach Angela Merkel ein Grußwort und deutete die Möglichkeit einer Laufzeitverlängerung an. Allerdings galt die SPD als wesentlicher „Angriffspunkt" der Atomlobby. Die CDU/CSU und FDP waren einer Laufzeitverlängerung gegenüber weitgehend aufgeschlossen und die Grünen fuhren einen klaren Kurs gegen eine Laufzeitverlängerung (Waldermann 2009). Entsprechend wurde auch in der Festrede von Arnulf Baring, einem früheren Sozialdemokraten und heutigen Botschafter der Initiative Neue Soziale Marktwirtschaft (INSM), vor allem die SPD adressiert. Das Atomforum fasst Barings Ausführungen zur SPD folgendermaßen zusammen:

> „In der heutigen Debatte, in der die SPD eine rein fundamentale Position gegen die Kernenergie eingenommen habe, belege die Überzeichnung der Potenziale Erneuerbarer Energien abermals den sozialdemokratischen Realitätsverlust. Letztlich stimme die heute herrschende Energiedebatte Professor Baring jedoch hoffnungsvoll. Selbst Politiker von SPD und Grünen würden hinter vorgehaltener Hand einräumen, dass sie die Festlegung auf den Ausstieg für einen Fehler halten. Wenn daraus endlich Mut für einen unbefangenen neuen Energiedialog erwachsen könnte, würde es Deutschland gut tun." (Atomforum 2009)

Das zunächst von Erfolg gekrönte Projekt wehrte jedoch nur bis Fukushima. Danach war die Atomlobby in einer defensiven Position. Sie konzentrierte sich darauf, über Klagen gegen den Ausstiegsbeschluss die finanziellen Verluste zu minimieren und sich den Risiken des Rückbaus der AKWs und der Lagerung des Atommülls zu entziehen (Sander 2016a: 216-236).

Das zweite Projekt des grauen Akteursspektrums bestand darin, mittels der CCS-Technologie die Kohleverstromung als zukunftsfähige Option zu etabliert. Hierzu wurde eigens von der deutschen Energiewirtschaft die Organisation IZ

Klima gegründet. Sie arbeitete darauf hin, das Image der Kohle aufzubessern und darauf zu drängen, dass die gesetzlichen Grundlagen für die Einführung der CCS-Technologie geschaffen werden. Die Technologie diente als wichtige Legitimationsgrundlage für den Neubau von Kohlekraftwerken. Zudem argumentierten die Befürworter_innen neuer Kohlkraftwerke damit, dass diese erheblich höhere Effizienzgrade aufwiesen und somit weniger CO2 je produzierter Stromeinheit verursachen (Verein der Kohlenimporteure 2010). Allerdings scheiterte das von der großen Koalition auf den Weg gebrachte CCS-Gesetz im Juni 2009 im Bundesrat, nicht zuletzt wegen Widerständen des Bauernverbandes (Pomrehn 2009).

Das dritte und noch relativ junge Projekt besteht darin, die Einführung von Kapazitätsmärkte einzufordern. Hegemoniefähig soll diese Forderung dadurch gemacht werden, indem Kapazitätsmärkte als Schlüssel für die Garantie der Versorgungssicherheit bei fluktuierend eingespeistem Grünstrom dargestellt werden. Sowohl der BDEW als auch der VKU arbeiteten sehr ähnliche Konzepte eines „technologieneutralen, dezentralen Leistungsmarktes“ aus, der es der fossil-nuklearen Energiewirtschaft ermöglichen würde, ihre Kraftwerke profitabler zu betreiben. Allerdings gibt es in dieser Frage einen Dissens mit dem BDI und der energieintensiven Industrie im Allgemeinen. Diese sehen nicht die Notwendigkeit eines Kapazitätsmarktes und sprechen sich auf Grund der potentiell damit verbundenen Strompreissteigerungen (auch für die Industrie) gegen eine Einführung aus (Interview BDI I 08.10.2014).

Ein viertes Projekt besteht darin, mittels Fracking die Erdgasförderung in Deutschland auszubauen. Der erste große Schritt wäre es, eine gesetzliche Grundlage durchzusetzen, die den Einsatz der Technologie auch gegen erhebliche Widerstände in der Bevölkerung, der Zivilgesellschaft und im Besonderen in potentiell betroffenen Regionen, ermöglicht.

Das fünfte graue Projekt besteht darin, das EEG, also das Modell einer garantierten Einspeisevergütung, abzuschaffen. Damit verbunden ist das Ziel, die Ausbaudynamik zu drosseln und in eine stärker zentralistische Richtung zu drehen, die es den grauen Kapitalfraktionen ermöglicht, ihre Akkumulationsstrategien unter begrünten Vorzeichen fortzuschreiben. Dies bildet sich darin ab, dass erneuerbare Energien-Sparten innerhalb der Konzerne oder als Tochterunternehmen aufgebaut wurden, die jedoch überwiegend auf große Windparks (Offshore) ausgerichtet sind. Gleichwohl spielten bei geplanten Neuinvestitionen der G4 die erneuerbaren Energien nach wie vor nur eine untergeordnete Rolle (Hirschl et al. 2011). Somit befanden sich die großen Stromkonzerne im Vorfeld der Finanz- und Wirtschaftskrise in einer klar konfrontativen Position gegenüber dem grünen Akteursspektrum.

5.2.3 Die Etablierung des grünen Hegemonieprojekts

In Deutschland haben sich mit der Entwicklung der erneuerbaren Energien sehr heterogene, von kleinen und mittelständischen Unternehmen geprägte, grüne Kapitalfraktionen herausgebildet. Diese KMU sind an verschiedenen Wertschöpfungsstufen im Bereich der erneuerbaren Energien aktiv (Projektentwicklung, Zuliefererbetriebe, Anlagenhersteller, Betreiber, Wartung etc.). Die Branche ist in sich wesentlich heterogener und fragmentierter als die fossil-nukleare Energiewirtschaft, die von den G4 dominiert wird. Im Jahr 2009 betrug die kommunale Wertschöpfung durch erneuerbare Energien, die auf Grund des dezentralisierten Ausbaus eine wichtige Legitimationsfunktion einnimmt, ca. 6,75 Mrd. Euro. Davon entfielen ca. 36 % auf die Photovoltaik, 30 % auf die Windkraft und 21 % auf die Biomasse (Aretz et al. 2010: 11). Zwischen 2004 und 2009 stieg die Zahl der Beschäftigten von 160.500 auf 340.00 an. Das Beschäftigungswachstum in der Solarbranche betrug im selben Zeitraum 221 %, im Bereich der Biomasse 125 % und im Bereich der Windenergie 60 % (BMU 2010: 5-6). Die Stimmung in der Solarbranche zu dieser Zeit veranschaulicht die Analogie des Bundesverbandes der Deutschen Solarwirtschaft, der den Begriff „SolarValley Germany" (Brohm 2010: 4) prägte. Insbesondere für die ostdeutschen Bundesländer galt die PV-Branche als ein wichtiger Industriezweig mit 12.000 Arbeitsplätzen im Jahr 2009. Neben den zahlreichen Kleinunternehmungen existieren jedoch auch zunehmend internationalisierte mittelständische Unternehmen, insbesondere im Windanlagenbau. Die Träger_innen des grünen Hegemonieprojekts sind die grünen Kapitalfraktionen, relevante Teile der Staatsapparate und Forschungseinrichtungen, die großen Umweltverbände sowie zahlreiche Bürgerenergiegenossenschaften, Landwirt_innen, Eigenerzeuger_innen (Prosumer_innen) und die Umweltbewegungen.

5.2.3.1 Zentrale Akteur_innen des grünen Hegemonieprojekts

Der größte Windanlagenbauer Deutschlands ist das im niedersächsischen Aurich angesiedelte und 1984 von Aloys Wobben gegründete Unternehmen Enercon. Im Jahr 2009 hatte das Unternehmen in Deutschland einen Marktanteil von 60,4 % (Stratmann 2010). Die Mitarbeiter_innenzahl betrug nach eigenen Angaben 2842. Enercon konzentrierte seine Internationalisierungsstrategie vor allem auf die europäischen Märkte und deckte mehr und mehr Glieder der Wertschöpfungskette ab. Im Jahr 2012 übertrug der Alleineigentümer Aloys Wobben seine Enercon-Anteile an die Aloys-Wobben-Stiftung um die Unabhängigkeit des Unternehmens zu gewährleisten. Das Unternehmen stand jedoch immer wieder in der Kritik wegen seiner großen Verschlossenheit und seiner gewerkschaftsfeindlichen Haltung (brandeins 2012, Interview DGB 04.09.2014).

Siemens ist zwar ein bedeutender Anlagenbauer der fossil-nuklearen Energiewirtschaft, hatte sich allerdings sowohl im Solar- als auch im Windgeschäft etabliert. 2009 wurde das israelische Solarthermieunternehmen Solel gekauft. Darüber hinaus war das Unternehmen im PV-Geschäft aktiv und gehörte zu den zehn größten Windanlagenbauern der Welt. Im Jahr 2009 betrug der Marktanteil von Siemens ca. 6 % (Spiegel Online 2013; Ender 2010; Haas und Sander 2013: 14). Im Offshore Windanlagenbereich konnte Siemens im Jahr 2010 in Europa einen Marktanteil von über 70 % auf sich vereinigen (EWEA 2010a). Im Solargeschäft bauten neben Siemens auch Traditionskonzerne wie Bosch oder Schott eigene Sparten auf. Diese wurden jedoch während der folgenden Krise der Solarindustrie abgewickelt oder verkauft (Fell 2013). Zudem gehörten Unternehmen wie die 1999 gegründete Q-Cells oder die 1998 gegründete Solarworld zu den 20 größten Solarkonzernen. Solarworld musste im Jahr 2009 erhebliche Umsatzeinbußen in Spanien hinnehmen, konnte diese jedoch durch die stark anziehende Nachfrage in Deutschland überkompensieren (SolarWorld o. J.). Die neu installierten Kapazitäten in Deutschland betrugen 3,8 GW und damit doppelt so viel wie im Jahr zuvor. Der globale PV-Markt wuchs im „Krisenjahr" 2009 um ca. 50 % (Jäger-Waldau 2010).

Als Dachverband der verschiedenen Sparten der regenerativen Energiewirtschaft fungiert der Bundesverband Erneuerbare Energie (BEE). Der BEE wurde bereits im Jahr 1991 gegründet. In dem Gründungsdokument, der Weinheimer Erklärung, wird das Ziel einer dezentralisierten Vollversorgung mit erneuerbaren Energien klar formuliert und mit einer stark umweltpolitischen Stoßrichtung begründet:

> „[…] es muß heute mit großen Anstrengungen die Umstrukturierung der gesamten Energieversorgung mit dem Ziel des Aufbaus einer schadstofffreien, soweit wie möglich dezentralen Energieversorgung aus erneuerbaren Energiequellen begonnen werden, um die Gefahren des globalen Treibhauseffektes und einer möglichen atomaren Verstrahlung zu verhindern oder möglichst abzumildern." (BEE 1991)

Der CSU-Bundestagsabgeordnete Matthias Engelsberger spielte eine zentrale Rolle bei der Gründung des BEE. Mit der Transformation des Stromsystems ist der Verband gewachsen und hat sich professionalisiert. Die bedeutendsten Mitgliedsverbände des BEE sind entsprechend der Marktentwicklung der erneuerbaren Energien der Bundesverband Windenergie (BWE), der Bundesverband Solarwirtschaft (BSW) und der Bundesverband Bioenergie (BBE) (Interview BEE 04.09.2014). Der BEE versucht die verschiedenen Interessen der grünen Unternehmensverbände zu bündeln, ist jedoch ein relativ schwacher Dachverband. Insofern ist die Verbändevertretung im grünen Spektrum stark fragmentiert (Interviews Hans-Josef Fell 19.09.2014, SPD I 07.10.2014, BWE 30.09.2014).

Der BWE ging im Jahr 1996 aus der Fusion des Interessenverbands Windkraft Binnenland (IWB) und der Deutschen Gesellschaft für Windenergie (DGW) hervor. Zu den Mitgliedern des BWE zählen sowohl Unternehmen als auch Einzelpersonen. Er versteht sich selbst mehr als Betreiberverband denn als Industrieverband und bekennt sich in seiner Satzung zum Ziel einer Vollversorgung aus erneuerbaren Energien: „Der Verein unterstützt die Förderung und Erschließung weiterer regenerativer Energiequellen zum Zwecke der schnellstmöglichen, vollständigen Energieversorgung aus dezentralen erneuerbaren Energien" (BWE 2013: 2). In diesem Sinne hat sich der BWE auch in den atompolitischen Debatten mehrmals zu Wort gemeldet und klar Stellung gegen eine Laufzeitverlängerung für die deutschen AKWs bezogen (BWE 15.05.2009). Neben den Dienstleistungen für die Mitglieder und klassischen Lobbyaktivitäten gibt der Verband auch die Zeitschriften Neue Energie und New Energy heraus. Die monatlich erscheinende Neue Energie kam im Jahr 2009 auf eine Auflage von knapp 20.000 Exemplaren und ist somit eines der bedeutendsten Medien der Erneuerbarenbranche (Interview BWE 30.09.2014).

Im Jahr 2006 wurden der Bundesverband Solarindustrie und die Unternehmensvereinigung Solarwirtschaft zum Bundesverband Solarwirtschaft (BSW) fusioniert. Der BSW ist ein klassischer Industrieverband, der mit dem Boom der Solarbranche stark gewachsen ist. Er residiert in den Räumen der luxeriösen Galerie Lafayette in Berlin. In Branchenkreisen gilt er als ein sehr aggressiver Lobbyverband (Schultz 2010), der vor allem dafür kämpfte, maximal hohe Vergütungszahlen für den Sonnenstrom zu erhalten (Interview BDI I 08.10.2014, SPD I 07.10.2014)[42]. Die Deutsche Gesellschaft für Sonnenenergie (DGS) hat hingegen sowohl Einzelpersonen als auch Unternehmen zum Mitglied und zielt primär darauf ab, breite Zustimmung zur Solarenergie zu organisieren (Haas und Sander 2013: 14).

Der Bundesverband Bioenergie (BEE) wurde im Jahr 1998 gegründet und wirkt auf eine ambitionierte Förderung der Bioenergie, im Strom-, Wärme- und Verkehrsbereich hin. Unterstützt wird er dabei vom Deutschen Bauernverband (DBV), der bereits im Jahr 1948 als Interessenvertretung gegründet wurde und gute Beziehungen insbesondere zu den Unionsparteien unterhält. Neben dem Einsatz für die Bioenergie sorgte der Bauernverband auch maßgeblich dafür, dass im Sommer 2009 das geplante CCS-Gesetz der großen Koalition scheiterte. Neben Bedenken gegen die CCS-Technologie spielte dabei sicherlich auch eine Rolle,

42 Trotz mehrmaliger Kontaktaufnahme gelang es dem Autor nicht, ein Interview mit dem BSW zu führen.

dass die deutschen Landwirt_innen neben Bioenergie auch häufig Wind- und Sonnenstrom produzieren und somit in Konkurrenz zu Kohlekraftwerken stehen (Uken 2009, Interview RWE 09.10.2014).

Im staatlichen Terrain ist das Bundesumweltministerium (BMU), das ab 2002 für das EEG federführend war, der wichtigste grüne Akteur. Dies änderte sich nicht mit dem Regierungswechsel 2005, als das Ministeramt von Jürgen Trittin (Bündnis 90/ Die Grünen) zu Sigmar Gabriel (SPD) überging. Darüber hinaus steht das Umweltbundesamt als nachgeordnete Behörde den erneuerbaren Energien überwiegend wohlwollend gegenüber. Im parteipolitischen Spektrum ist das grüne Hegemonieprojekt bei den Grünen, der Linkspartei und den Umweltflügeln der CDU/CSU und der SPD fest verankert. Insbesondere der Umweltflügel der SPD um Hermann Scheer, der weit über die BRD hinaus Ausstrahlungskraft entfaltete, war ein wesentlicher Garant dafür, dass das EEG durchgesetzt und immer wieder verteidigt werden konnte (Interview EUROSOLAR 29.10.2014). Im gewerkschaftlichen Spektrum vertritt die IG Metall, die bereits erste Erfolge in der Organisierung der Belegschaften in den erneuerbare Energien-Sektoren, insbesondere im Bereich der Windindustrie, vorweisen kann, energiewendeaffine Positionen (Interview DGB 04.09.2014).

Darüber hinaus sind diverse Umwelt-NGOs (Greenpeace, BUND, NaBU, etc.) wichtige Befürworter_innen der Transformation der Energiesysteme. Die großen Umweltverbände bekennen sich klar zum Ziel eines schnellen Übergangs auf ein erneuerbares Energien-Regime. Allerdings kommt es innerhalb dieser NGOs immer wieder zu skalaren Konflikten, etwa wenn klassische Naturschutzanliegen der Errichtung von Stromerzeugungsanlagen entgegenstehen. Insofern werden in manchen Fällen auch aus diesem Spektrum heraus Proteste gegen neue, regenerative Energieinfrastrukturen entwickelt (Interviews Hans-Josef Fell 19.09.2014, BWE 30.09.2014). Wissenschaftliche Expertise liefern zahlreiche Forschungsinstitute wie das Institut für Ökologische Wirtschaftsforschung (IÖW), das Fraunhofer ISE oder das Ökoinstitut, das mit dem Buch „Energiewende. Wachstum und Wohlstand ohne Erdöl und Uran“ (Krause et al. 1980) im Jahr 1980 den Begriff der Energiewende geprägt hat. Von den großen Wirtschaftsforschungsinstituten verfolgt lediglich das Deutsche Institut für Wirtschaftsforschung (DIW) aus Berlin und im Besonderen die für den Klima- und Energiebereich verantwortliche Claudia Kemfert einen energiewendefreundlichen Diskurs. In den Medien stand das linksliberale Spektrum den erneuerbaren Energien relativ wohlwollend gegenüber, insbesondere die taz, aber auch die Süddeutsche Zeitung.

5.2.3.2 Grüne Interessenlagen

Das Gemeinschaftsinteresse des grünen Hegemonieprojekts besteht darin, das Energiesystem so schnell wie möglich auf regenerative Energien umzustellen. Für das grüne Hegemonieprojekt ist das Ineinandergreifen von materiellen Interessen und weltanschaulichen Überzeugungen von großer Bedeutung. Weite Teile des grünen Akteursspektrums setzen sich nicht lediglich für eine Vollversorgung mit erneuerbaren Energien ein, sondern haben einen sehr starken Fokus auf einen dezentralisierten Ausbau mit anderen Eigentums- und Partizipationsformen in Verbindung mit weniger destruktiven Formen der Naturaneignung. Exemplarisch hierfür ist die Weinheimer Erklärung des BEE, die indiziert, dass die Herausbildung grüner Kapitalfraktionen sehr stark mit der Umweltbewegung zusammenhing und gerade in den Anfangsjahren wesentlich von diesem Impetus getrieben wurde (Krüger 2013). Insofern gründet das grüne Hegemonieprojekt auf einer starken zivilgesellschaftlichen Verankerung. Im Zuge der Energiewende wurden zahlreiche Genossenschaften gegründet und Bioenergiedörfer etabliert. Landwirt_innen änderten ihre Geschäftsmodelle und wurden zu „Energiewirt_innen". Hausbesitzer_innen investierten in Solardachanlagen und viele Geschäftsmodelle wurden entwickelt, die auf dem dezentralisierten Ausbau der erneuerbaren Energien basierten (Interview BBEn 22.09.2014). Darüber hinaus sahen zahlreiche Stadtwerke neue Geschäftsfelder im Erzeugungsbereich mit erneuerbaren Energien und Kommunen konnten (vorwiegend im ländlichen Raum) erheblich von der Transformation des Stromsystems profitieren (Aretz et al. 2010).

Begünstigend kam hinzu, dass sich die Herausbildung grüner Kapitalfraktionen vor allem in eher strukturschwachen Regionen konzentrierte. Das ist zum einen die Windindustrie im norddeutschen Raum, die sich auch vor dem Hintergrund der günstigen Windbedingungen und geografischer Gegebenheiten dort ansiedelte, zum anderen der auch stark staatlich gelenkte Aufbau von Solarunternehmen mit Fabrikationsstandorten in Ostdeutschland. Diese entwickelten sich im Laufe der 2000er Jahre zu wichtigen Jobmotoren in einigen Regionen. Insofern ist das grüne Hegemonieprojekt in Deutschland auf den subnationalen Maßstabsebenen besonders stark verankert (Sander 2015: 266-268). Die Bedeutung der erneuerbaren Energien brachte der damalige Bundesumweltminister Sigmar Gabriel (SPD) im Oktober 2008 anlässlich der EEG-Novelle in seiner Bundestagsrede folgendermaßen auf den Punkt:

> „Die Erneuerbaren sind die am stärksten boomende Branche in unserem Land. Im Jahr 2007 beläuft sich der Gesamtumsatz auf 25 Mrd. Euro. Rund 250 000 Arbeitsplätze sind hier entstanden. Mit den Förderinstrumenten werden es nach vorsichtigen Schätzungen bis 2020 mehr als 400.000 Beschäftigte sein, die in einer zukunftsträchtigen

Branche Beschäftigung finden. Mit dem EEG hat die Photovoltaikindustrie eine Basis, die den Druck in Richtung Innovation und Kostensenkung erhöht und gleichzeitig eine sichere Basis zur Erschließung der Zukunftsmärkte schafft. Wer hier stärkere Einschnitte will, soll mal in den neuen Bundesländern fragen, bei welchen Industriezweigen es heute voran geht. Bei Windkraftanlagen haben wir heute schon eine Exportquote von 75%. Dieses Jahr wird das erste Testfeld für 160 Meter hohe Windkraftanlagen in der Nordsee in Betrieb gehen. Auch das ist Spitzentechnologie Made in Germany, um die uns die ganze Welt beneidet." (Gabriel 2008)

5.2.3.3 Strategische Orientierungen und politische Projekte

Die Akteur_innen des grünen Hegemonieprojekts versuchen einen schnellen Wandel des Energiesystems hin zu einer Vollversorgung mit erneuerbaren Energien als sichere, kostengünstige, nachhaltige und damit gemeinwohlorientierte Form der Energieversorgung zu verallgemeinern. Der zentrale argumentative Eckpfeiler der grünen Akteur_innen ist dabei der Aspekt der Nachhaltigkeit. Aber auch eingesparte Importe fossiler Energieträger und die Reduzierung der externen Abhängigkeiten werden für die Erneuerbaren ins Feld geführt (Agentur für Erneuerbare Energien (AEE) 26.03.2009). Der BEE veranstaltete zum Beispiel gemeinsam mit der Agentur für Erneuerbare Energien (AEE) anlässlich des Bundestagswahlkampfs 2009 eine Sommertour durch verschiedene Städte mit zahlreichen Diskussionen mit den jeweiligen Kandidat_innen, die der BEE-Geschäftsführer Björn Klusmann folgendermaßen zusammenfasste: „Wer den schnellen Umstieg auf Erneuerbare Energien will, muss bei der Bundestagswahl gegen Laufzeitverlängerungen und zusätzliche Kohlekraftwerke votieren" (Agentur für Erneuerbare Energien (AEE) 24.09.2009). Insofern kann eine klare Frontstellung gegen die fossil-nukleare Energiewirtschaft und deren Versuch, eine Verlängerung der Atomkraftwerkslaufzeiten durchzusetzen, ausgemacht werden. Vor diesem Hintergrund lassen sich vier zentrale politische Projekte ausmachen.

Erstens orientiert das grüne Akteursspektrum darauf, die Grundpfeiler des EEG, also eine garantierte Einspeisevergütung, die einen weiteren Ausbau der erneuerbaren Energien ermöglicht, gegen die Angriffe aus dem grauen Spektrum zu verteidigen. Gleichwohl sind transitionsaffine Teile des grünen Akteursspektrums von der Linie, das System der garantierten Einspeisevergütung zu verteidigen, im Verlauf der Auseinandersetzungen und der dynamischen Entwicklung der erneuerbaren Energien, abgerückt (Interviews Hans-Josef Fell 19.09.2014, EUROSOLAR 29.10.2014).

Das zweite politische Projekt besteht darin, den Wandel des Energiesystems so zu organisieren, dass er mit dem aktiv extravertierten deutschen Akkumulationsregime kompatibel ist, und damit die Energiewende gegen Angriffe aus dem grauen Akteursspektrum zu „immunisieren". Die breite industrielle Basis in Deutschland war eine wesentliche Vorbedingung für den Aufbau des „grünen", technischen Know-hows. Der global stark wachsende Markt der regenerativen Energien eröffnet Teilen der deutschen Exportindustrie zusätzliche Absatzmärkte. Bereits im Jahr 2002 wurde im Bundestag die Exportoffensive Erneuerbare Energien beschlossen. Seit 2003 wird sie vom Bundeswirtschaftsministerium geleitet und unterstützt deutsche Unternehmen bei der Erschließung ausländischer Märkte (BMWi 2014a). Zugleich orientieren die grünen Akteur_innen darauf, in den Auseinandersetzungen um die Kosten der Energiewende diese als gering und kompatibel mit dem aktiv extravertierten deutschen Akkumulationsregime darzustellen (Agora Energiewende 2012).

Als drittes politisches Projekt des grünen Akteursspektrums kann der Atomausstieg gefasst werden. Nach jahrzehntelangen Auseinandersetzungen hat die Rot-Grüne Regierung unter Federführung des Umweltministers Jürgen Trittin und seines Staatssekretärs Rainer Baacke mit den Atomkonzernen im Jahr 2001 einen Atomausstieg ausgehandelt. Nach der Aufkündigung dieses Kompromisses, der Laufzeitverlängerung von 2010 und der Atomkatastrophe von Fukushima hat sich das Konfliktterrain in Richtung Endlagerfrage verschoben (Brunnengräber und Syrovatka 2016).

Ein weiteres strategisches Ziel besteht darin, die Nutzung fossiler Energieträger, insbesondere der Kohle, zu delegitimieren, indem auf die hohen externalisierten Kosten der fossilen Energieträger verwiesen wird und Technologien wie CCS oder Fracking-, sowie die Einführung von Kapazitätsmärkten bekämpft werden. Verdichtet haben sich die Ansätze des grünen Akteursspektrums im Projekt des Kohleausstiegs, als viertem politischem Projekt. Während die atompolitischen Auseinandersetzungen nach Fukushima weitgehend befriedet wurden, hat die Braunkohleverstromung unterdessen kontinuierlich zugenommen. Zugleich sind Erweiterungen der bestehenden Tagebaue in den beiden großen deutschen Revieren im Rheinland und der Lausitz geplant. Insofern konzentrierten sich die grünen Akteur_innen verstärkt darauf, einen schnellen Kohleausstieg durchzusetzen. Gleichwohl variieren innerhalb des grünen Spektrums die Vorstellungen darüber, wie schnell ein Kohleausstieg durchgesetzt werden sollte. Während die Kampagne *Ende Gelände* einen sofortigen Kohleausstieg fordert[43], schlägt Agora Energiewende (2016) in einem Eckpunktepapier einen Kohleausstieg bis zum Jahr 2040 vor.

43 https://www.ende-gelaende.org/de/aktion/aufruf/ zugegriffen am 13.06.2016

Abbildung 3: Das energiepolitische Akteursspektrum Deutschlands im Vorfeld der Krise, dargestellt nach der oben vorgenommenen Einteilung in graues (links) und grünes (rechts) Hegemonieprojekt

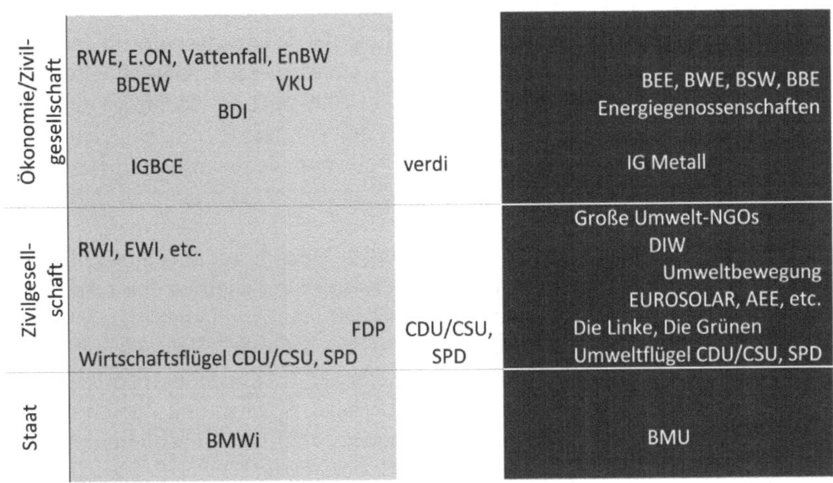

Quelle: Eigene Darstellung.

5.3 Die deutsche Energiewende – unbeeindruckt von der Finanz- und Wirtschaftskrise

Die energiepolitischen Konfliktdynamiken wandelten sich sehr stark unter der Ägide der schwarz-gelben Koalition zwischen 2009 und 2013, die durch ihre unstete Atompolitik wesentlich dazu beigetragen hat. Im Folgenden sollen zunächst die polit-ökonomischen Kontextbedingungen skizziert und aufgezeigt werden, dass sich das Modell Deutschland in der Krise als sehr stabil erwiesen hat und somit die energiepolitischen Dynamiken kaum beeinflusst hat. Das energiepolitische Konfliktpotential speiste sich in der letzten Legislaturperiode vielmehr aus zwei Entwicklungsdynamiken. In der Atompolitik kam es nach dem Reaktorunglück von Fukushima im März 2011 und daran anknüpfenden Protesten zu einem Richtungswechsel. Zudem fand in der Legislaturperiode ein massiver Zubau an erneuerbaren Energien statt, der zu einem wesentlichen Teil durch die starke Kostendegression der PV-Anlagen hervorgerufen wurde.

5.3.1 Relative Stabilität der polit-ökonomischen Kontextbedingungen

Nachdem im Jahr 2009 das deutsche BIP stark zurückgegangen ist und Kurzarbeit weit verbreitet war, konnten durch moderate konjunkturpolitische Impulse, die Stützung des Finanzsektors und die Erholung der Weltwirtschaft, im Jahr 2010 wieder ein deutliches Wachstum von 4,1 % erzielt werden. Ähnlich entwickelte sich der Bruttostromverbrauch. Im Krisenjahr 2009 sank die Nachfrage um 6,0 %, im Jahr 2010 stieg der Verbrauch um 5,8 % an. Vor dem Hintergrund des starken Wachstums des BIPs und sinkender Erwerbslosenzahlen wurde ab 2010 der Diskurs vom „Krisengewinner Deutschland" (Rahman 2011) prominent (Horn et al. 2009).

Während sich Deutschland vom „Kranken Mann Europas" (Sinn 2003) zum Krisengewinner gemausert hat, eskalierte die Krise vor allem in den Ländern der südlichen Peripherie. Deren passiv extravertierte Akkumulationsregime wurden durch die Umkehrung der Kapitalströme in ihren Grundfesten erschüttert. Die deutsche Regierung spielte eine zentrale Rolle bei der Konzeption der sogenannten Hilfspakete für Griechenland, Irland, Portugal, Spanien und Zypern und forderte eine strikte Austeritätspolitik ein (Hübner 2015). Der Konsolidierungsdruck war hingegen in Deutschland weniger stark ausgeprägt. Daher fiel das deutsche Sparprogramm aus dem Jahr 2010 vergleichsweise moderat aus. Neben leichten Einschnitten im Verteidigungshaushalt wurden für Empfänger_innen von Arbeitslosengeld II die Rentenbeiträge gestrichen, ebenso der Heizkostenzuschuss und das Elterngeld. Die Höhe des Elterngeldes wurde generell von 67 % auf 65 % des Nettoeinkommens abgesenkt und Einschnitte im öffentlichen Dienst vorgenommen. Zudem wurde eine Luftverkehrsabgabe und eine Brennelementesteuer für den Betrieb von Atomkraftwerken eingeführt, die mit den zu erwartenden erheblichen Zusatzeinnahmen durch die im Oktober 2010 beschlossene Laufzeitverlängerung begründet wurde. Nach dem Reaktorunglück von Fukushima im März 2011 folgte auf massiven öffentlichen Druck hin die Kehrtwende der Bundesregierung. Die Laufzeitverlängerung wurde zurückgenommen, insgesamt sieben Atomkraftwerke wurden sofort abgeschaltet. Die Brennelementesteuer hingegen blieb unangetastet (Sander 2015: 234).

Die Konsolidierung des Staatshaushalts konnte in Deutschland auch deshalb ohne sehr harte Sparmaßnahmen erfolgen, weil die Zinslasten der öffentlichen Hand in der Krise stark gesunken sind. Dagegen sind sie für die Staatsanleihen der Defizitländer sehr stark angestiegen. Erst nach der Ankündigung der EZB, Staatsanleihen auf dem Sekundärmarkt in unbegrenzter Höhe aufzukaufen, sanken diese wieder. Deutschland wurde zunehmend als sicherer Hafen angesehen, die Zinssätze für Staatsanleihen sanken erheblich. Die niedrigen Refinanzierungskosten ermöglichten es der deutschen Bundesregierung die staatliche Neuverschuldung, die von 66,8 % im Jahr 2008 auf 82,5 % im Jahr 2010 angestiegen war, wieder auf 81,0 % im Jahr 2012 zurückzuführen. Insofern profitiert Deutschland unmittelbar von den bestehenden wirtschaftlichen Ungleichgewichten. Zudem befände sich die D-Mark in der gegenwärtigen Konstellation, ohne die Einführung des Euros, unter einem enormen Aufwertungsdruck. Die einsetzende Wechselkursanpassung würde die Wettbewerbsfähigkeit der deutschen Exportwirtschaft zumindest einschränken (Streeck 2012).

Insofern hat der Diskurs vom Krisengewinner Deutschland durchaus eine materielle Grundlage. Die Ausweitung der Leiharbeit und anderer prekärer Beschäftigungsverhältnisse in Verbindung mit der Kürzung sozialstaatlicher Leistungen hat jedoch bereits vor der Krise zu einer verstärkten Polarisierung der Einkommen und Vermögen geführt (Goebel et al. 2010). Die Schuldenbremse wird dauerhaft Druck auf sozialstaatliche Leistungen ausüben. Das hegemoniale Krisennarrativ blendet länderinterne Ungleichheiten systematisch aus. Für die Krise werden einseitig die Defizitländer verantwortlich gemacht. Es stellt sich aber die Frage, inwieweit das aktiv extravertierte deutsche Akkumulationsregime in Anbetracht der fortbestehenden Ungleichgewichte und erodierender sozialer Kohäsion zumindest innerhalb Europas ein zukunftsfähiges Modell darstellt:

> „Jeder Protest gegen die vorherrschende Krisenregulation strampelt sich unter den Bedingungen der europäischen Herrschaftssynthese weitgehend vergeblich ab. Weder wird die Möglichkeit zur Währungsabwertung nach einer (wie auch immer gearteten) Implosion der Euro-Zone die Handlungsspielräume für historische Alternativen erweitern, weil die strukturellen Abhängigkeiten im Rahmen der Hierarchien der europäischen Arbeitsteilung weiter bestehen. [...] Noch werden gradualistische Transformationskonzepte, die in den dominanten Ökonomien ansetzen - linkskeynesianische Nachfrageprogramme oder 'grünes' Umdekorieren des Produktionsmodells - die Ursachen und weiterführenden Motive der europäischen Herrschaftssynthese unterminieren können. Die strukturellen Ungleichheiten als nunmehr entscheidendes Stützungsmoment der europäischen Herrschaftssynthese bleiben auch darin ungebrochen." (Röttger 2013: 306)

5.3.2 Energiepolitische (Dis-)Kontinuitäten der schwarz-gelben Bundesregierung

Im Koalitionsvertrag „Wachstum. Bildung. Zusammenhalt." waren in energiepolitischer Hinsicht vor allem drei Aspekte von Bedeutung. Zunächst ist das Thema Energie in den Nachhaltigkeitskontext eingebettet: die Überschrift des Kapitels „4.2." des Koalitionsvertrages lautet „Klima, Energie und Umwelt". Zweitens, und das schließt unmittelbar an den ersten Aspekt an, folgt ein klares Bekenntnis zum weiteren Ausbau der erneuerbaren Energien und zum EEG in seiner damaligen Form: „Dazu werden wir den Ausbau der Erneuerbaren Energien entsprechend den bestehenden Zielvorgaben weiter fördern, das EEG sowie den unbegrenzten Einspeisevorrang erhalten sowie zugleich die Förderung wirtschaftlicher und Einspeisung effizienter gestalten" (CDU/CSU und FDP 2009: 27). Während sich in diesen beiden Punkten die grünen Kräfte durchsetzen konnten, ist der dritte Punkt, die in Aussichtstellung einer Laufzeitverlängerung für die bestehenden Atomkraftwerke unter dem Vorbehalt der Einhaltung der Sicherheitsstandards, ein Zugeständnis an die deutsche Industrie und die Atomkonzerne. Diskursiv wurde die Kernenergie als „Brückentechnologie" (ebd.: 29) ausgewiesen. Darüber hinaus wurde im Koalitionsvertrag die Verabschiedung eines CCS-Gesetzes, die Entwicklung eines neuen Energiekonzepts, die Erhöhung der Energieeffizienz und der Transparenz im Energiemarkt festgeschrieben. Umweltminister wurde Norbert Röttgen (CDU), die Leitung des BMWi übernahm Rainer Brüderle (FDP).

Im September 2010 wurde das „Energiekonzept für eine umweltschonende, sichere und bezahlbare Energieversorgung" (Bundesregierung 2010) veröffentlicht, das die wesentlichen Bestimmungen des Koalitionsvertrags konkretisierte. In diesem Energieszenario erfolgte einerseits ein klares Bekenntnis zum weiteren Ausbau der erneuerbaren Energien, andererseits wurde darin die Laufzeitverlängerung für die bestehenden Atomkraftwerke und die Einführung einer Kernbrennstoffsteuer angekündigt:

> „Um diesen Übergang zu gestalten, brauchen wir noch zeitlich befristet die Kernenergie und werden deshalb die Laufzeiten um durchschnittlich 12 Jahre verlängern. Die Bundesregierung geht davon aus, dass die Laufzeitverlängerung keine nachteiligen Wirkungen auf den Wettbewerb im Energiesektor zur Folge haben wird, zumal die neue Kernbrennstoffsteuer und weitere Zahlungen der Kernkraftwerksbetreiber den überwiegenden Teil der Zusatzgewinne abschöpfen und damit einer wirtschaftlichen Besserstellung der KKW-Betreiber durch die Laufzeitverlängerung vorbeugen." (ebd.: 16)

Die Verabschiedung eines CCS-Gesetzes wurde mehrfach verschoben, die letztendlich verabschiedete Fassung wird nicht zu einer Erprobung der Technologie führen (Huß 2015: 532-533). Auch ein Fracking-Gesetz, das die Suche und Gewinnung von unkonventionellen Schiefergasvorkommen ermöglichen würde, wurde von der bürgerlichen Koalition nicht verabschiedet (ebd.: 534-535). Insofern sollen im Folgenden die Atomkonflikte und die Auseinandersetzungen um den Ausbau der erneuerbaren Energien analysiert und gezeigt werden, dass sich das grüne Akteursspektrum in der Atomfrage nach einer anfänglichen Niederlage weitgehend durchsetzen konnte. Die grauen Akteur_innen haben jedoch wichtige

Terraingewinne in den hegemonialen Auseinandersetzungen um die Energiewende erringen können. Deren Materialisierung sollte sich jedoch weitgehend erst in der nachfolgenden Legislaturperiode (EEG-Novellen) vollziehen (Haas 2016b).

5.3.2.1 Atompolitische Diskontinuitäten

Der Laufzeitverlängerung ging eine Kampagne der Atomlobby voraus, die auf eine bürgerliche Koalition hoffte. Zunächst wurde mit der Kampagne des Atomforums „Deutschlands ungeliebte Klimaschützer" vor allem die öffentliche Meinung adressiert. Nachdem auf zivilgesellschaftlichem Terrain zumindest eine gewisse Zustimmung für eine Laufzeitverlängerung organisiert wurde, konzentrierten sich die atomfreundlichen Teile des grauen Hegemonieprojekts nach der Wahl darauf, die im Koalitionsvertrag angekündigte Laufzeitverlängerung durchzusetzen. Innerhalb der Bundesregierung waren das Umweltministerium und das Wirtschaftsministerium federführend für die Erarbeitung des Energiekonzepts, dem drei in Auftrag gegebene Gutachten zu Grunde gelegt wurden. Neben dem EWI aus Köln wurde das Schweizer Prognos-Institut und die Gesellschaft für wirtschaftliche Strukturforschung GmbH (GWS) beauftragt, energiepolitische Szenarien durchzurechnen, denen eine durchschnittliche Laufzeitverlängerung von 4, 12, 20 und 28 zu Grunde gelegt wurde. Insbesondere die Einbeziehung des EWI, das zu Teilen von RWE und E.ON finanziert wird, löste heftige Proteste aus dem grünen Spektrum aus (Süddeutsche Zeitung 2010). Auch innerhalb der Regierung gab es Unstimmigkeiten über die Laufzeitverlängerung. Während sich Bundesumweltminister Röttgen eher skeptisch positionierte und hohe Steuern auf die Zusatzgewinne der AKW-Betreiber einforderte, sprach sich Wirtschaftsminister Brüderle für eine großzügige Laufzeitverlängerung und eine moderate Besteuerung aus (Sirletschtov 2010).

Allerdings war es immer umstritten, ob eine Laufzeitverlängerung ein zustimmungspflichtiges Gesetz wäre. Diese Frage gewann zusätzliche Brisanz, nachdem die CDU/FDP-Koalition unter Jürgen Rüttgers im Mai 2010 die Wahlen in NRW verloren hatte. Damit verloren die CDU/FDP geführten Landesregierungen ihre Mehrheit im Bundesrat[44]. Gleichzeitig erhöhte die Atomlobby den politischen Druck auf die Bundesregierung. Im August 2010 erschien der so genannte energiepolitische Appell. Dieser richtete sich an die Bundesregierung und forderte

44 Während zahlreiche Verfassungsrechtler eine Laufzeitverlängerung für Zustimmungspflichtig hielten, verwies das Atomforum auf ein Gutachten das der „renommierte Staatsrechtsprofessor Rupert Scholz" (Deutsches Atomforum 13.08.2010) verfasst hat – ein langjähriger CDU-Abgeordneter und kurzzeitiger Verteidigungsminister, der im Jahr 2006 die atomare Bewaffnung der Bundeswehr gefordert hatte (Der Tagesspiegel 2006).

eine deutliche Laufzeitverlängerung der AKWs. Unterzeichnet wurde er von 40 Männern, darunter der Vorsitzende der Deutschen Bank, Josef Ackermann, die Vorsitzenden von RWE, E.ON, EnBW und Vattenfall (Jürgen Grossmann, Johannes Theyssen, Hans-Peter Villis und Tuomo Hatakka), zahlreichen Persönlichkeiten aus dem Umfeld des BDI, Otto Schily, Wolfgang Clement, Oliver Bierhoff und den CDU-Bundestagsabgeordneten Michael Fuchs und Kurt Lauk. Es fehlten allerdings beispielsweise Peter Löscher von Siemens oder der Bosch Vorsitzende Franz Fehrenbach. Michael Vassiliadis, der Chef der IG BCE, stand zwar unter dem Appell, hatte das aber nicht autorisiert. Auch innerhalb der Industrie war der Appell ob seines offensiven, fordernden Charakters umstritten (Wildhagen 2010). Dazu passte die Drohung der Energiekonzerne, dass auf eine Einführung einer Kernbrennstoffsteuer mit der Abschaltung von Atomkraftwerken reagiert würde. Diese Androhung wurde selbst in der konservativen Presse als „Erpressung“ bezeichnet (Ehrenstein 2010).

Die Bundesregierung gab dem Druck der Konzerne nach und unterzeichnete im September 2010 einen zunächst geheim gehaltenen Vertrag mit den AKW-Betreiber_innen. Darin wurden ihnen Reststrommengen in einem Umfang zugesichert, die einer durchschnittlichen Laufzeitverlängerung von 12 Jahren entsprach. Zudem wurden die Einführung einer Kernbrennstoffsteuer bis 2016, die 2,3 Mrd. Euro der zusätzlichen Gewinne abschöpfen soll und Schutzklauseln für die Betreiber_innen, falls Sicherheitsmaßnahmen erhöht werden sollten, verankert (Lissmann 2010). Trotz breiter Proteste aus der Opposition und teilweise auch aus der Unionsfraktion, insbesondere Bundestagspräsident Norbert Lammert (CDU) äußerte sich kritisch zu der Art und Weise der Laufzeitverlängerung (Bannas 2010), wurden die Vertragsinhalte in einem Gesetz ausformuliert. Nach heftigen Auseinandersetzungen im Umweltausschuss wurde das Gesetz im Oktober 2010 mit knapper Mehrheit im Bundestag beschlossen (Interview SPD I 07.10.2014).

Neben Bedenken in Teilen der Industrie und der Union kritisierte auch der VKU die Laufzeitverlängerung. Die kommunalen Unternehmen haben unter Vertrauen auf den Rot-Grünen-Ausstiegsbeschluss aus dem Jahr 2001 Investitionen vor allem in KWK-Kraftwerke getätigt, deren Rentabilität sich durch die Laufzeitverlängerung reduzieren würde. Zudem kritisierte der VKU die einseitige Privilegierung der G4. Der Geschäftsführer Hans-Joachim Reck (CDU) beklagte in einer Pressemitteilung: „Es ist eine Tatsache, dass die getätigten kommunalen Investitionen in neue Kraftwerksanlagen politisch gewünscht waren, die Stadtwerke Milliardenbeträge investiert haben und nun feststellen müssen, dass die Bundesregierung ordnungspolitisch das Oligopol der Energiekonzerne bevorzugt“ (VKU 10.09.2010). Während es innerhalb des grauen Akteursspektrums Risse gab, stellten sich die grünen Akteur_innen geschlossen gegen die Laufzeitverlängerung.

Unmittelbar nach dem Verlängerungsbeschluss kündigten Greenpeace, SPD und Grüne sowie zahlreiche Länder Verfassungsbeschwerden an. Die Anti-AKW-Bewegung mobilisierte zu zahlreichen Großdemonstrationen. Bereits im September 2009 demonstrierten ca. 50.000 in Berlin; im April 2010 gab es eine Menschenkette vom AKW Krümmel bis zum AKW-Brunsbüttel mit 120.000 Teilnehmer_innen; im September 2010 kamen 100.000 Menschen zu einer Demonstration nach Berlin; im Oktober 2010 demonstrierten 60.000 in München und im November 2010 wurde erstmals offensiv dazu aufgerufen, den Transport von radioaktiven Behältern ins Wendland durch das „Schottern" der Schienen zu verhindern. Es beteiligten sich mehrere tausend Aktivist_innen an der Aktion des zivilen Ungehorsams (Tresantis 2015).

Als die atompolitischen Konflikte etwas abgeklungen waren, kam es am 11. März 2011 zum Reaktorunglück von Fukushima. Aufgrund der Instabilität der atompolitischen Lage sah sich die Bundesregierung gezwungen schnell zu handeln um dem zu erwartenden Protest der Anti-AKW-Bewegung möglichst wenig Angriffsfläche zu bieten. Am 14. März verkündete die Bundeskanzlerin eine dreimonatige Aussetzung der Laufzeitverlängerung. Am 15. März folgte das Atommoratorium, eine vorübergehende Abschaltung der sieben ältesten AKWs. Begründet wurde diese verfassungsrechtlich umstrittene Zwangsabschaltung mit dem Verweis auf das Atomgesetz, wonach bei einer möglichen Gefährdung Atomanlagen vorübergehend außer Betrieb gesetzt werden können. Wirtschaftsminister Rainer Brüderle bezeichnete das Moratorium bei einer internen Sitzung mit Vertretern des BDI als Wahlkampfmanöver, da am 27. März Landtagswahlen in Baden-Württemberg und Rheinland-Pfalz anstanden. Diese Äußerung gelangte auf Grund einer Indiskretion an die Öffentlichkeit. Der Hauptgeschäftsführer des BDI, Werner Schnappauf, legte daraufhin sein Amt nieder.

Am 22. März gab Merkel die Einsetzung der „Ethikkommission für eine sichere Energieversorgung" bekannt, die von Klaus Töpfer (CDU), dem ehemaligen Bundesumweltminister, und Matthias Kleiner, dem Vorsitzenden der Deutschen Forschungsgemeinschaft, geleitet wurde. Die Kommission umfasste sowohl Kernkraftkritiker_innen als auch Befürworter_innen. Innerhalb der Regierungskoalition gab es deutliche Kritik am atompolitischen Schwenk der Regierung, insbesondere vom Wirtschaftsflügel der CDU/CSU. Allerdings wurde schnell deutlich, dass weite Teile des grauen Akteursspektrums den atompolitischen Schwenk der Bundesregierung nicht aktiv bekämpfen werden. Am 27. März erlitten die CDU und die FDP massive Verluste bei der Landtagswahl in Baden-Württemberg. Die erste grün-rote Landesregierung in der Geschichte der BRD bildete sich unter der Führung Winfried Kretschmanns (Sander 2015: 194-195).

Auch innerhalb des BDEW wurde von Seiten der Geschäftsführung der atompolitische Kurs der Bundesregierung gegen den Widerstand der G4 mitgetragen.

Der BDI mahnte zwar die Kosten eines Atomausstiegs an und warnte vor Schnellschüssen, bekämpfte aber das Atommoratorium nicht aktiv (Interviews BDEW I 29.09.2014, BDI I 08.10.2014). Der Verband platzierte eine von ihm in Auftrag gegebene Studie von r2b energy consulting aus Köln im April 2011, die die Kosten eines Atomausstiegs bis 2017 auf 33 Mrd. Euro bis zum Jahr 2020 bezifferte (BDI 24.04.2011). Diese Studie wurde in Stellung gebracht gegen Studien aus dem grünen Spektrum, die einen Atomausstieg bis 2015 (Greenpeace 2011b) oder 2017 (Umweltbundesamt 2011) für möglich erklärten, ohne dabei Abstriche bei der Versorgungssicherheit oder dem Erreichen der Klimaziele machen zu müssen.

Nach katastrophalen Wahlergebnissen für die FDP fand eine Umstrukturierung ihrer Führungsspitze statt. Im Mai 2011 wurde Philipp Rösler, der neue Vorsitzende der FDP, Wirtschaftsminister. Der bisherige Amtsinhaber Rainer Brüderle wurde Fraktionschef. Am 17. Mai meldete sich das deutsche Atomforum anlässlich der 42. Jahrestagung zur Kerntechnik mit einer Pressemitteilung zu Wort, in der deutlich zum Ausdruck kam, wie sich die Stimmung gegen die Kernenergie gewendet hat: „Ein beschleunigter Ausstieg aus der Kernkraft in Deutschland ist offensichtlich nun ein breiter politischer Konsens. Nachdenkliche Stimmen sind in der Minderheit und finden kaum Gehör“ (Deutsches Atomforum 17.05.2011). Insofern beschränkte sich auch das Atomforum darauf, die vermeintlich hohen Kosten des Atomausstiegs anzumahnen.

Vor dem Hintergrund dieser Konfliktkonstellation liest sich der Abschlussbericht der Ethikkommission vom 30. Mai 2011 wie ein Kompromisspapier, das den nächsten Schritten der Bundesregierung Legitimität verleihen sollte:

> „Die Ethik-Kommission ist der festen Überzeugung, dass der Ausstieg aus der Nutzung der Kernenergie innerhalb eines Jahrzehntes mittels der hier vorgestellten Maßnahmen zur Energiewende abgeschlossen werden kann. Dieses Ziel und die notwendigen Maßnahmen sollte sich die Gesellschaft verbindlich vornehmen. Nur auf der Basis einer eindeutigen zeitlichen Zielsetzung können die notwendigen Planungs- und Investitionsentscheidungen getroffen werden. Für Politik und Gesellschaft ist es eine große Herausforderung, das Gemeinschaftswerk „Energiezukunft Deutschlands“, das mit schwierigen Entscheidungen und Belastungen, aber auch mit besonderen Chancen verbunden ist, innerhalb eines Jahrzehnts zu realisieren.“ (Ethik-Kommission Sichere Energieversorgung 2011: 4)

Nach Verhandlungen mit den Bundesländern und den Oppositionsfraktionen im Bundestag wurde am 30. Juni 2011 das dreizehnte Gesetz zur Änderung des Atomgesetzes beschlossen, das die dauerhafte Abschaltung der vom Atommoratorium betroffen Anlagen festschreibt und für die am Netz gebliebenen Anlagen einen stufenweisen Ausstieg bis 2022 vorsieht. In den Jahren 2021 und 2022 sollen jeweils drei Reaktoren vom Netz gehen. Die AKW-Betreiber_innen reichten in der

Zwischenzeit verschiedene Klagen gegen den Atomausstieg ein. Während Vattenfall vor dem Schiedsgericht der Weltbank klagt, müssen RWE, E.ON und EnBW den Klageweg über die deutschen Gerichte nehmen. Als „Gegenleistung" zur Abschaltung der Kraftwerke forderten sie die Abschaffung der Kernbrennstoffsteuer. Diese Forderung konnten die G4 jedoch nicht durchsetzen (Amann 2011). Das große politische Konfliktpotential, das mit der Atomenergie verbunden ist und für die schwarz-gelbe Regierung hätte gefährlich werden können ob der inhaltlich und formal äußerst umstrittenen Laufzeitverlängerung, war damit zunächst „entsorgt". Was blieb, waren die juristischen Auseinandersetzungen, der ungelöste Dauerkonflikt um die Lagerung des Atommülls (Brunnengräber et al. 2014) und die Frage, wie die Energiewende nach dem neuerlichen Ausstiegsbeschluss konkret aussehen soll.

5.3.2.2 Transformationsdynamiken und die graue Offensive gegen das EEG

Angela Merkel übernahm nach dem Reaktorunfall von Fukushima den Begriff der Energiewende, der bis dahin vor allem vom grünen Akteursspektrum verwendet wurde. Auch auf der Ebene der Bundesländer kam es zu energiepolitischen Verschiebungen. In Baden-Württemberg wurde die erste grün-rote Landesregierung gebildet. Die bayrische Landesregierung hat im Mai 2011 ein Energiekonzept beschlossen, das bis 2020 einen massiven Ausbau der erneuerbaren Energien, insbesondere der Windenergie, vorsieht. Die grünen Akteur_innen versuchten, die für den Ausbau der erneuerbaren Energien günstige Stimmungslage auszunutzen und insistierten, dass der Atomausstieg noch keine Energiewende bedeute, sondern es vielmehr darum gehen müsse, schnellstmöglich den kompletten Umstieg auf eine Vollversorgung mit erneuerbaren Energien zu erzielen. Der BEE meldete sich bereits am 21. März mit einem „Aktionsprogramm für Erneuerbare Energien" (BEE 2011), eurosolar forderte ein 10-Punkte Sofortprogramm für die Energiewende, um bis spätestens 2030 die Energieversorgung komplett auf erneuerbare Energien umzustellen (EUROSOLAR 2011).

Der Zubau erneuerbarer Energien kam in den Jahren 2009 bis 2011 tatsächlich relativ schnell voran. Die politischen Rahmenbedingungen hierfür wurden wesentlich von der großen Koalition mit der Novellierung des EEG aus dem Jahr 2008 gesetzt, die im Januar 2009 in Kraft getreten ist. Der Anteil der regenerativen Energien am Bruttostromverbrauch stieg von 16,3 % im Jahr 2009 auf 20,4 % im Jahr 2011 an. Der Ausbau der Photovoltaik nahm, wesentlich hervorgerufen durch den starken Preisverfall der Module, rasante Züge an. Während im Jahr 2009 mit einem Zubau von 4446 MW die installierte Kapazität um 72,65 % gesteigert werden konnte, wurden im Jahr 2010 7378 MW und im Jahr darauf 7485 MW neu installiert (BMWi 2014d). In diesen Jahren lag Deutschland weltweit an der Spitze in Bezug auf die neu installierten Kapazitäten. Im Jahr 2010 wurde der erste Offshorewindpark, alpha ventus, ein Gemeinschaftsprojekt von EWE[45], E.ON Climate & Renewables und Vattenfall, in der Ostsee in Betrieb genommen.

Der Ausbau der erneuerbaren Energien ging auch mit einer steigenden EEG-Umlage einher, die zusätzlich durch die EEG-Novelle von 2009 befeuert wurde. Da der eingespeiste EEG-Strom seitdem über die Börse gehandelt wird, führt eine hohe Einspeisung an regenerativem Strom tendenziell zu sinkenden Börsenstrompreisen, was wiederum den Differenzbetrag zwischen der garantierten Einspeisevergütung und dem Börsenstrompreis in die Höhe treibt (Interview Hans-Josef Fell 19.09.2014). Zum 01. Januar 2009 wurde die EEG-Umlage auf 1,13 Cent pro kWh erhöht, ein Jahr später auf 2,047 Cent und im Jahr 2011 auf 3,53 Cent. Insofern fanden die Debatten um die Novellierung des EEG vor dem Hintergrund der atompolitischen Auseinandersetzungen, einer dynamischen Entwicklung der erneuerbaren Energien, insbesondere der Photovoltaik, und einer wachsenden EEG-Umlage statt. Allerdings war die Aufmerksamkeit für die im Jahr 2011 beschlossene EEG-Novelle angesichts des Atomkonflikts eher gering[46].

Vom grauen Akteursspektrum gingen im Vorfeld der Novelle nur relativ moderate Angriffe auf das EEG aus. Der BDI etwa fokussierte sehr stark auf der Beibehaltung und Ausdehnung der „Besonderen Ausgleichsregelung“ (BDI 24.05.2011). Zugleich unterstrich der Verband: „Eine kluge Energiewende bietet große Wachstums- und Innovationschancen für Deutschland“ (BDI 15.05.2011). Auch der BDEW, der den atompolitischen Kurswechsel analog zur Bundesregierung vollzogen hat, äußerte keine grundsätzliche Kritik an der Energiewende sondern mahnte eine dialogorientierte Umsetzung an (BDEW 06.06.2011). Ähnlich verhielt sich auch der VKU, der die Chancen der Energiewende und die Rolle der Stadtwerke unterstrich (VKU 06.06.2011, 18.05.2011). Die grauen Akteur_innen beharrten darauf, die erneuerbaren Energien „marktnäher“ zu fördern bzw. an den Markt heranzuführen. Dieser Diskurs passt sich in das ordoliberale Paradigma ein und zielt auf eine Abkehr vom System der garantierten Einspeisevergütung ab. Damit soll einerseits die Ausbaudynamik abgebremst werden und zugleich der sozial-räumliche Charakter der Energiewende dahingehend verändert werden, dass zentralistische Großprojekte auf regenerativer Basis verstärkt zum Zuge kommen. Die im Sommer 2011 verabschiedete EEG-Novelle zielte in diese Richtung (Interview SPD I 07.10.2014).

45 EWE steht für „Energieversorgung Weser-Ems“. Das ehemals rein kommunale Unternehmen hat inzwischen über die Energieversorgung hinaus zahlreiche Geschäftsfelder erschlossen und ist international tätig.

46 Neben dem EEG wurde im Jahr 2012 auch das EnWG novelliert.

Neben einer verschärften Degression der Fördersätze für Windanlagen an Land wurde ein optionales Marktprämienmodell eingeführt, das die Direktvermarktung von Grünstrom befördern soll. Darüber hinaus wurde eine Flexibilitätsprämie für den Bau von Gasspeichern an Biogasanlagen eingeführt und das sogenannte Grünstromprivileg beibehalten[47]. Auf teils heftige Kritik innerhalb des grünen Hegemonieprojekts, jedenfalls derjenigen Akteur_innen, die eine dezidiert dezentrale Vision des Energiesystems verfolgen, stießen die großzügigeren Förderregelungen für die Offshorewindenergie (EUROSOLAR 31.05.2011). Insgesamt fiel die Kritik des grünen Spektrums jedoch relativ moderat aus, wenngleich sich die grünen Akteur_innen nach dem Atomausstieg deutlich ambitioniertere Ausbauziele für die Erneuerbaren gewünscht hätten und das EEG eher auf eine Fortschreibung des bisherigen Ausbaupfads abzielte (Greenpeace 2011c; BWE 30.06.2011). Insbesondere die Solarbranche warnte vor einer weiteren Degression der Fördersätze (BSW 27.05.2011), wohingegen in Anbetracht der starken Kostenreduktion durchaus Potential für deutliche Förderkürzungen vorhanden waren (Interview SPD I 07.10.2014).

Wie sich zeigen sollte, führte die EEG-Novelle nicht zu einer Verlangsamung der Ausbaudynamik der Photovoltaik. Vielmehr stieg der PV-Ausbau im Jahr 2012 auf 7604 MW an. Insofern gab es in diesem Bereich auch nach der EEG-Novelle einen gewissen Handlungs- und Problemdruck für das graue Akteursspektrum, da der rasante Ausbau zu einer Übererfüllung des Ausbauziels von 30 % erneuerbare Energien am Bruttostromverbrauch bis 2020 geführt hätte. Insofern kam es nach der Anrufung des Vermittlungsausschusses im Juni 2012 zu einer Einigung über eine PV-Novelle, die deutlich stärkere Absenkungen der PV-Fördersätze vorsah und rückwirkend zum 01. April 2012 in Kraft getreten ist. Zudem ist in der Novelle eine PV-Obergrenze von 52 Gigawatt verankert (Sander 2015: 269-270).

Der Einigung im Vermittlungsausschuss ging ein Wechsel im BMU voraus. Im Mai 2012 wurde Norbert Röttgen auf Initiative von Angela Merkel entlassen, nachdem er als Spitzenkandidat der CDU die Wahl in Nord-Rhein-Westfalen deutlich verloren hatte. Röttgen galt als potentieller Kronprinz von Angela Merkel, insofern wurde spekuliert, dass der „kalte Rauswurf" (Krauel 2012) der Stabilisierung des „System Merkel" diente. Andererseits wurde Röttgen auch partei- und fraktionsintern vom Wirtschaftsflügel dafür kritisiert, dass er atomkraftkritische Positionen vertreten und das EEG nicht deutlich restriktiver ausgestaltet hat (EUROSOLAR 17.05.2012; Alexander und Vitzthum 2010). Sein Nachfolger, der Merkel-Vertraute und bisherige parlamentarische Geschäftsführer der CDU/CSU Bundestagsfraktion, Peter Altmaier, setzte hingegen schnell Akzente. Gegen weite

47 Als „Grünstromprivileg" wird die Befreiung von der EEG-Umlage für direkt vermarkteten Strom, der unter das EEG fällt, bezeichnet.

Teile seines Ministeriums trug er wesentlich zu einem diskursiven Wandel dahingehend bei, dass erneuerbare Energien als Kostentreiber dargestellt wurden (Interview SPD I 07.10.2014).

Von bedeutendem Einfluss für die graue Offensive gegen das EEG war die im Herbst 2012 gestartete Kampagne „EEG stoppen – Energiewende machen" der Initiative Neue Soziale Marktwirtschaft (INSM) (Interview Hans-Josef Fell 19.09.2014). Die vom Arbeitgeberverband Gesamtmetall finanzierte Organisation installierte einen „EEG-Milmädchenrechner" auf ihrer Homepage, schaltete zahlreiche Anzeigen und plakatierte großflächig im Berliner Regierungsviertel mit teils sehr alarmistischen Messages wie „Hilfe! Die Energiewende wird unbezahlbar", „Für eine Energiewende ohne räuberische Kosten", „Rettet die Energiewende!", „Hohe Strompreise kosten Wählerherzen" oder „Subventionen lassen die Strompreise explodieren". Unterfüttert wurde die Kampagne von einem im August 2012 veröffentlichten Gutachten des RWI (2012a), das die Abschaffung des EEG und die Ersetzung durch ein Quotenmodell, ein „Wettbewerbsmodell Erneuerbare Energien", forderte. Die Forderung nach einem Quotenmodell ist keineswegs neu. In der Praxis hat sich ein Quotenmodell lediglich in einem Land bewährt, nämlich in Schweden, das eine komplett andere Erzeugungsstruktur als Deutschland aufweist (Interview BMWi 06.10.2014). Das RWI hingegen argumentierte unter Zuhilfenahme der niedrigen Ausgangsniveaus erneuerbarer Energien in Großbritannien, dass selbst das dortige Quotenmodell dem deutschen EEG überlegen sei:

> „Summa summarum ist für das Quotensystem Großbritanniens zu konstatieren, dass es bislang nicht nur effizienter als das deutsche EEG war, weil Kostenfallen wie Deutschlands Photovoltaikdesaster [...] via Design vermieden wurden. Vielmehr war dieses Quotensystem sogar effektiv: Ausgehend von einem niedrigen Anteil an grünem Strom von 1,8 Prozent im Jahr 2002 wurde die Grünstromquote innerhalb weniger Jahre mehr als verdreifacht und machte im Jahr 2009 knapp 7 Prozent aus [..]. Zum Vergleich: Mit Hilfe des deutschen EEG wurde eine Verdreifachung des Grünstromanteils, der im Jahr 2000 bei rund 6 Prozent lag, im Jahr 2011 erreicht. Von rund 17 Prozent im Jahr 2010 stieg die Grünstromquote auf 20 Prozent im Jahr 2011." (RWI 2012a: 42-43)

Die Autoren des RWI fordern jedoch nicht nur die Abschaffung des EEG, sondern haben die europaweite Vereinheitlichung des Quotenmodells vor Augen, um die vermeintlichen Effizienzpotentiale des Modells zu heben. Dabei sehen sie den EU-Emissionshandel als ein Vorbild an, das es räumlich und sektoral zu vertiefen gilt:

> „Mit dem EU-weiten Emissionshandel existiert ein geeignetes Instrument, um CO2-Emissionen treffsicher und ökonomisch effizient zu vermeiden, weil sie dort verhindert werden, wo die Vermeidungskosten am geringsten sind. Der bisher auf die EU

> beschränkte Emissionshandel sollte weitere Regionen, insbesondere die großen Emittenten USA und China, mit einschließen. Im Idealfall würden sich die bedeutendsten Länder der Erde beteiligen." (RWI 2012c: 4)

Dass das EU-EHS gravierende Konstruktionsmängel aufweist und in Anbetracht des Preisverfalls für CO2-Zertifikate weder Anreize für die Vermeidung von Treibhausgasemissionen liefert noch zu einer Deckelung der CO2-Emissionen auf Grund der Überallokation von Zertifikaten und zahlreicher Schlupflöcher führt (Agora Energiewende 2015), wird von den Autoren ignoriert.

Eine wesentlich differenziertere, aber ähnlich gelagerte Initiative startete der BDI im Jahr 2012 mit der „Kompetenzinitiative Energie". In diesem Rahmen wurde ein „Energiewendenavigator" entwickelt. Der erstmals im Oktober 2012 veröffentlichte Energiewendenavigator misst fünf Aspekte der Energiewende: Klima- und Umweltverträglichkeit, Wirtschaftlichkeit, Versorgungssicherheit, Akzeptanz und Innovation. Während die Bereiche Klima- und Umweltverträglichkeit und Versorgungssicherheit im Energiewendenavigator 2012 eine grüne Ampel bekommen haben, wurde den Bereichen Akzeptanz und Innovation eine gelbe Ampel verliehen, die Wirtschaftlichkeit hingegen wurde mit einer roten Ampel bemessen (BDI 2012). Insofern wurde mit dem Ergebnis des Navigators verstärkt die Kostendimension adressiert. In einer Pressemitteilung im Oktober 2012 wird der Hauptgeschäftsführer des BDI, Markus Kerber, folgendermaßen direkt und indirekt zitiert:

> „'Mit dem Bekanntwerden der neuen EEG-Umlage wird die politische Debatte um die Zukunft des EEG an Heftigkeit weiter zunehmen.' […] Das EEG stoße an seine Grenzen, die Kosten gerieten außer Kontrolle. Alle bisherigen politischen Versuche einer Kostenbegrenzung seien misslungen. ‚Nun ist die Zeit reif für konkrete Vorschläge der Bundesregierung. Wir brauchen ein EEG 2.0. Alle Vorschläge müssen auf den Tisch und niemand, auch nicht die Länder, darf sich wegducken', so Kerber." (BDI 10.10.2012)

Der Druck auf das EEG und die Energiewende wurde auch von relevanten Teilen der Staatsapparate aufgegriffen und teilweise sogar verstärkt. Der federführende Umweltminister Peter Altmaier etwa bezifferte in einem Interview mit der FAZ die potentiellen Kosten der Energiewende auf eine Billion Euro (faz 2013a). Dabei bediente er sich einer ähnlichen Logik wie der spanische Industrie- und Energieminister Miguel Sebastián, der im Jahr 2010 zur Legitimation der in Vorbereitung befindlichen retroaktiven Kürzungen, die Vergütung für die erneuerbaren Energien in Spanien auf 126 Mrd. Euro aufsummiert hatte (vgl. Kap. 6.3.2.).

Im Februar 2013 legte Altmaier gemeinsam mit seinem Kabinettskollegen Philipp Rösler ein Papier zur „Strompreissicherung" vor. Darin werden Vorschläge unterbreitet, wie für das Jahr 2014 Kosten in Höhe von 1.860 Mrd. Euro eingespart werden könnten, etwa durch die Aussetzung der garantierten Einspeisevergütungen für Neuanlagen für die ersten fünf Monate, retroaktive Kürzungen in Höhe von 1,5 % der Vergütungen für alle Bestandsanlagen und eine Reduzierung der Befreiungen für die stromintensive Industrie. Ab dem Folgejahr sollte die Steigerung der EEG-Umlage auf 2,5 % pro Jahr gedeckelt werden. Zudem wurde in dem Papier das Ziel ausgegeben, noch im Sommer, also vor den Bundestagswahlen im Herbst 2013, das EEG nochmals zu novellieren (BMU und BMWi 2013).

Die Akteure aus dem grünen Spektrum übten harsche Kritik an den Plänen, insbesondere an den Vorschlägen zur Aussetzung der garantierten Einspeisevergütungen für fünf Monate und den retroaktiven Kürzungen (WWF 2013; EUROSOLAR 20.01.2013). Der BDEW hingegen begrüßte den Vorstoß (BDEW 28.01.2013). Allerdings wurde in der schwarz-gelben Koalition keiner der Vorschläge umgesetzt. Die anvisierte EEG-Novelle sollte erst von der neuen großen Koalition durchgeführt werden und zahlreiche Ansätze des Kosten- und Marktintegrationsdiskurses aufgreifen.

5.3.3 Metamorphosen des grauen Hegemonieprojekts

Das graue Hegemonieprojekt hat in den Jahren der schwarz-gelben Regierung zahlreiche Wandlungen durchlaufen. Konzentrierten sich zunächst weite Teile auf das politische Projekt der Laufzeitverlängerung, gewannen nach Fukushima und der Verschiebung der atompolitischen Konfliktlagen zwei andere Projekte eine hohe Priorität: erstens die Abschaffung des EEG in Verbindung mit einer Drosselung der Ausbaugeschwindigkeit und einem stärker zentralistischen Ausbaupfad; zweitens die konzeptuelle Entwicklung und Verbreitung von Kapazitätsmärkten.

Die Hintergrundfolie dieser neuen strategischen Orientierung bildete die Krise der fossil-nuklearen Energiewirtschaft und die Probleme einiger weniger Industriezweige in Folge steigender Strompreise. Zwischen 2009 und 2013 hat sich die Ertragslage der G4 und zahlreicher Stadtwerke, insbesondere solcher mit eigenen, nicht erneuerbaren Erzeugungskapazitäten, massiv verschlechtert (Schwarz 2014; reuters 2014). Diese Entwicklung spiegelt einen europaweiten Trend wieder (Greenpeace 2014a). E.ON machte im Jahr 2011 auf Grund von Abschreibungen auf den konventionellen Kraftwerkspark erstmals in der Unternehmensgeschichte einen Verlust in Höhe von 2,2 Mrd. Euro (E.ON 2012). Im Jahr 2013 meldete RWE einen Verlust in Höhe von 2,8 Mrd. Euro (RWE 2014). Auch die Zahl der Mitarbeiter_innen ging bei den beiden Konzernen deutlich zurück. Bei E.ON sank die Zahl der Beschäftigten von 88.227 im Jahr 2009 auf 62.239 im Jahr 2013, bei RWE im selben Zeitraum von 70.726 auf 66.341. Auf Grund des relativ hohen

Organisationsgrads der Belegschaft (vor allem bei ver.di und der IG BCE) vertreten diese beiden Gewerkschaften sehr stark die Interessen der fossil-nuklearen Energiewirtschaft (Interview DGB 04.09.2014).

Unterstützung fand die fossil-nukleare Energiewirtschaft in ihren Angriffen gegen das EEG bei weiten Teilen der Industrie. Insbesondere diejenigen Unternehmen und Branchen, die zwar relativ stromintensiv sind, aber unten den Schwellenwerten für die „Besondere Ausgleichsregelung" im EEG liegen, und somit nicht befreit, forderten grundlegende Reformen ein (Interview BDI I 07.10.2014). Insofern verstärkte sich im Zuge der starken Transformationsdynamik, die wesentlich durch den Solarboom hervorgerufen wurde, das gemeinsame Interesse des grauen Akteursspektrums, die Energiewende auszubremsen und in eine andere, stärker an den Interessen der Konzerne ausgerichtete Richtung zu lenken. Vor dem Hintergrund dieser Konstellation wurde eine Kostendebatte entfacht und starker Druck aufgebaut, das Fördersystem umzustellen. Den grauen Akteur_innen ist es gelungen, nach dem Atomausstieg und der stetigen Anhebung der EEG-Umlage den medialen Diskurs über die erneuerbaren Energien dahingehend zu wenden, dass sie verstärkt als Kostentreiber und Gefahr für den (Industrie-)Standort Deutschland beschrieben werden. Zudem wurden aus dem grauen Akteursspektrum die finanzielle Belastung der Privathaushalte und die Energiearmut gegen die Energiewende in Stellung gebracht. Damit konnte die in den letzten Jahrzehnten wachsende Polarisierung der Einkommen und Vermögen instrumentalisiert werden, um die Zustimmung für eine ambitionierte Energiewende zu schwächen (Haas 2016a). Begünstigend kam für das graue Hegemonieprojekt hinzu, dass mit dem Wechsel von Norbert Röttgen zu Peter Altmaier im BMU dieser Diskurs von der Spitze des zentralen Staatsapparats, der dem grünen Hegemonieprojekt zuzuordnen ist, nicht nur mitgetragen, sondern forciert wurde.

Nach der atompolitischen Wende und dem vorläufigen Scheitern der Erprobung der CCS-Technologie (zumindest in Deutschland) und eines Fracking-Gesetzes, wurde die Idee von Kapazitätsmärkten entwickelt, um dem Niedergang der fossilen Energiewirtschaft entgegen zu wirken. Im Jahr 2011 wurde eine von RWE in Auftrag gegebene Studie zu Kapazitätsmärkten von den Ökonomen Peter Cramton und Axel Ockenfels fertig gestellt. Die Autoren kamen zu dem Schluss, dass Kapazitätsmärkte einen wichtigen und effizienten Beitrag zur Gewährleistung der Versorgungssicherheit im neuen Energiezeitalter leisten können: "Capacity markets are a means to assure resource adequacy. The need for a capacity market stems from several market failures the most prominent of which is the absence of a robust demand-side" (Cramton und Ockenfels 2011: 2). Von dieser Studie ausgehend wurden auch im Rahmen des BDEW und des VKU Konzepte für Kapazitätsmärkte entwickelt. Während im gewerkschaftlichen Spektrum insbesondere ver.di die Idee von Kapazitätsmärkten forciert, war der BDI von vornherein skeptisch, da er steigende Strompreise befürchtet. Die Konflikte um Kapazitätsmärkte sollten sich jedoch erst in der nächsten Legislaturperiode verdichten (vgl. Kap. 5.4.5.).

5.3.4 Boom und Krise des grünen Hegemonieprojekts

Auch die Bilanz für das grüne Hegemonieprojekt fällt in der Zeit zwischen 2009 und 2013 gemischt aus. Zwar konnte nach Fukushima der Ausstieg aus der Nutzung der Kernenergie bis 2022 durchgesetzt und die Transformationsdynamiken im Zuge des Solarbooms zwischen 2009 und 2012 forciert werden. Gleichzeitig geriet das grüne Akteursspektrum in dieser Phase in dreifacher Hinsicht in die Defensive: Erstens kam es zu einer generellen Abwertung von umwelt- und klimapolitischen Ansätzen im Kontext der Finanz- und Wirtschaftskrise. Der Bedeutungsverlust war in Deutschland zwar weniger stark ausgeprägt als in anderen europäischen Ländern, er erschwerte es nichtsdestotrotz den grünen Akteur_innen, mit klimapolitischen Argumenten ihre Interessen zu verallgemeinern (Interview BEE 04.09.2014).

Zweitens fiel der Boom der PV-Installationen paradoxer Weise zeitlich mit einer existentiellen Krise der deutschen PV-Hersteller zusammen. Massive Überkapazitäten im Weltmarkt und die billigere Konkurrenz aus Südostasien trieben fast alle deutschen Solarzellen- und Modulhersteller in die Insolvenz. Siemens, Bosch und Schott veräußerten oder schlossen ihre Solarsparten. Insgesamt stieg die Zahl der Beschäftigten im erneuerbare Energien-Sektor im Zeitraum zwischen 2009 und 2012 von 339.500 auf 399.800 an. Im Jahr 2013 sank die Zahl der Beschäftigten auf 371.400. Dieser Rückgang ist vor allem auf die PV-Branche zurückzuführen, die einen Rückgang von 100.300 auf 56.000 Arbeitsplätze zu verzeichnen hatte (Statistisches Bundesamt 2014). Auch aus Teilen des grünen Hegemonieprojekts wird die Solarbranche dafür kritisiert, sich zu stark auf die Verteidigung hoher Fördersätze konzentriert und weniger auf eine Weiterentwicklung und Erneuerung ihrer Geschäftsmodelle hingearbeitet zu haben (Interviews Hans-Josef Fell 19.09.2014, SPD I 07.10.2014).

Und mit den ersten beiden Punkten zusammenhängend konnte es das grüne Akteursspektrum nicht verhindern, dass die graue Offensive gegen die Energiewende Erfolge verzeichnet. Aspekte wie Klimaverträglichkeit oder regionale Wertschöpfung sind zunehmend in den Hintergrund gerückt. Grauen Akteur_innen gelang es, die Zustimmung zur Energiewende zu schwächen, indem sie als Gefahr für den Industriestandort Deutschland oder das EEG als „sozialpolitische Zeitbombe“ (Frondel und Sommer 2014) dargestellt wurde. Zudem wurde das grüne Projekt durch den Tod seines wichtigsten Vertreters, des SPD-Politikers und

Gründers der Organisation EUROSOLAR, Hermann Scheer, im Jahr 2010 zusätzlich geschwächt. Damit hat das grüne Projekt nicht nur in der SPD, sondern weit darüber hinaus an Strahlkraft verloren (Interview EUROSOLAR 29.10.2014). Zudem wurden die Umweltflügel in beiden Volksparteien zunehmend marginalisiert. Der Diskurs der Marktintegration wurde von zahlreichen grünen Akteur_innen nicht offensiv bekämpft und als ideologischer Überbau entlarvt, der dazu dient, die Energiewende auszubremsen und in eine stärker zentralistische Richtung zu drehen. Vielmehr wurde der Marktintegrationsdiskurs verstärkt internalisiert und im Rahmen dessen versucht, die Energiewende weiter zu treiben (Interview SPD I 07.10.2014).

5.4 Die Energiewende unter Druck: (skalare) Kräfteverschiebungen und die Große Koalition

Im Herbst 2013 wurde eine große Koalition gebildet. Eine Schlüsselrolle im Kabinett Merkel III nimmt der Vizekanzler Sigmar Gabriel ein, der das Wirtschaftsministerium leitet und die Zuständigkeit für die Energiewende zugeteilt bekommen hat. Die für das EEG zuständige Abteilung wurde entsprechend aus dem BMU ins BMWi eingegliedert. Die Energiewende wurde unter stabilen polit-ökonomischen Kontextbedingungen weiter entwickelt. Weder die ungelöste „Eurokrise“ noch die verstärkte Einwanderung nach Deutschland ab 2015 wirkten sich unmittelbar auf die energiepolitischen Entwicklungsdynamiken aus. Vielmehr bildete sich eine doppelte Kräfteverschiebung in der Gesetzgebung der großen Koalition ab, deren Kernstück das sogenannte EEG 2.0 aus dem Jahr 2014 war: einerseits eine Kräfteverschiebung im nationalstaatlichen Kontext zugunsten des grauen Hegemonieprojekts, dessen Drängen auf eine „Marktintegration“ und ein Ausbremsen der erneuerbaren Energien Wirkung zeigte; anderseits eine skalare Kräfteverschiebung, hervorgerufen durch den neuen Interventionismus aus Brüssel, genauer: der GD Wettbewerb, die mittels des Beihilfenrechts Druck ausübte, um das System garantierter Einspeisevergütung auszuhebeln (vgl. Kap. 4.4.4.).

Im Folgenden werden die zentralen energiepolitischen Entwicklungen analysiert und aufgezeigt, dass sich das graue Akteursspektrum zwar im Hinblick auf die Förderung der erneuerbaren Energien weitgehend durchsetzen konnte. Die Forderung nach einem Kapazitätsmarkt, einem zentralen Projekt der fossil-nuklearen Energiewirtschaft, wurde hingegen von der Bundesregierung nicht erfüllt. Insofern ergibt sich auch für die Zeitspanne bis Mitte 2015 ein gemischtes Bild.

5.4.1 *Die Koalitionsverhandlungen als zentrale energiepolitische Weichenstellung*

Bereits in den Koalitionsverhandlungen wurden sehr weitgehende Vereinbarungen für die weitere Ausgestaltung der Energiewende getroffen. Die Arbeitsgruppe Energie stand unter großer Aufmerksamkeit. Die Energiewende war ein wichtiges Wahlkampfthema und die graue Offensive gegen das EEG hielt unvermindert an. Exemplarisch hierfür ist die gemeinsame Erklärung der IG BCE mit der IG Metall (die traditionell eher energiewendeaffine Positionen vertritt), dem BDI und dem BDA vom 23. Oktober 2013. Darin werden die Bündelung der Energiekompetenz in einem Ministerium, eine marktnahe Förderung der Erneuerbaren und das Durchbrechen der Kostendynamik gefordert:

> „Um bei der Umsetzung der Energiewende gezielter und effektiv voranzukommen, müssen die energiepolitischen Zuständigkeiten und Kompetenzen in der Bundesregierung gebündelt werden. Die Energiewende muss ferner besser mit der europäischen Energie- und Klimapolitik und den Energiesystemen der Nachbarländer verzahnt werden. [...] Zur Agenda für die neue Bundesregierung muss ein verlässlicher Masterplan zur Energiewende gehören, der die Energiepreise auf einem für die Industrie wettbewerbsfähigen Niveau sichert und den industriellen Kern und damit die dortigen Arbeitsplätze erhält. Perspektivisch müssen sich alle Energieträger letztendlich am Markt bewähren. Im Hinblick auf die Umsetzung der Energiewende sind wir in großer Sorge. Die derzeitigen gesetzlichen Rahmenbedingungen und die konkurrierenden politischen Zuständigkeiten haben zu einem enormen Investitionsstau geführt. Dies trifft einerseits den Ausbau der notwendigen neuen Transportleitungen, die Entwicklung und Schaffung von Speicherkapazitäten, den Ausbau der Offshore-Windparks sowie die Modernisierung vorhandener und die Schaffung neuer konventioneller Kraftwerkskapazitäten. Andererseits bleiben notwendige Investitionen in der weiterverarbeitenden Industrie aus, die von wettbewerbsfähigen Energiepreisen und Planungssicherheit abhängen. Wird dieser Investitionsstau nicht schnell aufgelöst, dann scheitert die Energiewende und der Industriestandort Deutschland nimmt Schaden. Industriearbeitsplätze gehen verloren und unsere geschlossenen Wertschöpfungsketten drohen zu reißen. Unternehmen und Verbraucher brauchen für die Zukunft verlässliche und bezahlbare Strompreise. Weiterhin fordern wir eine umfassende und ausgewogene Reform des EEG. Das bisherige System der Einspeisevergütung ist einer der unverkennbaren Gründe für die deutlichen Strompreiserhöhungen und kann daher für Neuanlagen nicht so bleiben, wie es derzeit ist. Ziel muss sein, verlässliche Investitionsbedingungen zu schaffen und den Anstieg der Strompreise in Deutschland zu stoppen." (IG BCE, IG Metall, BDA und BDI 2013)

Neben der Eindämmung der Kostendynamik benennt das gemeinsame Papier den zweiten Imperativ der energiepolitischen Komponente der Koalitionsverhandlungen, nämlich die erneuerbaren Energien weiter an den Markt heranzuführen. Der Hauptgeschäftsführer des VKU, Hans-Joachim Reck, brachte dies anlässlich der

Koalitionsverhandlungen folgendermaßen auf den Punkt: „Kosteneffizienz muss in Zukunft ein zentrales Kriterium für die Auswahl der Erneuerbaren-Energien-Projekte sein. Und das kann nur über wettbewerbliche Anreize gehen“ (VKU 31.10.2013, 18.12.2013). Dabei waren die Unterschiede zwischen dem VKU und dem BDEW nur marginal (BDEW 15.10.2013). In zahlreichen Interviews mit dem grünen Akteursspektrum wurde die Perspektive der Marktintegration heftig kritisiert, aber zugleich als konstitutiv für den Reformprozess des EEG verstanden: "Zudem gab es ja einen ideologischen Überbau, vor dessen Hintergrund alle Akteure gut daran taten, ihre Vorschläge als Beiträge zur Marktintegration darzustellen“ (Interview BEE 04.09.2014). Oder wie es eine andere interviewte Person ausdrückte: „[...] die Stimmung war [.] getragen von einem nebulösen ‚mehr Markt‘“ (Interview Greenpeace II 03.09.2014).

Geleitet wurde die Arbeitsgruppe Energie vom amtierenden Umweltminister Peter Altmaier und Hannelore Kraft (SPD), der Ministerpräsidentin des „Kohlelandes“ Nord-Rhein-Westfalen. Da die beiden Volksparteien jeweils eine sehr große Bandbreite an energiepolitischen Orientierungen aufweisen, gab es innerhalb der Arbeitsgruppe fraktionsübergreifend große Übereinstimmungen der jeweiligen Umweltflügel und der jeweiligen Wirtschafts- und Kohleflügel (Interviews CSU 25.09.2014, CDU 30.09.2014, SPD I 07.10.2014). Der energiepolitische Koordinator der CDU/CSU Bundestagsfraktion, Thomas Bareiß, veröffentlichte gemeinsam mit seinen Fraktionskollegen Joachim Pfeiffer und Michael Fuchs, die alle dem Wirtschaftsflügel der Union zuzurechnen sind, am 30. Oktober ein „Positionspapier Energiepolitik“. Darin wird das europäische Emissionshandelssystem gegen die Energiewende in Stellung gebracht und ein Auslaufen der EE-Förderung ab einem Stromanteil von 35 % gefordert (im Jahr 2013 betrug der Anteil bereits 25,3 %) (Bareiß et al. 2013). Dem Verhandlungsführer der Union, Peter Altmaier, gelang es, ein Positionspapier, das sehr drastische Angriffe auf die Energiewende beinhaltet, innerhalb der Unionsarbeitsgruppe als Konsenspapier durchzusetzen. Damit wurde der Umweltflügel um Josef Göppel, Andreas Jung und Ingbert Liebing ausgeschalten (Interview SPD I 07.10.2014). Das Papier schlug enge Ausbaukorridore für die Erneuerbaren, die Umstellung auf die verpflichtende Direktvermarktung und Ausschreibungsmodelle, die Streichung des Grünstromprivilegs, die Belastung von Eigenverbrauchsanlagen mit der EEG-Umlage sowie eine restriktivere Ausgestaltung der „Besonderen Ausgleichsregelung“ vor (Reuter 2013).

Die SPD hingegen hatte in ihrem Wahlprogramm ambitionierte Ausbauziele für die erneuerbaren Energien im Stromsektor formuliert: 40-45 % bis 2020, 75 % bis 2030 (SPD 2013). Im Koalitionsvertrag werden jedoch lediglich 40-45 % im Jahr 2025 und 55-60 % im Jahr 2035 anvisiert (CDU/CSU und SPD 2013: 37).

Bayern drängte erfolgreich auf eine sogenannte Länderöffnungsklausel im Baurecht, die es den Bundesländern ermöglicht, Abstandsregelungen von Windanlagen zum nächsten Wohnhaus festzuschreiben48.

Neben dem Ausbautempo war die Frage der Förderungsmechanismen ebenfalls umstritten. Die CDU-Verhandlungsgruppe drängte, angetrieben von Peter Altmaier, auf eine Ausweitung der Direktvermarktung und die sofortige Umstellung auf Ausschreibungsverfahren. Mit der EEG-Novelle von 2012 wurde bereits der Umstieg auf die Direktvermarktung eingeläutet. Die Unionsarbeitsgruppe forderte die Einführung einer verpflichtenden Direktvermarktung für nahezu alle Anlagentypen und -größen. Die SPD-Verhandlungsgruppe war in dieser Frage gespalten und konnte zumindest einige Ausnahmeregelungen für Kleinanlagen durchsetzen. Die Umstellung von der garantierten Einspeisevergütung auf die Ermittlung der Förderhöhe mittels Ausschreibungen wurde von der SPD-Arbeitsgruppe auf Grund der schlechten Erfahrungen in anderen Ländern und der Tatsache abgelehnt, dass eventuelle Reduktionen der Fördersätze durch die zusätzlichen administrativen Kosten überkompensiert würden. Im Endeffekt wurde in den Koalitionsverhandlungen eine Einigung auf die Durchführung eines Pilotprojekts für PV-Freiflächenanlagen erzielt. Bis 2018 soll die Förderhöhe komplett über Ausschreibungsverfahren ermittelt werden, „sofern bis dahin in einem Pilotprojekt nachgewiesen werden kann, dass die Ziele der Energiewende auf diesem Wege kostengünstiger erreicht werden können“ (CDU/CSU und SPD 2013: 39).

Bezüglich der Einführung eines Kapazitätsmarktes trifft der Koalitionsvertrag keine eindeutige Aussage. Die Kohlelobby war allerdings erfolgreich in ihrem Bemühen, ein klares Bekenntnis zur Unverzichtbarkeit der Kohle auf absehbare Zeit im Koalitionsvertrag zu verankern (Die Welt 2013).

Insofern bildet sich die graue Offensive gegen das EEG in weiten Teilen des Koalitionsvertrags ab. Es wurden Ausbaukorridore festgelegt, die weit unter der Fortschreibung der Zubaudynamik der vorangegangen Jahre liegen. Mit der Einführung der verpflichtenden Direktvermarktung und der anvisierten Umstellung auf Ausschreibungsverfahren wurde das Einspeisevergütungssystem weiter ausgehebelt und die „Marktintegration“ forciert. Insofern konnten sich die Wirtschaftsflügel in wesentlichen Punkten der Koalitionsverhandlungen durchsetzen (Interviews CSU 25.09.2014, CDU 30.09.2014, SPD I 07.10.2014). Unterstützt

48 Am 20. November 2014 wurde in Bayern die sogenannte 10H-Regelung verabschiedet. Diese Regelung besagt, dass eine Windanlage mindestens den 10-fachen Abstand (in Relation zur Höhe der Anlage) zum nächstgelegenen Wohnhaus haben muss. Bei einer Anlagenhöhe von 200 Metern gibt es im relativ dicht besiedelten Bayern nur sehr wenige potentielle Standorte. Die Ausbauziele des bayrischen „post-Fukushima“ Energieprogramms aus dem Jahr 2011 werden durch die Regelung konterkariert. Der bayrische Ministerpräsident Horst Seehofer begründete den radikalen Kurswechsel mit der „Bewahrung unserer bayerischen Heimat vor einer kompletten Verspargelung“ (zitiert nach Sebald 2014)

wurden diese Tendenzen durch den Einfluss der GD Wettbewerb. Über das Beihilferecht hatte diese sich nach und nach „Zugriff“ auf die nationalen Fördersysteme für erneuerbare Energien verschafft. Die Position der deutschen Bundesregierung war zwar stets, dem Urteil des EuGH von 2001 in der Klage von Preussen Elektra gegen das EEG folgend, dass dieses keine Beihilfe darstelle (Interview BMWi 06.10.2014). Nichtsdestotrotz reisten Peter Altmaier und Hannelore Kraft mehrmals zu Beratungen nach Brüssel, um sich mit der Kommission abzustimmen. Denn bereits während der Koalitionsverhandlungen, die am 27. November 2013 mit der Vorstellung des Koalitionsvertrags abgeschlossen wurden, lag die Einleitung eines Prüfverfahrens in der Luft (vgl. Kap. 4.4.4.).

Die im Koalitionsvertrag verankerten, relativ weitgehenden Zugeständnisse an das graue Akteursspektrum gründen auch darauf, dass sich in den Koalitionsverhandlungen der Wirtschaftsflügel der CDU im Hinblick auf den Mindestlohn und die Rentenpläne nicht durchsetzen konnte. Im Koalitionsvertrag wurde die schrittweise Einführung eines flächendeckenden Mindestlohns in Höhe von 8,50 Euro vereinbart und mit großer Mehrheit im Bundestag am 03. Juli 2014 beschlossen. Zudem wurden die abschlagsfreie Rente mit 63 nach 45 Beitragsjahren und die sogenannte Mütterrente im Koalitionsvertrag vereinbart und am 23. Mai 2014 im Bundestag beschlossen (CDU/CSU und SPD 2013). Nach Einschätzung von drei Interviewpartner_innen dienten die energiepolitischen Beschlüsse als „Kompensation“ für den Wirtschaftsflügel der Union (Interviews DGB 04.09.2014, SPD I 07.10.2015, BMWi 06.10.2014).

5.4.2 Die Schaffung eines „Energieministeriums“

Mit der Bündelung der energiepolitischen Zuständigkeiten im traditionell „grauen“ BMWi wanderte die Energieabteilung des BMU, das fortan die SPD-Politikerin Barbara Hendriks leitete, ins BMWi. Insgesamt gab es eine relativ große personelle Kontinuität in dem Bereich. Auch der Abteilungsleiter Urban Rid, ein Vertrauter Gabriels, den er als Umweltminister ins BMU geholt hatte, blieb auf seinem Posten (Rossbach 2014). Auf Staatssekretärsebene holte Sigmar Gabriel den Grünen Rainer Baake für den Energiebereich in sein Ministerium. Baake war bereits unter Jürgen Trittin Staatssekretär (im BMU) und handelte den rot-grünen Atomausstieg von 2001 aus. Nach seinem Ausscheiden war er Bundesgeschäftsführer der Deutschen Umwelthilfe (DUH). Im April 2012 übernahm er die Leitung des neu eingerichteten Think Tanks Agora Energiewende[49]. Der Think

49 Agora Energiewende wird von der ECF und der Mercator Stiftung finanziert und hat ein jährliches Budget in Höhe von ca. 3 Millionen Euro. Ähnlich wie die ECF auf der europäischen Ebene

Tank verfasste zahlreiche Vorschläge zur Weiterentwicklung der Energiewende (Agora Energiewende 2012, 2013), wurde jedoch von transformationsaffinen Teilen des grünen Akteursspektrums heftig kritisiert, da die Vorschläge stark in Richtung Marktintegration und Kosteneinsparungen orientierten (EUROSOLAR 18.10.2013).

Die Ernennung von Baake wurde von allen Interviewpartner_innen als kluger Schachzug bewertet, da er über eine große Erfahrung und inhaltliche Kompetenz verfüge. Zudem kann er als Mitglied der Grünen gerade bei den Bund-Länder Verhandlungen potentiell die Landesregierungen mit grüner Beteiligung einbinden und bringt die Grünen als Oppositionspartei auf Bundesebene in ein gewisses Dilemma. Jede Kritik der Energiepolitik der Bundesregierung adressiert immer auch ihr eigenes Parteimitglied (Interview Greenpeace II 03.09.2014).

Die Bündelung der Kompetenzen im BMWi impliziert, dass sich die zivilgesellschaftlichen Auseinandersetzungen zwischen grünen und grauen Akteur_innen fortan nichtmehr dahingehend im Staatsapparateensemble abbilden, dass es Auseinandersetzungen zwischen einem „grünen" und einem „grauen" Staatsapparat gibt. Vielmehr werden diese Konflikte innerhalb eines Ministeriums bearbeitet, das traditionell dem grauen Spektrum angehört. Insofern geht mit dem Neuzuschnitt, eine Umsetzung der Forderung von weiten Teilen des grauen Akteursspektrums, ein gewisser Transparenzverlust und tendenziell eine Schwächung des grünen Projekts einher. Gleichzeitig wurde es vor dem Hintergrund der starken Stellung von Sigmar Gabriel möglich, energiepolitische Reformen, etwa das EEG 2.0, schneller durchzusetzen (Interviews BMWi 06.10.2014, Greenpeace II 03.09.2014, RWE 09.10.2014).

5.4.3 Die Reform/Aushöhlung des EEG

Anknüpfend an die relativ weitreichenden Vereinbarungen des Koalitionsvertrages verabschiedete das Kabinett im Januar 2014 ein Eckpunktepapier zur Reform des EEG. Das Papier unterstreicht die klare Fokussierung auf die beiden kostengünstigsten Technologien, PV und Wind Onshore. Zugleich wird festgehalten, dass Offshorewindanlagen weiterhin stark zugebaut werden sollen. Als anvisierter Zeitpunkt für das Inkrafttreten des novellierten EEG wurde der 01. August 2014 bestimmt. Die Zubaukorridore des Koalitionsvertrags wurden weiter spezifiziert.

---

orientiert der Think Tank darauf als „hegemonieprojektübergreifende" Plattform zur Weiterentwicklung der Energiewende zu fungieren (Interview Agora Energiewende 17.09.2014).

Bei Offshorewind wird bis 2020 ein Zubau auf 6,5 GW, bis 2030 auf 15 GW angepeilt, bei Wind Onshore 2,5 GW jährlich mit Einführung eines „atmenden Deckels“. Damit wurde ein zentraler Aspekt der PV-Novelle von 2012, der die Ausbaudynamik in diesem Segment deutlich ausgebremst hat, auf die Windenergie übertragen. Bei der Photovoltaik wird ebenfalls ein jährlicher Zubau von 2,5 GW anvisiert, die Erzeugungskapazitäten im Bereich der Bioenergie sollen auf die Nutzung von Abfall- und Reststoffen beschränkt und auf ein Zubau von 0,1 GW pro Jahr reduziert werden. Darüber hinaus wurde die Schaffung einer Länderöffnungsklausel für die Bestimmung des Abstands von Windkraftanlagen zur nächsten Wohnsiedlung bekräftigt und die Einführung eines Anlagenregisters angekündigt, um den Ausbau der Erneuerbaren besser steuern zu können. Die stufenweise Einführung der verpflichtenden Direktvermarktung für verschiedene Anlagengrößen wurde spezifiziert und die Fokussierung der „Besonderen Ausgleichsregelung“ auf stromintensive, im internationalen Wettbewerb stehende Branchen angekündigt. Insofern folgte der Entwurf sehr stark der Logik der „Marktintegration“.

Der am stärksten umkämpfte Aspekt des Eckpunktepapiers war die Einbeziehung der (bisher komplett befreiten) gesamten Eigenstromerzeugung in die EEG-Umlage (Bundeskabinett 2014). Die Belastung der Eigenverbrauchsanlagen wurde bereits seit einiger Zeit im damals noch zuständigen BMU angedacht. Die betroffenen Industrieunternehmen machten jedoch massiven Druck dagegen, auch über die Landesregierungen. BASF rechnete vor, dass allein am Standort Ludwigshafen Mehrkosten in Höhe von 400 Millionen Euro anfallen würden. Sowohl die Ministerpräsidentin von Rheinland-Pfalz, Malu Dreyer (SPD), als auch die Oppositionsführerin, Julia Klöckner (CDU), kämpften gegen die Belastung der industriellen Eigenverbrauchsanlagen. Kein einflussreicher Akteur unterstützte das Vorhaben. Insofern ließ das BMWi die Pläne schnell wieder fallen (Bollmann und Meck 2014). Abgesehen von der kompletten Befreiung der bestehenden Eigenverbrauchsanlagen von der EEG-Umlage gab es keine gravierenden Änderungen im weiteren Gesetzgebungsverfahren. Der FAZ-Redakteur Jasper von Altenbockum stellte fest:

> „Gabriels Reform der Energiewende erinnert im großen Ganzen, aber auch in vielen Details an jenen Plan, den Peter Altmaier als Bundesumweltminister im vergangenen Jahr vorgelegt hatte, aber gegen den Widerstand unter anderem der SPD-regierten Länder nicht durchsetzen konnte.“ (von Altenbockum 2014)

Der BDEW begrüßte das Eckpunktepapier. Die anvisierte Marktintegration wird von der Geschäftsführerin Hildegard Müller in einer Presseerklärung positiv hervorgehoben: „Insbesondere die sich abzeichnenden Maßnahmen zur Marktintegration der Erneuerbaren Energien sind ein großer Schritt in die richtige Richtung. In der Frage der Direktvermarktung etwa geht Bundesminister Gabriel deutlich über den Koalitionsvertrag hinaus" (BDEW 20.01.2014). Sehr ähnlich äußerte sich der VKU (22.01.2014), wohingegen sich die grünen Verbände gegen das Eckpunktepapier gestellt haben. Insbesondere das „Einbremsen" der Erneuerbaren in Ausbaukorridore, die Einführung der verpflichtenden Direktvermarktung und die Umstellung auf Ausschreibungsmodelle wurden heftig kritisiert. Einerseits wurde argumentiert, dass die „marktnähere" Förderung der Erneuerbaren keineswegs das Gesamtsystem billiger und effizienter machen würden, da die administrativen Kosten deutlich über dem Modell der garantierten Einspeisevergütung lägen. Andererseits wurden die Pläne als Bedrohung der Akteursvielfalt gesehen, da die Umstellung der Förderung Großprojekte und finanzstarke Akteur_innen zu Lasten von Bürgerenergieprojekten bevorzuge. Zudem wurde die geplante Belastung von Eigenverbrauchsanlagen auf der Basis erneuerbarer Energien mit der EEG-Umlage stark kritisiert (BEE 20.01.2014; BWE 20.01.2014). Die Ausgestaltung der Industriebefreiungen hingegen hing weiter in der Schwebe, da dies mit der Europäischen Kommission ausgehandelt werden musste.

Am 04. März wurde der erste Referentenentwurf des neuen Gesetzes fertig gestellt. Trotz der proklamierten Vereinfachungen summierte er sich auf insgesamt 228 Seiten. Bis zum 12. März konnten Stellungnahmen einreicht werden. 155 Akteur_innen nutzten diese Gelegenheit. Das Gesetzespaket konkretisierte nochmals Bestimmungen aus dem Eckpunktepapier. Für den Wind Onshore Bereich wurde ein Ausbaupfad von 2500 MW brutto[50] vorgesehen. Falls dieses Ziel um mehr als 100 MW nach oben oder unten verfehlt wird, greift der atmende Deckel und die Förderkürzungen fallen größer (bei Übertreffen von 2600 MW) oder kleiner (bei Nichterreichung von 2400 MW) als vorgesehen aus. Die Umstellung auf Ausschreibungsmodelle wurde in dem Gesetzesentwurf bereits auf 2017 taxiert (BMWi 2014f). Entsprechend fiel das Urteil des BDEW und VKU wohlwollend aus (VKU 12.03.2014), wohingegen das grüne Akteuersspektrum seine Kritik erneuerte (BWE 05.03.2014).

Das grüne Spektrum versuchte unterdessen die Bevölkerung zu mobilisieren. Die Organisation Campact, die bereits zu den Großdemonstrationen gegen die Atomenergie 2010 und 2011 aufgerufen hatte, organisierte im Rahmen ihrer Kampagne „Energiewende retten!" am 22. März gemeinsam mit der Anti-Atom Organisation „ausgestrahlt" und den „Naturfreunden" in sieben Landeshauptstätten Demonstrationen unter dem Motto „Energiewende retten! Sonne und Wind statt Fracking, Kohle und Atom". Dem Aufruf folgten nach Angaben von Campact insgesamt

50 Brutto bedeutet einschließlich von Repoweringmaßnahmen. Als Repowering wird der Austausch alter Windanlagen durch neue, häufig größere und leistungsstärkere Anlagen bezeichnet. In der Regel erfolgt ein Repowering nach ca. 20 Jahren Laufzeit.

30.000 Menschen. Allerdings blieb die Beteiligung damit deutlich hinter den Erwartungen zurück (Interview Klimabewegungsaktivist 24.09.2014).

Am 01. April fand in Berlin eine Sonderministerpräsidentenkonferenz anlässlich der Reform des EEG statt. Greenpeace versuchte im Vorfeld einen Keil in die Koalition zu treiben und appellierte an Kanzlerin Merkel: „Frau Merkel, retten Sie die Energiewende vor der Kohle-SPD“ (Greenpeace 01.04.2014). In der Konferenz drangen zahlreiche Ministerpräsident_innen darauf, die Förderbedingungen der Windenergie an Land besser zu gestalten. Die grün-rote Landesregierung Baden-Württembergs, die ambitionierte Ausbauziele proklamiert hat, die Ministerpräsidentinnen aus Rheinland Pfalz, Malu Dreyer, und auch Hannelore Kraft aus Nord-Rhein-Westfalen sowie Volker Bouffier aus Hessen mahnten an, dass die Förderbedingungen so ausgestaltetet werden müssen, dass es nicht nur an sehr windreichen Standorten im Norden Deutschlands zu einem weiteren Ausbau kommen wird. Die Ministerpräsidenten aus den nördlichen Ländern, Stefan Weil (Niedersachsen) und Thorsten Albig (Schleswig-Holstein), drängten vor allem auf ambitioniertere Ausbauziele für die Windenergie. Vor diesem Hintergrund wurde zum einen das Referenzertragsmodell[51] zugunsten von Binnenstandorten leicht modifiziert, zum anderen wurde der Ausbaukorridor von 2500 MW brutto auf 2500 MW netto erhöht. Das heißt repowering-Maßnahmen fallen nicht unter den atmenden Deckel (Interview BMWi 06.10.2014).

Beide Maßnahmen erhöhen die Kosten des EEG nur marginal, zumal das Repowering erst nach der nächsten EEG-Novelle stärker ins Gewicht fallen wird. Auch die Bemessung des Zubaus der Biomasse wurde von einer brutto auf eine netto-Berechnung umgestellt. Der BEE zeigte sich mit diesen Verbesserungen zufrieden, kritisierte allerdings weiterhin die Ausbaukorridore und dass es den Ländern nicht gelungen ist, Verbesserungen bei Eigenstromerzeugungsanlagen auf der Basis erneuerbarer Energien durchzusetzen (BEE 02.04.2014). Die Vereinbarungen des Bund-Länder Gipfels vom 01. April wurden in den Regierungsentwurf vom 08. April 2014 aufgenommen. Der BEE fokussierte seine Kritik sehr stark darauf, dass die EEG-Reform die Transformation des Stromsystems massiv beeinträchtigen würde und Gabriel einseitig darauf orientiere, die Industriebefreiungen zu verteidigen (BEE 07.04.2014, 08.04.2014). Der BDEW zeigte sich mit dem Kabinettsentwurf zufrieden (BDEW 08.04.2014).

51 Bei dem Referenzertragsmodell handelt es sich um einen komplexen Mechanismus, der gewährleisten soll, dass die Vergütung von Windanlagen so ausgestaltet wird, dass es an windreichen Standorten zu keiner Überförderung kommt. Es aber zugleich lukrativ ist auch an windschwächeren Standorten Anlagen zu errichten, um eine für Versorgungssicherheit und den Netzausbau ungünstige Konzentration der Anlagen in wenigen Regionen zu verhindern (Deutsche WindGuard 2014).

Ein gemeinsamer Kritikpunkt des BDEW und des BWE war jedoch die weiterhin vorgesehene Einführung der Länderöffnungsklausel im Baugesetzbuch auf Druck Bayerns. Die beiden Verbände verfassten gemeinsam mit dem VDMA Power Systems eine Erklärung, in der sie sich gegen die Länderöffnungsklausel aussprechen. Begründet wird die Ablehnung unter anderem damit, dass eine solche Klausel den weiteren Ausbau der Windenergie gefährden und der Akzeptanz der Energiewende zuwiderlaufen würde (BDEW et al. 2014).

Am 10. Mai wurde erneut zu einer Großdemonstration in Berlin aufgerufen. Nach Angaben des mitveranstaltenden BUND kamen 12.000 Teilnehmer_innen um gegen die geplante Novelle des EEG zu demonstrieren. Damit konnte zwar ein Zeichen des Protestes gesetzt werden (BUND 10.05.2014), allerdings blieb die Zeit der Teilnehmer_innen erneut hinter den Erwartungen zurück (Interview Klimabewegungsaktivist 24.09.2014). Indessen versuchten die grünen Akteur_innen weiter über die Länder bzw. den Bundesrat Änderungen durchzusetzen. Nachdem beim Bund-Länder-Gipfel Verbesserungen für die Windkraft beschlossen worden waren, fokussierten die Empfehlungen der Ausschüsse des Bundesrats darauf, die Ausbaukorridore im Bereich der Bioenergie ambitionierter zu gestalten (statt 100 MW brutto, 300 MW netto). Dies wurde unter anderem von der CDU-Landesgruppe in Baden-Württemberg forciert (Rolink 2014). Zudem plädierten die Ausschüsse des Bundesrates darauf, den Umstieg auf Ausschreibungsverfahren stärker von den Ergebnissen des Pilotprojekts abhängig zu machen (Bundesrat 2014).

Die Vorschläge wurden jedoch von der Bundesregierung abgelehnt (Bundesregierung 2014b). Am 27. Juni beschloss der Bundestag mit großer Mehrheit die EEG-Novelle und damit verbunden einige Änderungen des EnWG. Aus der CDU/CSU Koalition stimmten 13 Abgeordnete gegen die Novelle, unter anderem Norbert Röttgen und Josef Göppel. Aus den Reihen der SPD-Abgeordneten stimmte einzig Marco Bülow gegen das Gesetz. Sieben Abgeordnete aus der Regierungskoalition enthielten sich, unter anderem Nina Scheer (Deutscher Bundestag 2014b). Während sich die Kritik der meisten CDU/CSU-Abgeordneten überwiegend auf die restriktive Deckelung der Bioenergie fokussierte, begründete Nina Scheer ihre Enthaltung mit Abweichungen vom Koalitionsvertrag. Während dort auf Druck der SPD die Umstellung auf Ausschreibungen für das Jahr 2018 vorgesehen wird, ist im Gesetz die Umstellung bereits auf das Jahr 2017 anvisiert. Darüber hinaus zweifelt sie den Beihilfecharakter des EEG an. Sie argumentiert, dass die Umstellung auf eine verpflichtende Direktvermarktung nach einem Stufenmodell, wie es im Koalitionsvertrag vorgesehen war, die Risiken des Modells verringert hätten und die im Gesetzentwurf vorgesehene Regelungen restriktiver seien, als die Vorgaben der neuen Beihilfeleitlinien der EU (ebd.). Dieser Kritikpunkt indiziert, dass bei der Aushebelung der garantierten Einspeisevergütung skalare Strategien unterstützend gewirkt haben:

> „Das BMWi hat die Diskussionen um die Umweltbeihilfeleitlinien genutzt, um in Deutschland ein bisschen strategischen Druck aufzubauen, um hier die Fördersystematik zu verändern. Wenn man jetzt in die Beihilfeleitlinien reinguckt, dann sind die Ausschreibungsmodelle nicht zwangsläufig zu wählen. Da gibt es schon noch einen gewissen Spielraum." (Interview DGB 04.09.2014)

Parallel zur Gesetzesnovelle wurde auch die Verankerung einer Länderöffnungsklausel im Baugesetzbuch mit großer Mehrheit beschlossen. Josef Göppel begründete seinen Widerstand gegen die Länderöffnungsklausel mit einer breiten Ablehnung auf Verbändeebene, von den Kommunalverbänden über den BDEW bis hin zu den Naturschutzverbänden: „Die in Bayern und Sachsen vorgesehenen Mindestabstände schwächen den Ausbau der Windkraft so weit, dass die Ziele des Energiekonzepts der Bundesregierung nicht mehr erreicht werden können" (Deutscher Bundestag 2014b). Lobend äußerte sich hingegen der CDU-Abgeordnete und Unterzeichner des „energiepolitischen Appells" aus dem Jahre 2010, Michael Fuchs. Seine Ausführungen zur EEG-Novelle werden auf der Homepage des Bundestags folgendermaßen zitiert:

> „'Heute ist für mich eine Premiere. Ich diskutiere über das EEG, ohne dass mir gleich das Messer in der Tasche aufgeht'. Endlich werde mehr Markt und mehr Wettbewerb eingeführt, der Ausbau der erneuerbaren Energien werde in vernünftige Bahnen gelenkt." (Deutscher Bundestag 2014a)

Zufrieden äußerten sich der BDEW und der VKU über die Verabschiedung des Gesetzes. Allerdings kritisierten sie, dass Neuanlagen auf der Basis von erneuerbaren Energien oder der KWK lediglich 40 % der EEG-Umlage zahlen sollen, während alle anderen neuen Eigenverbrauchsanlagen die volle Höhe der Umlage entrichten sollen. Zudem erneuerte der BDEW seine Kritik an der Länderöffnungsklausel (BDEW 27.06.2014; VKU 27.06.2014).

Auf Grund einer sehr kurzfristigen Intervention der GD Wettbewerb der Europäischen Kommission stand die Regelung des Eigenstromverbrauchs jedoch unter Vorbehalt. Die Kritik aus Brüssel zielte darauf ab, dass mit der neuen Regelung Bestandsanlagen und Neuanlagen unterschiedlich belastet würden und somit eine Ungleichbehandlung vorläge (Interview GD Wettbewerb 25.02.2015). Zudem verlangte die GD Wettbewerb, das EEG für im Ausland erzeugten Ökostrom zu öffnen (Mihm 2014).

Nichtsdestotrotz verabschiedete der Bundesrat am 11. Juli 2014 das Gesetzespaket, das wie im Koalitionsvertrag angepeilt, am 01. August 2014 in Kraft trat. Insofern ging die Strategie der grauen Akteur_innen auf, einen enormen

Druck auf das EEG aufzubauen unter Rekurs darauf, dass es in dieser Form eine Gefahr für das deutsche Kapitalismusmodell darstelle. Im Interview mit RWE wurde es folgendermaßen, von der grauen Offensive abstrahierend, ausgedrückt:

> „Politisch betrachtet, herrschte beim EEG ein unglaublicher Druck, eine Reform einzuleiten - und zwar aus mehreren Gründen. Erstens hatte die Kanzlerin irgendwann einmal bei der EEG-Umlage die Messlatte von maximal fünf Cent genannt. Als die Umlage diese Latte riss - hatte das erstaunlicherweise keine Folgen für Merkel. Aber mit Blick auf die Kosten war nun richtig Druck im Kessel. Zweitens war die EEG-Reform das Projekt mit dem Gabriel sich als Vizekanzler und neuer BMWi-Chef beweisen musste, das heißt: da war ein enormer Erfolgsdruck dahinter. [...] Ich hatte das Gefühl, dass gemessen an der Dauer sonstiger gesetzgeberischer Prozessen es unglaublich eng getaktet war [...] Es war ein unglaublicher Druck, das Ganze jetzt irgendwie zum Erfolg zu führen. [...] Er hat es gut gemanagt [...]“ (Interview RWE 09.10.2014)

5.4.4 *Die Industriebefreiungen werden nicht substantiell angetastet*

Parallel zur Verabschiedung der EEG-Novelle wurde die Reform der „Besonderen Ausgleichsregelung“ beschlossen. Der Verabschiedung des Gesetzes gingen nicht nur Auseinandersetzungen im nationalstaatlichen Kontext, sondern auch zwischen der Bundesregierung und der GD Wettbewerb voraus. Die „Besondere Ausgleichsregelung“ wurde bereits im EEG von 2000 verankert, hatte aber zunächst nur eine marginale Bedeutung. Dies änderte sich mit dem Anstieg der Umlage, die im Jahr 2008 erstmals die Schwelle von 1 Cent/kWh übersprang. Der Befreiungsregelung liegt ein komplexes Regelwerk zu Grunde. Begründet wird die Befreiung damit, dass stromintensive Unternehmen, die im internationalen Wettbewerb stehen, ohne die Entlastung durch die Energiewende in ihrer Existenz gefährdet würden. Somit könnte es zu einer Verlagerung der Produktion in Länder mit niedrigeren Industriestrompreisen kommen. Dies würde den energiepolitischen Zielen des EEG widersprechen und zudem zahlreiche Arbeitsplätze in Deutschland kosten (Interviews BDI I 08.10.2014, Hans-Josef Fell 19.09.2014).

Die steigende EEG-Umlage ging einher mit einer stetig wachsenden Größenordnung der Industriebefreiungen, die durch zwei Effekte zusätzlich verstärkt wurde. Erstens wurden im Rahmen der im Januar 2012 in Kraft getretenen EEG-Novelle die Ausnahmen ausgeweitet (BMWi und BAFA 2014: 20). Zweitens wurde es für Rechtsanwaltskanzleien und Unternehmensberatungen bei steigender EEG-Umlage zunehmend lukrativ, sich darauf zu spezialisieren, Unternehmen zu einer Befreiung von der EEG-Umlage zu verhelfen. So wurden beispielsweise

Leih- und Zeitarbeit nicht in die Bemessungsgrundlage für die Bruttowertschöpfung einbezogen. Dieses Schlupfloch wurde auf Druck der Gewerkschaften und gegen den Widerstand der Arbeitgeberseite mit der „Besonderen Ausgleichsregelung“ des EEG 2.0 weitgehend geschlossen (Interview DGB 04.09.2014).
Abgesehen von Konflikten um die Ausgestaltung der Detailregelungen gab es in Deutschland eine sehr klare Frontstellung der grünen Akteur_innen gegen die Höhe der Befreiungen. Allerdings gibt es einen relativ weitgehenden Konsens darüber, dass Befreiungen grundsätzlich notwendig sind (Interview Hans-Josef Fell 19.09.2014). Sämtliche Umwelt- und Naturschutzverbände, die EE-Verbände sowie der Bundesverband der Energieverbraucher fordern jedoch eine starke Reduzierung der Ausnahmen. Im Januar 2014 veröffentlichte Agora Energiewende eine beim Öko-Institut in Auftrag gegebene Studie zur Reform der Bestimmungen zur „Besonderen Ausgleichsregelung“. Durch eine strengere Fassung der Ausgleichsregelung und die Einbeziehung von Eigenstromerzeuger_innen wäre eine Reduktion der EEG-Umlage auf 5 Cent/KWh möglich (im Jahr 2014 betrug die Umlage 6,24 Cent) (Öko-Institut 2014). Zudem argumentierten Akteur_innen aus dem grünen Spektrum, dass die Einspeisung der erneuerbaren Energien zu sinkenden Börsenstrompreisen führe und damit auch die stromintensiven Industrien von dem Ausbau der Erneuerbaren profitierten. Einer ähnlichen Argumentationslinie folgend kommt Gerd Rosenkranz in einer Studie für die Heinrich-Böll-Stiftung zu folgendem Fazit:

> „Die stromintensive Industrie klagt auf hohem Niveau und unter Vorspiegelung falscher Tatsachen über angeblich «explodierende Strompreise». Mehr als 90 Prozent der nicht-privilegierten Unternehmen sind nur marginal betroffen, weil ihre Stromrechnung für Erfolg oder Misserfolg nicht maßgeblich ist. Sie sind nicht energieintensiv und spüren Strompreisänderungen kaum in ihren Bilanzen. Allerdings darf nicht verschwiegen werden, dass es zwischen diesen beiden Unternehmenssegmenten – sozusagen «zwischen Baum und Borke» – eine begrenzte Gruppe von mittelständischen Unternehmen gibt, die oft auf einem spezialisierten internationalen Nischenmarkt agieren, relativ stromintensiv produzieren, aber nicht genug Strom verbrauchen, um in den vollen Genuss staatlicher Entlastungen zu kommen. Für sie ist der Anstieg der nicht-privilegierten Strompreise durch die steigende EEG-Umlage und andere Abgaben ein ernstes Problem.“ (Rosenkranz 2014: 39-40)

Zu einem ähnlichen Ergebnis kommt eine Studie des Forums Ökologisch-Soziale Marktwirtschaft im Auftrag des BEE. Die Autor_innen arbeiten heraus, dass die tatsächlich gezahlten Industriestrompreise deutlich unter dem Niveau der von Eurostat und dem Statistischen Bundesamt angegebenen Preise liegen. Entsprechend stelle das deutsche Strompreisniveau keine grundlegende Gefahr für die Wettbewerbsfähigkeit der deutschen Industrie dar (Küchler und Wronski 2014). Auch der

Bundesverband der Energieverbraucher kritisierte mehrmals die stetige Ausweitung der Industriebefreiungen zulasten der Haushalte und der nichtbefreiten Unternehmen (Bund der Energieverbraucher e.V. 30.06.2014).
Der BDEW und der VKU beteiligten sich nicht intensiv an den Auseinandersetzungen um die Industriebefreiungen[52]. Für den BDI hingegen hat die Frage der Industriebefreiungen zentrale Bedeutung. Entsprechend war es das wichtigste Anliegen des Verbandes, eine möglichst großzügige Ausgleichsregelung durchzusetzen. Der BDI suchte den Schulterschluss mit den Gewerkschaften und machte vor allem das Argument stark, dass bei einer Einschränkung der Befreiungen eine De-Industrialisierung im Bereich der stromintensiven Industrie in Verbindung mit massiven Arbeitsplatzverlusten drohe (Interviews BDI I 08.10.2014, DGB 04.09.2014). Anlässlich der Abstimmungen im Rahmen der Koalitionsverhandlungen von Peter Altmaier und Hannelore Kraft mit dem Wettbewerbskommissar Joaquin Almunia, erklärte der BDI: „Existenz ganzer Industrien gefährdet" (BDI 07.11.2013).

Sowohl Angela Merkel als auch Sigmar Gabriel ließen keinen Zweifel daran aufkommen, dass sie keine Abschläge bei den Industriebefreiungen hinnehmen würden. Dies kann auch als zusätzliches Zugeständnis im Rahmen der Koalitionsverhandlungen gewertet werden (vgl. Kap. 5.4.1.). Insofern war in dieser Policy-Auseinandersetzung die entscheidende Konfliktlinie weniger zwischen dem grünen und dem grauen Hegemonieprojekt im nationalstaatlichen Kontext. Vielmehr verlief die Linie multiskalar zwischen der GD Wettbewerb, die keineswegs von „grünen" Motiven getrieben wird, und der Deutschen Bundesregierung, insbesondere dem BMWi.

Die skalare Konfliktdimension war jedoch keine plötzlich eintretende Erscheinung. Bereits anlässlich der EEG-Novelle aus dem Jahr 2011 hatte der Bundesverband der Energieverbraucher Beschwerde gegen die Industriebefreiungen eingelegt. Als Begründung führte er an, dass die Befreiungen der stromintensiven Industrie eine Subvention auf Kosten der restlichen Stromverbraucher_innen darstellten (Bund der Energieverbraucher e.V. 02.12.2011). Daraufhin leitete die Kommission ein Vorprüfverfahren ein. Die Bundesregierung hat in ihren Stellungsnahmen stets den Standpunkt vertreten, dass es sich beim EEG 2012 nicht um eine staatliche Beihilfe handele und die Ausnahmen folglich keine unerlaubte Beihilfe darstellen. Die GD Wettbewerb kam im Vorprüfverfahren hingegen zu dem Schluss, dass das EEG 2012 eine staatliche Beihilfe sei, die jedoch im Einklang mit den Umweltschutzleitlinien stehe. Die „Besondere Ausgleichsregelung" und das Grünstromprivileg hingegen verstießen gegen die Beihilfeleitlinien, da

52 Wenngleich der Braunkohletagebau selbst relativ stromintensiv ist und beispielsweise das Tochterunternehmen Vattenfall Mining von der EEG-Umlage befreit ist und so im Jahr 2013 ca. 67,7 Millionen Euro sparte (Deutsche Umwelthilfe 02.01.2014).

erstere weder notwendig noch verhältnismäßig sei und das Grünstromprivileg in Deutschland produzierten Strom aus regenerativen Energiequellen ausländischem Grünstrom gegenüber bevorzuge. Vor diesem Hintergrund leitete die EU-Kommission am 18. Dezember 2013 nach dem Abschluss des Vorprüfverfahrens ein ordentliches Prüfverfahren ein (Beiten Burkhardt Rechtsanwaltsgesellschaft 2014). Damit wurde die Bundesregierung in Anbetracht der unklaren Rechtslage sehr stark unter Druck gesetzt (Interview BMWi 06.10.2014).

In der Regierungserklärung am selben Tag erneuerte die Bundeskanzlerin ihr Argument, dass Einschränkungen der „Besonderen Ausgleichsregelung" Arbeitsplätze in Deutschland gefährden würden und es nicht im Sinne Europas sein könne, der deutschen Industrie zu schaden. Die Überschrift eines FAZ-Artikels über den energiepolitischen Teil der Regierungserklärung lautete bezeichnenderweise „Merkel sagt Brüssel den Kampf an" (faz 2013b). Auch der BDI kritisierte die Eröffnung des Beihilfeverfahrens und forderte eine Beibehaltung der Ausnahmeregelungen und die Schaffung von dauerhafter Rechtssicherheit für die betroffenen Unternehmen (BDI 18.12.2013).

Nachdem am 09. April 2014 die neuen EU-Beihilfeleitlinien beschlossen worden waren (vgl. Kap. 4.4.4.), folgte am 07. Mai ein erster Regierungsentwurf für die Neufassung der „Besonderen Ausgleichsregelung". Der Gesetzentwurf der Bundesregierung zu den Befreiungen wurde entlang der neuen Beihilfeleitlinien formuliert. Das zentrale Bemessungskriterium ist der Stromkostenanteil an der Bruttowertschöpfung zu Faktorkosten. Von der EEG-Umlage befreit werden können Unternehmen aus Branchen, die über den jeweils geltenden Schwellenwerten in Höhe von 16, 17 oder 20 % liegen. Darüber hinaus gibt es eine Vielzahl an Spezifikationen. Der Gesetzentwurf erstreckt sich über 57 Seiten (Bundesregierung 2014a).

Heftige Kritik an dem Entwurf wurde in einem gemeinsamen Positionspapier von Umwelt- und Verbraucherschutzverbänden (inklusive dem Deutschen Mieterbund) sowie dem Unternehmensverband „Unternehmensgrün" am 22. Mai geübt. Darin forderte das Bündnis unter anderem die Einschränkung der Befreiungen auf 15 statt 219 Branchen und den Ausgleich des Merit-Order-Effekts53 (FÖS et al. 2014). Allerdings gab es im weiteren Gesetzgebungsverfahren keine grundlegenden Änderungen mehr. Nach Schätzungen der Übertragungsnetzbetreiber stieg der Umfang der Befreiungen von 3,9 Mrd. Euro im Jahr 2013 auf 5,1 Mrd. Euro im Jahr 2014 an und stabilisierte sich im Jahr 2015 bei 4,8 Mrd. Euro (BMWi und BAFA 2015: 15). Insofern konnte sich die deutsche Industrie in den Auseinander-

53 Durch den *Merit-Order*-Effekt sinken bei wachsender Einspeisung erneuerbarer Energien die Börsenstrompreise. Davon profitieren wiederum auch diejenigen Unternehmen, die von der Zahlung der vollen EEG-Umlage befreit sind.

setzungen um die „Besondere Ausgleichsregelung“ gegen das grüne Akteursspektrum und die GD Wettbewerb durchsetzen. Gleichwohl blieb die Frage offen, ob es sich bei der „Besonderen Ausgleichsregelung“ um eine Beihilfe handelt. Dies verdeutlicht die konfrontative Darlegung der Bundesregierung:

> Trotz dieser Einigung besteht in der Bewertung der ‚Besonderen Ausgleichsregelung‘ ein grundsätzlicher Dissens zwischen der Bundesregierung und der Kommission: ‚Die EU-Kommission ist zuständig für die europäische Beihilfenkontrolle. Wenn sie zu der Auffassung gelangt, dass staatliche Förderungen rechtswidrig gewährt wurden, muss die EU-Kommission den Mitgliedstaat verpflichten, diese Beihilfen bei den begünstigten Unternehmen zurückzufordern. Diese Sicht vertritt die Kommission zur Besonderen Ausgleichsregelung im EEG 2012. Die Bundesregierung teilt diese Auffassung nicht. Sie sieht die Begünstigung von stromintensiven Unternehmen im Rahmen der Besonderen Ausgleichsregelung nicht als Beihilfe. Um dennoch Rechtssicherheit für alle Beteiligten zu schaffen, hat die Bundesregierung – unter Wahrung ihrer Rechtsauffassung – mit der EU-Kommission eine Verständigung erzielt.‘“ (BMWi 2014c)

5.4.5 Strommarktdesign: Kapazitätsreserve statt Kapazitätsmärkte

Nachdem insbesondere RWE, E.ON, der BDEW und der VKU die Debatte um einen Kapazitätsmarkt forciert hatten und der Koalitionsvertrag diese Frage offen gelassen hatte, intensivierten die genannten Akteur_innen ihre Lobbyaktivitäten. Auch ver.di sprach sich vehement für die Einführung eines Kapazitätsmarktes aus und organisierte am 08. Oktober 2014 einen bundesweiten Aktionstag an verschiedenen Kraftwerksstandorten (ver.di 13.08.2014). Allerdings ist es den Befürworter_innen von Kapazitätsmärkten nicht gelungen, das Projekt innerhalb des grauen Akteursspektrums zu verallgemeinern. So konstatierte die BDEW-Vorsitzende Hildegard Müller in einer Pressemitteilung vom 18. August 2014:

> „Einige Vertreter der Industrieverbände scheinen die wachsende Dramatik auf dem Kraftwerksmarkt immer noch zu unterschätzen - und das, obwohl ihre Mitgliedsunternehmen auf eine jederzeit sichere Stromversorgung dringend angewiesen sind. Ich habe kein Verständnis dafür, dass trotz der sich abzeichnenden massiven Probleme suggeriert wird, man könne einfach so weitermachen wie bisher. Dies zeugt von einer gefährlichen Leichtfertigkeit im Umgang mit den Energieversorgungsstrukturen und schadet damit dem Wirtschaftsstandort Deutschland.“ (BDEW 18.08.2014)

Die Mehrzahl der grünen Akteur_innen spricht sich gegen die Einführung von Kapazitätsmärkten aus. Das zentrale Argument ist, dass es gegenwärtig und in naher Zukunft zu keinen Versorgungsengpässen kommen wird. Somit reiche es aus, den bestehenden *energy-only*-Markt[54] weiter zu entwickeln, etwa durch eine bessere Anpassung der Nachfrage, einen weiteren auch grenzüberschreitenden Netzausbau oder die Entwicklung neuer Speichertechnologien (BEE 08.10.2014). Innerhalb des grünen Spektrums gibt es jedoch Akteure_innen, die für eine Einführung eines fokussierten Kapazitätsmarktes[55] plädieren. Während die LBD-Beratungsgesellschaft bereits Ende 2011 im Auftrag des grün geführten Baden-Württembergischen Umweltministeriums[56] eine Studie erstellte und die Einführung eines fokussierten Kapazitätsmarktes empfahl (LBD-Beratungsgesellschaft 2011), wurde das Konzept in einer gemeinsamen Studie mit dem Öko-Institut und der Rechtsanwaltskanzlei Raue für den WWF weiter entwickelt (Öko-Institut et al. 2012).

In seiner Rede auf dem BDEW-Kongress im Juni 2014 rückte Sigmar Gabriel das Konzept des Kapazitätsmarktes in die Nähe von Hartz-IV: „[…] Nicht arbeiten aber Geld verdienen, das geht nicht."[57] Damit deutete sich bereits an, dass sich das Wirtschaftsministerium, auf dessen Arbeitsebene es auch massive Widerstände gegen Kapazitätsmärkte gibt (Interview E.ON I 08.09.2014), gegen das Konzept entscheiden würde. Auch zwei vom BMWi in Auftrag gegebene Studien kamen zu dem Schluss, dass die Einführung von Kapazitätsmärkten nicht erforderlich ist, um die Versorgungssicherheit aufrecht zu erhalten (Interview SPD I 07.10.2014). Entsprechend zielte das vom BMWi im Oktober 2014 veröffentliche Grünbuch in die Richtung, keine Kapazitätsmärkte einzuführen, sondern den *energy-only*-Markt weiter zu entwickeln und um eine Kapazitätsreserve[58] zu erweitern (BMWi 2014b). Dieser Stoßrichtung folgend wurde im Juli 2015 das Weißbuch „Ein Strommarkt für die Energiewende" veröffentlicht. Im Vorwort expliziert Sigmar Gabriel die Ablehnung von Kapazitätsmärkten:

> "Nach Abwägung vieler Argumente in einer überaus intensiven Diskussion der vergangenen Monate sprechen wir uns mit dem Weißbuch klar für einen Strommarkt 2.0, abgesichert durch eine Kapazitätsreserve, und gegen die Einführung eines Kapazitäts-

54 *Energy-only*-Markt bedeutet, dass nur der Verkauf von Strom vergütet wird, nicht jedoch (wie es die Befürworter_innen von Kapazitätsmärkten fordern) die Bereitstellung von sicheren Kraftwerkskapazitäten.

55 Ein fokussierter Kapazitätsmarkt impliziert, dass nicht alle potentiell möglichen Ansätze, um die Versorgungssicherheit herzustellen, in den Kapazitätsmärkt integriert werden. So wäre es bei-spielsweise möglich, Kohlekraftwerke aus Klimaschutzgründen auszuschließen.

56 Franz Untersteller ist der Umweltminister Baden-Württembergs und ist innerhalb der Grünen ein Befürworter einer „marknahen" Förderung der erneuerbaren Energien. Dafür wird er von den Befürwortern der garantierten Einspeisevergütung kritisiert (Interview Hans-Josef Fell 19.09.2014).

57 https://www.youtube.com/watch?v=sYfkkrRpcIY, zugegriffen am 10.06.2016

58 Eine Kapazitätsreserve vergütet die Bereithaltung zur Stromerzeugung von bestimmten Kraftwerken, die unter gewöhnlichen Bedingungen zur Sicherstellung der Versorgungssicherheit nicht gebraucht werden.

> marktes aus. Kapazitätsmärkte können einen Beitrag zur Versorgungssicherheit leisten; das ist unbestritten. Dennoch konservieren sie bestehende Strukturen, statt den Strommarkt fit zu machen für die Herausforderungen der Zukunft und der Energiewende. Kapazitätsmärkte können zudem zu Kostendynamiken führen, die wir unbedingt vermeiden müssen, wenn uns an erschwinglichen Strompreisen gelegen ist." (BMWi 2015c: 3)

Insofern bleiben für die Befürworter_innen von Kapazitätsmärkten nach ihrem Scheitern drei strategische Optionen: im nationalstaatlichen Kontext eine breitere Unterstützung zu organisieren, nach einem Regierungswechsel einen neuen Anlauf zur Einführung von Kapazitätsmärkten zu unternehmen und über die europäische Maßstabsebene im Rahmen einer *politics of scale* nach der Logik eines *spill-over* die Einführung zu forcieren. Allerdings sollte es sich zeigen, dass auch eine strategische Reserve durchaus lukrativ für die Kraftwerksbetreiber_innen ausgestaltet werden kann.

5.4.6 Das Zusammenspiel von Klima- und Energiepolitik: 40 % Emissionsreduktion bis 2020?

Im Sommer 2007 hatte die damalige große Koalition mit dem Umweltminister Sigmar Gabriel ein integriertes Klima- und Energiepaket beschlossen, das eine Emissionsreduktion um 40 % bis 2020 beinhaltete (BMU 24.08.2007). Nachdem in den Jahren 2011, 2012 und 2013 die Treibhausgasemissionen in Deutschland angestiegen waren, befanden sie sich im Jahr 2013 lediglich 24,3 % unter dem Niveau von 1990 und nur marginal unterhalb des Niveaus von 2007. Während die Umweltministerin Barbara Hendricks zusätzliche Maßnahmen zur Erreichung des 40%-Reduktionsziels einforderte, berichtete der Spiegel, dass Wirtschaftsminister Gabriel intern eingestanden habe, dass das Ziel nicht erreichbar sei (Spiegel Online 2014). Um Druck auf Gabriel aufzubauen, kippte Greenpeace am 06. November 2014 acht Tonnen Kohle vor das Wirtschaftsministerium, verbunden mit der Forderung nach einem schnellen Kohleausstieg (Greenpeace 2014b). Im Dezember 2014 hat das Bundeskabinett das „Aktionsprogramm Klimaschutz 2020“ beschlossen. Darin bekennt sich die Regierung zum 40%-Ziel und benennt eine Vielzahl an klimapolitischen Handlungsfeldern, insbesondere eine Erhöhung der Energieeffizienz und eine zusätzliche Emissionsreduktion in Höhe von 22 Mio. Tonnen im Stromsektor. Dazu sollte das BMWi eine Gesetzesvorlage ausarbeiten (BMU 2014).

Im März 2015 präsentierte Gabriel das gemeinsam mit dem Öko-Institut und der Beratungsgesellschaft Prognos ausgearbeitete Konzept eines „Klimabeitrags“. Die Kernidee des Konzepts war es, dass für Braunkohlekraftwerke, deren Laufzeit bereits 20 Jahre überschritten hat, ein Klimabeitrag in Form von Emissionszertifikaten zu entrichten ist. Die Höhe des Beitrags wurde so hoch angesetzt, dass er den Modellierungen zu Folge dazu führen würde, dass die Kohlekraftwerke ihre Stromproduktion gerade soweit eindämmen, dass die erforderlichen Emissionsminderungen bewerkstelligt würden (BMWi 2015b). Das grüne Akteursspektrum begrüßte den Vorschlag. Auch weite Teile der Stadtwerke unterstützten die Pläne Gabriels. Heftige Proteste kamen jedoch aus dem grauen Spektrum, insbesondere aus den „Kohleländern" Nord-Rhein-Westfalen, Brandenburg sowie Sachsen. Darüber hinaus widersetzte sich der Wirtschaftsflügel der Union den Plänen des Wirtschaftsministeriums. Auch die Gewerkschaften, insbesondere die IGBCE und ver.di, attackierten den Klimabeitrag. Ver.di-Chef Frank Bsirske ließ verlautbaren, die Klimaabgabe gefährde 100.000 Arbeitsplätze (Bauchmüller 2015). Am 25. April 2015 mobilisierten die IGBCE und ver.di 15.000 Menschen nach Berlin um gegen die Klimaabgabe zu demonstrieren. Am selben Tag fand im Rheinischen Braunkohlerevier eine Menschenkette mit 6.000 Teilnehmer_innen für den Kohleausstieg statt (Brühl 2015).

Die Gewerkschaften warnten vor einem „Strukturbruch" in den betroffenen Regionen und entwickelten einen Alternativvorschlag zur geplanten Klimaabgabe: eine „Kapazitätsreserve für Versorgungssicherheit und Klimaschutz (KVK)". Angelehnt an das neue Strommarktdesign sollten die Kraftwerke nicht mit einer Abgabe belegt, sondern über eine Ausschreibung für die Gewährung von Versorgungssicherheit entlohnt werden (IG BCE 2015). Das DIW kommt in einer von der Heinrich-Böll-Stiftung und der European Climate Foundation in Auftrag gegebenen Studie zu der folgenden Einschätzung:

> „Die von der IG BCE vorgeschlagene ‚Kapazitätsreserve für Versorgungssicherheit und Klimaschutz' (KVK) entspricht einer teuren ‚Abwrackprämie' für besonders alte Kraftwerke; sie ist aufgrund bestehender Überkapazitäten weder energiewirtschaftlich sinnvoll noch effektiv bzgl. der Klimaschutzziele." (DIW 2015: 1)

Insofern waren die Fronten relativ klar: Während das grüne Akteursspektrum die Pläne des BMWi verteidigte, gab es innerhalb des grauen Spektrums massive Widerstände. Kanzlerin Merkel hielt sich in den Auseinandersetzungen ungeachtet der Beschlüsse vom G7-Gipfel in Elmau, die eine Dekarbonisierung bis Ende des Jahrhunderts anpeilten, lange bedeckt. Das Bundeskabinett beschloss im Juli eine Regelung, die statt der Klimaabgabe eine Überführung von Braunkohlekraftwerken im Umfang von 2,7 GW (13 % der installierten Braunkohlekraftwerksleistung) in die Kapazitätsreserve vorsieht (BMWi 02.07.2015). Nach weiteren Aushandlungen wurden die Pläne konkretisiert und den Kraftwerksbetreibern, deren Braunkohlekraftwerke in die Reserve übergehen, eine Entschädigung in Höhe von 1,6 Mrd. Euro zugesagt. Den Löwenanteil davon bekommt RWE mit 800 bis 900 Mio. Euro.

In Anbetracht dessen, dass die Kraftwerke vor dem Hintergrund massiver Überkapazitäten im deutschen und europäischen Strommarkt aller Voraussicht nach zu keinem Zeitpunkt als Reservekraftwerke einspringen müssen, wird diese Regelung aus dem grünen Spektrum als „Goldener Handschlag“ (BUND 04.11.2015) für alte Braunkohlekraftwerke bezeichnet. Finanziert wird das „Hartz IV vom Minister“ (Lembke 2015), wie es eine Kommentatorin in der FAZ in Anlehnung an Gabriels Ausführungen zu den Kapazitätsmärkten bezeichnete, über eine Strompreisumlage. Insofern konnte sich das graue Akteursspektrum in diesen Auseinandersetzungen weitgehend durchsetzen und den Einstieg in die Kapazitätsreserve im Sinne der Braunkohlekraftwerksbetreiber_innen gestalten. Es ist zweifelhaft, ob mit dem Maßnahmenkatalog das Emissionsreduktionsziel von 40 % bis 2020 tatsächlich erreicht wird (BUND 04.11.2015).

5.4.7 Strategische Neuausrichtungen innerhalb des grauen Hegemonieprojekts

Nach dem atompolitischen Schwenk der Bundesregierung in Folge von Fukushima und der fortdauernden Krise des traditionellen Erzeugungsgeschäfts orientierten die Atomkonzerne zunächst darauf, sich der Risiken des Atommülls zu entledigen. Der im Mai 2014 vorgelegte Vorschlag einer „Atom-Stiftung“, in die die bestehenden Atomkraftwerke mitsamt den für den Rückbau und die Lagerung des Atommülls gebildeten Rückstellungen überführt werden sollten, lehnte die Bundesregierung ab (Süddeutsche Zeitung 2014). Dies dürfte mit ein Grund dafür gewesen sein, dass der Aufsichtsrat von E.ON im November eine Aufspaltung des Konzerns im Rahmen der Strategie „Empowering customers. Shaping markets.“ beschloss. Während die Bereiche erneuerbare Energien, Netzbetrieb und Kundenlösungen im E.ON Konzern verbleiben sollen, soll das klassische Erzeugungsgeschäft (Kohle, Gas, Atom) in den neuen Konzern UNIPER ausgegliedert und an die Börse gebracht werden[59].

In diesem Schritt manifestiert sich nicht nur der Versuch, sich der atomaren Altlasten zu entledigen, sondern eine grundlegende strategische Neuorientierung, die sich in den Jahren davor abgezeichnet hat. Eine Neuorientierung dahingehend, dass die Konzernspitzen erkannt haben, dass die Transition des Stromsystems weiter voranschreiten wird und die transnationalen Energiekonzerne nur dann eine

59 Das BMWi arbeitete im Jahr 2015 einen Gesetzentwurf aus, der es verhindern soll, dass sich die Atomkonzerne durch die Aufspaltung der Risiken der atomaren Altlasten entledigen können. Das Gesetz wurde im Jahr 2015 auf Grund des Widerstands aus Teilen der Unionsfraktion nicht verabschiedet. Um einen Rechtsstreit zu umgehen hat E.ON jedoch angekündigt, die Atomsparte unter dem Namen „Preussen-Elektra“ im neuen E.ON-Konzern zu behalten und nicht in UNIPER auszugliedern (Wetzel 2015).

Zukunft haben werden, wenn sie sich neu aufstellen und Träger_innen des Wandels im Sinne einer passiven Revolution werden. Ein SZ-Kommentator fasste es folgendermaßen: „Schöpferische Zerstörung in Eigenregie: Die Manager von E.ON lagern Kohle, Gas, Atomkraft in eine Art 'bad energy bank' aus. Der radikale Umbau ist ein mutiger und konsequenter Schritt hin zu regenerativen Energien. Die anderen großen Versorger werden folgen" (Schäfer 2014). Die strategische Neuausrichtung wird auf der Konzernhomepage in einer Art und Weise begründet, wie sie noch vor wenigen Jahren, etwa als der Konzern einer der Triebkräfte hinter der Atomlaufzeitverlängerung gewesen ist, undenkbar gewesen wäre:

> „Erneuerbare Energien wie Wind und Sonne haben inzwischen im Vergleich zu den konventionellen Technologien ein konkurrenzfähiges Kostenniveau erreicht. In Verbindung mit Energiespeichermöglichkeiten wie beispielsweise Batterien werden sie sich für immer mehr Kunden zu einer echten Alternative in ihrer Energieversorgung entwickeln. Parallel verändern sich die Erwartungen und Rollen der Kunden substanziell: Sie sind nicht mehr ausschließlich Empfänger einer Strom-, Gas- oder Wärmelieferung, sondern hinterfragen zunehmend Quelle und Nachhaltigkeit der eigenen Energieversorgung. Viele engagieren sich persönlich, indem sie zum Beispiel Eigenerzeuger oder Energieeffizienz-Manager werden. Neben den sich verändernden Kundenbedürfnissen haben auch politische und regulatorische Entscheidungen der letzten Jahre zu einer zunehmenden Bedeutung der erneuerbaren und dezentralen Energieerzeugung sowie der Energieeffizienz geführt. Aufgrund dieser Entwicklungen bricht die traditionelle Wertschöpfungskette in immer mehr und immer unterschiedlichere Teilmärkte auf. Dies eröffnet auch neuen, spezialisierten Akteuren einen Zugang zum Energiemarkt und führt so zu einer noch größeren Wettbewerbsintensität. Die neue, auf nachhaltiger Energie basierende Welt mit selbstständigen und aktiven Kunden, erneuerbarer und dezentraler Energieerzeugung, Energieeffizienz sowie lokalen Energiesystemen bietet erhebliche Wachstumspotenziale. Diese neue Energiewelt wird dynamischer wachsen und in vielen Ländern an Bedeutung gewinnen […]."[60]

Ein Jahr später beschloss die Führungsriege von RWE die Aufspaltung des Konzerns. Im Gegensatz zu E.ON will RWE Teile seines grünen Geschäftszweigs an die Börse bringen, auch um neues Kapital einzusammeln (Bernau und Busse 2015). Vattenfall versucht aktuell seine deutschen Braunkohletagebaue und – Kraftwerke zu veräußern. Die EnBW hatte sich, nicht zuletzt vor dem Hintergrund des Wechsels in der Landesregierung im Jahr 2011, stärker in Richtung regenerative Energien orientiert (Sander 2015: 208).

Insofern konzentrierten sich die großen Energiekonzerne darauf, ihre internen Organisationsstrukturen den neuen Herausforderungen anzupassen. Dennoch bestehen sie als widersprüchliche Einheit fort. Sie müssen nach wie vor auf eine

60 http://www.eon.com/de/ueber-uns/strategie.html, zugegriffen am 30.03.2016

optimale Verwertung der bestehenden Erzeugungskapazitäten hinarbeiten (Forderung nach Kapazitätsmärkten, Ablehnung der Klimaabgabe, Verhinderung eines Kohleausstiegs) und zugleich die Energiewende einbremsen (Kostendebatte, Marktintegration, Ausschreibungen, Direktvermarktung) und in eine Richtung drehen, die es ihnen ermöglicht, neue Geschäftsmodelle im regenerativen Energiezeitalter zu entwickeln.

Trotz ihres zumindest vorläufigen Scheiterns im Hinblick auf die Einführung von Kapazitätsmärkten ist es den Konzernen gelungen, die Klimaabgabe abzuwenden und die Kapazitätsreserve zu ihren Gunsten auszugestalten. Durch die Offensive gegen das EEG konnte das graue Akteursspektrum den Charakter des EEG 2.0 wesentlich bestimmen. Damit wurde die Energiewende ausgebremst und in die Richtung einer Transition, eines geordneten Übergangs unter Bewahrung der bestehenden Macht- und Herrschaftsverhältnisse, gelenkt.

5.4.8 Partielle Neujustierung und Risse im grünen Hegemonieprojekt

Nachdem das grüne Akteursspektrum nach Fukushima einen beschleunigten Atomausstieg durchsetzen konnte, gleichzeitig jedoch die Braunkohleverstromung zunahm, verdichteten sich die strategischen Ansätze zum Projekt des Kohleausstiegs. Pointiert auf den Punkt gebracht gilt: „Deutschland kann nicht gleichzeitig Energiewendeland sein und Kohleland bleiben" (Rosenkranz 2014: 66). NGOs und Think Tanks entwickelten erste Konzepte eines Kohleausstiegs. Das radikalere Bewegungsspektrum konnte nach diversen Klimacamps mit der Aktion *Ende Gelände* im August 2015 im Rheinland und im Mai 2016 die Proteste gegen die Kohlenutzung verbreitern und zuspitzen. Der Think Tank Agora Energiewende entwickelte zu Beginn des Jahres 2016 eine erste relativ umfassende Diskussionsgrundlage, wie ein Kohleausstieg bis zum Jahr 2040 gestaltet werden kann, ohne dass es in den betroffenen Regionen zu Strukturbrüchen kommt. Als Vorbild für einen solchen „Kohlekonsens" wird immer wieder der „Atomkonsens" angeführt[61] (Agora Energiewende 2016). Innerhalb des grünen Hegemonieprojekts gibt es im Hinblick auf den Kohleausstieg zumindest einen weitgehenden Konsens dahingehend, dass dieser bis spätestens 2040 erfolgen muss.

In Bezug auf den weiteren Verlauf der Energiewende gibt es innerhalb des grünen Spektrums hingegen wachsende Diskrepanzen. Zahlreiche Akteur_innen

---

61 Es wird im öffentlichen Diskurs und in dieser Publikation zumeist von „Konsens" gesprochen. Der sogenannte „Atomkonsens" von 2001 war jedoch ein Kompromiss, bei dem verschiedene Akteur_innen Zugeständnisse machten. Selbiges ist auch für einen „Kohlekonsens" zu erwarten.

sind auch vor dem Hintergrund der grauen Offensive gegen das EEG vom Standpunkt abgerückt, das System der garantierten Einspeisevergütung zu verteidigen. Dies bildet sich im Parteienspektrum auch innerhalb von Bündnis 90/Die Grünen ab (Interview Hans-Josef Fell 19.09.2014). So reflektierte etwa die interviewte Person des BWE:

> „Aber wir erleben auch bei den Grünen zunehmend eine realpolitische Seite, die uns auch herausfordert in der Diskussion, die uns fragt, was ist mit der Marktintegration? Was ist mit dem Marktdesign zukünftig? Was ist mit der Systemstabilität? Wo der Begriff des Klimaschutzes im energiepolitischen Zieldreieck nicht zuerst genannt wird, sondern eben die Versorgungssicherheit und die Kosteneffizienz." (Interview BWE 30.09.2014)

Auch die Vorschläge von Agora Energiewende, die auf eine stärkere „Marktintegration" der erneuerbaren Energien abzielten, wurden von Teilen des grünen Akteursspektrums scharf kritisiert (EUROSOLAR 18.10.2013). Gleichwohl befanden sich insbesondere die Erneuerbarenverbände in einer ambivalenten Position. Sie sind von der EEG-Reform sehr unterschiedlich betroffen und können sich nicht auf die Linie einer Fundamentalopposition zurückziehen, sondern müssen sich im Rahmen der hegemonialen Diskursorganisation bewegen:

> „[…] wobei wir uns auch jetzt schon den Vorwurf anhören müssen, dass wir die Diskussion so mitführen, wie sie uns aufgezwungen wurde. Diese reine Kostendiskussion, dass alles auf die Kosten zurückgeführt wird, bei allem was wir machen, das ist schon sehr sehr schade, weil es dem nicht gerecht wird, was wir hier in Deutschland leisten." (Interview BWE 30.09.2014)

Die Umwelt- und Verbraucherschutzverbände, EUROSOLAR, das genossenschaftliche Spektrum und die Umweltbewegungen hingegen forderten eine Beibehaltung der garantierten Einspeisevergütung und die Fortführung der dezentralisierten Energiewende. Vor dem Hintergrund der nahenden EEG-Novelle und zu erwartender Verschlechterungen für Bürgerenergieprojekte, wurde im Januar 2014 anknüpfend an die Kampagne aus dem Wahljahr 2013 „Die Wende. Energie in Bürgerhand", das „Bündnis Bürgerenergie" gegründet. Dieses Bündnis wurde von Unternehmen, Verbänden und Stiftungen initiiert, unter anderem dem BEE, der Agentur für Erneuerbare Energien und der GLS Bank Stiftung. Josef Göppel und Hans-Josef Fell haben die Gründung des Bündnisses mit angeregt. Das Ziel bestand darin, einen Akteur zu etablieren, der die Idee der Bürgerenergie, also eines dezentralen Ausbaus erneuerbarer Energien, stärker in die Öffentlichkeit bringt, für eine bessere Vernetzung und aktive Bildungsarbeit in diesem Spektrum sorgt und gegen die graue Offensive gegen das EEG ankämpft. Entsprechend ist der zentrale Kritikpunkt des Bündnisses am EEG 2.0 die anvisierte Umstellung auf Ausschreibungsmodelle und die verpflichtende Direktvermarktung, die für Bürgerenergieprojekte massive Hürden darstellen (Interview BBEn 22.09.2014).

Abbildung 4: Das energiepolitische Akteursspektrum Deutschlands Mitte 2015

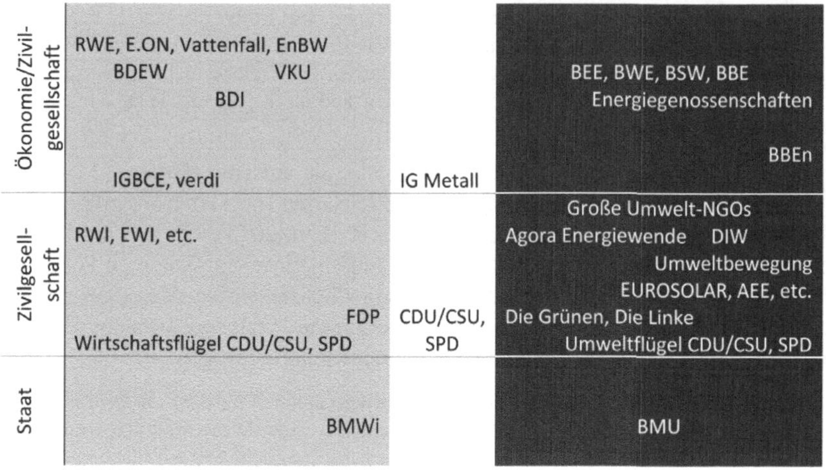

Ökonomie/Zivilgesellschaft	RWE, E.ON, Vattenfall, EnBW BDEW VKU BDI IGBCE, verdi	IG Metall	BEE, BWE, BSW, BBE Energiegenossenschaften BBEn
Zivilgesellschaft	RWI, EWI, etc. FDP Wirtschaftsflügel CDU/CSU, SPD	CDU/CSU, SPD	Große Umwelt-NGOs Agora Energiewende DIW Umweltbewegung EUROSOLAR, AEE, etc. Die Grünen, Die Linke Umweltflügel CDU/CSU, SPD
Staat	BMWi		BMU

Quelle: Eigene Darstellung.

5.5 Metamorphosen der energiepolitischen Konfliktdynamiken

In der historischen Gesamtschau der Transformationsdynamiken im Kontext der Energiewende in Deutschland lassen sich zwei übergreifende, wechselseitig aufeinander bezogene, Konfliktfelder ausmachen: erstens die Auseinandersetzungen um das fossil-nukleare Energieregime, zweitens die Auseinandersetzungen um ein neues, regeneratives Energieregime. Die Konfliktdynamiken lassen sich in drei Phasen unterteilen.

Die erste Phase beginnt in den späten 1960er Jahren, als verschiedene Erscheinungsformen der ökologischen Krise stärker politisiert wurden und sich im Zuge dessen die Anti-AKW-Bewegung formierte. Damit wurde die Atomenergie zu einem zentralen Konfliktherd. Die Bewegungen waren stark genug, um die Ablehnung der Atomenergie zu verallgemeinern. Die Umweltbewegungen institutionalisierten sich zunehmend. Über die Gründung der Partei „Die Grünen“ fand eine stärkere Verankerung im Parteienspektrum statt. Mit der Gründung des Bundesumweltministeriums im Jahr 1986 wurde der Zugang zu den Staatsapparaten wesentlich erleichtert. Parallel zum klar antagonistischen Kurs gegenüber der Atomkraft wurden verschiedene Initiativen gestartet, um Alternativen zum fossil-nuklearen Energieregime zu entwickeln. Mit dem im Jahr 1990 verabschiedeten Stromeinspeisegesetz konnte der Ausbau regenerativer Stromerzeugungsanlagen abgesichert werden. Allerdings blieben die erneuerbaren Energien eine Nische, die für die vier dominierenden Stromkonzerne, die sich nach der Liberalisierung des Strommarktes herausbildeten, keine ernstzunehmende Gefahr darstellten.

In der zweiten Phase zwischen dem Jahr 2000 und 2011 wurde der Atomkonflikt weitgehend befriedet. Im Jahr 2001 handelte die rot-grüne Regierung den sogenannten Atomkonsens, einen Ausstiegsbeschluss, aus[62]. Dieser wurde zwar von den Atomkonzernen wieder aufgekündigt und eine Laufzeitverlängerung im Jahr 2010 durchgesetzt. Nach dem Reaktorunglück von Fukushima wurde jedoch der Atomkonflikt durch die Regierung Merkel weitgehend eingehegt (Sander 2015: 222-235). Insofern scheint das grüne Akteursspektrum das Projekt des Atomausstiegs erfolgreich durchsetzen zu können. Zugleich kam es zu einem massiven Ausbau der erneuerbaren Energien, vor allem der Windenergie, der Biomasse und der Photovoltaik. Die grünen Akteur_innen konnten die Energiewende und das EEG gegen den wachsenden Widerstand aus dem grauen Spektrum erfolgreich verteidigen.

Seit dem Jahr 2011 haben sich die Konfliktdynamiken stark gewandelt. Nach der weitgehenden Befriedung des Atomkonflikts intensivierten weite Teile der grünen Akteur_innen ihre Initiativen gegen die weitere Nutzung der Kohle. Insofern kristallisierte sich der Kohleausstieg als ein konkretes politisches Projekt heraus, das inzwischen breit diskutiert wird und für die Erfüllung der langfristigen Dekarbonisierungsfahrpläne der Bundesregierung unabdingbar wäre (Agora Energiewende 2016). Insofern wurde von den grünen Aktuer_innen ein starker Druck in diese Richtung aufgebaut (Interview RWE 09.10.2014).

Zugleich starteten die grauen Akteur_innen ab 2012 relativ geschlossen massive Angriffe auf die Energiewende und das EEG. Als Hebel diente ihnen insbesondere die steigende EEG-Umlage. Unter dem Leitbild der Marktintegration wurde mit den EEG-Novellen von 2012 und 2014 die Ausbaudynamik der rege-

62 Hierbei ist es wichtig anzumerken, dass das Verhältnis der Anti-AKW Bewegung zur grünen Partei trotz personeller Überschneidungen nie konfliktfrei war und die Grünen keineswegs eine Art verlängerten Arm der Anti-AKW-Bewegung darstellen, sondern sich im Zuge des „Eintritts" in den parteiförmigen, parlamentarischen Rahmen stark gewandelt und teilweise von den Bewegungen entfremdet haben. So wurde der „Atomkonsens" von 2001 von weiten Teilen der Bewegung heftig kritisiert (Tresantis 2015).

nerativen Energieträger stark eingebremst und in eine andere, stärker zentralistische Richtung gelenkt. Damit deutet sich an, dass die Energiewende zwar fortgesetzt wird, allerdings deutlich gebremst und sehr viel stärker an den Interessen des grauen Spektrums orientiert. Denn die großen Stromkonzerne haben sich in den vergangen Jahren strategisch neu ausgerichtet. Sie versuchen nicht mehr die Energiewende grundsätzlich zu bekämpfen, sondern sie passiv zu revolutionieren. Der Ausbau regenerativer Energieträger soll weiter gehen, allerdings gebremst und an den Interessen des grauen Akteursspektrums ausgerichtet. In diesem Zusammenhang müssen auch die Konzernumstrukturierungen von E.ON und RWE gesehen werden. Zugleich haben die grauen Akteur_innen, so die Einschätzung des Vertreters von EUROSOLAR, durch ihren Kampf gegen die Energiewende zu deren Erfolg beigetragen:

> „Auch das ist ja so ein Treppenwitz der Geschichte, dass wir deswegen so weit sind in Deutschland, weil wir so große Widerstände haben […]. Immer dann, wenn es lohnenswert war erneuerbare Energien auszubauen, geschah das mit einem irrsinnigen Schweinsgalopp, wahnsinnig schnell. Ich hab immer gesagt: langsam, langsam, langsam [...]. Aber ich glaube, weil die ständige Angst da war, in einem halben Jahr oder in einem Jahr schaut es alles wieder ganz anders aus, wurde so schnell gebaut, dass wir heute so viele Kapazitäten haben. Also es sind sozusagen die Gegner der Energiewende daran schuld, dass die Energiewende so erfolgreich ist, weil die durch ihre ständigen Störmanöver das Tempo angefacht haben." (Interview EUROSOLAR 29.10.2014)

Vor dem Hintergrund der grauen Offensive erfolgte zu einem gewissen Grad eine Spaltung der grünen Akteurslandschaft. Einerseits halten diejenigen Akteur_innen, denen eine Transformation des Energiesystems im Sinne eines dezentralisierten und demokratisierten Systems vorschwebt, am System der garantierten Einspeisevergütung fest. Der Diskurs der Marktintegration wird als ein interessengeleiteter Versuch wahrgenommen, um die Energiewende auszubremsen und sie in eine stärker zentralistische Richtung zu drehen (Interviews SPD I 07.10.2014, BEE 04.09.2014). Zu diesen Akteur_innen gehören EUROSOLAR, das genossenschaftliche Spektrum, aber auch der Großteil der Umweltverbände und das neu gegründete „Bündnis Bürgerenergie" (Interviews EUROSOLAR 29.10.2014, Greenpeace II 03.09.2014, BBEn 22.09.2014).

Andererseits forcieren Akteur_innen aus dem grünen Spektrum, insbesondere Agora Energiewende, die Marktintegration der erneuerbaren Energien. Die Branchenverbände sehen sich gezwungen, trotz der in den Interviews sehr deutlich artikulierten Kritik an der „Marktintegrationsideologie", sich in diesem diskursiven Feld zu bewegen. Auch weite Teile von Bündnis 90/Die Grünen folgen inzwischen diesem Leitbild (Interviews Hans-Josef Fell 19.09.2014, BWE 30.09.2014). Insofern wird es für das grüne Akteursspektrum zunehmend schwieriger, „intern" kompromissvermittelte Positionen in der Frage nach den Fördermechanismen und dem sozialen Charakter der Energiewende zu finden. Zudem besteht die Möglichkeit, dass sich die modernisierungsaffinen Teile des grauen Akteursspektrums und die transitionsaffinen Teile des grünen Akteursspektrums in Zukunft weiter annähern werden. Es könnte sich ein relativ breiter Konsens zu einer Energiewende unter gebremsten und stärker zentralistischen Vorzeichen bzw. unter dem Leitbild der Marktintegration herausbilden, der zu zunehmenden Konflikten innerhalb der beiden Hegemonieprojekte führen würde.

Dessen ungeachtet lässt sich momentan eine paradox erscheinende Konstellation in den hegemonialen Auseinandersetzungen um die Energiewende feststellen. Im Hinblick auf das fossil-nukleare Energieregime hat eine Verlagerung der Konfliktdynamiken von der Atompolitik auf die Kohlepolitik stattgefunden. Das grüne Akteursspektrum hat das fossil-nukleare Energieregime und seine tragenden Kräfte mit relativ großem Erfolg delegitimiert und in eine defensive Position gedrängt. Zugleich gelang es den grauen Akteur_innen, unter dem Deckmantel der Marktintegration die Energiewende einzubremsen und stärker an ihren Interessen auszurichten. Die jüngsten EEG-Novellen, ihre Wechselwirkungen mit den europäischen Konfliktdynamiken und die Spaltungstendenzen innerhalb der grünen Akteurslandschaft deuten darauf hin, dass es für die grünen Akteur_innen schwierig werden wird, die Energiewende wieder zu dynamisieren.

Während es in Spanien, wie im Folgenden zu zeigen sein wird, zu ähnlich gelagerten gesellschaftlichen Konfliktdynamiken um die *transición energética* gekommen ist, sind die polit-ökonomischen Kontextbedingungen dort wesentlich instabiler und wirken stärker auf den energetischen Wandel ein.

Abbildung 5: Metamorphosen der energiepolitischen Konfliktdynamiken in Deutschland

	fossil-nukleares Energieregime	regeneratives Energieregime
1970er-2000	- Zuspitzung des Atomkonflikts - Kohlenutzung kaum umkämpft	- Entwicklung regenerativer Energien als Nischentechnologie
2000-2011	- Befriedung des Atomkonflikts - nach Fukushima neuer Atomkompromiss (2011) - zunehmende Konflikte um die Nutzung der Kohle (ab 2007)	- Einführung EEG im Jahr 2000 - rasante, dezentralisierte Entwicklung der EE (Biomasse, Wind und PV) - neue Akteurslandschaften - aktiver Konsens zur Energiewende
2011-2015	- grüne Offensive gegen die Kohlenutzung - Kohleausstieg als neues politisches Projekt - graues Akteursspektrum in der Defensive	- graue Offensive zur Marktintegration der EE - grünes HP transformiert sich - Einbremsung der Ausbaudynamik und Orientierung auf graue Akteursinteressen - grünes Akteursspektrum in der Defensive

Quelle: Eigene Darstellung.

6 Spanien - vom Vorreiter zum Schlusslicht in der Energietransition

In Spanien wurden bereits in den 1980er Jahren vor dem Hintergrund einer starken Anti-AKW Bewegung, einer stetig wachsenden Energienachfrage und einer sehr hohen Importabhängigkeit die Voraussetzungen für die Transition des Stromsystems geschaffen. Ausdruck dessen sind das Energieerhaltungsgesetz von 1980 und die Gründung des IDAE (Instituto de Diversificación y Ahorro de Energía) im Jahr 1984 als Abteilung im Wirtschaftsministerium zur Diversifizierung und Einsparung von Energie. Zudem wurden einige Förderprogramme für erneuerbare Energien aufgelegt (Toke 2011; Pause 2012: 273-274). Nach einem beschleunigten Ausbau vor allem in den 2000er Jahren deckten die erneuerbaren Energien im Jahr 2014 42,8 % der spanischen Stromnachfrage ab (REE, Red Electrica de España 2015: 33). Das rasante Wachstum der erneuerbaren Energien in den 2000er Jahren war getragen von einer hegemonialen Konstellation. Die großen Stromkonzerne investierten in die neu entstehenden Wind- und Gaskraftwerke, ohne dass bestehende Kraftwerkskapazitäten gefährdet wurden. Es konnten sich zahlreiche kleine und mittlere Unternehmen in der regenerativen Energiewirtschaft etablieren. Die Konsument_innen profitierten von politisch regulierten, niedrigen Strompriesen. Und der spanische Staat konnte über den Zubau der regenerativen Energieträger den Anstieg der Treibhausgasemissionen im Zuge des Wirtschaftsbooms bis 2007 zumindest eindämmen.

Allerdings haben sich im Kontext der ab 2007 einsetzenden Finanz- und Wirtschaftskrise sowohl die polit-ökonomischen Kontextbedingungen als auch die sektorspezifischen Kräfteverhältnisse massiv verschoben. Es haben sich starke Verteilungskonflikte entwickelt, der Zubau regenerativer Erzeugungskapazitäten kam in den letzten Jahren nahezu zum Erliegen.

Im Folgenden sollen zunächst die wesentlichen Strukturmerkmale des spanischen Kapitalismusmodells herausgearbeitet werden. Daran anknüpfend wird aufgezeigt, welche Bedeutung darin dem Stromsektor zukommt und vor welchem Hintergrund der Transitionsprozess eingeleitet wurde. Dabei wird deutlich, dass während des Wirtschaftsbooms in Spanien zwischen 1995 und 2007 das Primat der spanischen Energiepolitik darin bestand, den stetig wachsenden Energiebedarf zu decken und dabei Nachhaltigkeitsgesichtspunkte und internationale Verpflichtungen (Kyoto-Protokoll, EU-Erneuerbarenrichtlinie von 2001) zu berücksichtigen.

Nach der Kontextanalyse wird die Akteursanalyse vorgenommen. Ausgangspunkt ist dabei die energiepolitische Konstellation im Vorfeld der Finanz- und Wirtschaftskrise. Auch in Spanien lässt sich ein graues von einem grünen Hegemonieprojekt unterschieden, die von unterschiedlichen Akteur_innen getragen werden und über konkurrierende Interessen und strategische Praxen definiert werden können. Darauf aufbauend werden in der Prozessanalyse zwei Phasen entlang von Legislaturperioden analysiert. Die erste Zeitspanne umfasst die Regierung Zapatero II von 2008 bis 2011, die dadurch gekennzeichnet ist, dass sie den Schwenk hin zur Austeritätspolitik vollzogen und den Ausbau der erneuerbaren Energien deutlich abgebremst hat. Insofern deutet sich in dieser Phase ein Paradigmenwechsel in der Energiepolitik an, im Rahmen dessen die Eindämmung des Tarifdefizits[63] sehr bedeutend wurde. Nach der Wahl der konservativen PP mit absoluter Mehrheit radikalisierte die neue Regierung zwischen 2011 und 2015 die Austeritätspolitik. Im energiepolitischen Bereich wurde die Eliminierung des Tarifdefizits zur obersten Priorität: “Any debate on energy regulation in Spain is currently dominated by the overwhelming problem of the so called 'electricity tariff deficit"' (del Guayo 2015: 354). Die elitengetriebene Transition des Stromsystems wurde komplett ausgesetzt. Gleichwohl intensivierten sich in Spanien im Zuge der Bewegung des 15. Mai 2011 (15-M) die zivilgesellschaftlichen Auseinandersetzungen. Verbunden mit diesen Protestdynamiken reorganisierte sich das grüne Hegemonieprojekt.

63 Das Tarifdefizit im Stromsektor ergibt sich daraus, dass die staatlich regulierten Strompreise nicht ausreichend sind, um die anerkannten Kosten zu decken (Fabra Portela und Fabra Utray 2012). Die Stromkosten setzen sich aus verschiedenen Komponenten zusammen. Es ist nicht objektiv bestimmbar, welcher Posten einen wie hohen Beitrag zum Tarifdefizit beiträgt. Neben den Kosten für die Energieerzeugung (für die konventionellen wie auch für die erneuerbaren Energien), kommen die Kosten für den Netzbetrieb, die Versorgung der Inseln und Enklaven, die trotz deutlicher höherer Kosten dieselben Strompreise haben wie das Festland, die Förderung der heimischen Kohle, Kapazitätszahlungen oder auch Zahlungen für das Atommoratorium hinzu (Paz Espinosa 2013b). Die Deutungshoheit über die Ursachen des Tarifdefizits sollte sich im Zuge der Krise zu dem zentralen energiepolitischen Konflikt herauskristallisieren (Interviews UNESA 12.05.2014, AEE 08.04.2014, UNEF 24.04.2014).

6.1 Das finanzialisierte, passiv extravertierte Akkumulationsregime als Arena der *transición energética*

Im Folgenden sollen zunächst die Genese der zentralen Charakteristika des spanischen Kapitalismusmodells und ihre energiepolitischen Implikationen skizziert werden. Daran anschließend wird herausgearbeitet, dass die Dynamisierung des Wandels des Energiesystems zeitlich zusammenfällt mit einem Wirtschaftsboom, der mit einem massiven Anstieg der Stromnachfrage einherging. Insofern konnte der Ausbau der erneuerbaren Energien durch ein kompromissvermitteltes Arrangement vorangetrieben werden. Die bestehenden fossil-nuklearen Erzeugungskapazitäten wurden weiter verwertet. Der Ausbau der erneuerbaren Energien wurde getragen von den Stromkonzernen und neuen Akteur_innen. Die Strompreise wurden niedrig gehalten, um die Inflation einzudämmen und den Boom im Bausektor zu befeuern.

6.1.1 Genese des spanischen Kapitalismusmodells

Nach dem Sieg der Franquisten im spanischen Bürgerkrieg von 1936-1939 war Spanien international zunächst weitgehend isoliert. Zu Beginn der Diktatur war die Wirtschaftspolitik am Leitbild der Autarkie ausgerichtet. Die spanische Ökonomie war bis in die 1950er Jahre hinein noch sehr stark agrarisch geprägt. Erst Ende der 1950er Jahren erfolgte ein strategischer Schwenk hin zu wirtschaftspolitischen Liberalisierungen, ausgelöst insbesondere durch den sogenannten Stabilisierungsplan von 1959. Analog zur Durchsetzung der fordistischen Entwicklungsweise in der westlichen Welt kam es zu einer massiven Ausweitung der industriellen Produktion. Ausländische Direktinvestitionen, vor allem aus den USA und der Aufbau staatlicher Industriekonglomerate ermöglichten zwischen 1960 und 1974 ein Wachstum der Industrie um durchschnittlich 9 %. Neben dem industriellen Sektor war insbesondere der Tourismus die Haupttriebfeder der spanischen Ökonomie. Die Zahl ausländischer Touristen stieg von knapp einer Million im Jahr 1950 auf ca. 34,5 Millionen im Jahr 1973 an. Die rasante Zunahme des BIPs ging einher mit räumlichen und sektoralen Verschiebungen der Beschäftigungsstruktur. Der Anteil der Beschäftigten im Primärsektor ging zwischen 1960 und 1975 von 40,3 % auf 21,3 % zurück, im sekundären Sektor stieg er im selben Zeitraum von 29,1 % auf 37 % an, im tertiären Sektor von 30,6 % auf 41,7 % (López Hernández und Rodríguez López 2010: 137; Lessenich 1997: 283-285).

Die Öffnung der spanischen Ökonomie und ihre Integration in den europäischen Wirtschaftsraum wurde durch das *Preferential Trade Agreement* mit der EU im Jahre 1970 weiter vertieft (Royo 2008: 42-44). Allerdings geriet das spanische

Entwicklungsmodell Mitte der 1970er Jahre in eine tiefe Krise. Diese wurde ausgelöst durch den sogenannten Ölpreisschock, der das Handelsbilanzdefizit Spaniens aufgrund der Abhängigkeit von Ölimporten ausweitete. Der Wirtschaftsboom der 1960er Jahre basierte auf einer hohen Importabhängigkeit und damit verbunden defizitären Handelsbilanzen, die durch Rücküberweisungen von Gastarbeitern und die Ausweitung des tertiären Sektors nur teilweise aufgefangen werden konnten. Im Jahr 1973 beruhte der spanische Primärenergieverbrauch zu 72,9 % auf Öl. Der Importanteil dieses Energieträgers lag durchgehend bei weit über 90 %. 18,2 % des spanischen Energiemixes stammten aus Kohle, die zu einem wesentlichen Teil aus heimischer Produktion bestand. Diese Zahlen verdeutlichen, dass sich in Spanien im Zuge der Industrialisierung ein fossiles Energieregime herausgebildet hat. Im Jahr 1968 wurde das erste AKW in Spanien (José Cabrera) ans Netz angeschlossen. Drei Jahre später folgte das AKW *Santa María de Garoña*. Zwischenzeitlich wurden in Spanien in den frühen 1970er Jahren bis zu 37 Atomreaktoren geplant. Realisiert wurden nur zehn Reaktoren (Bechberger 2009: 63-93).

Ein zentrales Merkmal der spanischen Entwicklungskonstellation war die zumindest partielle Einbindung der Arbeiterschaft, insbesondere über stabile Beschäftigungsverhältnisse. Das Fehlen staatlicher Bildungsangebote, die niedrige Frauenerwerbstätigkeit und die Migration von Arbeitern unterstützten das durch hohe Kündigungsschutzstandards abgesicherte arbeitspolitische Arrangement. Diese Konstellation brachte eine relativ hohe soziale Sicherheit hervor, wurde jedoch nicht durch sozialpolitische Maßnahmen flankiert:

> „Es sind […] die autoritär-korporatistische Ausgestaltung der Arbeitsbeziehungen und der rudimentäre Charakter der sozialen Absicherungen, die Luis Toharia [.] vom frankistischen Regulierungsarrangement als einen partiellen oder ‚Pseudo-Fordismus‘ sprechen lassen." (Lessenich 1997: 287)

Einerseits konnten durchaus die zentralen Elemente eines fordistischen Akkumulationsregimes festgestellt werden. Produktivitätssteigerungen gingen einher mit deutlichen Reallohnzuwächsen, die in einer Produktions-Konsumtions-Spirale mündeten. Die industrielle Produktion standardisierter Massenkonsumgüter wurde unter tayloristischer Arbeitsorganisation massiv ausgeweitet. Andererseits bildete sich keine klassisch fordistische Regulationsweise heraus. An die Stelle tarifpolitischer Autonomie und den Ausbau wohlfahrtsstaatlicher Leistungen traten ein „staatlich gelenktes Zwangskartell organisationsgehemmter ‚Produzenten-Gruppen‘" (ebd.) und die Sicherung stabiler Beschäftigungsverhältnisse.

Mitten in der Wirtschaftskrise wurde nach dem Tode Francos im Jahr 1975 die Phase der *Transición* eingeläutet, der Übergang zur parlamentarischen Demokratie unter der Führung von Adolfo Suárez. Diese beiden Momente wurden durch einen übergreifenden Modernisierungsdiskurs gerahmt. Wesentliche Meilensteine der Modernisierung waren in den Jahren nach 1975 das Gesetz über die politische

Reform (1976), die *Monlcoa*-Pakte (1977), die Verabschiedung der neuen Verfassung (1978), die Föderalisierung des spanischen Staates durch die Abstimmung über Autonomiestatute und die Etablierung von Landesparlamenten sowie die Abwehr des Putschversuchs (1981). In wirtschaftspolitischer Hinsicht bildeten neben den *Moncloa*-Pakten die Sozialpakte zwischen Gewerkschaften und Kapitalverbänden (1979-1981), der Erlass des Arbeitsstatuts und eines Grundlagengesetzes zur Beschäftigungspolitik (1980) wesentliche Eckpfeiler der Modernisierungsstrategie (López Hernández und Rodríguez López 2010: 146-152). Diese Maßnahmen zielten darauf ab, ein stabiles System der repräsentativen Demokratie zu etablieren und zugleich Spanien an Europa heranzuführen: „Das demokratische Spanien stürzte sich Hals über Kopf in einen Modernisierungswettlauf, an dessen Ziel die Vision einer endgültigen 'Europäisierung' von Staat, Wirtschaft und Gesellschaft stand" (Lessenich 1997: 288).

Teil dieses Modernisierungswettlaufes war die massive Ausweitung der Nutzung der Atomenergie. Dafür wurden noch unter Franco im staatlichen Energieplan von 1975 die Weichen gestellt. Allerdings stieß dies auf teils erbitterten Widerstand, im Besonderen in Navarra und im Baskenland. Die Konflikte kulminierten um den Bau des AKW *Lemóniz* im Baskenland. Nach einer breiten gesellschaftlichen Mobilisierung, die nicht den Stopp der Arbeiten erreichten, führte die ETA mehrere Anschläge durch, bei denen insgesamt drei Arbeiter starben. Im Januar 1981 wurde der leitende Ingenieur entführt und anschließend ermordet. Vor dem Hintergrund der massiven Proteste gegen geplante und im Bau befindliche AKWs verabschiedete die 1982 gewählte sozialistische PSOE im Jahr 1984 ein Moratorium für den Bau und die Fertigstellung von fünf AKW-Reaktorblöcken. Darunter waren die beiden im Bau befindlichen Blöcke in *Lemóniz*, die nie fertiggestellt wurden. Nichtsdestotrotz gingen zwischen 1981 und 1988 insgesamt sieben Reaktorblöcke ans Netz (Bechberger 2009: 86-124). Zugleich wurden jedoch auch aus der Anti-AKW-Bewegung heraus Initiativen gestartet, um regenerative Energien zu entwickeln. Diese wurden zudem vor dem Hintergrund der hohen Energieimportabhängigkeit und einer wachsenden Nachfrage von Teilen des Staates unterstützt (Toke 2011: 68-72; Puig i Boix 2009).

Neben der Befriedung der atompolitischen Auseinandersetzungen und erster Ansätze hin zu einer Diversifizierung des Energiemixes orientierten die Regierungen unter dem sozialistischen Ministerpräsidenten Felipe González (1982-1996) auf eine tiefergehende Integration in den westlichen Machtblock. Dies führte zu heftigen parteiinternen Auseinandersetzungen und Konflikten mit den Gewerkschaften. Der Beitritt zur NATO im Mai 1982 wurde von der PSOE-Regierung nicht angetastet. Im Jahr 1986 wurde Spanien Mitglied der EG. Die Wirtschaftspolitik folgte einer klar marktliberalen Ausrichtung. Flankiert wurde diese Linie durch eine monetaristisch, am Ziel der Inflationsbekämpfung orientierte Geldpolitik, die gegen die Gewerkschaften durchgesetzt wurde:

> „The overall strategy pursued by the socialist government was a tight monetary policy: an appreciating currency, high interest rates, and the absence of comprehensive supply-side policies and industry-oriented measures that would be very costly for unions and workers alike. These policies endangered the crucial party-union relationship and eventually resulted in a breakdown between the UGT and the Socialist Party and government. The decision to marginalize the union and abandon concertation had negative consequences because the socialists' economic strategy hinged on the cooperation of the unions. The breakdown between the party and the union ultimately doomed the success of the socialist economic policies, resulting in higher unemployment in the early 1990s-over 24 percent by 1993." (Royo 2000: 14-15)

Die Schwächung der Gewerkschaften wurde durch die Liberalisierungs- und Privatisierungsdynamik weiter verstärkt. Der schlechte Zustand der öffentlichen Unternehmen nach dem Ende der Diktatur verbesserte sich in der Phase der Transition nicht grundlegend. Zwar wurden einige sogenannte nationale Champions (beispielsweise Endesa) geschaffen, allerdings mit dem Ziel diese zu privatisieren. Die im Modernisierungsdiskurs inbegriffene Affirmation von Liberalisierungs- und Privatisierungspolitiken wurde durch den Anpassungsdruck im Zuge der vertieften Integration in die europäische Ökonomie verstärkt. Der Anteil staatlicher Unternehmen am BIP sank von zeitweise über 30 % auf 8 % im Jahr 1985 ab. Im Jahr 1995 machten sie nur noch 3 % aus (Seikel 2008).

Nach dem Beitritt zur EU stiegen die ausländischen Direktinvestitionen, vor allem aus EU-Ländern, deutlich an. Zudem erhielt Spanien zwischen 1986 und 2006 insgesamt 118 Mrd. Euro aus den Mitteln der EU (Royo 2008: 48). Mit der (politischen) Transition wandelte sich auch die industrielle Struktur Spaniens. Die Produktionsstätten der Textil- und Lederindustrie wurden zunehmend in den globalen Süden verlagert, währenddessen die kapitalintensiven Chemie-, Metall-, Fahrzeugbau- und Schwerindustrien ausgebaut wurden (ebd.: 46). Zugleich erfolgte eine verstärkte Transnationalisierung der spanischen Konzerne, die in das europäische Ausland, vor allem jedoch in die früheren Kolonien in Lateinamerika expandierten (Chislett 2011). Diese Entwicklung vollzogen auch die spanischen Großbanken, *los siete grandes*, die darüber hinaus enge Kontakte zur PSOE aufbauten und von der einsetzenden Finanzialisierung der spanischen Ökonomie profitierten (Holman 1996: 175-198).

Das spanische Entwicklungsmodell unter der PSOE folgte der Logik der schöpferischen Zerstörung schumpeterscher Art. Denn ein wesentlicher Stützpfeiler der spanischen Ökonomie waren noch immer kleine und mittlere Unternehmen (KMUs), die im Durchschnitt eine signifikant geringere Produktivität aufwiesen als die großen transnationalisierten Konzerne (ca. ein Drittel niedriger). Diese

KMUs gerieten mit der zunehmenden Öffnung der spanischen Ökonomie unter Druck; viele konnten dem Wettbewerb nicht Stand halten. Insofern konstatiert Armando Fernando (Steinko 2013: 148) „ein Modernisierungsmodell, das mit dem traditionellen Sektor auf Kriegsfuß steht." Die Arbeitslosigkeit stieg zeitweise auf über 20 % an. Zwar wurde der Zugang zum Gesundheitssystem für die gesamte Bevölkerung geöffnet, allerdings fand kein umfassender Ausbau sozialstaatlicher Sicherungsinstrumente statt. Soziale Sicherheit wird nach wie vor primär über Erwerbsarbeit oder familiäre Netzwerke hergestellt. Deren Grundlage wurde jedoch vor dem Hintergrund strukturell hoher Erwerbslosigkeit und der massiven Ausweitung prekärer Beschäftigungsverhältnisse zunehmend unsicher. Im Jahr 1995 hatten nur noch 65,3 % der abhängig Beschäftigten einen unbefristeten Arbeitsvertrag (Lessenich 1997: 297-304).

Die energiepolitischen Modernisierungsansätze wurden in den 1980er Jahren sukzessive forciert. Im Jahr 1986 wurde der erste Plan für Erneuerbare Energien, PER (Plan de Energías Renovables), verabschiedet. Drei Jahre später wurde ein neuer Förderplan vorgestellt, der vorsah, den Anteil erneuerbarer Energieträger (ohne große Wasserkraft) am spanischen Primärenergieverbrauch durch verschiedene Förderprogramme von 3 % im Jahr 1988 auf 4 % im Jahr 1995 zu steigern (Bechberger 2009: 328-336). Bereits 1987 wurde der Verband der kleinen Produzenten und Selbsterzeuger von Wasserkraftstrom APPA (Asociación de Pequeños Productores y Autogeneradores Hidroeléctricos) gegründet, der inzwischen die ganze Bandbreite erneuerbarer Energien abdeckt und der wichtigste Branchenverband in Spanien ist. Allerdings ebbten nach dem Atommoratorium von 1984 die energiepolitischen Auseinandersetzungen spürbar ab. Die Entwicklung der regenerativen Energien wurde weniger von starken Bewegungen, sondern vielmehr von den etablierten und auch teilweise neuen Energieunternehmen sowie Teilen der Staatsapparate getragen (Toke 2011: 68-72).

Der Beitritt zur EU, die Orientierung an den Maastrichter Stabilitätskriterien und die vertiefte Integration in den Weltmarkt bildeten den Hintergrund des ab 1995 einsetzenden Wirtschaftsbooms, der wesentlich auf der Ausweitung der privaten Verschuldung und einem massiven Wachstum des Immobilienmarktes beruhte.

6.1.2 Der schulden- und immobiliengetriebene Wirtschaftsboom von 1995-2007

Zwischen 1995 und 2007 wuchs die Wirtschaft um durchschnittlich über 3 % pro Jahr. Das öffentliche Defizit wurde auf unter 40 % des BIP gedrückt und damit die Stabilitätsvorgaben des Maastricht-Vertrages übererfüllt. Es wurden jährlich im Durchschnitt 600.000 neue Arbeitsplätze geschaffen. Spanien wandelte sich von einem Emigrations- in ein Immigrationsland. Die Erwerbslosenquote sank von ca. 20 % auf unter 8 %. Das spanische BIP pro Kopf erreichte im Jahr 2007 nahezu den Durchschnitt der EU 15 (Royo 2009a). Vier Faktoren waren für die Blüte des passiv extravertierten, finanzialisierten spanischen Akkumulationsregimes wesentlich.

Erstens führten die strikte Fiskal- und Geldpolitik, die durch den Vertrag von Maastricht festgelegt wurden und sowohl von der konservativen Regierung Aznar als auch der sozialistischen Regierung Zapatero verfolgt wurden (Royo 2009b), in Verbindung mit der engeren Kopplung an die Ökonomien des europäischen Zentrums, zu erheblich sinkenden Zinssätzen. Die niedrigen Zinsen ermöglichten es den spanischen Banken, die Kreditvergabe massiv auszuweiten und neue Finanzprodukte am Markt zu platzieren. Diese Entwicklungen mündeten in ein stark finanzialisiertes Entwicklungsmodell. Zweitens sorgte die Etablierung der Währungsunion für einen stetig wachsenden Zufluss von ausländischem Kapital, womit die spanischen Leistungsbilanzdefizite finanziert werden konnten. Drittens wurde in Spanien, analog zur EU, eine Liberalisierungsagenda verfolgt, die zumindest kurzfristig zur Dynamisierung der Kapitalakkumulation beigetragen hat. So wurde mit dem Strommarktgesetz von 1997 (Ley 54/1997), welches die Umsetzung der EU-Richtlinie 1996/92 vollzog, die wesentliche Grundlage für die Liberalisierung des Sektors geschaffen (Bechberger 2009: 395-399). Viertens ermöglichten es die häufig vom IWF verordneten Liberalisierungen und Privatisierungen in Lateinamerika den großen spanischen Unternehmen ihre Transnationalisierungsstrategien zu forcieren, indem sie meist durch Unternehmensübernahmen in die dortigen Märkte expandierten (López Hernández und Rodríguez 2011).

Die immense Ausweitung privater Verschuldung ging mit einer Anhäufung von Vermögenswerten einher. Insbesondere die Immobilienwerte stiegen massiv an. Der durchschnittliche Quadratmeterpreis von Eigentumswohnungen stieg zwischen 1997 und 2006 von 700 Euro auf 2000 Euro an (Royo 2009a: 23). In die Expansion der Vermögenswerte war auch die spanische Mittelschicht eingebunden. 87 % der Wohnungen befanden sich im Privatbesitz, sieben Millionen spanische Haushalte besaßen zwei oder mehr Wohnungen. Insofern wurde im Zuge des Immobilienbooms vollendet, was bereits im Jahr 1957 Francos Bauminister als Zielvorgabe proklamiert hatte: „*Queremos un país de propietarios, no de proletarios*- we want a country of proprietors, not proletarians" (López Hernández und Rodríguez 2011: 6, Hervorhebung im Original).

Das spanische Akkumulationsregime basierte auf stark klientelistischen Politikformen und einem massiven Ausbau der Landnutzung und Flächenversiegelung, die wiederum zahlreiche weitere ökologische Probleme hervorriefen (Banyuls und Recio 2012: 202-203). Nach Royo (2014: 1576) offenbarte sich in der Krise die Passivität der spanischen Gesellschaft: „The crisis exposed a passive society that failed to hold its political class accountable [...]. As long as the society benefitted, it did not question the situation." Diese Einschätzung deutet an, dass die klientelistischen Politikformen mit einer nur schwach ausgeprägten Zivilgesellschaft korrespondierten. Doch auf Grund der Inklusion weiter Teile der Subalternen in das spanische Akkumulationsmodell handelte es sich durchaus um eine hegemoniale Entwicklungskonstellation. Auch der Entwicklung des spanischen Energiesektors, der in Anbetracht des Wirtschaftsbooms und einer nur gering steigenden Energieeffizienz eine expansive Entwicklung durchlaufen hat, lag ein konsensual vermitteltes Arrangement zu Grunde.

Zwischen 1994 und 2007 stieg der spanische Primärenergieverbrauch um 55,1 %. Besonders deutlich war der Zuwachs im Strombereich, der im selben Zeitraum gar um 86,7 % zunahm. Neben dem starken Anstieg des Wirtschaftswachstums, welches zu einem wesentlichen Teil auf der Expansion des stromintensiven Bausektors basierte, waren die energiepolitischen Weichenstellungen von großer Bedeutung. Einerseits verfolgten die spanischen Regierungen keine ambitionierten Politiken, um die Energieeffizienz zu steigern (Bechberger 2007). Andererseits wurden, auch um die Eindämmung der Inflation als Vorgabe für den Beitritt zur gemeinsamen Währungsunion zu erzielen, die Strompreise mit dem Strommarktgesetz von 1997 unter dem damaligen Wirtschaftsminister Rodrigo Rato reguliert und niedrig gehalten (Sebastián 2013: 41). Aus der Differenz zwischen den staatlich vorgegebenen Steigerungen der Strompreise für die Endverbraucher und den von den Stromkonzernen geltend gemachten, bzw. staatlich anerkannten Kosten der Stromerzeugung, speist sich das Tarifdefizit (siehe Fußnote 63).

Dieses sollte jedoch erst ab dem Jahr 2005 ernstzunehmende Ausmaße annehmen. In diesem Jahr betrug es 4,007 Mrd. Euro, im Jahr 2006 3,026 Mrd. Euro und im Jahr 2007 1,571 Mrd. Euro. Allerdings stieg es im Jahr 2008 auf 5,108 Mrd. Euro an und verharrte auf einem hohen Niveau (Fabra Portela und Fabra Utray 2012; Sallé Alonso 2012). Während das Elektrizitätsgesetz von 1997 ein vom spanischen Parlament beschlossenes Rahmengesetz darstellt, erfolgt die Konkretisierung des Gesetzes vorwiegend über sogenannte königliche Dekrete (Real Decreto, RD). Diese werden von den jeweiligen Regierungen erlassen, ohne dass darüber in den Parlamenten debattiert oder entschieden werden muss. Je nach Regelungsbereich können auch königliche Gesetzesdekrete (Real Decreto Ley, RDL) verabschiedet werden, die der Zustimmung des Parlaments bedürfen. Insgesamt ist damit jedoch der energiepolitische Gesetzgebungsprozess in Spanien sehr exekutivlastig und damit anfällig für abrupte Änderungen (Pause 2012: 306-308).

Die stetig wachsende Stromnachfrage wurde wesentlich über den Zubau von Windkraftkapazitäten und Gaskraftwerken gedeckt. Im Jahr 2007 basierten 31,7 % der spanischen Stromerzeugung auf Gas. Die Stromerzeugung in Gaskraftwerken wurde zwischen 2002 und 2007 um das 13-fache erhöht. 24,1 % der Stromproduktion basierten auf Kohle, 17,7 % auf Atom, 6,4 % auf Öl, 9,7 % auf großer Wasserkraft. Andere erneuerbare Energieträger steuerten 10,4 % bei. Jenseits des Elektrizitätsbereichs war jedoch nach wie vor das Erdöl der wichtigste Energieträger in Spanien, der 48,3 % des Primärenergieverbrauchs deckte. Insofern basierte die spanische Energieversorgung trotz des Booms der erneuerbaren Energien nach wie vor maßgeblich auf fossilen Energieträgern. Die Atomenergie spielte immer noch eine wichtige Rolle, wenngleich im Jahr 2006 das älteste spanische AKW, José Cabrera, stillgelegt wurde (Bechberger 2009: 55-58, 609).

Der Energiesektor wurde, wie zahlreiche andere Bereiche der öffentlichen Daseinsfürsorge, weitgehend liberalisiert und die öffentlichen Unternehmen privatisiert. Durch zahlreiche Fusionen bildeten sich zwei große transnationale Stromkonzerne heraus, Endesa und Iberdrola, die den spanischen Markt bis heute gemeinsam mit den drei kleineren Konzernen Gas Natural, EdP und Viesgo dominieren (González und Ramiro 2014; Morales de Labra 2014)[64]. Diese Konzerne, insbesondere Iberdrola, investierten bereits frühzeitig, im Gegensatz zu den großen deutschen Energiekonzernen, in Windparks. Zudem forcierten auch eine Vielzahl kleiner und mittelständischer Unternehmen die Entwicklung, Herstellung und den Betrieb der regenerativen Energietechnologien.

Im Vorfeld der Wirtschaftskrise, im Jahr 2007, verabschiedete die Regierung Zapatero I das RD 661/2007, das einen Photovoltaikboom auslöste. Dieser passte sich optimal in das passiv extravertierte spanische Akkumulationsregime ein. Im Jahr 2007 versechsfachte sich die neu installierte Kapazität auf 560 MW, im Jahr 2008 wurden 2511 MW zusätzlich installiert. Dies entsprach einem Anteil von 45,2 % an den globalen PV-Installationen (EPIA 2009). Finanziert wurde der rasante Ausbau von Freiflächenanlagen, sogenannten „huertas solares", zum einen durch zahlreiche inländische Investor_innen, überwiegend Privatpersonen, die häufig einen Kredit auf ihren Immobilienbesitz aufnahmen. Zum anderen investierten auch zahlreiche institutionelle, häufig ausländische Investor_innen, für die die garantierte Einspeisevergütung auf Sicht von 25 Jahren ebenfalls als sichere und lukrative Geldanlage wirkte (Interview APPA I 25.09.2013). Allerdings konnten die Kapazitäten der spanischen Photovoltaikanlagenhersteller und Zulieferbetriebe nicht so schnell gesteigert werden wie die Nachfrage. Deshalb war ein hoher Anteil der „solaren Wertschöpfungskette" außerhalb Spaniens angesiedelt. Die großen Energiekonzerne beteiligten sich nicht am PV-Ausbau (Interviews Ibderdrola 22.05.2014, Endesa 21.05.2014).

64 Von 2008 bis 2014 firmierte Viesgo unter E.ON España. E.ON erhielt bzw. kaufte im Jahr 2008 nach der gescheiterten Übernahme Teile von Endesa, verkaufte jedoch sein spanisches Tochterunternehmen im Jahr 2014.

Der zukunftsträchtige und sich dynamisch entwickelnde Sektor der erneuerbarer Energien galt vor dem Hintergrund des sich im Jahr 2007 erschöpfenden finanzialisierten Wachstumsmodells als ein Hoffnungsträger der spanischen Wirtschaft (Royo 2008: 196). Das System garantierter Einspeisevergütung, ähnlich wie in Deutschland, war eine wichtige Voraussetzung für den Zubau an regenerativen Erzeugungskapazitäten. Anlässlich des Börsengangs der erneuerbare Energien-Tochter von Iberdrola (Iberdrola Renovables) im Dezember 2007 erklärte der Finanzanalyst Arturo Rojas, dass der Kauf von Aktien die Investition in einen Sektor bedeute, der „vom Risiko abgeschirmt und mit einem hohen Grad an Sicherheit ausgestattet ist, da der Verkauf der Kilowattstunde garantiert ist“ (zitiert in Romero 2007).

Dies sollte sich jedoch im Verlauf der Krise als Trugschluss erweisen. Das Ende des Wirtschaftsbooms zeichnete sich zuerst im dynamischen Kern des spanischen Akkumulationsmodells ab, dem Immobiliensektor. Während im Jahr 2006 noch mehr als 900.000 Neubauten begonnen wurden, mehr als in Frankreich, Deutschland und Italien zusammen, gingen im Jahr darauf die Zahlen deutlich zurück. Im Jahr 2008 waren über eine Million Immobilien auf dem Markt, während die private Verschuldung zugleich auf 84 % des BIPs angestiegen ist. Die ersten Schuldner_innen konnten ihre Kredite nicht mehr bedienen, zahlreiche Baufirmen mussten Insolvenz anmelden. Eine Rezession zeichnete sich ab und offenbarte schnell die Fragilität des spanischen Akkumulationsregimes (López Hernández und Rodríguez 2011).

Der Boom wurde wesentlich getragen von Sektoren, die in geringer internationaler Konkurrenz stehen, Immobilien und Tourismus. Diese Sektoren konnten während des Booms die geringen Produktivitätszuwächse der spanischen Industrie „kompensieren“ und waren maßgeblich für den starken Beschäftigungsanstieg verantwortlich. Zwischen 1997 und 2006 ist die Produktivität Spaniens lediglich um durchschnittlich 0,3 % gewachsen. Das Leistungsbilanzdefizit Spaniens stieg im Jahr 2008 auf 11 % des BIPs. Der Wert der Importe überstieg denjenigen der Exporte um 25 %. Die spanische Wirtschaft war während der gesamten Phase des Booms stark vom Import von Technologiegütern abhängig, während deren Exportanteil nur 8 % ausmacht – weniger als die Hälfte des Durchschnitts der EU-15 Staaten (Royo 2009a: 22-23). Insofern ist die spanische Krisenkonstellation nach dem Ausbruch der Weltfinanz- und Wirtschaftskrise durch das Ineinandergreifen von externen und internen Entwicklungsdynamiken gekennzeichnet:

> „[…] the background of economic developments before the recession partly contributed to the conditions that dictated how it subsequently progressed: it promoted an economic development model focused on volatile building industry, mobilized a reserve workforce in a very precarious social situation and weakened the country's tax base in a setting calling for higher spending. The recession has been worldwide, but

the Spanish economy had accumulated sufficient features of its own to explain the dramatic situation we are now facing." (Banyuls und Recio 2012: 206)

6.2 Energiepolitische Konstellationen im Vorfeld der Krise

Die sich anbahnende Krise spielte im Vorfeld der spanischen Parlamentswahlen im März 2008 noch keine Rolle. Es gewann die regierende PSOE unter Ministerpräsident Zapatero mit 42,5 % der Stimmen. Gleichwohl sollten sich vor dem Hintergrund des einsetzenden Solarbooms, des massiven Zubaus von Gaskraftwerken, niedrigen Strompreisen und einer ab dem Jahr 2008 stagnierenden oder gar rückläufigen Nachfrage, die energiepolitischen Konflikte massiv zuspitzen. Insofern erodierte mit dem Ausbruch der Finanz- und Wirtschaftskrise auch die hegemoniale Entwicklungskonstellation im Stromsektor. Es war nicht länger möglich, regenerative Erzeugungskapazitäten zuzubauen, ohne die Auslastung der bestehenden fossil-nuklearen Kapazitäten, vor allem der Gaskraftwerke, zu reduzieren. Zudem erwiesen sich die staatlich regulierten Strompreise als zu gering um die Renditeansprüche der Stromkonzerne zu erfüllen. Insofern läutete der Ausbruch der Finanz- und Wirtschaftskrise den Übergang von einem kompromissvermittelten Arrangement der elitengetriebenen Transition hin zu einer offenen verteilungspolitischen Konfliktkonstellation ein.

6.2.1 Spanien: fossil-nuklear oder erneuerbar?

Nach dem rasanten Wachstum der Stromnachfrage während des Wirtschaftsbooms kam es im Jahr 2008 lediglich zu einem geringen Zuwachs in Höhe von 0,8 %. Der wichtigste Energieträger war Gas mit einem Anteil von 39 %, gefolgt von der Atomenergie (18,6 %) und der Kohle (15,7 %). Die Windenergie steuerte 10,0 % bei, die Wasserkraft 8,3 %. Der Anteil der Photovoltaik vervierfachte sich auf 0,8 %. Inklusive der großen Wasserkraft machten erneuerbare Energien mehr als 20 % der spanischen Stromversorgung im Jahr 2008 aus (REE, Red Electrica de España 2009).

Der rasante Ausbau der erneuerbaren Energien wurde wesentlich durch das aktive Lobbying der grünen Kapitalverbände forciert, die eine sehr günstige Konfiguration der Regulationsweise für die weitere Entwicklung und den Ausbau der erneuerbaren Energien sichern konnten. Hinzu kamen die grünen staatlich-administrativen Eliten und die Aktivitäten der Umwelt-NGOs und Verbraucherschutzverbände, die die *transición energética* unterstützten. Bereits im Jahr 2005 veröffentlichte Greenpeace einen Bericht über das Potential erneuerbarer Energien in Spanien. Die Studie verdeutlichte, dass eine Vollversorgung auf der Basis erneuerbarer Energien bis zum Jahr 2050 möglich ist (Greenpeace 2005b). Die Erfüllung dieses Szenarios würde jedoch die vorherrschende, kompromissvermittelte Wachstumskonstellation im spanischen Energiesektor sprengen. Insofern deutet dieser Bericht eine Konfliktkonstellation an zwischen den Akteur_innen, die auf einen schnellen Übergang zu 100 % erneuerbaren Energien hinarbeiten, und denjenigen, die für eine mittelfristige Beibehaltung und moderate Modifizierung des bestehenden Energiemixes plädieren, in dem fossile und nukleare Energieträger eine wesentliche Rolle spielen.

Allerdings hat im Jahr 2008 keiner der relevanten Akteur_innen auch nur ansatzweise vorhergesehen, wie grundlegend die Krise das spanische Akkumulationsregime, und damit auch den spanischen Stromsektor, treffen wird (Interviews Iberdrola 22.05.2014, Endesa 21.05.2014, UNESA 12.05.2014, CNMC 08.05.2014). Symptomatisch für das Kleinreden der Krise war die Analogie des damaligen Präsidenten der Banco Santander, Emilio Botín, der im Juni 2008 die Krisenphänomene mit einem Kinderfieber verglich, das schnell überwunden sein würde (El País 2008). Eine Studie der Forschungsabteilung der Deutschen Bank aus dem September 2007 trug den selbsterklärenden Titel „Spanien 2020 – die Erfolgsgeschichte geht weiter" (Bergheim 2007). Darin wurde zwar ein Rückgang der Wachstumszahlen prognostiziert, die bis 2020 vorhergesagte jährliche durchschnittliche Wachstumsrate in Höhe von 2 % wird jedoch, so lässt sich im Jahr 2016 mit Sicherheit prognostizieren, sehr deutlich verfehlt werden.

Die damals vorherrschenden Prognosen zur weiteren wirtschaftlichen Entwicklung bildeten sich auch in der staatlichen Energieplanung ab. Im Mai 2008 wurde der spanische Strom- und Gasplan bis zum Jahr 2016 verabschiedet. Darin wurde von einem durchschnittlichen jährlichen Wirtschaftswachstum in Höhe von 3 % ausgegangen. Vor dem Hintergrund einer abnehmenden Energieintensität durch eine höhere Energieeffizienz und Einsparungen wurde mit einem Anstieg des Primärenergieverbrauchs um durchschnittlich 1,4 % gerechnet, wohingegen für den Stromverbrauch ein jährliches Wachstum von 2,4 % prognostiziert wurde. In Bezug auf die einzelnen Energieträger wurde mit einem Zuwachs der erneuerbaren Energieträger von jährlich durchschnittlich 9,3 % gerechnet. Für die Nutzung von Gas wurde ein Wachstum von 2,9 % anvisiert, während für die restlichen Energieträger mit einem absoluten oder zumindest relativen Rückgang gerechnet wurde (Bechberger 2009: 356-366). Diese Planungen schrieben weitestgehend die energiepolitische Linie der Regierungen Aznar (1996-2004) und der ersten Regierung Zapatero (2004-2008) fort. Die energiepolitischen Weichenstellungen zielten darauf ab, dass das Wachstum der Stromnachfrage über das Tandem erneuerbare

Energieträger und Gas gedeckt wird, ohne dass bestehende Erzeugungskapazitäten im nennenswerten Umfang stillgelegt werden sollen.

Der mit der Entwicklung der Wirtschaftskrise einhergehende Einbruch der Nachfrage machte diese Pläne jedoch obsolet. Anstatt der prognostizierten Wachstumsraten sank der Stromverbrauch Spaniens kontinuierlich. In Folge dessen kam es zu massiven Überkapazitäten. Die Notwendigkeit einer unmittelbaren, nachfrageinduzierten Vergrößerung der Stromerzeugungskapazitäten bestand fortan nicht mehr. Zwangsläufig entwickelten sich verteilungspolitische Konflikte, die über zivilgesellschaftliche Auseinandersetzungen und einer Neujustierung der energiepolitischen Regulierung ausgetragen wurden.

Im Zuge der Krise avancierte das Tarifdefizit, das bereits seit 2005 stark angewachsen war, zum zentralen Konfliktpunkt. Die daraus resultierende Konfliktkonstellation stellte sich folgendermaßen dar: Es gibt grundsätzlich drei mögliche Wege das Tarifdefizit einzudämmen: erstens über Kostensteigerungen für die Verbraucher_innen, zweitens durch die Übernahme des Defizits durch die öffentliche Hand oder drittens durch die Belastung der Energieunternehmen. In Bezug auf die letzte Variante schließt sich noch die Frage an, welche Bereiche bzw. Akteur_innen innerhalb des Sektors wieviel Einbußen zu tragen haben.

Bechberger (2009: 317) fasste seine Einschätzung der Kräfteverhältnisse im spanischen Energiesektor folgendermaßen zusammen: „Stellt man nun abschließend die Frage, welche der zuvor beschriebenen Interessenkoalitionen im Politikfeld der erneuerbaren Energien in Spanien eine dominierende Stellung einnimmt, so lautet die Antwort, dass es sich dabei um die ökologische Koalition handelt.“[65] Diese Schlussfolgerung wurde ohne eine hinreichende Reflexion der politischen Ökonomie des spanischen Stromsektors und der darin eingeschriebenen Machtverhältnisse getroffen. Sie sollte sich, wie im Folgenden noch zu zeigen sein wird, als Trugschluss erweisen.

Das kompromissvermittelte Arrangement des nachfrageinduzierten Ausbaus der erneuerbaren Energien, in Kombination mit dem Zubau von Gaskraftwerken, basierte lediglich auf einem passiven Konsens im gramscianischen Sinne. Starke gesellschaftliche Konflikte und eine Partizipation breiter Teile der Bevölkerung waren mit dem Ausbau der erneuerbaren Energien nicht verbunden. Insofern stand

65 Bechberger (2009: 319) zählt zur ökologischen Koalition alle Parteien, die Gewerkschaften und die Regulierungsbehörde CNE. Zwar ist es sicherlich richtig, dass sowohl die PP als auch die PSOE in ihren Regierungszeiten die erneuerbaren Energien unterstützten und in ihren Wahlprogrammen von 2008 einen weiteren Ausbau der erneuerbaren Energien forderten, allerdings bilden beide Parteien ein breites Spektrum an energiepolitischen Orientierungen ab und können deswegen im Jahr 2008 weder dem grünen noch dem grauen Hegemonieprojekt zugeordnet werden. Gleiches gilt für die Gewerkschaften und auch die Regulierungsbehörde CNE hat keine originäre Orientierung auf eine Energietransition.

die *transición energética* auf einem ähnlich wackeligen Fundament wie das spanische Kapitalismusmodell insgesamt. Vor diesem Hintergrund formierten sich in der Krise verstärkt die Kräfte, die für die Beibehaltung des bestehenden Energieregimes eintraten und eine weitere Transition des Energiesystems bekämpften.

6.2.2 Beharrungskräfte und Pfadabhängigkeiten im fossil-nuklearen Energieregime – das graue Hegemonieprojekt

Das graue Hegemonieprojekt wird wesentlich von den Akteur_innen der traditionellen Energiewirtschaft getragen, deren marktbeherrschende Stellung durch zumindest drei Entwicklungen in Gefahr geriet. Zum einen sorgte die im Jahr 2008 nahezu stagnierende Stromnachfrage bei gleichzeitigem massivem Ausbau der Stromerzeugungskapazitäten zu einer Unterauslastung verschiedener Anlagen. Vor allem für die in den 2000er Jahren zugebauten Gaskraftwerke zeichnete sich eine geringe Auslastung ab.

Diese Tendenz wurde zum zweiten verstärkt durch den Ausbau der erneuerbaren Energien, der durch die staatlich-administrative Energieplanung gelenkt und mittels der garantierten Einspeisevergütung abgesichert wurde. Im Jahr 2008 hat nicht nur ein massiver Zubau von Photovoltaikkapazitäten stattgefunden, auch die Windenergiekapazitäten wurden um 1.609 MW gesteigert (AEE 02.02.2009). Insofern verstärkte der eingeschlagene Ausbaupfad der erneuerbaren Energien die Tendenz zu Überkapazitäten im spanischen Markt.

Diese Entwicklungsdynamiken verdichteten sich im dritten wichtigen Aspekt, nämlich der Erhöhung des Tarifdefizits. Die Deutungshoheit über die Ursachen dieses Defizits, welches in den Folgejahren kontinuierlich anwachsen sollte, wird ein zentrales energiepolitisches Kampffeld darstellen. Für die traditionelle Energiewirtschaft entwickelte sich das Tarifdefizit zu einem ernsten Problem, da die Unternehmen das Defizit finanzieren mussten und sich ein wachsendes Tarifdefizit somit tendenziell negativ auf ihre Ratings an den Kapitalmärkten und letztendlich auf ihre Refinanzierungskosten auswirkt (Sallé Alonso 2012).

6.2.2.1 Zentrale Akteur_innen des grauen Hegemonieprojekts

Den Kern des grauen Hegemonieprojekts bilden die fünf großen Energieversorgungsunternehmen und ihr Verband UNESA (Asociación Española de la Industria Eléctrica). Zudem ist die stromintensive Industrie Spaniens, die sich im Verband AEGE (Asociación de Empresas con Gran Consumo de Energía) organisiert und der Dachverband der spanischen Kapitalverbände CEOE (Confederación Española de Organizaciones Empresariales) dem grauen Akteursspektrum zuzurechnen[66]. Der spanische Strommarkt wird von zwei Unternehmen dominiert, Endesa und Iberdrola.

Nach mehreren gescheiterten Übernahmeversuchen, unter anderem von E.ON im Jahr 2007, wurde Endesa im Jahr 2008 von dem spanischen Mischkonzern Acciona und dem größten italienischen Stromkonzern ENEL übernommen, der nach wie vor teilweise in Staatsbesitz ist. Neben den Märkten auf der iberischen Halbinsel ist Lateinamerika das zweite Standbein des Konzerns. Im Jahr 2008 verzeichnete Endesa einen Umsatz von 22.836 Mrd. Euro, davon entfielen 13.489 Mrd. Euro auf den spanischen und portugiesischen Markt, der Rest überwiegend auf Lateinamerika. Der Reingewinn belief sich auf 2.371 Mrd. Euro, 1.873 Mrd. Euro davon wurden in Spanien und Portugal erwirtschaftet. Global beschäftigte Endesa 26.587 Mitarbeiter, in Spanien und Portugal 13.561 (ENDESA 2009). Auch auf Grund der zahlreichen Übernahmeversuche und Differenzen zwischen ENEL und Acciona über die zukünftige Ausrichtung von Endesa verfolgte der Konzern, im Gegensatz zu Ibderdrola, keine ambitionierte Expansionsstrategie, sondern konzentrierte sich auf die iberische Halbinsel und einige Länder Lateinamerikas (Schülke 2010: 74-83).

Iberdrola hat dagegen neben den Märkten auf der iberischen Halbinsel und Lateinamerika zusätzlich die USA und Großbritannien als weitere Standbeine. Das im baskischen Bilbao ansässige Unternehmen verfolgte unter dem Vorsitz von José Ignacio Sánchez Galán, der seit 2002 Vorstandsvorsitzender ist, eine konsequente Internationalisierung und den Ausbau erneuerbarer Energien, vornehmlich der Windenergie. Im Jahr 2007 übernahm Iberderola den Konzern *Scottish Power*, der ein sehr großes Windkraftportfolio sowohl in Großbritannien als auch den USA besaß. Zudem erfolgten zwischen 2006-2008 zahlreiche Übernahmen in den USA. In Spanien investierte Iberdrola massiv in neue Gaskraftwerke und Windenergieanlagen. Im Dezember 2007 wurde der erneuerbare Energien-Bereich (Iberdrola Renovables) an der Börse platziert und im Juni 2008 ein Strategieplan für die weitere Entwicklung der erneuerbaren Energien bis 2012 vorgelegt. In diesem Zeitraum wurden Investitionen in Höhe von 18,8 Mrd. Euro vorgesehen, davon ca. 50 % in den USA, 23 % in Spanien und 25 % in anderen europäischen Ländern (Bechberger 2009: 233-234). Der Umsatz von Iberdrola belief sich im Jahr 2008 auf 25.192 Mrd. Euro, der Reingewinn betrug 2.861 Mrd. Euro. Die konzernweite Stromerzeugungskapazität belief sich auf 43.311 MW, gut die Hälfte davon entfiel auf Spanien.

66 Darüber hinaus sind die Unternehmen und Verbände der Öl- und Gasindustrie dem grauen Hegemonieprojekt zuzuordnen. Auf Grund der Fokussierung dieser Arbeit auf den Strommarkt wird dieses Spektrum jedoch nicht näher untersucht, mit Ausnahme von Kapitel 6.4.3.

Iberdrola hat sich erfolgreich ein grünes Image aufgebaut. So unterstrich der Konzern, dass 51,7 % seiner Produktionskapazitäten emissionsfrei seien. Mit einer Kapazität von 9.302 MW an erneuerbaren Energien, fast ausschließlich Windenergie, war Iberdrola im Jahr 2008 der weltgrößte Betreiber von Windenergieanlagen (Iberdrola 2009). Die Synthese von grünem Image und aggressiver Expansionsstrategie bringt Sanchez Galán foglendermaßen auf den Punkt: "Iberdola has been a responsible, sustainable and environmentally-committed company since its founding more than 107 years ago, and is now exporting its way of viewing and doing things to the rest of the world" (Iberdrola 31.03.2009). Iberdrola ist nicht nur der weltgrößte Windanlagenbetreiber, sondern besitzt auch gut 20 % der Anteile am größten spanischen Windanlagenbauer Gamesa. Das Unternehmen war im Jahr 2008 mit einem Marktanteil von 11 % der weltweit drittgrößte Hersteller hinter Vestas und GE Energy (Lopez 2009).

Neben den beiden großen Duopolisten Endesa und Iberdrola gab es noch vier weitere bedeutende Unternehmen im spanischen Strommarkt. An dritter Stelle stand Unión Fenosa, das neben Aktivitäten im fossil-nuklearen Bereich und großer Wasserkraft auch ein gemeinsam mit dem italienischen Enel-Konzern geführtes Tochterunternehmen im erneuerbare Energien-Bereich (ENEL Unión Fenosa Energías Renovables) besessen hat, das sich vorwiegend auf den Betrieb von Windkraftanlagen und kleinen Wasserkraftwerken spezialisiert hat. Bereits im Jahr 2008 bahnte sich die im Jahr 2009 vollzogene Übernahme durch den größten spanischen Gasversorger und damals viertgrößten Stromanbieter, Gas Natural, zu Gas Natural Fenosa an. Die Stromerzeugungskapazitäten von Gas Natural beschränkten sich fast ausschließlich auf Gaskraftwerke, die in das fusionierte Unternehmen mit Sitz in Barcelona eingebracht wurden (Bechberger 2009: 237-240).

Auf Rang fünf folgte das Unternehmen Hidroeléctrica del Cantábrico (HC Energía), das nahezu vollständig dem größten portugiesischen Stromkonzern, Energias de Portugal (EDP), gehört. Die Stromproduktion von HC Energía basierte vorwiegend auf Kohle. Allerdings wurden die erneuerbare Energien-Sparten von EDP und HC Energía im Jahr 2005 fusioniert zu NEO Energía. Neben relevanten Wind- und Wasserkraftkapazitäten sowie sehr geringen Biomasseanteilen gab es auch Pläne, gemeinsam mit dem inzwischen insolventen deutschen Unternehmen Solar Millenium große solarthermische Kraftwerke in Südspanien zu errichten (ebd.: 238-239).

Zuletzt ist der Stromversorger Viesgo zu nennen, der im Jahr 2002 von ENEL übernommen wurde und im Juni 2008 an E.ON weiterverkauft wurde. Den Hintergrund dieser Transaktion bildete das Scheitern des Versuchs von E.ON, Endesa zu übernehmen. Das Portfolio von E.ON España umfasst neben fossilen Erzeugungskapazitäten auch einige Windanlagen. Mit einer installierten Leistung von 2.410 MW war E.ON España der kleinste der fünf Stromkonzerne (ebd.: 240-242).

Die marktbeherrschende Stellung dieser Unternehmen gründete darauf, dass sie im Jahr 2007 zusammen über 70 % des Stroms erzeugten und darüber hinaus zu fast 100 % im Besitz der Verteilnetze waren. Endesa und Iberdrola besaßen zusammen ca. 80 %[67] (ebd.: 242-243). Ihr Verband UNESA fungiert als klassische Lobbyorganisation, die darauf abzielt, die politische Regulierung des Energiemarktes im Sinne ihrer Mitgliedsunternehmen zu beeinflussen. Zugleich versucht UNESA, die Interessen ihrer fünf Mitgliedsunternehmen zu universalisieren. Die institutionelle Trennung von Energiepolitik und Arbeitsbeziehungen spiegelt sich auch im Aufgabenfeld des Verbandes wieder, der lediglich Einfluss auf die energiepolitische Agenda nimmt. Die Ausgestaltung der Arbeitsbeziehungen erfolgt primär auf der betrieblichen Ebene. Dabei spielen die Haustarifverträge eine bedeutende Rolle (Interview UNESA 12.05.2014).

Darüber hinaus existieren technologiespezifische Branchenverbände, die sich für die Fortschreibung des fossil-nuklearen Energiezeitalters im spanischen Stromsektor einsetzen. Diese arbeiten eng mit UNESA zusammen. Das Foro Nuclear Vertritt die Interessen der spanischen Atomindustrie und forderte neben Laufzeiten von 60 Jahren für bestehende Reaktoren auch immer wieder den Neubau von Kernreaktoren (Interview Foro Nuclear 05.05.2014). SEDIGAS (Asociación Española del Gas) ist der Dachverband der spanischen Gasindustrie. Während der Energieträger Gas in Spanien zunächst vorwiegend zur Erzeugung von Wärme eingesetzt wurde, weitete sich mit dem massiven Zubau von Gaskraftwerken in den 2000er Jahren auch der Fokus von SEDIGAS auf den Stromsektor aus. Die CARBUNIÒN ist der Verband der spanischen Kohleindustrie. Kohle ist der einzige fossile Energieträger, der (noch) in nennenswertem Maß in Spanien gefördert wird[68]. Dies wird von CARBUNIÓN als zentraler Vorteil unter dem Vorzeichen der Versorgungssicherheit ins Feld geführt, neben den mit dem Kohlebergbau verbundenen Arbeitsplätzen. Im Gegensatz zu Iberdrola zählt das stärker kohlelastige Unternehmen Endesa zu den Mitgliedern der CARBUNIÓN.

Der zentrale Stützpfeiler des grauen Hegemonieprojekts im spanischen Staatsapparateensemble ist traditionell das für die Energiepolitik zuständige Industrieministerium MITYC (Ministerio de Industria, Turismo y Comercio), das

67 Die Stromtransportnetze hingegen befinden sich komplett im Eigentum von Red Eléctrica Espanol (REE), des vormals staatlichen Netzbetreibers. Dieser wurde ab 1999 schrittweise privatisiert. Der spanische Staat ist noch über die Beteiligungsgesellschaft SEPI zu 20 % an REE beteiligt. Die Beteiligung der großen EVUs an REE wurde mit dem RDL 5/2005 auf maximal 1 % gedeckelt. Der überwiegende Anteil befindet sich in Streubesitz.

68 Im Jahr 2007 wurde der letzte Braunkohletagebau in Nordspanien (Galizien) geschlossen (Bechberger 2009: 75-77). Die Subventionierung des Steinkohlebergbaus wird voraussichtlich im Jahr 2018 auslaufen, so dass ab diesem Zeitpunkt von einer kompletten Importabhängigkeit auszugehen ist (Greenpeace 2015: 10-11).

während der zweiten Regierung Zapatero von Miguel Sebastián geleitet wurde[69]. Allerdings bildet das Ministerium eine große Bandbreite an energiepolitischen Orientierungen ab. Die im Jahr 1984 gegründete Unterabteilung IDAE (Instituto de Diversifiación y Ahorro de Energía) hat eine bedeutende Rolle bei der Entwicklung der erneuerbaren Energien in Spanien gespielt. Die Leitungsebene des Ministeriums weist jedoch traditionell eine große Offenheit gegenüber den Interessen der großen Stromkonzerne auf (Bechberger 2009: 300-301; Interviews APPA I 25.09.2013, EeA 25.03.2014).

6.2.2.2 Graue Interessenlagen

Das Gemeinschaftsinteresse des grauen Hegemonieprojekts liegt darin begründet, die bestehenden fossil-nuklearen Erzeugungskapazitäten möglichst optimal zu verwerten und die Industriestrompreise niedrig zu halten. Insofern orientieren die Akteur_innen des grauen Spektrums auf die Beibehaltung der zentralen Bestimmungsmerkmale des gegenwärtigen Stromversorgungssystems und der darin eingeschriebenen Macht- und Herrschaftsverhältnisse. Das Gemeinschaftsinteresse speist sich von Seiten der großen Energiekonzerne und UNESA wesentlich daraus, dass sie ihre marktbeherrschende Stellung beibehalten wollen, um von Spanien ausgehend ihre Internationalisierungsstrategien zu forcieren. Während die Konzerne in der Phase des Wirtschaftsbooms den Ausbau der Windenergie aktiv betrieben, änderte sich in der Rezession und des einsetzenden Nachfragerückgangs deren Interessenlage. Eine fortgesetzte Transition des Stromsystems wurde fortan zu einer Gefahr für die bestehenden Erzeugungskapazitäten, insbesondere für die Gaskraftwerke. Für die stromintensive Industrie Spaniens, die jedoch im Vergleich zur deutschen Industrie relativ unbedeutend ist, und ihren Verband AEGE haben niedrige Industriestrompreise eine hohe Bedeutung im Hinblick auf ihre Wettbewerbsfähigkeit.

In der oben skizzierten verteilungspolitischen Konstellation besteht das gemeinsame Interesse der grauen Akteur_innen darin, die Verteilungsfrage dahingehend aufzulösen, dass möglichst viele Lasten auf die privaten Verbraucher_innen, die öffentliche Hand und die erneuerbaren Energien abgewälzt werden. Hierbei ist jedoch anzumerken, dass alle großen spanischen Stromkonzerne auch beträchtliche Windkraftkapazitäten in ihren Portfolios haben. Ihre Interessen richten sich

69 Die Zuständigkeit des Ministeriums bildete sich nicht in der Namensgebung des Ministeriums ab. Dies änderte sich mit der ab Ende 2011 regierenden konservativen Regierung Rajoy. Das Ministerium wurde umbenannt in MINETUR (Ministerio de Industria, Energía y Turismo) und von José Manuel Soria geleitet.

damit in erster Linie gegen die Photovoltaik und in abgeschwächtem Maße auch gegen solarthermische Kraftwerke[70].

Ein weiteres Interesse der Akteur_innen aus dem grauen Spektrum besteht in der Beibehaltung „nationaler Champions“ und der Gewährleistung ihrer internationalen Konkurrenzfähigkeit. Zwar ist der europäische Binnenmarkt für Strom weit entfernt von seiner Vollendung, allerdings befinden sich die zunehmend transnationalisierten Stromkonzerne in einem härter werdenden Wettbewerb (Greenpeace 2014a). Die Abwehr der geplanten Übernahme von Endesa durch E.ON, bei der auch das Industrieministerium unter Sebastián und die staatliche Regulierungsbehörde CNE eine wichtige Rolle spielten, verdeutlicht, dass auch die spanische Regierung unmittelbaren Einfluss auf zentrale Fragen bezüglich der Eigentumsverhältnisse im Energiesektor nimmt (Interview Endesa 21.05.2014).

6.2.2.3 Strategische Orientierungen und politische Projekte

Das graue Akteursspektrum zielt auf die Universalisierung ihrer Interessen, indem ein breiter Energiemix als die gemeinwohlorientierte Energieform konstruiert wird. Dabei dient implizit oder explizit das energiepolitische Zieldreieck aus Nachhaltigkeit, Versorgungssicherheit und Wettbewerbsfähigkeit als Bezugsrahmen. Von den Träger_innen des grauen Hegemonieprojekts wurde insbesondere nach Ausbruch der Krise und ihrer austeritätspolitischen Bearbeitung das Tarifdefizit erfolgreich ins Zentrum der Auseinandersetzungen gerückt: „Any debate on energy regulation in Spain is currently dominated by the overwhelming problem of the so called 'electricity tariff deficit“ (del Guayo 2015: 354). Es lassen sich vier politische Projekte des grauen Akteursspektrums ausmachen.

Zunächst besteht eine sehr weitgehende Übereinstimmung darüber, dass die Nutzung der Atomenergie fortgeschrieben werden muss. Alle relevanten Akteur_innen fordern eine Laufzeit für die bestehenden AKWs von zumindest 60 Jahren[71]. Über die extrem lange Laufzeit für die bestehenden AKWs hinaus forderte etwa das Foro Nuclear oder auch der Vorsitzende von CEOE, Joan Rosell, den Neubau von Atomkraftwerken (CEOE 2011). Allerdings rückte das Foro Nu-

70 Sowohl Endesa/Enel Green Power als auch Iberdrola betreiben Thermosolarkraftwerke in Spanien, die jedoch nur eine untergeordnete Bedeutung für die Konzerne haben (Interviews Endesa 21.05.2014, Iberdrola 22.05.2014).

71 Das Atommoratorium von 1984 regelt nicht die Laufzeiten der AKWs. Die AKW-Betreiber_innen erhalten in der Regel eine Betriebsgenehmigung für 10 Jahre, die nach der Prüfung durch die Atomsicherheitsbehörde (Consejo de Seguridad Nuclear) durch Regierungsentscheid verlängert werden kann.

clear im Verlauf der Krise und der Evidenz massiver Überkapazitäten von der Forderung nach AKW-Neubauten ab und konzentriert sich momentan auf eine möglichst optimale Verwertung der bestehenden AKWs (Interview Foro Nuclear 05.05.2014).

Ein zweites politisches Projekt besteht darin, das Kohlezeitalter in Spanien zu verlängern. Während die heimische Produktion von Braun- und Steinkohle kontinuierlich zurückgeht und voraussichtlich im Jahr 2018 komplett auslaufen wird, versucht insbesondere Endesa, mittels der CCS-Technologie die Kohle zukunftsfähig zu machen. So konnte Endesa auch im Rahmen des europäischen Konjunkturpakets eine EU-Beihilfe im Umfang von 180 Millionen Euro für die Pilotanlage in Compostilla einwerben (Bechberger 2009: 72-86; Rich 2015).

Das dritte politische Projekt hat sich erst in den letzten Jahren herauskristallisiert und besteht darin, nach dem Ende des Kohlebergbaus ein neues Zeitalter des fossilen Extraktivismus einzuläuten. Hierfür sind zwei Ansatzpunkte zentral. Zum einen sollen auf dem spanischen Festland mittels der Fracking-Technologie unkonventionelle Schiefergasvorkommen gefördert sowie im Mittelmeer und im atlantischen Ozean nach Öl- und Gasvorkommen gesucht werden. Zum anderen soll mittels neuer Pipelines und Flüssiggasterminals Spanien zum „Gashafen" Europas werden. Dieses Projekt wird vor allem vom Verband der spanischen Gasindustrie, SEDIGAS, vorangetrieben (o.N. 2014b; Burgen 2014).

Das vierte politische Projekt kristallisierte sich ebenfalls erst in der Krise heraus, nämlich ein Ausbaustopp für die erneuerbaren Energien um die bestehenden Kapazitäten besser verwerten zu können. Dies umfasst zwei Dimensionen, die Abschaffung der Einspeisevergütung und die Verhinderung von Eigenverbrauchsanlagen. Während sich einige Akteur_innen aus dem grauen Spektrum im Vorfeld des spanischen Wahlkampfs für ein Fördermoratorium für alle erneuerbaren Energien ausgesprochen haben (Navarrete und Mielgo 2011: 21), forderten UNESA und Iberdrola hingegen „lediglich" ein Solarmoratorium (o. N. 2011c). Im Hinblick auf die Eigenverbrauchsanlagen orientierten die grauen Akteur_innen darauf, dass diese so hoch belastet werden, dass sie nicht rentabel betrieben werden können.

6.2.3 Die Etablierung des grünen Hegemonieprojekts

Im Zuge der Transition des spanischen Stromsystems hat sich eine große Vielfalt kleiner und mittelständischer Unternehmen (KMUs) herausgebildet, die an verschiedenen Gliedern der Wertschöpfungsketten im Bereich der erneuerbaren Energien (Projektentwicklung, Zulieferung, Anlagenherstellung, Betrieb, Wartung etc.) angesiedelt sind. Insofern ist die Branche der regenerativen Energien stärker fragmentiert als die traditionelle Energiewirtschaft, die im Wesentlichen aus fünf Unternehmen besteht. Im Jahr 2008 lag der direkte Beitrag des erneuerbare Energien-Sektors zum spanischen BIP bei 4,805 Mrd. Euro bzw. 0,44 %. Die Zahl der Beschäftigten betrug 75.466. In Bezug auf die Wertschöpfung entfielen 48,1 % auf die Windbranche, 25,3 % auf die Photovoltaik (APPA 2009: 7-8). Neben den zahlreichen Kleinunternehmungen existieren jedoch auch zunehmend internationalisierte mittelständische Unternehmen, insbesondere im Windanlagenbau. Neben den grünen Kapitalfraktionen sind Teile der staatlich-administrativen Eliten und Forschungseinrichtungen sowie die Umweltverbände und -bewegungen dem grünen Hegemonieprojekt zuzurechnen.

6.2.3.1 Zentrale Akteur_innen des grünen Hegemonieprojekts

Der größte spanische Windanlagenhersteller ist Gamesa, ein baskischer Mischkonzern, der in den 1990er Jahren angefangen hat, eine Windsparte aufzubauen. An Gamesa Eólica war bis Ende 2001 der dänische Weltmarktführer Vestas zu 40 % beteiligt, Gamesa hielt 51 %, die Entwicklungsgesellschaft Navarras (SODENA) 9 %. Von der Technologiekooperation mit Vestas konnte das Unternehmen stark profitieren. Ende 2008 stammten 49,0 % der in Spanien installierten Windstromkapazitäten von Gamesa. Ende 2007 hatte Gamesa Eólica 6.945 Mitarbeiter_innen, zwei Drittel davon in Spanien. Zudem ist Gamesa seit 2004 auch im Solarbereich (sowohl Photovoltaik als auch Thermosolar) tätig (Bechberger 2009: 246-250).

Daneben gibt es zwei weitere bedeutende Windanlagenbauer in Spanien. Das ist zum einen das Tochterunternehmen Acciona Energía des Mischkonzerns Acciona, der gemeinsam mit der italienischen ENEL Endesa übernommen hat. Ebenso wie Gamesa Eólica begann Acciona Energía bereits zu Beginn der 1990er Jahre mit dem Aufbau einer Windturbinenherstellung. Im Jahr 2007 hatte Acciona Windpower einen Weltmarktanteil von 4,4 %. Neben dem Windbereich ist Acciona auch im Bereich der Solarenergie und der Biomasse aktiv. Zum anderen ist die im Jahr 1981 in Barcelona gegründete Genossenschaft Ecotécnia ein wichtiger Windanlagenbauer. Dieses Unternehmen hat ihre Wurzeln in der Anti-AKW Bewegung und entwickelte im Jahr 1983 ihre erste Windkraftanlage (Puig i Boix 2009). Ähnlich wie Gamesa Eólica und Acciona Energía hat Ecotécnia eine Internationalisierung seiner Windkraftsparte und die Erschließung neuer Geschäftsfelder, vor allem die Photovoltaik, vorgenommen. Im Jahr 2007 wurde das Unternehmen von dem französischen Konzern Alstom übernommen (Bechberger 2009: 250-254). Auf Grund der kleinteiligen Struktur des erneuerbare Energien-Sektors sind die Verbände die wesentlichen Akteurinnen der politischen Interessenvertretung.

Im Jahr 1987 wurde der Interessenverband der Kleinproduzenten und Selbstverbraucher von Strom aus Wasserkraft, APPA (Asociación de Pequenos Productores y Autogeneradores Hidroeléctricos), gegründet. Im Jahr 1996 fand eine Öffnung für andere erneuerbare Energien statt. Zudem erfolgte in den darauf folgenden Jahren die Einbeziehung von Akteur_innen, die im Wärme- und Agrartreibstoffbereich tätig sind. Auf Grund dieser Entwicklungen wurde APPA zum Verband der Erneuerbaren Energien Produzenten (Asociación de Productores de Energías Renovables) umbenannt. APPA ist der einzige Verband in Spanien, der die gesamte Bandbreite an erneuerbaren Energien-Technologien abdeckt. Er ist gegliedert in neun Sektionen, Biotreibstoffe, Wasserkraft, Windenergie, Biomasse, Photovoltaik, solarthermische Stromerzeugung, Meeresenergie, Mini-Windenergie sowie Geothermie. Im Oktober 2008 hatte APPA 472 Mitgliedsunternehmen.

Analog zur rasanten Entwicklung der Windenergie in Spanien, trug diese Sparte den größten Teil der Mitgliedsbeiträge APPAs bei (González Vélez 2007). Neben klassischer Lobbyarbeit ist APPA auch bestrebt, Zustimmung zur *transición energética* zu organisieren und arbeitet hierbei häufig mit Umwelt- und Verbraucherschutzverbänden zusammen. Zudem hat APPA im Jahr 2005 einen eigenen Grünstromanbieter (Gesternova) gegründet, der den von den Mitgliedsunternehmen erzeugten Strom an Endkunden vertreibt (Bechberger 2009: 257-259). Neben APPA haben sich jedoch mit dem Wachstum und der zunehmenden Diversifizierung der Branche zahlreiche andere Interessenverbände herausgebildet (Interview UNEF 24.04.2014).

Die Interessen der Windbranche werden gebündelt in der im Jahr 2002 gegründeten AEE (Asociación Empresarial Eólica)[72]. Die AEE wurde vor dem Hintergrund etabliert, dass APPA, das nach dem Prinzip „ein Mitglied, eine Stimme", aufgebaut ist, stark die Interessen der kleinen Wasserkraftproduzent_innen und auch anderer „kleiner" Akteur_innen vertreten hat. Die Gründung der AEE zielte darauf ab, im Besonderen die Interessen der großen Konzerne im Windsektor zu vertreten. Im Oktober 2008 hatte die AEE 150 Mitgliedsunternehmen, darunter alle zentralen Unternehmen auf den verschiedenen Wertschöpfungsstufen im spanischen Windsektor. Daher nimmt der Verband eine sehr spezifische Stellung innerhalb des spanischen Verbändesystems ein. Einerseits vertritt er eine erneuerbare Energien-Branche, andererseits sind die zentralen Mitgliedsunternehmen zugleich die wesentlichen Protagonist_innen der fossil-nuklearen Energiewirtschaft.

72 Der Gründungsname lautete Unternehmensplattform Windenergie (Plataforma Empresarial Eólica, PEE)

Insofern ist AEE nur bedingt dem grünen Akteursspektrum zuzuordnen (Bechberger 2009: 259-260; Interview AEE 08.04.2014).

Bereits im Jahr 1998 wurde der Verband der Photovoltaikindustrie, ASIF (Asociación de la Industria Fotovoltaica), gegründet, der im September 2008 527 Mitglieder zählte. ASIF arbeitete eng mit APPA zusammen und war in seiner Lobbyarbeit insbesondere erfolgreich bei der Ausgestaltung des RD 661/2007, das die Grundlage für den Photovoltaikboom in den Jahren 2007 und 2008 legte. Als das bis 2010 anvisierte Ausbauziel von 371 MW bereits im Oktober 2007 erreicht war, konzentrierte sich ASIF darauf, die Neuausrichtung der Förderung, wie sie dann mit dem RDL 1578/2008 in Kraft trat, mit einem langfristigen, ambitionierten Wachstumskorridor für die Photovoltaik zu verbinden. Hierzu beauftragte er gemeinsam mit APPA die Unternehmensberatung Arthur D. Little, um ein Szenario bis zum Jahr 2020 auszuarbeiten. Im Zuge des Gesetzgebungsverfahrens im Vorfeld der Verabschiedung des RDL 1578/2008 kam es zu erheblichen Differenzen internen Differenzen, die in einer Abspaltung der großen Solarzellenhersteller_innen mündete. ASIF war bereit, im Zuge der Neuregelung der Photovoltaikvergütungen eine Begrenzung der maximalen Anlagengröße, gegen den Willen der größten Hersteller_innen, zu akzeptieren. In Folge dessen gründeten 13 große PV-Unternehmen im Juli 2008 einen weiteren Unternehmensverband der Photovoltaikindustrie, die AEF (Asociación Empresarial Fotovoltaica). Zu den Gründungsmitgliedern gehörten unter anderem Gamesa Solar und BP Solar (Bechberger 2009: 261-263).

Darüber hinaus existierten noch zahlreiche andere Branchenverbände, denen jedoch vor dem Hintergrund der geringen Marktdurchdringung ihrer Technologien nur eine untergeordnete Bedeutung zukommt. Im Jahr 2004 wurde der Verband der Solarwärmeindustrie, ASIT (Asociación Solar de la Industria Térmica), gegründet. Im Jahr 2005 gründete sich der Verband der solarthermischen Industrie, Protermosolar (Asociación Española para la Promoción de la Inudstria Energética). Die Biomassebranche wird in Spanien durch zwei Verbände repräsentiert, die ADABE (Asociación española para la difusión del aprovechamiento de la biomasa en España), sowie AVEBIOM (Asociación española de valorización energética de la biomassa) (ebd.: 260-264). Alle genannten Verbände waren auch Mitglied in den jeweiligen europäischen Branchenverbänden.

Im spanischen Staatsapparateensemble war das Umweltministerium, beziehungsweise in der zweiten Amtszeit Zapatero, das Ministerium für Umwelt, ländliche Entwicklung und marine Gebiete, MMAMRM (Ministerio de Medio Ambiente y Medio Rural y Marino) ein wichtiger Verbündeter der grünen Akteur_innen. Für die Energiepolitik ist zwar das Industrieministerium federführend, allerdings kommt dem Umweltministerium über die Zuständigkeit für die Klimapolitik eine Mitgestaltungsmöglichkeit in Bezug auf die Energiepolitik zu. Darüber hinaus fungierten eine Reihe weiterer Staatsapparate als wichtige Treiber_innen der Transition des spanischen Energiesystems: das Ministerium für Wissenschaft und Innovation, das MCI (Ministerio de Ciencia y Innovación), und daran angeschlossene Forschungseinrichtungen wie die erneuerbare Energien-Abteilung des Forschungszentrums für Energie, Umwelt und Technologie, das CIEMAT (Centro de Investigaciones Energética, Medioambientales y Technológicas) oder das Nationale Zentrum für Erneuerbare Energien, das CENER (Centro Nacional de Energías Renovables). Gleiches gilt für das IDAE als Teil des spanischen Wirtschaftsministeriums (ebd.: 204-212).

Auf zivilgesellschaftlicher Ebene wurde das grüne Projekt des Umbaus des Energiesystems wesentlich von Umwelt- und Verbraucherschutzorganisationen vorangetrieben. Die Organisationen mit der größten energiepolitischen Schlagkraft waren dabei Greenpeace und Ecologistas en Acción (EeA). Greenpeace hatte 2007 erstmals über 100.000 Mitglieder, ca. 60 Mitarbeiter_innen und einen Schwerpunkt auf die Klima- und Energiepolitik. Neben der Erstellung von Studien wie „Erneuerbare 2050“ organisierte Greenpeace beispielsweise im September 2006 einen „Marsch für erneuerbare Energien“ in Nordspanien, der sich gegen Kohlekraftwerke und für einen ambitionierteren Ausbau der erneuerbaren Energien richtete. EeA ist stärker basisdemokratisch organisiert als Greenpeace. Es entstand im Jahr 1998 aus dem Zusammenschluss von rund 300 lokalen Umweltschutzinitiativen. Die inhaltliche Ausrichtung ist derjenigen von Greenpeace sehr ähnlich. Beide Gruppen versuchen, auch in Zusammenarbeit mit den Gewerkschaften (CC.OO und UGT) und den erneuerbare Energien-Verbänden die *transición energética* voranzutreiben. Darüber hinaus arbeiteten noch die spanischen Ableger der großen Umweltorganisationen WWF/Adena, Amigos de la Tierra (Friends of the Earth) sowie SEO/Birdlife für den Ausbau der erneuerbaren Energien. Zudem unterstützten fünf Verbraucherschutzverbände die Energietransition. In einer Kooperationsvereinbarung mit Greenpeace aus dem Jahr 2006 formulierten sie die Zielvorstellung eines umweltverträglichen und nachhaltigen Konsums, wozu auch der Verbrauch von Strom aus erneuerbaren Energiequellen zählt (ebd.: 270-282).

6.2.3.2 Grüne Interessenlagen

Das Gemeinschaftsinteresse des grünen Hegemonieprojekts liegt darin begründet, einen möglichst schnellen Wandel des Energiesystems hin zu einer Vollversorgung mit erneuerbaren Energien zu vollziehen. Mit diesem Ziel sind einerseits ökonomische Interessen der grünen Kapitalfraktionen verbunden. Andererseits sind auch umwelt- und klimapolitische Motive zumindest für weite Teile des grünen Akteursspektrums eine wesentliche Triebkraft (González Vélez 2007). Die Verpflichtungen aus dem Kyoto-Protokoll und der europäischen Richtlinie zum Ausbau der erneuerbaren Energien aus dem Jahr 2001 gaben während des Wirtschaftsbooms zusätzliche Impulse für eine energetische Transition. Insofern ist der Verweis darauf, dass im Jahr 2008 durch die Nutzung erneuerbarer Energien in Spanien 23,6 Mio. Tonnen CO2-Emissionen eingespart wurden, dies entspricht 5,7 % der Emissionen Spaniens (APPA 2009: 103), ein wichtiges legitimatorisches Moment.

Die sich mit dem Ausbruch der Krise anbahnende verteilungspolitische Konfliktkonstellation und die Offensive der grauen Akteur_innen gegen die Solarenergie wurden von dem grünen Akteur_innen erst spät erkannt (Interview UNEF 24.04.2014). In den Presseerklärungen von APPA aus dem Jahr 2008 finden sich beispielsweise kaum Bezugnahmen auf das Tarifdefizit, wohingegen die wesentlichen Akteur_innen des grauen Hegemonieprojekts sich, auch wegen deren unmittelbarer Betroffenheit, klar positionierten. Im Jahr 2008 standen UNESA und die großen Stromkonzerne in Verhandlungen mit dem Industrieministerium über die Lösung des Tarifdefizits (Capital Madrid 2008).

APPA veröffentlichte gemeinsam mit anderen Unternehmensverbänden des grünen Sektors, jedoch ohne die AEE, ein Manifest für die erneuerbaren Energien und Energieeffizienz, in dem sie unter anderem die Internalisierung der externen Kosten der fossilen und nuklearen Energietechnologien als Hebel zur Reduzierung des Tarifdefizits vorschlugen. Eine Übernahme der Kosten für die Vergütung des Stroms aus regenerativen Quellen über den Staatshaushalt lehnten die Verbände hingegen ab (Asociación de empresas para el Desimpacto de los Purines (ADAP) et al. 2008). Grundsätzlich orientierte die grüne Akteurslandschaft darauf, die im Rahmen des Einspeisevergütungsgesetzes garantierten Zahlungen zu verteidigen und stabile Rahmenbedingungen für den weiteren Ausbau der erneuerbaren Energien zu sichern.

Darüber hinaus ist es auch im Interesse des grünen Hegemonieprojekts, die Elektrifizierung der Ökonomie zu forcieren. Das gilt zum einen aus ökonomischen Gründen, weil damit eine klare Wachstumsperspektive für die erneuerbaren Energien verbunden wäre. Zum anderen kommen ideologische Gründe hinzu, weil eine stärkere Elektrifizierung, im Besonderen des Verkehrssektors, einen Beitrag zur Reduktion der Treibhausgasemissionen leisten kann. Voraussetzung dafür ist jedoch, dass die zusätzliche Stromnachfrage über regenerative Energien gedeckt wird.

Zudem haben die Akteur_innen des grünen Hegemonieprojekts ein originäres Interesse an der Wettbewerbsfähigkeit der spanischen erneuerbare Energien-Industrie, um im Zuge der sich verstärkenden Internationalisierung und Konzentration des Sektors einen möglichst großen Weltmarktanteil zu erlangen (Harris 2010). Auf Grund der geographischen Potentiale für die erneuerbaren Energien in Spanien besteht die Möglichkeit, vorausgesetzt der Netzausbau schreitet voran, (grünen) Strom in großen Mengen zu exportieren (Energías Renovables 2009).

6.2.3.3 Strategische Orientierungen und politische Projekte

Das grüne Akteursspektrum zielt auf die Universalisierung seiner Interessen, indem ein möglichst schneller Umstieg auf erneuerbare Energien als die gemeinwohlorientierte Form der Energieversorgung konstruiert wird. Dabei rekurrieren die Akteur_innen des grünen Hegemonieprojekts primär auf den Aspekt der Nachhaltigkeit. So verweist der Bericht von APPA (2009) über die makroökonomischen Effekte der erneuerbaren Energien auch auf die eingesparten Kohlendioxid-, Schwefel- und Stickoxidemissionen und die damit verbundenen positiven Auswirkungen auf die menschliche Gesundheit. In Bezug auf die Versorgungssicherheit werden die erneuerbaren Energien als wichtiger Baustein einer Diversifizierungsstrategie dargestellt, da sie die Importabhängigkeit verringern. Im Hinblick auf die Wettbewerbsfähigkeit der erneuerbaren Energien ist das zentrale Argument, dass die Preise an der Strombörse nicht die wahren Kosten der fossilen und nuklearen Stromerzeugung abbilden und die regenerativen Energieträger damit wettbewerbsfähiger sind (APPA 2009). Ausgehend von dem Ziel ein regeneratives Energiesystem durchzusetzen, lassen sich vier „grüne" politische Projekte ausmachen.

Erstens orientiert das grüne Akteursspektrum darauf, die garantierten Einspeisevergütungen für Bestandsanlagen zu verteidigen und mittels der Einspeisevergütung in Kombination mit einer günstigen Regelung für Eigenverbrauchsanlagen die Transition voranzutreiben. Während sich die Auseinandersetzungen um die Vergütung der Bestandsanlagen vor allem auf die juristische Ebene verlagert haben und mit dem grünen Moratorium von 2012 die Einspeisevergütung aufgehoben wurde, konzentrierten sich in jüngster Zeit die Auseinandersetzungen auf die Regulierung von Eigenverbrauchsanlagen (Interview APPA I 25.09.2013).

Zweitens versuchen weite Teile des grünen Spektrums, die Laufzeit der Atomkraftwerke auf maximal 40 Jahre zu beschränken. Die juridische Verankerung dieser Forderung würde einem Atomausstieg bis zum Jahr 2028 gleichkommen. Im Jahr 1988 nahm das jüngste spanische AKW in Trillo seinen Betrieb auf.

Drittens orientiert die grünen Akteur_innen darauf, das fossil-nukleare Energieregime zu delegtimieren, indem die externalisierten Kosten hervorgehoben werden (APPA 2009). Im Zuge der jüngeren Politisierung der Energieversorgung wurde zudem verstärkt die oligopolistische Struktur des Strommarktes sowie die darin eingelassenen Macht- und Herrschaftsverhältnisse adressiert und in einen Zusammenhang mit der Krise der Demokratie in Spanien gesetzt (Barcia Margaz und Romero 2014). Neben dem Atomausstieg formulierte Greenpeace die Forderung nach einem Kohlausstieg bis zum Jahr 2025 (Greenpeace 2015).

Viertens orientiert das grüne Akteursspektrum darauf, einen aktiven Konsens zu einer Transition des Energiesystems in der Zivilgesellschaft herzustellen. Die Entwicklung der regenerativen Energien in Spanien war wesentlich ein elitengetriebener Prozess, der ohne größere gesellschaftliche Konflikte vorangetrieben wurde. Die Grundlagen dieses passiven Konsenses erodierten mit dem Ausbruch der Krise und innerhalb des grünen Spektrums wurde erkannt, dass eine breitere zivilgesellschaftliche Verankerung und Partizipation an der Transition zentral für ihr Gelingen wäre (Interview FR 31.03.2014). Die strategische Neuausrichtung bildet sich auch in der Gründung etwa der *Fundación Renovables* (FR), von *Som Energia* und *ANPIER* (Asociación Nacional de Productores e Inversores de Energías Renovables) im Jahr 2010 oder der *Plataforma por un Nuevo Modelo Energético* (Px1NME) im Jahr 2012 ab.

Abbildung 6: Das energiepolitische Akteursspektrum Spaniens im Vorfeld der Krise, dargestellt nach der oben vorgenommenen Einteilung in graues (links) und grünes (rechts) Hegemonieprojekt

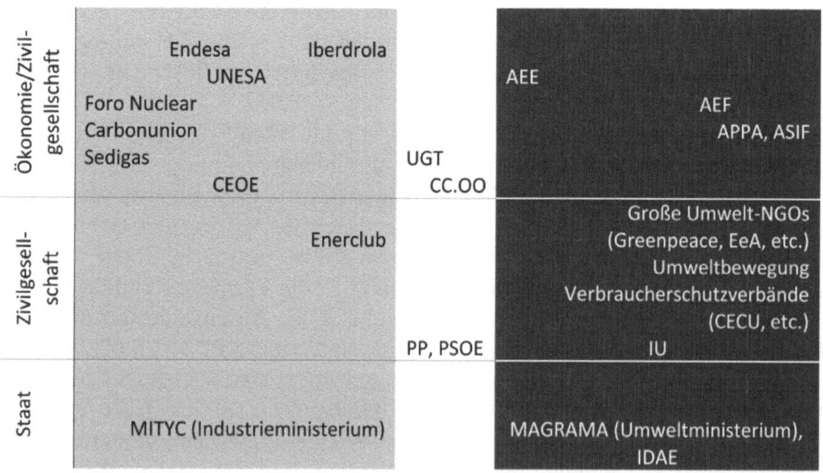

Quelle: Eigene Darstellung.

6.3 Die Transition wird ausgebremst: die Regierung Zapatero II

Mit dem Ausbruch der Finanz- und Wirtschaftskrise geriet nicht nur die Kapitalakkumulation, sondern auch das spanische Elektrizitätssystem in eine tiefgreifende Krise. Die polit-ökonomischen Kontextbedingungen änderten sich gravierend, sektorale Verteilungskonflikte intensivierten sich und die Strommarktregulierung wurde stark geändert. Im Folgenden sollen zunächst die polit-ökonomischen Krisendynamiken und ihre Artikulation mit den energiepolitischen Entwicklungsdynamiken herausgearbeitet werden. Daran anknüpfend wird aufgezeigt, wie sich die Konfliktintensivität zugespitzt hat, der Ausbau der erneuerbaren Energien massiv ausgebremst und bestehende Anlagen mit retroaktiven Kürzungen belegt wurden. Zugleich wurde jedoch unter der Regierung Zapatero II eine atompolitische Kontinuität gewahrt. Für das grüne Akteursspektrum ergab sich vor dem Hintergrund dieser Konstellation und scharfer Angriffe der grauen Akteur_innen auf die Solarenergie die Notwenigkeit einer grundlegenden Strategieänderung.

6.3.1 Die Krise des spanischen Kapitalismus

In den Jahren 2008 und 2009 spitzte sich die Krise in Spanien zu und es wurde offenbar, dass das spanische Kapitalismusmodell, das auf stetigen Kapitalimporten und einer Immobilienblase beruhte, an seine Grenzen gestoßen ist (Royo 2009a: 27). Nachdem die Kapitalakkumulation ins Stocken geraten ist, wurde von Seiten der spanischen Regierung der Versuch unternommen, über eine Anpassung der Regulationsweise die wirtschaftliche Entwicklung zu stabilisieren und Wachstumsimpulse zu setzen. Dabei waren zwei Ansätze zentral, die Stützung des Finanzsektors in Verbindung mit konjunkturellen Impulsen.

Der spanische Bankensektor erwies sich zu Beginn der Krise noch als vergleichsweise robust. Aufgrund von strengen Regulierungen hatten sich die spanischen Banken nicht an der Spekulation mit verbrieften Immobilienkrediten in den USA beteiligt (ebd.: 32). Zudem verfolgte die Mehrzahl der spanischen Banken ein konservatives Risikomanagement. Die beiden größten spanischen Banken, BBVA und Santander, waren bereits vor der Krise sehr stark transnationalisiert und insofern von der Krisendynamik in Spanien weniger betroffen; ganz im Gegensatz zu vielen kleinen Banken bzw. Sparkassen (cajas). Diese hatten sich auf Immobilienkredite spezialisiert und in der Phase des Booms großzügig Kredite vergeben (Royo 2013; Cardenas 2013). Im weiteren Verlauf der Krise wurden letztere durch Kreditausfälle im Immobilienbereich stark belastet. Den spanischen

Bankenrettungen lag, ähnlich wie in den anderen EU-Mitgliedsstaaten, eine Sozialisierung der Verluste zu Grunde. Damit wurde die Vermögensungleichverteilung weiter vertieft. Neben den spanischen Banken profitierten von den Rettungsmaßnahmen auch die Banken der Überschussländer, die die Leistungsbilanzdefizite Spaniens finanzierten (López Hernández und Rodríguez 2011).

Zur Ankurbelung der Konjunktur wurde im Juli 2008 die Vergabe von zinsgünstigen Krediten zur Finanzierung von Neuwagen beschlossen und ein Energiesparprogramm aufgelegt, das auf eine Reduzierung der Importabhängigkeit abzielte und das chronische Handelsbilanzdefizit eindämmen sollte. Im Oktober desselben Jahres folgte die Übernahme von Garantien für faule Kredite der spanischen Banken, im November ein Konjunkturprogramm in Höhe von 11 Mrd. Euro (1,2 % des BIP), das vor allem auf Beschäftigungsimpulse auf Gemeindeebene abzielte. Neben der Stützung des Finanzsektors und der (kurzfristigen) Ausweitung der öffentlichen Beschäftigung basierte die Krisenbearbeitungsstrategie der spanischen Regierung auf der steuerlichen Entlastung von Familien und Unternehmen (Royo 2009a: 24-30).

Allerdings konnten diese Ansätze die Krisendynamik bestenfalls leicht abfedern. Besonders deutlich zeigte sich das Durchschlagen der Krise auf dem Arbeitsmarkt. Zwischen 2008 und 2011 gingen in Spanien ca. 3,3 Mio. Arbeitsplätze verloren, ca. 1,2 Mio. davon im Bausektor. Im industriellen Bereich wurden mehr als 20 % der Arbeitsplätze abgebaut. Die Erwerbslosenquote überschritt im ersten Quartal 2010 die 20%-Marke. Der Anteil erwerbsloser Jugendlicher betrug bereits vor dem Ausbruch der Krise annähernd 20 %, stieg in der Folgezeit jedoch rapide an und Übersprang im Jahr 2009 erstmals seit dem Jahr 1996 wieder die 40%-Marke (BBVA Research 2011: 4). Darüber hinaus wandelte sich der Haushaltsüberschuss in Höhe von 1,9 % des BIP aus dem Jahr 2007 in ein Defizit von 11,1 % im Jahr 2009. Das spanische BIP sank im selben Jahr um 3,7 % (Banyuls und Recio 2012; Charnock et al. 2012: 8). Im Zuge des deutlichen Rückgangs des BIPs ist auch der Primärenergieverbrauch in Spanien im Zeitraum zwischen 2007 und 2010 um über 10 % gesunken, der Stromverbrauch ist um etwas mehr als 5 % zurückgegangen (MITYC 2011: 331-333). Während es im Jahr 2008 noch ein leichtes Wachstum des Stromverbrauchs um 0,9 % gegeben hatte, sank dieser im Jahr 2009 um 5,8 %. Im Jahr 2010 gab es ein leichtes Wachstum von 1,4 %, im Jahr 2011 hingegen betrug der Rückgang wiederum 3,1 %. Insofern wurde deutlich, dass die Prognosen des Energieplanes aus dem Jahr 2008, der von einem jährlichen Anstieg der Stromnachfrage um 2,4 % ausgegangen war, deutlich verfehlt werden würden. Diese „Nachfragelücke“ stellte eine zentrale Herausforderung für die Regulierung des Strommarktes dar, die auf einen stetigen Nachfragezuwachs ausgerichtet war (Interview CNMC 08.05.2014).

Nachdem die Steuereinnahmen im Verlauf der Krise deutlich zurückgingen, die Sozialausgaben stark anstiegen und die Konjunkturprogramme in Verbindung mit der Stützung des Finanzsektors die öffentlichen Finanzen weiter belasteten, schwenkte die Regierung Zapatero im Mai 2010, auch auf internationalen Druck hin, auf eine austeritätspolitische Linie um (López Hernández und Rodríguez 2011; Banyuls und Recio 2012). Zugleich hatten sich innerhalb Spaniens die (neo-)konservativen Kräfte formiert und die Krise als Chance begriffen, um ihre eigene Agenda durchzusetzen, etwa die Kürzung sozialstaatlicher Leistungen, eine Deregulierung der Arbeitsmärkte und weitreichende Privatisierungsprogramme (Carmona et al. 2012). Ein wichtiger Impulsgeber war dabei der frühere spanische Ministerpräsident Aznar (PP). Er publizierte bereits im Jahr 2009 ein Buch mit dem Titel „Spanien kann die Krise überwinden“ (España Puede Salir de la Crisis), in dem er, verbunden mit Angriffen auf die regierende PSOE, eine austeritätspolitische Konsolidierung als den einzigen möglichen Weg darstellte, um die Krise zu überwinden (Aznar 2009). Im Mai 2010 schlussfolgerte Aznar (2010) in einem Beitrag in der Financial Times:

> „In the past 160 years no leftist government has been able to rescue Spain from an economic crisis. It does not look as if this age-old rule will be broken this time around either. The current Socialist government is incapable of resolving Spain's problems and taking the necessary steps. Only a new government can do this. The sooner, the better."

Das im Mai 2010 von der sozialistischen Regierung vorgestellte Maßnahmenpaket umfasste unter anderem folgende Punkte: Eine fünf prozentige Lohnkürzung für die im öffentlichen Dienst Beschäftigten, ein Einfrieren der Renten und weitgehende Privatisierungen öffentlicher Unternehmen (Lotterie, Flughäfen und die Sparkassen, nachdem diese mit öffentlichen Geldern saniert wurden). Darüber hinaus gab es in der Folgezeit zahlreiche Strukturreformen auf dem Arbeitsmarkt, die unter anderem den Kündigungsschutz lockerten, die Kosten von Entlassungen für die Unternehmen senkten, die Möglichkeiten der Leiharbeit ausweiteten, großzügigere Regelungen für befristete Beschäftigungsverhältnisse einführten und Tarifverträge aushöhlten, indem die Möglichkeiten von Abschlüssen auf individueller oder betrieblicher Ebene ausgeweitet wurden. Im Februar 2011 folgten weitere soziale Einschnitte. Diese bezogen sich auf das Rentensystem. Die Erhöhung des Renteneintrittsalters von 65 auf 67 Jahre wurde flankiert durch das Anheben der Altersgrenze für die Vorruhestandsregelung von 61 auf 63 Jahre. Die Maximalrente wird nun nach mindestens 37 und nicht mehr 35 Beitragsjahren ausbezahlt und die Rentenhöhe bemisst sich an dem Einkommen der letzten 25 und nicht mehr der letzten 15 Jahre (Banyuls und Recio 2012). Im September 2011 wurde schließlich mit der Aufnahme der Schuldenbremse in die spanische Verfassung die Austeritätspolitik konstitutionalisiert (Haas und Huke 2015: 185-186).

Durch diesen austeritätspolitischen Schwenk wurde die soziale Krise weiter verschärft. Die Erwerbslosenquote stieg im Jahre 2011 auf 21,6 % an, die Jugendarbeitslosigkeit betrug im selben Jahr 46,4 % (OECD 2012). Die sozialen Krisenprozesse lösten einen gesellschaftlichen Konfliktzyklus aus. Dieser wurde teilweise von den Gewerkschaften getragen, die gegen soziale Einschnitte und Angriffe auf ihre Stellung in den Tarifauseinandersetzungen mobilisierten. Eine sehr viel stärkere Dynamik entfalteten die neu entstehenden sozialen Bewegungen (Bieling et al. 2013a: 241-243). Am 15. Mai 2011 wurden nach Demonstrationen die zentralen Plätze in Madrid (Plaza de Puerto al Sol) und Barcelona (Plaza Cataluña) besetzt. Dies war die Geburtsstunde der 15-M Bewegung, die auf soziale Missstände aufmerksam machte, widerständische Alltagspraxen verbreiterte und die Forderung nach echter Demokratie (Real democracia YA!) artikulierte. Diese Forderung war verbunden mit einer stark anti-institutionellen und post-ideologischen Orientierung. Die Demonstrant_innen sahen sich weder durch die Parteien noch die Gewerkschaften in irgendeiner Weise repräsentiert. Entsprechend wurden auf den Plätzen basisdemokratische Aushandlungsprozesse erprobt. Trotz des integrativen Anspruchs war die soziale Basis der 15-M Bewegung weitgehend auf das spanische akademische Milieu bzw. prekarisierte Teile der Mittelschicht beschränkt (Huke 2016: 276-278).

6.3.2 Die Zuspitzung energiepolitischer Auseinandersetzungen

Vor dem Hintergrund der polit-ökonomischen Krisendynamiken und sich intensivierender sozialer Konflikte sah sich die zweite Regierung Zapatero im energiepolitischen Bereich mit einer komplexen Problemlage konfrontiert: Das Tarifdefizit befand sich seit dem Jahr 2005 auf einem sehr hohen Niveau, die Stromnachfrage ging ab 2009 deutlich zurück. Gleichzeitig wurden mehrere noch im Bau befindliche Gaskraftwerke fertig gestellt und erneuerbare Energien weiter ausgebaut (Interview UNESA 12.05.2014). Insbesondere die vor der Krise erfolgte Neufassung der Erneuerbarenförderung mit dem königlichen Dekret 661/2007 sorgte für einen dynamischen Zubau von PV-Kapazitäten. Dies war auch vor dem Hintergrund des Klima- und Energiepakets der EU für 2020 und der Richtlinie zu erneuerbaren Energien von 2009 von Bedeutung, in der sich Spanien zur Erhöhung des Anteils erneuerbarer Energien am Primärenergieverbrauch auf 20 % verpflichtet hat. Gleichzeitig sorgte die wachsende Einspeisung von grünem Strom für eine geringere Auslastung der Gaskraftwerke und für eine Intensivierung der Konflikte zwischen dem grünen und dem grauen Akteursspektrum.

Die verteilungspolitischen Konflikte wurden von der spanischen Regierung wesentlich durch massive Strompreisanstiege, retroaktive Kürzungen der Photovoltaikvergütungen und das Ausbremsen der Transition entschieden. Die zentralen Bausteine dabei waren das RD 1578/2008, das RDL 6/2009, das RD 1565/2010, das RD 1646/2010 und das RDL 14/2010. Mit diesen Maßnahmen wurden insbesondere für einen dezentralen Ausbau der regenerativen Energieträger hohe Hürden errichtet.

Das Gesetzgebungsverfahren für das RD 1578/2008 wurde bereits unter der ersten Regierung Zapatero im Jahr 2007 eingeleitet. Bereits zwei Monate nach Inkrafttreten der Förderregelungen des RD 661/2007 wurden 85 % des Ausbauziels für die Photovoltaik erreicht. Dies wurde am 27. September 2007 von der Regulierungsbehörde CNE verkündet. Das Industrieministerium setzte daraufhin die gültige Förderregelung zum 29. September 2008 außer Kraft. Noch im September 2007 wurde ein erster Entwurf für eine Förderregelung der Photovoltaik vorgelegt, der deutliche Absenkungen der Fördersätze, insbesondere für Freiflächenanlagen, und eine jährliche Degression der Fördersätze um 5 % vorsah. Zudem wurde in dem Entwurf ein neues Ausbauziel von 1200 MW festgesetzt. Nach Überschreiten dieses Ausbauziels hätte es keine Vergütung über den Preis an der Strombörse hinaus gegeben. Insbesondere diese Regelung rief heftige Kritik des Branchenverbandes ASIF sowie von APPA hervor. Kompromissbereit zeigten sich die beiden Verbände darin, die Förderung auf Anlagen mit einer maximalen Größe von 10 MW zu begrenzen. Dieses Entgegenkommen führte zur Spaltung innerhalb von ASIF und zur Gründung der AEF. Nach mehreren Verhandlungsrunden und der Neuwahl Zapateros wurde ein neuer Entwurf vorgelegt, der noch restriktiver ausgelegt war als der erste Entwurf. Insbesondere wurde die Errichtung eines Einschreiberegisters (Registro de Preasignación de Retribución, RPR) vorgeschlagen, in das jedes Projekt eingetragen sein muss, um Anspruch auf die gesetzliche Einspeisevergütung bekommen zu können. Damit sollte der Photovoltaikausbau in enge Korridore eingebremst werden. Gegen diesen Gesetzentwurf veröffentlichten APPA und ASIF im September 2008 gemeinsam mit Greenpeace, Ecologistas en Acción, WWF/Adena und den beiden großen Gewerkschaften CC.OO und UGT einen Aufruf. Auch die europäischen Branchenverbände EPIA und EREF kritisierten die geplante Gesetzesänderung (Bechberger 2009: 449-459).

Am 26. September 2008 wurde schließlich, drei Tage vor Auslaufen der alten Vergütungsregelung, das RD 1578/2008 verabschiedet, das zum 30. September in Kraft trat und die zentralen Aspekte des vorherigen Gesetzentwurfs beibehielt. Als Kapazitätsgrenzen für die Vergütung wurden für Dachanlagen 2 MW, für Freiflächenanlagen 10 MW festgesetzt. Ein Einschreiberegister wurde in Kombination mit vier Ausschreibungen pro Jahr eingeführt. Die Vergütung sollte, falls der Kapazitätsdeckel (400 MW für das Jahr 2009) ausgeschöpft werden sollte, um bis zu 10 % pro Jahr fallen. Einige kleinere Zugeständnisse wurden damit zwar an das grüne Akteursspektrum gemacht. Allerdings wurde die Ausbaudynamik massiv eingeschränkt und die Einführung von Kapazitätsdeckeln und Ausschreibungsrunden stellen eine Zäsur dar. Sie leiteten die Abkehr vom System der garantierten Einspeisevergütung ein (ebd.: 459-463).

Das RDL 6/2009 wurde im Gegensatz zum RD 1578/2008 ohne vorherige Konsultationen mit den grünen Unternehmensverbänden im Mai 2009 verabschiedet. Neben Aspekten, die die erneuerbaren Energien unmittelbar betreffen, regelte das Gesetz auch die Refinanzierung des Tarifdefizits neu. Die Regulierungsbehörde CNE richtete hierfür einen auf das Volumen von 10 Mrd. Euro ausgelegten Verbriefungsfonds ein (Fondo de Titularización del Déficit del Sistema Eléctrico), für den der Staat bürgt und dessen Refinanzierungskosten auf die Endkunden umgelegt werden. Für die Jahre 2009 bis 2012 wurden Höchstgrenzen der zusätzlich über den Fonds refinanzierbaren Tarifdefizite festgelegt. Diese betragen für das Jahr 2009 3,5 Mrd. Euro, 2010 3 Mrd. Euro, 2011 2 Mrd. Euro und 2012 1 Mrd. Euro. Ab dem Jahr 2013 sollten dann keine neuen Tarifdefizite mehr entstehen. Gegen den Widerstand aus dem grauen Akteursspektrum wurde mit dem Gesetz ein Sozialtarif (*bono social*) eingeführt, der von den Stromkonzernen finanziert und Haushalten mit geringem Einkommen angeboten werden muss.

Im Hinblick auf die erneuerbaren Energien greift das Gesetz einige Aspekte des RD 1578/2008 auf. Das Einschreiberegister (RPR) wurde auf alle erneuerbaren Energien ausgeweitet. Kombiniert wurde es mit der Deckelung der Vergütung gemäß den Ausbauzielen für die einzelnen Technologien, wie sie im RD 661/2007 festgelegt wurden. In der Begründung des Gesetzes wurde der Interessenkonflikt zwischen dem forcierten Ausbau der erneuerbaren Energien und der Auslastung der Gaskraftwerke explizit ausgeführt: Es wurde argumentiert, dass der Ausbaupfad der erneuerbaren Energien

> „kurzfristig die Nachhaltigkeit des Stromsektors, sowohl aus ökonomischer aufgrund ihres Einflusses auf die Stromtarife, als auch aus technischer Perspektive beeinflusst und darüber hinaus die Wirtschaftlichkeit bereits finanzierter Projekte gefährdet, deren Betrieb von einem adäquaten Gleichgewicht zwischen steuer- und nicht steuerbaren Stromerzeugungstechnologien abhängt.“ (BOE 07.05.2009: 39405, zitiert nach Bechberger 2009: 468)

Während APPA insbesondere die mit dem neuen Einschreiberegister verbundenen administrativen und finanziellen Hürden kritisierte, die in erster Linie kleine erneuerbare Energien-Projekte stark belasten, blieb die Kritik des Windverbands AEE eher verhalten (Bechberger 2009: 464-470).

Nachdem die Transitionsdynamik deutlich ausgebremst worden war, erfolgten mit den Ende 2010 verabschiedeten RD 1565/2010, RD 1646/2010 und des RDL 14/2010 die ersten retroaktiven Kürzungen. Diesen Kürzungsrunden war eine graue Offensive gegen die erneuerbaren Energien, insbesondere die Solarenergie, vorausgegangen, die als Kostentreiber geframt wurden (Interviews Endesa 21.05.2014, FR 31.03.2014). In einer internen Studie des Industrieministeriums wurden die Kosten der erneuerbaren Energien für die nächsten 25 Jahren aufsummiert und mit 126 Mrd. Euro beziffert. Der damalige Präsident der Photovoltaiksektion von APPA, Javier García Breva, kommentierte die diskursive Verengung auf die Kosten der erneuerbaren Energien folgendermaßen:

> „Die einzigen Kosten, die das Industrieministerium benennt, sind die 126.000 Millionen, die die Erneuerbaren in den nächsten 25 Jahren kosten werden. Nichts wird hingegen gesagt über die Kosten des Öls, des Gases, der Kohle oder des CO2s in den folgenden 25 Jahren. Nimmt man die Kosten der Energieimporte in Höhe von 42.000 Millionen im Jahr 2008 als Grundlage, belaufen sich die Kosten dafür in den nächsten 25 Jahren auf mehr als 1 Billion Euro, zehn Mal mehr als für die Erneuerbaren […]“ (Breva 2010)

Insbesondere das RDL 14/2010 sorgte für sehr deutliche retroaktive Kürzungen der PV-Vergütungen, indem die Fördersätze auf eine maximale jährliche Stundenzahl begrenzt wurden. Zusätzlich wurde eine Netzdurchleitungsgebühr in Höhe von 0,5 Euro pro MWh eingeführt. Zudem wurden die großen Stromkonzerne dazu verpflichtet, den *bono social* auch im zweiten Halbjahr 2013 zu finanzieren, ebenso wie Energieeffizienz- und Einsparmaßnahmen. Das proklamierte Ziel war es, mit diesen Maßnahmen zwischen 2011 und 2013 4,6 Mrd. Euro einzusparen. Gleichzeitig wurden die im RDL 6/2009 anvisierten Tarifdefizite deutlich angehoben. Im Jahr 2010 von 3 auf 5,5 Mrd. Euro, im Jahr 2011 von 2 auf 3 Mrd. Euro, im Jahr 2012 von 1 auf 1,5 Mrd. Euro. Am Ziel, 2013 kein Tarifdefizit mehr zu erzielen, wurde hingegen festgehalten. Die Verteilungswirkung der Reformen wurde vom Gesetzgeber folgendermaßen veranschlagt: Die Windanlagenbetreiber_innen verlieren 232 Mio. Euro, die Thermosolaranlagenbetreiber_innen 891 Mio. Euro[73], die Solaranlagenbetreiber_innen 2,220 Mrd. Euro. Durch die Netzdurchleitungsgebühr sollen 453 Mio. Euro eingespart werden, durch die Finanzierung des Sozialtarifs und der Energieeinsparungs- und Effizienzmaßnahmen durch die großen Stromkonzerne weitere 820 Mio. Euro (o. N. 2010).

Insbesondere der retroaktive Charakter der Kürzungen hat die Fronten zwischen den Verbänden der Solarindustrie, die mit großem Abstand am deutlichsten

73 Die realen Verluste für die Thermosolaranlagenbetreiben dürften jedoch sehr viel niedriger ausfallen, da sich die Regelungen wesentlich auf die Betriebsstunden beziehen und die Mehrzahl der im Bau befindlichen Anlagen im Verzug waren (Méndez 2010).

von den Reformen getroffen wurden, und dem federführenden Industrieministerium verhärtet. APPA bzw. die Sektion Photovoltaik von APPA sprach von einer „Diffamierungskampagne", die es zum Ziel habe, die öffentliche Meinung auf die Eliminierung des spanischen Photovoltaiksektors vorzubereiten (APPA 01.10.2010). In einer Pressemitteilung Ende Oktober legte Javier García Breva nach, indem er mitteilte, die Regulierung des spanischen Energiesektors wirke auf ausländische Investoren wie diejenige eines Staates der dritten Welt, da sie beschämend hektisch und unbeständig sei und im Widerspruch zu den europäischen Zielvorgaben stehe (APPA 27.10.2010). Am Tag der Verabschiedung des RDL 14/2010 veröffentlichte APPA eine weitere Presseerklärung, in der unter anderem Klagen gegen die retroaktiven Kürzungen auf spanischer und europäischer Ebene angekündigt wurden (APPA 23.12.2010). Insofern verlagerte das grüne Akteursspektrum fortan die energiepolitischen Konflikte verstärkt auf das juridische Terrain (Interview APPA I 25.09.2013). Die zuständigen EU-Kommissar_innen Günther Öttinger (GD Energie) und Connie Hedegaard (GD Klima) verfassten einen offenen Brief und kritisierten die retroaktiven Kürzungen (Interview GD Energie I 04.03.2015).

Flankiert wurden diese Maßnahmen durch deutliche Strompreiserhöhungen für die Haushalte. Der Strompreis setzt sich aus einer fixen und einer variablen Komponente zusammen. Im Durchschnitt betrug der Strompreisanstieg im Jahr 2008 15,8 %, 2009 4,6 %, 2010 13,3 % und im Jahr 2011 18,8 % (Fabra Portela und Fabra Utray 2012: 90). Die Strompreisstegeigerungen verschärften damit trotz des Sozialtarifs die soziale Krise. Das Thema Energiearmut wurde in der Folge stärker politisiert und aus dem grünen Akteursspektrum heraus gegen die großen Fünf in Stellung gebracht (Romero 2014b). Trotz der Ausbremsung der Transition, retroaktiver Kürzungen und massiver Preissteigerungen wuchs das akkumulierte Tarifdefizit während der zweiten Amtszeit Zapateros immer weiter an. Die jährlichen Defizite konnten lediglich auf hohem Niveau stabilisiert werden. Im Jahr 2008 betrug das Defizit 5,108 Mrd. Euro, 2009 kam ein Defizit von 4,300 Mrd. Euro hinzu, 2010 weitere 5,554 Mrd. Euro und 2011 nochmals 3,850 Mrd. Euro (Sallé Alonso 2012: 108).

Auf Grund dieser energiepolitischen Weichenstellungen und der übergreifenden austeritätspolitischen Krisenbearbeitungsstrategie geriet das grüne Akteursspektrum zunehmend in die Defensive. Zahlreiche Unternehmen gingen in Insolvenz, der passive Konsens zur Transition des Stromsystems erodierte zunehmend (Interviews APPA I 25.09.2013, UNEF 24.04.2014). Zudem verschlechterte sich der Zugang zu dem federführenden Industrieministerium, so dass sich die Möglichkeiten der Einflussnahme auf die energiepolitische Regulierung durch Lobbyaktivitäten verringerten. Auch das traditionell gute Verhältnis der grünen Kapitalverbände zur PSOE verschlechterte sich (Interview APPA II 30.04.2014).

Nichtsdestotrotz bekannte sich die PSOE in ihrem Wahlkampfprogramm für die vorgezogenen Parlamentswahlen 2011 klar zu den erneuerbaren Energien und forderte eine Steuer auf abgeschriebene Atomkraft- und Wasserkraftwerke, um das Tarifdefizit einzudämmen (PSOE 2011: 44-48). Damit griff die PSOE im Wahlkampf wesentliche Forderungen des grünen Akteursspektrums auf. Die PP hingegen blieb in ihrem Wahlprogramm in energiepolitischer Hinsicht sehr vage. Das einzige konkrete Versprechen bestand in der Ankündigung, das Tarifdefizit eliminieren zu wollen. Wie dies geschehen sollte, wurde hingegen offen gelassen (PP 2011: 45-47).

6.3.3 Fukushima und atompolitische Kontinuität

Während die *transición energética* gebremst wurde, wahrte die Regierung Zapatero II in atompolitischer Hinsicht eine weitgehende Kontinuität. Nachdem mit dem Moratorium von 1984 die atompolitischen Konflikte weitgehend befriedet und die Konzerne finanziell entschädigt worden waren, intensivierten sich die Auseinandersetzungen während der zweiten Regierungszeit Zapateros. Den Hintergrund der Zuspitzung der Konflikte bildeten die nach 40 Jahren im Jahr 2009 auslaufende Betriebsgenehmigung des ältesten am Netz befindlichen AKWs, Santa María de Garoña, und das Reaktorunglück von Fukushima. Innerhalb der PSOE kam es zu heftigen parteiinternen Konflikten, die sich auch innerhalb des Kabinetts abbildeten. Während das graue Akteursspektrum relativ geschlossen eine Laufzeitverlängerung forderte, erinnerten Greenpeace und EeA die Regierung an ihr Wahlversprechen eines schrittweisen Atomausstiegs (Bechberger 2009: 118-125). Greenpeace prangerte in einer Pressemitteilung die Atomlobby an, „eine Kampagne der Lügen zu führen, die darauf abzielt, die Bevölkerung falsch zu informieren […]“ (Greenpeace 2009). Im Juni veröffentlichten Greenpeace und EeA einen Aufruf, das AKW sofort stillzulegen. Der von Iberdrola dominierte Windenergieverband AEE distanzierte sich daraufhin in einer Pressemitteilung, da er sich lediglich für die Förderung der Windenergie einsetze (AEE 24.06.2009).

Den Angriffen aus dem grünen Akteursspektrum zum Trotz gelang es der Atomlobby, die öffentliche Meinung zu Gunsten der Atomkraft zu drehen und damit der Laufzeitverlängerung den Boden zu bereiten. Einer Erhebung des Marktforschungsunternehmens IPSOS für das Foro Nuclear zufolge waren im Jahr 2004 59 % der Spanier_innen gegen die Nutzung der Atomenergie und 16 % dafür. Im Jahr 2008 waren noch 56 % gegen und 26 % für die Atomenergie. Im Jahr 2009 stieg die Zustimmung sprunghaft auf 42 %, wohingegen die Ablehnung auf 37 % zurückging (Foro Nuclear 2013: 39). Im Juli 2009 traf die Regierung Zapatero die

Entscheidung, die Betriebsgenehmigung um weitere vier Jahre zu verlängern. Allerdings wurden mit dem königlichen Gesetz 6/2009 den AKW-Betreiber_innen im Rahmen des Allgemeinen Plans radioaktiver Abfälle (PGRR) die Kosten der Lagerung komplett aufgebürdet (Bechberger 2009: 465).

In den ersten Entwürfen des Gesetzes zum nachhaltigen Wirtschaften (Ley 2/2011 de Economía Sostenible) war eine Laufzeitbegrenzung der Atomkraftwerke auf 40 Jahre vorgesehen. Allerdings wurde dieser Artikel nach Auseinandersetzungen innerhalb der PSOE auf Druck des grauen Akteursspektrums sowie der beiden großen Gewerkschaften wieder gestrichen. Kurz vor Fukushima wurde das Gesetz ohne eine Laufzeitbegrenzung verabschiedet (Streck 2011a; o. N. 2011b).

Nach Fukushima hat sich in Spanien die Ablehnung der Atomenergie wieder deutlich verstärkt. Der Erhebung von IPSOS zufolge ist die Zustimmung für die Atomenergie in Spanien im Jahr 2010 von 42 % auf 33 % gefallen. Die Ablehnung stieg im selben Jahr von 37 % auf 50 % an. Im Jahr 2011 nahm die Ablehnung auf 64 % zu, die Zustimmung sank auf nur noch 24 % (Foro Nuclear 2013: 39). Nach Fukushima kam es in verschiedenen spanischen Städten zu Demonstrationen gegen die Atomenergie, die wesentlich von den Umweltverbänden initiiert wurden. Am 24. März besetzten Aktivist_innen von Greenpeace die Parteizentralen der regierenden PSOE sowie der PP und forderten einen verbindlichen Ausstiegsfahrplan und die zügige Abschaltung aller spanischen AKWs (Greenpeace 2011a). Am 08. Mai organisierten zahlreiche Umweltorganisationen, Parteien und Gewerkschaften in Madrid eine große Demonstration gegen die Atomenergie. Allerdings riefen weder die beiden Mehrheitsgewerkschaften CC.OO und UGT noch die regierende PSOE mit dazu auf (o. N. 2011a). Dies verweist darauf, dass das Protestspektrum, im Gegensatz zu Deutschland, relativ begrenzt blieb. Entsprechend gering war der Druck auf die Regierung, an ihrem atompolitischen Kurs etwas zu ändern. Der spanische Protestzyklus dynamisierte sich ab dem 15. Mai 2011. In atompolitischer Hinsicht bedeutete die Katastrophe von Fukushima in Spanien, anders als in Deutschland, keine Zäsur (Bieling et al. 2013a: 241-243).

Wenige Tage nach dem Unfall wurde die Überprüfung der Sicherheit der spanischen Atomkraftwerke angekündigt, die später im Rahmen der sogenannten „Stresstests" auf europäischer Ebene koordiniert wurden. Der zuständige Minister Sebastián hat unmittelbar nach der Reaktorkatastrophe verkündet, die spanischen AKWs seien sicher (MINETUR 16.03.2011). Die vom Umweltflügel der PSOE um Hugo Morán vorgebrachten Vorschläge für strenge Sicherheitsüberprüfungen, die auch den Aufprall großer Flugzeuge beinhalten sollten, wurden auf Druck der Atomlobby nicht in den Katalog aufgenommen (Streck 2011b, 2011c). Angesichts des Ausstiegsbeschlusses in einigen Ländern wie beispielsweise Deutschland und

Belgien rekurrierte das Foro Nuclear auf Zahlen des Bundesverbandes der Deutschen Industrie (BDI), der verkündete, dass das vorzeitige Abschalten der deutschen Atomkraftwerke mehr als 33 Mrd. Euro kosten würde. Das Foro Nuclear argumentierte, dass es sich Spanien unter keinen Umständen in der aktuellen Krisenkonstellation leisten könne, auf die vermeintlich günstige Atomenergie zu verzichten. Die Ausstiegsbeschlüsse in anderen Ländern könnten keineswegs wegweisend sein, so das Foro Nuclear (20.05.2011).

Neben der Diskreditierung der Ausstiegsbeschlüsse orientierte die Atomlobby darauf, die spanische Öffentlichkeit von der Sicherheit ihrer Atomanlagen zu überzeugen. Der Zwischenbericht des CSN im September 2011 hat die Sicherheit der spanischen AKWs bescheinigt (Foro Nuclear 15.09.2011). Kurz vor Weihnachten wurde dieses Ergebnis durch den Abschlussbericht der „Stresstests" bestätigt (Foro Nuclear 22.12.2011). Im Jahr 2012 sank den Erhebungen von IPSOS zufolge die Ablehnung der Atomkraft deutlich. Sie ging von 64 % im Jahr 2011 auf 48 % zurück, die Zustimmung stieg von 24 % auf 31 %. Insofern gab es nach wie vor eine deutliche Ablehnung der Nutzung der Atomenergie in der spanischen Gesellschaft, die sich jedoch politisch nur schwach artikulierte. Dieser „passive Dissens" ermöglichte letztendlich eine atompolitische Kontinuität in Spanien. Das grüne Akteursspektrum konnte Fukushima nicht für die Durchsetzung des Projekts des Atomausstiegs nutzen.

6.3.4 Kontinuitäten und Wandel des grauen Hegemonieprojekts

Für die großen Stromkonzerne stellte sich vor dem Hintergrund der atompolitischen Auseinandersetzungen und der sich wandelnden polit-ökonomischen Kontextbedingungen eine doppelte Herausforderung, um ihre Profitabilität zu sichern. Atompolitisch konnte das graue Akteursspektrum erfolgreich eine Laufzeitverlängerung für das AKW *Santa María de Garoña* durchsetzen, eine generelle Laufzeitobergrenze verhindern und die Protestdynamiken nach dem Reaktorunglück von Fukushima einhegen. Insofern gelang es den grauen Akteur_innen, trotz geringer Zustimmung in der Bevölkerung, erfolgreich ihre Interessen in die staatlichen Policies einzuschreiben.

Im Hinblick auf die verteilungspolitische Konfliktkonstellation in Folge der sinkenden Nachfrage und der wachsenden Einspeisung von Strom aus regenerativen Quellen konnte das graue Akteursspektrum relativ schnell das Tarifdefizit ins Zentrum der Auseinandersetzungen rücken und die Deutungshoheit über die Ursachen erlangen. Als Hauptverantwortliche wurden die erneuerbaren Energien, insbesondere die Solarenergien ausgemacht, wohingegen das grüne Akteursspektrum die Brisanz des Tarifdefizits nicht rechtzeitig erkannte (Capital Madrid 2008;

Interview UNEF 24.04.2014). Die deutlich zu hoch angesetzten PV-Förderungen durch das königliche Dekret RD 661/2007, das zunächst eine „Photovoltaikblase" im Jahr 2008 und anschließend die „Thermosolarblase" in den Jahren 2009 und 2010 auslöste (Interview Iberdrola 22.05.2014), erwies sich für die grauen Akteur_innen als Hebel, um die Transition zu delegitimieren und auszubremsen. So unterstrichen die Autoren der PP-nahen Stiftung FAES (Fundación para el Análisis y los Estudios Sociales), die im Jahr 2011 eine umfangreiche Studie mit Empfehlungen für die zukünftige Energiepolitik in Spanien herausgegeben hat, dass das Tarifdefizit „seine Hauptursache im unkontrollierten Wachstum der Vergütungen der erneuerbaren Energien hat" (Navarrete und Mielgo 2011: 11). Das graue Akteursspektrum drängte zudem auf eine Überführung des Tarifdefizits in die öffentlichen Haushalte, da dies durch staatliche Politiken verursacht wurde und die Refinanzierungskosten der Stromkonzerne in die Höhe trieb. Zudem forderte UNESA mehrfach, die Strompreise deutlich anzuheben und damit die Stromverbraucher_innen zu belasten (Interview UNESA 12.05.2014).

Entsprechend orientierten die grauen Akteur_innen im Wahlkampf 2011 darauf, die Forderung nach einer AKW-Laufzeit von 60 Jahren zu verallgemeinern und den Ausbau der erneuerbaren Energien weiter auszubremsen. Dabei gab es innerhalb des grauen Akteursspektrums zwei unterschiedliche Richtungen. UNESA, deren Mitgliedsunternehmen alle Windkraftanlagen betreiben, forderte „lediglich" ein Solarmoratorium (Capital Madrid 2011), ebenso der frühere Ministerpräsident und „Berater" von Endesa, Aznar (2010). Die Autoren der FAES-Studie zum spanischen Energiesektor hingegen plädierten für ein Fördermoratorium für alle regenerativen Energieträger, bis das Tarifdefizit, das sich damals auf ca. 20 Mrd. Euro belief, komplett abgebaut sein würde (Navarrete und Mielgo 2011: 21). Dass die Solarenergie im Zentrum der Kritik stand, dürfte auch damit zusammenhängen, dass der Boom der Solarenergie wesentlich in Regionen stattgefunden hat, die von der PSOE regiert wurden (Castilla La Mancha, Andalusien, Extremadura) (Sebastián 2013: 39) und der Ausbau erneuerbarer Energien sehr stark mit der PSOE assoziiert wurde (Interview AEE 08.04.2014). Die Autoren der FAES-Studie framten diese Orientierung auf eine Verlängerung des Atomzeitalters und auf ein Abbremsen der Transition, die also im Kern auf eine Beibehaltung des Status quo abzielten, mit dem Begriff eines „neuen Energiemodells" (nuevo modelo energético) (Navarrete und Mielgo 2011: 17).

6.3.5 *Strategische Neuausrichtung des grünen Hegemonieprojekts – vom passiven zum aktiven Konsens?*

Vor dem Hintergrund der um sich greifenden Krise und der grauen Offensive gegen die erneuerbaren Energien organisierte sich das grüne Akteursspektrum neu (Interview FR 31.03.2014). Begünstigend kam hinzu, dass die energiepolitischen Konfliktdynamiken mit einer wachsenden Politisierung der sozialen Krise korrespondierten und es grünen Akteur_innen gelang, inhaltliche Anknüpfungspunkte herzustellen. Es wurde eine Frontstellung gegen die oligopolistischen Konzerne aufgebaut, die auf Grund ihrer marktbeherrschenden Stellung, ihrer engen Verbindungen zu den politischen Eliten, der Intransparenz des Strommarktes und ihrer relativ hohen Gewinne als mitverantwortlich für die soziale Krise Spaniens gebrandmarkt wurden (Interviews FR 31.03.2014, Px1NME 04.04.2014, EeA 25.03.2014). Thematisch wurde zudem die wachsende Energiearmut gegen das Oligopol in Stellung gebracht (Romero 2014a).

Während das grüne Hegemonieprojekt während der Phase des Booms vornehmlich von den grünen Unternehmen und ihren Verbänden, Teilen der staatliche-administrativen Eliten inklusive staatlicher Forschungseinrichtungen sowie den Umwelt- und Verbraucherschutzverbänden getragen wurde, konnte es mit dieser Strategieänderung wesentlich breiter verankert werden. Institutionell manifestierte sich der Schwenk in der Gründung der *Fundación Renovables* (FR) in Madrid und der Energiekooperative *Som Energia* in Girona in Katalonien im Jahr 2010. Zudem erfolgte die Gründung des Verbandes der Produzent_innen und Investor_innen in erneuerbare Energien, *ANPIER* (Asociación Nacional de Productores e Inversores de Energías Renovables), der sich primär gegen die retroaktiven Kürzungen wendete. Auf der Ebene der Unternehmensverbände wurde im Jahr 2011 eine Bündelung der Kräfte der Solarindustrie eingeleitet, die durch die Fusion von AEF und ASIF mit Unterstützung von APPA Solar zur UNEF (Unión Española Fotovoltaica) im Jahr 2012 abgeschlossen wurde.

6.3.5.1 Der grüne Think Tank - die *Fundación Renovables* (FR)

Im Sommer 2010 wurde die Gründung der FR beschlossen. Der Gründungspräsident der FR war Javier García Breva, langjähriger Leiter des IDAE und Vorsitzender der Photovoltaiksession von APPA. Die Vizepräsidenten Domingo Jímenez Beltrán, Fernando Ferrando sowie der Generalsekretär Sergio de Otto haben ebenfalls eine lange Erfahrung im Bereich des grünen Unternehmens-/Verbandsspektrums oder waren bzw. sind im staatlich-administrativen Bereich bzw.

im Forschungsbereich tätig. Die Vizepräsidentin Pepa Mosquera ist Gründerin und Herausgeberin des Magazins *energías renovables*, das seit 2000 erscheint und ca. 75.000 Leser_innen erreicht. Die Gründer_innen der FR gehören zu den wichtigsten Intellektuellen des grünen Hegemonieprojekts.
Ergänzend zum Vorstand und dem Generalsekretär gibt es inzwischen ca. 20 Sprecher_innen. Die FR hat den Charakter eines Think Tanks, versteht sich jedoch zugleich als Teil einer Bewegung für Energiedemokratie. Entsprechend legt sie großen Wert darauf, dass sie, etwa im Gegensatz zu den Unternehmensverbänden, keine partikularen Interessen vertritt. Alle Vertreter_innen der FR treten als Individuen auf um eine hohe Glaubwürdigkeit in Zeiten der Krise der Demokratie und ihrer Institutionen, zu erlangen. Das Ziel der FR ist eine Transformation des Energiesystems, das auf erneuerbaren Energien, Einsparung, Effizienz und einer Demokratisierung der Energieversorgung beruht. Dieser Ansatz wird konsequent als die gemeinwohlorientierte Form der Energieversorgung geframt und steht insofern den Interessen des grauen Akteursspektrums diametral entgegen (Interview FR 31.03..2014).

Die FR zielt darauf ab, die nur schwache zivilgesellschaftliche Verankerung des grünen Hegemonieprojekts zu vertiefen und als Knotenpunkt der grünen Akteur_innen zu fungieren. Es wird versucht, die FR als unabhängigen, seriösen Think Tank zu etablieren. Entsprechend orientiert die FR darauf, verschiedene zivilgesellschaftliche Spektren anzusprechen und in einen Dialog zu bringen. Allerdings ist es seit der Gründung nicht gelungen, Personen zu integrieren, die politisch der PP nahe stehen. Zu allen anderen Parteien gibt es jedoch Verbindungen, wobei die FR parteipolitisch neutral ist und das ihr vorschwebende neue Energiemodell nicht als eine Frage von politisch rechter oder linker Gesinnung versteht. Insofern zielt die FR darauf ab, die Angriffe aus dem grauen Akteursfeld gegen die erneuerbaren Energien zu kontern und den während der spanischen Wachstumskonstellation erzielten passiven Konsens zum Ausbau der erneuerbaren Energien in der aktuellen Krisenkonstellation in einen aktiven Konsens zu überführen. Allerdings verfügt die FR nur über sehr begrenzte materielle Kapazitäten, da sie sich ausschließlich über Mitgliedsbeiträge finanziert. Eine Vernetzung der FR über den spanischen Kontext hinaus war bisher nicht möglich, abgesehen von der Teilnahme an den Aktivitäten der Px1NME (vgl. Kap. 6.4.4.1). Insofern sieht sich die FR einer Übermacht der großen Energiekonzerne gegenüber, die über gut aufgestellte PR-Abteilungen verfügen und als wichtige Anzeigenkunden zumindest mittelbar über einen erheblichen Einfluss auf die Leitmedien verfügen (Interview FR 31.03.2014).

Ein wichtiger Ansatzpunkt der FR ist es, mittels Studien darzulegen, wie ein Übergang zu einem neuen Energiemodell aussehen kann, also Schritte der Transformation vorzuzeichnen und greifbar zu machen. Darüber hinaus verfasst die FR regelmäßig Presseerklärungen und ist in den sozialen Netzwerken aktiv. Sie kritisierte die energiepolitischen Weichenstellungen der Regierung Zapatero II deutlich und verwies auf die Diskrepanz zwischen energiepolitischer Rhetorik, die die erneuerbaren Energien als Zukunftstechnologie anpries und dem gleichzeitigen Ausbremsen der Entwicklung in Spanien. Ein weiterer Kritikpunkt der FR an der Regierung Zapatero II war, dass der Plan für die erneuerbaren Energien bis 2020, der im Jahr 2011 von der IDAE vorgestellt wurde, zu wenig ambitioniert sei. Damit würde die Erreichung der europäischen Zielvorgaben nicht nur im Hinblick auf den Ausbau der erneuerbaren Energien, sondern auch im Hinblick auf die Effizienzsteigerungen und Energieeinsparungen im Rahmen der damaligen energiepolitischen Weichenstellungen nicht zu erreichen seien. Allerdings ist der Einfluss der FR auf die konkrete Ausgestaltung der energiepolitischen Policies bestenfalls marginal (Interview FR 31.03.2014).

6.3.5.2 Som Energia

Mit der Gründung der Energiekooperative Som Energia im Umfeld der Universität Girona wurde in Spanien ein Prozess eingeleitet, der in zahlreichen anderen europäischen Ländern bereits weit vorangeschritten ist, nämlich die genossenschaftliche Organisation des neuen Energiezeitalters (Interview RESCOOP 09.03.2015). Die Genossenschaft profiliert sich als eine Alternative zu den großen Stromanbietern. Als Inspirationsquelle dienten den Gründer_innen Grünstromkooperativen in anderen Ländern, wie beispielsweise die EWS aus Schönau oder die flämische Kooperative ENERCOOP. Som Energia versteht sich als Teil einer sozialen Bewegung, die Strukturen sind offen und partizipativ ausgerichtet. Die Vollversammlung wird per Videokonferenz abgehalten, die Orts- und Regionalgruppen der Energiekooperative haben eine große Autonomie. Die Mindesteinlage um in die Genossenschaft aufgenommen zu werden, beträgt lediglich 100 Euro und kann in Raten bezahlt werden. Die Stromtarife von Som Energia sind identisch zu denjenigen der großen Anbieter_innen. Neben dem Verkauf von grünem, zertifiziertem Strom investiert die Genossenschaft in neue, regenerative Produktionskapazitäten im Bereich der Biomasse, Photovoltaik und Windenergie. Es wird eine jährliche Rendite in Höhe von 3,5 % des eingesetzten Kapitals angestrebt (Kunze und Becker 2014).

Die Kooperative verzeichnete trotz der Finanz- und Wirtschaftskrise ein kontinuierliches Wachstum. Im Jahr 2011 wurde bereits die Schwelle von 1000 Genoss_innen überschritten[74]. Insofern wurde mit Som Energia eine weitere Akteurin gebildet, die sich für einen Übergang zu einem anderen Energiemodell einsetzt. Auf Grund seiner offenen, partizipativen Strukturen schafft es Som Energia, viele Menschen zu aktivieren und die Vision eines regenerativen, dezentralisierten und demokratisierten Stromsystems zu verfolgen. Von Som Energia und weiteren, wesentlich kleineren Energiekooperativen, gehen wichtige Impulse für den weiteren Ausbau der erneuerbaren Energien aus. Die Genossenschaften investieren auch in Zeiten drastischer Förderkürzungen weiter in Stromerzeugungskapazitäten und treiben Nischeninnovationen voran (Interviews Som Energia 22.05.2014, Holtrop 10.06.2014).

6.3.5.3 ANPIER und UNEF

Als sich ab 2010 mit der austeritätspolitischen Wende retroaktive Kürzungen im Photovoltaikbereich abzeichneten, wurde ANPIER als Interessenvertretung der Kleinproduzent_innen und Investor_innen gegründet, die in erneuerbare Energien investiert haben. Die Investitionen flossen vornehmlich in kleine Solaranlagen und größere Solarparks, sogenannte *huertas solares*. Das grundlegende Ziel von ANPIER ist es, die retroaktiven Kürzungen rückgängig zu machen und Rechtssicherheit für ihre Mitglieder herzustellen. Allerdings beschränkt sich ANPIER keineswegs auf eine juristische Strategie, sondern orientiert darauf, Zustimmung für eine Transformation des spanischen Stromsystems zu organisieren. Die Investitionen ihrer Mitglieder legitimiert ANPIER darüber, dass die erneuerbaren Energien, insbesondere die Photovoltaik, soziale und ökologische Vorteile für die Gesellschaft mit sich bringen. Sie senken die Importabhängigkeit, die Treibhausgasemissionen und schaffen Arbeitsplätze[75].

Parallel zum Gründungsprozess von ANPIER wurden die ersten Schritte eingeleitet, um die Kräfte der Solarindustrie wieder zu bündeln. Die „Wiedervereinigung“ von ASIF und AEF wurde im Jahr 2012 mit der Gründung von UNEF vollzogen. UNEF repräsentiert als Unternehmensverband ca. 330 Mitglieder und deckt die gesamte „solare Wertschöpfungskette“ ab. Der Verband konzentriert sich neben den Dienstleistungen für seine Mitgliedsunternehmen, etwa bei ihrer

---

74 Am 09. Juni 2016 betrugen laut der Homepage von Som Energia die Zahl der Genoss_innen 26.022 und die der Kund_innen 35.305: https://www.somenergia.coop/es/ zugegriffen am 09.06.2016

75 http://www.anpier.org/ zugegriffen am 30.05.2015

Internationalisierung unterstützend zu wirken, sehr stark darauf, den Kampf um die öffentliche Meinung zu gewinnen. Diese implizit starke Hegemonieorientierung geht darauf zurück, dass die Solarindustrie bereits unter der PSOE-Regierung in einem offen konfliktiven Verhältnis mit dem Industrieministerium unter Sebastián gestanden hat. Entsprechend gering waren dementsprechend die Möglichkeiten, als Lobbyorganisation die staatliche Regulierung in ihrem Sinne zu beeinflussen. UNEF arbeitet sehr eng mit APPA, Protermosolar und ANPIER zusammen, wohingegen das Verhältnis zum Windverband AEE belastet ist (Interview UNEF 24.04.2014).

6.4 Von der *transición energética* zur Stagnation unter der Regierung Rajoy

Nachdem das passiv extravertierte und finanzialisierte Akkumulationsregime in Spanien in die Krise geraten war und im Zuge dessen die Transition des spanischen Stromsystems von der Regierung Zapatero-II ausgebremst worden war, radikalisierte die Regierung Rajoy den Kurs der Vorgängerregierung. Die konservativen PP erzielte bei den Wahlen am 20. November 2011, trotz nur minimaler absoluter Stimmzuwächse, eine absolute Mehrheit. Es kam jedoch nicht nur zu einer Alleinregierung der PP auf Bundesebene, die Partei gewann auch die meisten Wahlen in den autonomen Regionen (Banyuls und Recio 2014: 48). Unter den geänderten Vorzeichen verschärfte die PP die Austeritätspolitik und setzte als eine der ersten Amtshandlungen im Januar 2012 ein grünes Moratorium, eine Aufhebung der Förderung für neue regenerative Stromerzeugungsanlagen, durch. Während die Regierung Zapatero II zumeist noch versuchte, kompromissvermittelte Arrangements mit allen Beteiligten auszuhandeln, verfolgte die PP-Regierung einen weniger dialogorientierten Stil (Interview Iberdrola 22.05.2014). Dies bildete sich auch darin ab, dass Premierminister Rajoy extrem wenig Präsenz im Parlament zeigte:

> „Since 1978, there has never been a year in which a government approved as many decrees as 2012. During that period, PM Rajoy went to Congress only when obligated (i.e., during the control sessions and after the two European summits). All the other parliamentary requests to question him were rejected. When the 65-billion-Euro austerity package was rammed through Congress in July 2012, he was absent from parliament." (Royo 2014: 1579)

Dies deutet an, dass sich unter der PP-Regierung die strukturell vorhandenen Defizite der spanischen Demokratie weiter zuspitzten. Den Protestbewegungen gelang es nicht, Forderungen in das verhärtete spanische Staatsapparateensemble einzuschreiben (Huke 2016: 369-417)[76].

Im Folgenden sollen die zentralen Charakteristika der polit-ökonomischen Kontextbedingungen unter der Regierung Rajoy herausgearbeitet und aufgezeigt werden, wie die Austeritätsagenda vertieft wurde, ohne dass sich eine Redynamisierung des spanischen Kapitalismusmodells abzeichnet. Banyuls und Recio (2014: 40) fassen diesen Zustand als „Krise in der Krise". Darauf aufbauend werden die zentralen energiepolitischen Konfliktdynamiken und die staatlichen Regulierungsversuche herausgearbeitet, bevor eine Reflexion der Veränderungsdynamiken in den beiden Hegemonieprojekten vorgenommen wird.

6.4.1 Keine Besserung in Sicht – das spanische Kapitalismusmodell in der Krise

Die Neuwahlen des spanischen Parlaments fanden im Kontext sich zuspitzender Krisendynamiken statt. Mehrfach wurde im Vorfeld der Wahlen darüber spekuliert, ob Spanien nach Griechenland, Irland und Portugal als viertes Land Hilfen beim europäischen Rettungsschirm, der European Financial Stability Facility (EFSF), beantragen muss. Im Juni 2012 beantragte schließlich die Regierung Hilfen für den spanischen Bankensektor. Der Antrag wurde bewilligt und Zahlungen aus dem im September 2012 eingerichteten European Stability Mechanism (ESM)[77] von bis zu 100 Mrd. Euro zugesagt. Mit der Stützung des spanischen Bankensektors wurden die Auflagen verknüpft, diesen Sektor neu zu ordnen und die Austeritätspolitik zu verschärfen. Tatsächlich wurden während der 18-monatigen Laufzeit des Programms ca. 41. Mrd. Euro abgerufen (EU KOM 2012; Neal und García-Iglesias 2013). Im Juli 2012 verkündete Premierminister Rajoy ein neues Sparpaket im Umfang von 65 Mrd. Euro, das neben Ausgabenkürzungen auch eine Erhöhung der Umsatzsteuer von 18 % auf 21 % beinhaltete und auf massiven Widerstand in Spanien stieß (Minder und Castle 2012).

In den Jahren 2012 und 2013 schrumpfte das spanische BIP weiter. Im Jahr 2014 wuchs die Wirtschaft wieder, allerdings ohne signifikante Rückgänge der Erwerbslosigkeit. Die wirtschaftliche Rezession bildete sich auch in einer weiter

76 Allerdings formierten aus den Bewegungen heraus lokale Wahlbündnisse, die gemeinsam mit der im Jahr 2013 gegründeten Partei Podemos beachtliche Erfolge in den Kommunalwahlen 2015 erzielen konnten. Es bleibt jedoch abzuwarten, inwieweit damit ein Politikwechsel verbunden sein wird.

77 Im September 2012 wurde die EFSF in den ESM überführt.

sinkenden Energie- und Stromnachfrage ab (MINETUR 2015). Zu dem Nachfragerückgang kam die Fertigstellung zahlreicher Gaskraftwerke hinzu, so dass sich die Problematik der Überkapazitäten in Spanien weiter zugespitzt hat (Greenpeace 2014a: 15). Die Börsenstrompreise haben sich, ähnlich wie in den meisten anderen europäischen Ländern, weiter nach unten entwickelt, während das strukturelle Problem des Tarifdefizits weiter bestand. Das akkumulierte Defizit belief sich Ende 2013 auf ca. 30 Mrd. Euro und machte ca. 3 % des BIPs aus. Im Europäischen Semester wurden Spanien Vorschläge zur Reduktion des Defizits unterbreitet, wenngleich diese überaus vage blieben (Johannesson Lindén et al. 2014: 27-30). Dies verdeutlicht, dass die Regulierung des spanischen Stromsektors vermittelt ist mit der austeritätspolitischen Krisenbearbeitung im europäischen Kontext.

Als Reaktion auf die Verschärfung der Austeritätspolitik kam es zu massiven sozialen Auseinandersetzungen und einer Transformation der Protestdynamik. Nach der Besetzung der Plätze am 15. Mai 2011 differenzierte sich die Bewegung stark aus. Neben Stadtteilinitiativen und Projekten solidarischer Ökonomie wurden verstärkt Kämpfe gegen Privatisierungen, die Verschlechterung der Arbeitsbedingungen und der Qualität sowie des Zugangs zum Bildungs- und Gesundheitssystem entwickelt. Der Plattform der Hypothekenbetroffenen (PAH) gelang es, das Thema Zwangsräumungen und Recht auf Wohnen stark zu politisieren und die Betroffenen zu organisieren (Bieling et al. 2013a: 241-243). Der Bewegungszyklus wurde ab 2014 mit der Gründung der Partei *Podemos* verstärkt institutionalisiert. Bei der Europawahl im Mai 2014 erhielt die von Pablo Iglesias geführte Partei bereits 8 % der Stimmen. Bei den Kommunalwahlen ein Jahr später gelang es linken Wahlbündnissen, die teilweise sehr stark von bewegungsnahen Listen getragen wurden, in zahlreichen spanischen Großstädten Mehrheiten zu organisieren (unter anderem in Madrid und Barcelona). Insofern deutete sich bereits eine Erosion des spanischen Zweiparteiensystems an, das sich als ein zentraler Eckpfeiler des „Regimes von 1978“[78] etabliert hat (Macher 2015). Im Rahmen dieser Protestdynamiken sollte es auch zu einer Zuspitzung der energiepolitischen Konfliktdynamiken kommen.

78 Mit dem „Regime von 1978“ wird auf die im Jahr 1978 verabschiedete spanische Verfassung angespielt, die einen zentralen Baustein der Transition darstellt. Mit der Transition wurde der Wandel des politischen Systems eingeleitet, ohne dass es zu einem Bruch mit den alten franquistischen Eliten gekommen ist.

6.4.2 *Die austeritätsgetriebene Strommarktregulierung der PP*

Während bereits von der „Vorkrisenregierung Zapatero I“ zur „Krisenregierung Zapatero-II“ ein energiepolitischer Paradigmenwechsel stattgefunden hat, wurde die Bekämpfung des Tarifdefizits unter der neuen Regierung noch stärker priorisiert, auch auf Druck der EU (Paz Espinosa 2013a). Dabei kam es nach Einschätzung eines Berichts der Europäischen Kommission zu teils schwer nachzuvollziehenden und verwirrenden Gesetzgebungsinitiativen: „ [...] multiple and sometimes chaotic initiatives to eliminate the tariff deficit created uncertainty in the electricity system“ (Johannesson Lindén et al. 2014: 29-30).
Gleichwohl lassen sich zwei übergeordnete Ansätze ausmachen, mit denen die Regierung Rajoy und der federführende Industrie-, Energie- und Tourismusminister, José Manuel Soria, das Tarifdefizit im Stromsektor eindämmte. Erstens sollte der Ausbau der erneuerbaren Energien gegen den Widerstand des grünen Akteursspektrums komplett ausgesetzt werden. Zweitens sollten durch Strompreiserhöhungen in Verbindung mit weiteren retroaktiven Kürzungen für die erneuerbaren Energien, zusätzlichen Steuern auf alle Energieträger, einer Verringerung der Netzentgelte und einer Verschiebung eines Teils des Defizits in den Staatshaushalt das Tarifdefizit im Stromsektor eliminiert werden.

Das erste Ansatz wurde von der neuen Regierung mittels des königlichen Gesetzesdekrets RDL 1/2012 direkt angegangen (BOE 28.01.2012). Die Verabschiedung des so genannten „grünen Moratoriums“ im Januar 2012 war eine der ersten Amtshandlungen der neuen Regierung. Während aus der traditionellen Energiewirtschaft, insbesondere von Iberdrola und UNESA, ein Solarmoratorium gefordert wurde, folgte die neue Regierung dem Vorschlag der FAES nach einem Moratorium für alle regenerativen Energieträger (Navarrete und Mielgo 2011: 21). Das Gesetz setzte die Förderung für alle Projekte aus, die noch nicht im Einschreiberegister verzeichnet waren. Bereits bestehende Erzeugungskapazitäten adressierte das Gesetz nicht. Neben dem Bau bzw. der Fertigstellung der bereits registrierten Anlagen blieb als einziges Möglichkeitsfenster für die Fortführung der Transition des spanischen Stromsektors damit nur noch der Ausbau von Eigenverbrauchsanlagen (Interview APPA I 25.09.2013).

Das federführende Ministerium entwickelte im Jahr 2013 einen ersten Entwurf für ein königliches Dekret, das den Eigenverbrauch regeln sollte. Darin waren extrem hohe Netznutzungsgebühren (peaje de respaldo) für selbstverbrauchten Strom vorgesehen. Allerdings wurde auch in Folge von Unstimmigkeiten innerhalb der Regierung und skalarer Konfliktdynamiken trotz verschiedener Gesetzgebungsinitiativen die Verabschiedung einer gesetzlichen Grundlage für Eigenverbrauchsanlagen mehrfach verschoben. Die konservative Regionalregierung der südspanischen Region Murcia, in der zahlreiche Solarunternehmen angesiedelt sind, opponierte gegen die Pläne der Zentralregierung (Roca 2015). Die Regierung der Kanarischen Inseln drängte, ebenso wie der Verband der europäischen Solarindustrie EPIA, auf eine europäische Richtlinie zum Eigenverbrauch, die die Pläne der spanischen Regierung zur hohen Belastung selbstverbrauchten Stroms durchkreuzen würde (Redacción 2015; Breva 2015).

In Anbetracht der großen Verunsicherung potentieller Investor_innen kam der Zubau von Eigenverbrauchsanlagen nahezu zum Erliegen. Im Jahr 2015 wurden in Spanien PV-Anlagen im Umfang von 49 MW installiert (UNEF 04.02.2016)[79]. Kurz vor Ende der Legislaturperiode, im Oktober 2015, verabschiedete das spanische Kabinett das königliche Dekret RD 900/2015, das den Eigenverbrauch gesetzlich regelt. Die administrativen Hürden und Netznutzungsgebühren[80] sind so hoch angesetzt, dass das Gesetz implizit sehr deutlich darauf abzielt, die Installation von Eigenverbrauchsanlagen zu verhindern (BOE 09.10.2015). Insofern bestätigte das königliche Dekret die Tendenz, die in einem englischsprachigen Artikel der Zeitung *El País* im Juni 2015 auf den Punkt gebracht wurde: „Spain turns its back to the sun" (Verdú 2015).

Der zweite Ansatz, um das Tarifdefizit zu eliminieren, umfasste eine Vielzahl verschiedener Gesetzesinitiativen, die teilweise bereits im Jahr 2012 umgesetzt wurden. Der wesentliche Baustein war das Gesetz 15/2012. Zunächst wurde im Industrieministerium MINETUR ein Gesetzentwurf erarbeitet, der die Stromerzeugung mit technologiespezifischen Steuern belasten sollte. Allerdings gab es in dieser Frage innerhalb der Regierung einen Dissens zwischen dem federführenden Minister Soria und dem Finanzminister Cristóbal Montoro. Während Soria eine Steuer in Höhe von 4 % auf fossil und nuklear erzeugten Strom erheben wollte und Windstrom mit 11 %, Strom aus Photovoltaikanlagen mit 19 % und aus Solarthermieanlagen mit 13 % besteuern wollte, bestand Finanzminister Montoro auf einer einheitlichen Besteuerung. Er begründete dies damit, dass eine uneinheitliche Besteuerung wettbewerbsverzerrend wirke und gegen europäisches Recht verstoße.

Zugleich wurde spekuliert, dass familiäre Verbindungen zur Erneuerbarenindustrie ausschlaggebend für seine Ablehnung einer uneinheitlichen Stromsteuer waren (Bolaños und Méndez 2012). Jedenfalls konnte sich Montoro durchsetzen und das Kabinett einigte sich auf eine einheitliche Stromsteuer in Höhe von 6 % in Kombination mit zahlreichen zusätzlichen Abgaben. Diese geplanten Maßnah-

79 Im gesamten Jahr 2015 wurde in Spanien keine neue Windkraftanlage installiert (AEE 09.02.2016).

80 Die Netznutzungsgebühren wurden aus dem grünen Akteursspektrum heraus, wie auch in Deutschland) mit dem Begriff „Sonnensteuer" (impuesto al sol) angegriffen (siehe etwa Fundación Renovables 09.10.2015)

men diskutierte der Wirtschaftsminister Luis de Guindos auch im Rahmen der Eurogruppe, da sich die spanische Regierung dazu verpflichtet hatte, die Neuverschuldung im Jahr 2012 auf 6,3 % zu begrenzen und das Defizit im Stromsektor einen nicht unerheblichen Anteil daran ausmachte (Page 2012). Letztendlich wurden die vom Kabinett beschlossenen Maßnahmen weitgehend im Rahmen des im Dezember 2012 verabschiedeten Gesetzes 15/2012 übernommen, wobei die Stromsteuer auf 7 % festgesetzt wurde. Darüber hinaus wurden zusätzliche Steuern auf Atommüll und Abgaben auf Strom aus Wasserkraftwerken erhoben, um das Tarifdefizit einzudämmen (BOE 28.12.2012).
Die Maßnahmen des Gesetzes reichten jedoch in Anbetracht der tiefgreifenden strukturellen Probleme nicht aus. Entsprechend wurde im Jahr 2013 ein neues Strommarktgesetz vorbereitet, das das Gesetz aus dem Jahr 1997 ablösen sollte (Paz Espinosa 2013a). Vorbereitend wurde bereits mit den königlichen Dekreten 2 und 9/2013 die Vergütungsregelung für die regenerativen Energieträger neu geregelt und eine angemessene Rentabilität (rentabilidad razonable) in Aussicht gestellt. Diese orientiert sich an der Verzinsung 10-jähriger Staatsanleihen mit einem Aufschlag von 300 Basispunkten (BOE 02.02.2013, 13.07.2013). Dabei blieb zunächst unklar, durch welche Parameter diese angemessene Rentabilität sichergestellt werden soll. Insofern sorgten diese Dekrete für zusätzliche Unsicherheit im Erneuerbarensektor (Interview APPA I 25.09.2013). Die Hauptlast der im neuen Strommarktgesetz 24/2013 verankerten Kürzungen tragen die erneuerbaren Energien. Die erwarteten Einsparungen in Höhe von 1,5 Mrd. Euro entsprechen ca. 10 % der Vergütungen im Rahmen des *régimen especial*. Darüber hinaus sollen Kürzungen im Bereich der Netzentgelte und der Versorgung der spanischen Inseln und Enklaven eine weitere Einsparung in Höhe von 1. Mrd. Euro bringen. Auch die in Anbetracht von massiven Überkapazitäten überflüssigen Kapazitätszahlungen für Gaskraftwerke und die stromintensive Industrie wurden gekürzt und die Strompreise weiter erhöht (Paz Espinosa 2013a). Darüber hinaus beabsichtigte das Industrieministerium 1,5 Mrd. Euro des Tarifdefizits des Stromsektors im Jahr 2013 in den Staatshaushalt zu verschieben, scheiterte jedoch abermals am Widerstand des Finanzministers Montoro. Entsprechend wurde der Umfang auf 900 Mio. Euro reduziert (Martínez und Hernández 2013).

Während das Tarifdefizit im Stromsektor im Jahr 2012 noch über 4 Mrd. Euro betragen hat, konnte es im Jahr 2013 auf 3,6 Mrd. Euro reduziert werden (Johannesson Lindén et al. 2014: 27-32). Durch die weiteren Kürzungen, die sehr stark zu Lasten der Betreiber_innen der EE-Anlagen gingen, allerdings auch alle anderen Marktakteur_innen und die Verbaucher_innen stark belasteten[81], konnte im Jahr 2014 ein Überschuss in Höhe von 550 Millionen Euro verbucht werden (CNMC 27.11.2015). Damit scheint der Anstieg des Tarifdefizits zumindest vorerst gestoppt zu sein.

Allerdings bleiben einige Konflikte ungelöst. Zunächst gibt es eine Vielzahl an Klagen gegen die verschiedenen Rechtsakte, sowohl vor spanischen als auch europäischen Gerichten, die noch nicht entschieden sind (Interview Holtrop 10.06.2014). Zudem indizieren die Zwischenberichte der Europäischen Kommission, dass es sehr zweifelhaft ist, ob Spanien das verbindliche Ziel, ein Fünftel seines Energiekonsums im Jahr 2020 aus erneuerbaren Energiequellen zu decken, tatsächlich erreichen wird (Planelles und Noceda 2015).

Bei der Neujustierung der energiepolitischen Regulierung handelt es sich jedenfalls nicht um ein stabiles, kompromissvermitteltes Arrangement. Vor dem Hintergrund der starken Exekutivlastigkeit der spanischen Energiegesetzgebung (Pause 2012: 307-308) und wachsenden zivilgesellschaftlichen Auseinandersetzungen um den Charakter der zukünftigen Energieversorgung, ist es durchaus im Rahmen des Möglichen, dass zumindest mittelfristig wieder ein Wandel des Stromsystems forciert wird. Ob dies geschehen wird, wird wesentlich davon abhängen, ob es das grüne Akteursspektrum vermag, das fossil-nukleare Energieregime und seine sozialen Träger_innen weiter zu delegitimieren, oder ob die grauen Akteur_innen ihre dominante Stellung verteidigen können.

6.4.3 Kontinuität des grauen Hegemonieprojekts

Die grauen Akteur_innen haben im Verlauf der Krise keine grundlegenden Strategieänderungen vorgenommen. Sie konzentrierten sich auch unter der PP-Regierung darauf, die *transición energética* auszubremsen und die bestehenden Erzeugungskapazitäten möglichst optimal zu verwerten. In der verteilungspolitischen Konfliktkonstellation gelang es dem grauen Akteursspektrum, viele Lasten auf die Solarenergie und die Haushalte abzuwälzen. Allerdings mussten auch die großen Fünf zahlreiche Einbußen hinnehmen. Entsprechend wurde im Hinblick auf die Strommarktreformen der PP in einem Interview die Situation folgendermaßen auf den Punkt gebracht: „Es gibt nicht welche, die dafür sind und welche, die dagegen

81 Es wurde für die Privatverbraucher_innen insbesondere der Grundpreis massiv erhöht, wohingegen die verbrauchsabhängige Komponente teilweise sogar reduziert wurde. Anreizen zu Energieeinsparungen läuft diese Änderung der Tarifstruktur damit zuwider (Paz Espinosa 2013a: 8-9).

sind. Alle sind dagegen“ (Interview CNMC 08.05.2014). Laut Endesa reduzieren die Reformen der Regierung den Gewinn vor Steuern, Zinsen und Abschreibungen (EBITDA) um 1,3 Mrd. Euro jährlich (Interview Endesa 21.05.2014). E.ON verkaufte im Jahr 2014 sein spanisches Tochterunternehmen.

Allerdings ist es den größten spanischen Stromkonzernen gelungen, im Gegensatz etwa zu RWE oder E.ON, stets schwarze Zahlen zu schreiben. Mit ein Grund dafür ist, dass die großen Stromkonzerne, insbesondere Iberdrola, ihre Einbußem im spanischen Markt durch eine verstärkte Internationalisierung kompensieren konnten (Galán 2013). Diese Orientierung brachte der Vorsitzende von Iberdrola, Ignacio Sánchez Galán, bei der Präsentation der Konzernergebnisse für das Jahr 2013 und des Investitionsplanes bis zum Jahr 2016 im Februar 2014 in London prononciert auf den Punkt: „In diesen Tagen sind wir mehr britisch, US-amerikanisch oder mexikanisch als spanisch“ (Noceda 2014). Die Internationalisierungsstrategie Iberdrolas beinhaltet unter anderem die Entwicklung von Offshorewindparks in Großbritannien und der Ostsee (o. N. 2014a) sowie weitere Übernahmen in den USA und Lateinamerika (Mount 2015). Endesa hingegen konzentriert sich auf Grund seiner Einbindung in den italienischen Konzern ENEL auf die Expansion in lateinamerikanische Märkte (Interview Endesa 21.05.2014).

Die Internationalisierungsstrategien ermöglichten es den Konzernen die Zahl ihrer Beschäftigten in Spanien nur leicht zu reduzieren. Sowohl Iberdrola als auch Endesa nahmen keine betriebsbedingten Kündigungen vor. Vielmehr handelten sie mit den beteiligten Gewerkschaften Haustarifverträge aus, die zahlreiche Aspekte der Arbeitsmarktreformen übernommen haben, etwa eine erhöhte räumliche Flexibilität der Beschäftigten. Zudem wurde bei Iberdrola die Lohnentwicklung partiell an die Entwicklung der Rentabilität des Konzerns gekoppelt (Interviews Iberdrola 22.05.2014, Endesa 21.05.2014).

In atompolitischer Hinsicht kam es zu keiner Zuspitzung der Auseinandersetzungen (Interview Foro Nuclear 05.05.2014). Der einzige strittige Punkt war die Verlängerung der Betriebsgenehmigung für das AKW *Santa María de Garoña*. Dieses wurde jedoch von der Betreiberfirma Nuclenor im Dezember 2012 aus wirtschaftlichen Gründen vorläufig stillgelegt. Die Stilllegung wurde mit den Strommarktreformen begründet. Nichtsdestotrotz beantragte das Gemeinschaftsunternehmen von Iberdrola und Endesa die Verlängerung der Betriebsgenehmigung bis ins Jahr 2031, die jedoch bis heute aussteht (Nuclenor 04.11.2015). In Anbetracht der geringen Größe des AKWs und seines fortgeschrittenen Alters ist jedoch seine Wiederinbetriebnahme eher unwahrscheinlich, zumal es in Anbetracht der massiven Überkapazitäten keinen Beitrag zur Versorgungssicherheit leisten kann. Gleichwohl könnte die Erteilung einer Betriebsgenehmigung bis 2031 (dies entspräche einer Laufzeit von 60 Jahren) einen Präzedenzfall schaffen, der vom grauen Akteursspektrum für die Verlängerung des atomaren Zeitalters genutzt werden könnte (Interview APPA I 25.09.2013).

Im Hinblick auf die Verwertung und Nutzung der fossilen Energieträger wurde von Teilen des grauen Akteursspektrums versucht, einen neuen fossilen Extraktivismus als Ausweg aus der Krise zu verallgemeinern. Dabei geht die Initiative weniger von den Stromkonzernen als vielmehr von den Verbänden und Unternehmen der Öl- und Gasindustrie aus (SEDIGAS, AOP, Repsol, etc.) (Burgen 2014). So versucht etwa der Vorsitzende von Repsol, Antonio Brufau Niubó, den fossilen Extraktivismus als Krisenlösungsstrategie und Weg zur Erhöhung der Energiesicherheit zu framen:

> „Unser Wunsch ist es, dass dieser großartige Impuls zur Erkundung und Produktion Offshore und nicht konventioneller Öl- und Gasvorkommen auch in einem Land stattfinden kann, das sehr energieabhängig ist und dringend neue, produktive Geschäftsfelder braucht, wie es für Spanien der Fall ist. Dabei denke ich natürlich an unsere Projekte an verschiedenen Küsten Spaniens und, im Besonderen, an die Kanarischen Inseln." (Brufau Niubó 2013: 107)[82]

Gleichwohl existieren innerhalb des grauen Akteursspektrums Konflikte zwischen den Verbänden und Unternehmen des Ölsektors und des Stromsektors. Während Spanien im europäischen Vergleich relativ hohe Strompreise aufweist, gehören die Benzinpreise zu den niedrigsten. Insofern bestünde die Möglichkeit, das Erneuerbarenziel in Höhe von 20 % bis zum Jahr 2020 auch mittels einer deutlich höheren Besteuerung von Benzin zu erreichen, zumal es in diesem Bereich eine nahezu komplette Importabhängigkeit gibt. Vorschläge der spanischen Regulierungsbehörde CNE im Jahr 2013 zielten ebenfalls in diese Richtung. Die CNE schlug vor, die Einnahmen aus einer erhöhten Besteuerung des Öls zur Deckung des Tarifdefizits im Stromsektor zu verwenden. Diese Vorschläge wurden jedoch von der Regierung nicht aufgegriffen. Insofern konstatierte eine interviewte Person: „In Spanien wird die Politik eines Öllandes betrieben, ohne dass es Öl hat" (Interview Iberdrola 22.05.2014)[83].

Nichtsdestotrotz lässt sich festhalten, dass die großen Stromkonzerne in der oben beschriebenen verteilungspolitischen Konfliktkonstellation ihre dominante Stellung verteidigen konnten. Zahlreiche Krisenlasten wurden auf die Haushalte und die Betreiber_innen von solaren Erzeugungskapazitäten abgewälzt, wohingegen die in UNESA organisierten Konzerne weiterhin Profite erwirtschafteten. In den hegemonialen Auseinandersetzungen im zivilgesellschaftlichen Terrain wurde das graue Akteursspektrum jedoch verstärkt angegriffen. Insbesondere die

82 Übersetzung aus Autors aus dem Spanischen.
83 Übersetzung des Autors aus dem Spanischen.

„Drehtür“ (puerta giratoria) zwischen politischen Spitzenämtern und der Energiewirtschaft wurde von Teilen des grünen Akteursspektrums skandalisiert. 24 ehemals hochrangige Politiker_innen sind inzwischen für Energiekonzerne tätig. Während der langjährige Ministerpräsident Felipe González Gas Natural Fenosa berät, sitzt José María Aznar im Beirat von Endesa (o. N. 2015). Insofern besteht die Möglichkeit, dass im Falle einer weiteren Stärkung des grünen Hegemonieprojekts und einem Regierungswechsel die Verwertung der fossil-nuklearen Kapazitäten, insbesondere der Atomanlagen, in Gefahr gerät (Interview PSOE 23.04.2014).

6.4.4 Der fortgesetzte Wandel des grünen Hegemonieprojekts

In der zugespitzten verteilungspolitischen Konfliktkonstellation mussten die grünen Kapitalfraktionen weitere Einbußen hinnehmen und die Hauptlast der austeritätsgetriebenen Strommarktreformen tragen (Paz Espinosa 2013a: 3). Nach Angaben des Branchenverbandes APPA verloren die Betreiber_innen der regenerativen Erzeugungskapazitäten im Jahr 2014 durch die Strommarktreformen 2,261 Mrd. Euro. Dies entspricht ca. 30 % der Vergütungssumme (APPA 08.04.2015). Diese Einbußen sind auch Ausdruck davon, dass die grünen Akteur_innen den Zugang zur Regierung und dem federführenden Industrieministerium weitgehend eingebüßt haben (Interviews APPA I 25.09.2013, AEE 08.04.2014, UNEF 24.04.2014). Insofern befindet sich das grüne Hegemonieprojekt sowohl in ökonomischer Hinsicht als auch im staatlichen Terrain in einer sehr defensiven Position.

Vor diesem Hintergrund und in Verbindung mit den sozialen Protestdynamiken konzentrieren sich Teile des grünen Akteursspektrums darauf, den Wandel des Energiesystems hin zu erneuerbaren Energien im zivilgesellschaftlichen Terrain zu verallgemeinern. Analog zum gesellschaftlichen Protestzyklus, der von der 15-M Bewegung getragen wird, etablierten sich neue Akteur_innen, die zu einer Verbreiterung und Transformation des grünen Hegemonieprojekts beitrugen. Denn neben der bereits gegründeten FR, ANPIER und Som Energia entstand im Jahr 2012 die Plataforma por un Nuevo Modelo Energético (Px1NME). Diese Organisationen stehen nicht nur für einen Bruch mit dem fossil-nuklearen Energieregime, sondern wollen den Wandel hin zu einem regenerativen Energiesystem über eine elitengetriebene Transition hinaus treiben. Sie streben eine Demokratisierung des Energiesystems mit neuen Eigentums- und Partizipationsformen an.

6.4.4.1 Die *Plataforma por un Nuevo Modelo Energético* (Px1NME) - der energiepolitische Flügel der 15-M Bewegung

Die Px1NME wurde im August 2012 vom Unterstützer_innenkreis des im Hungerstreik befindlichen Bürgermeisters von Alburquerque, Ángel Vadillo, ins Leben gerufen. In Alburquerque, einer Stadt in Extremadura im Süden Spaniens mit einer Erwerbslosenquote von über 40 %, war der Bau von fünf Thermosolaranlagen geplant. Das grüne Moratorium, das im Januar 2012 beschlossen wurde, verhinderte jedoch die Realisierung des Projekts. Die Anlagen waren noch nicht in das Einschreiberegister eingetragen und hätten somit keinen Anspruch auf eine Förderung im Rahmen des *régimen especial*. Nach einem 630 Kilometer langen Protestmarsch nach Madrid trat Ángel Vadillo vor dem zuständigen Ministerium (MINETUR) in einen Hungerstreik (Marcos 2012). Dort bildete sich ein Unterstützer_innenkreis, an dem auch Aktivist_innen der Fundación Renovables (FR) beteiligt waren. Aus diesem Kreis ging die Initiative zur Gründung der Px1NME hervor, die eine sehr ähnliche energiepolitische Agenda wie die FR vertritt, jedoch deutlich bewegungsorientierter und anschlussfähig an die 15-M Bewegung ist (Interview Px1NME 04.04.2014).

Die Arbeitsweise der Plattform basiert auf einem basisdemokratischen Verständnis mit Plenumsstrukturen, die sowohl Offenheit gegenüber neuen Interessierten als auch transparente Entscheidungsfindungsprozesse gewährleisten sollen. Nach Einschätzung verschiedener Interviewpartner_innen (Interviews Px1NME 04.04.2014, PSOE 24.04.2014) war das Wissen weiter Teile der spanischen Gesellschaft über die Energiepolitik nur sehr gering. Von daher zielt die Px1NME darauf ab, Bildungsarbeit zu leisten und damit verknüpft eine zugespitzte, grundlegende Kritik am bestehenden Energiesystem zu leisten. Der Hauptangriffspunkt sind die oligopolistischen Strukturen und die Macht der großen Energiekonzerne. Dabei beschränkt sich die Px1NME nicht auf den Stromsektor, sondern nimmt den gesamten Energiesektor in den Blick, wenngleich der Stromversorgung einen Schwerpunkt der Auseinandersetzung bildet. Mittels Crowdfunding wurden zwei Dokumentarfilme mit dem Titel *oligopolyoff* gedreht, die gegen die bestehende oligopolistische Ordnung gerichtet sind und sich zugleich gegen die Möglichkeit eines „grünen Oligopols" wenden. Hieran wird deutlich, dass die Px1NME ein neues Energiemodell im Sinne eines sozial-ökologischen Transformationsprogramms versteht, das auf einer dezentralisierten, regenerativen Energieversorgung mit weitgehenden Partizipationsmöglichkeiten basiert. Die Kampagne *A la porra Soria* zielte darauf ab, die Verbindungen der großen Energiekonzerne zu den politischen Eliten und dem Industrie- und Energieministerium zu skandalisieren. Die Teilnehmenden konnten abstimmen, für welchen Energiekonzern der Minister José Manuel Soria nach seinem Ausscheiden aus der Regierung arbeiten wird. Ein weiterer Angriffspunkt und sehr wichtig für die Mobilisierung der Plattform ist der drohende neue fossile Extraktivismus in Spanien. Es regt sich ein breiter zivilgesellschaftlicher Widerstand bis hin zu den Verbänden der Tourismusbranche sowohl gegen die Gewinnung unkonventioneller Schiefergasvorkommen auf dem spanischen Festland mittels der Fracking-Technologie als auch gegen die Suche nach Öl- und Gasfeldern vor den Kanarischen Inseln und im Mittelmeer (Burgen 2014). Die Px1NME versucht die Protestakteur_innen zu vernetzen, ist insbesondere auf den Kanarischen Inseln mit lokalen Bündnissen stark vertreten und orientiert darauf, den Widerstand gegen den fossilen Extraktivismus progressiv zu wenden (Interview Px1NME 04.04.2014).

Als ideologischer Fluchtpunkt dient dabei das Konzept der Energiesouveränität, das angelehnt an das Konzept der Ernährungssouveränität[84] ist, also sowohl den Zugang zu als auch die Kontrolle über die Energieversorgung umfasst (Interview CECU 26.05.2014). Gerade auf Grund der technisch stetig wachsenden Möglichkeiten, kleine, dezentrale Erzeugungsanlagen zu betreiben kommt dem Leitbild der Energiesouveränität eine hohe Attraktivität zu. Die einstigen Konsument_innen können so auch zu Produzent_innen (Prosument_innen) werden (Interview Holtrop 10.06.2014). Das Konzept der Energiesouveränität wird auch gegen die zunehmende Energiearmut in Spanien in Stellung gebracht. Diese ist für mehrere tausend Todesfälle pro Jahr verantwortlich (Romero 2014a, 2014b). Die Px1NME skandalisiert durch verschiedene Aktionen die soziale Polarisierung, die sich auch im unterschiedlichen Zugang zu Energie ausdrückt (Interview Px1NME 04.04.2014).

Im parteipolitischen Bereich versucht die Px1NME in Opposition zur regierenden PP, sämtliche Oppositionsparteien auf eine progressive energiepolitische Linie festzulegen, und arbeitet dabei auch eng mit dem Umweltflügel der PSOE um Hugo Morán zusammen. So unterzeichneten alle Oppositionsparteien unter anderem Erklärungen, dass sie im Falle einer Übernahme von Regierungsverantwortung die Strommarktreform von 2013 rückgängig machen und darüber hinaus ein Fracking-Verbot erlassen würden. Zudem verfolgt die Px1NME eine multiskalare Strategie, etwa indem sie versucht Widerstände von Regionalregierungen gegen die Strommarktreformen zu kanalisieren und Konflikte innerhalb der PP zuzuspitzen (Interview Px1NME 04.04.2014).

84 Im Gegensatz zur FR, deren Schlüsselbegriff *Energiedemokratie* ist, setzt die Plattform den Begriff der *Energiesouveränität*, der angelehnt ist an den Begriff der *Ernährungssouveränität*, wie er von der Kleinbäuer_innenorganisation *La Via Campesina* geprägt wurde (Interview Px1NME 04.04.2014). Die Unterschiede zwischen den beiden Konzepten sind jedoch marginal (Interview FR 31.03.2014).

Abgesehen von diesen originär politischen Ansätzen verfolgt die Plattform eine juristische Strategie gegen die Aussetzung der *transición energética*. Die Klagen werden in enger Kooperation mit dem Anwaltsbüro Holtrop aus Barcelona entwickelt und abgestimmt mit den grünen Unternehmensverbänden. Die Klagen der Px1NME werden sowohl in Spanien als auch auf der europäischen Maßstabsebene eingereicht. Der Gerichtsweg in Spanien ist für die Px1NME in zweifacher Hinsicht problematisch. Zum einen ist die Unabhängigkeit der spanischen Gerichte nur bedingt gegeben. Berufungsverfahren für höhere Richter_innenstellen werden stark von parteipolitischen Erwägungen bestimmt. Zum anderen haben viele höhere Richter_innen in Spanien ihr Studium vor dem EU-Beitritt im Jahr 1986 abgeschlossen und sind daher nicht hinreichend mit dem Europarecht vertraut (Interview Holtrop 10.06.2014).

Im Rahmen der juristischen Auseinandersetzungen auf der europäischen Maßstabsebene wurden zwei Reisen nach Brüssel unternommen, bei denen sich die Vertreter_innen der Plattform mit verschiedenen EU Kommissar_innen und anderen Akteur_innen des europäischen Staats-Zivilgesellschaftskomplexes ausgetauscht haben. Neben Investitionsschutzaspekten beklagte die Px1NME zudem, dass die spanische Regierung mit ihren energiepolitischen Weichenstellungen die für Spanien verbindliche Zielsetzung eines Anteils von 20 % regenerativer Energien am Gesamtenergieverbrauch bis 2020 verfehlen wird, ebenso wie das Energieeffizienzziel. Obgleich es innerhalb der Europäischen Kommission durchaus eine gewisse Offenheit für die Anliegen der Delegation gegeben hat, sind die Eingriffsmöglichkeiten der Kommission im Hinblick auf die Erneuerbarenfördersysteme sehr beschränkt. Diese liegen im nationalstaatlichen Kompetenzbereich. In juristischer Hinsicht stellt sich das Problem, dass zahlreiche Klagen nicht zugelassen wurden und im Falle der Zulassung mit einer langen Verfahrensdauer gerechnet werden muss. Insofern ist es noch offen, ob die juristische Strategie unmittelbare Erfolge bringen wird (Interviews APPA I 25.09.2013, Holtrop 10.06.2014).

Nichtsdestotrotz hat sich mit der Gründung der Px1NME die soziale Basis des grünen Hegemonieprojekts deutlich verbreitert. Die „Energiepädagogik" und stärkere Vernetzung verschiedener Protestakteur_innen führt in Zusammenhang mit der sozialen Polarisierung zu einer Intensivierung der zivilgesellschaftlichen Auseinandersetzung um die Energieversorgung. Diese bleiben nicht mehr primär auf Verteilungskonflikte zwischen Kapitalverbänden beschränkt, sondern sind eine breiteres, gesellschaftliches Konfliktfeld geworden. Dies spiegelte sich auch darin wider, dass das Energiethema in den Wahlkämpfen des Jahres 2015 eine wesentlich bedeutendere Rolle gespielt hat (Interview PSOE 23.04.2014).

Abbildung 7: Das energiepolitische Akteursspektrum Spaniens Mitte 2015

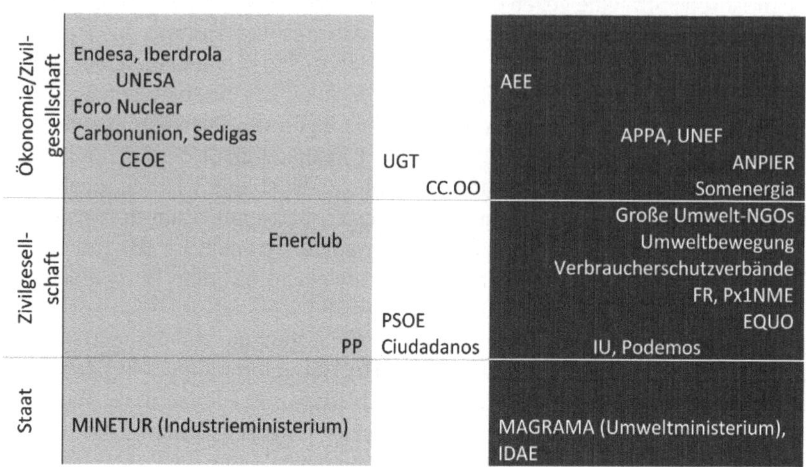

Quelle: Eigene Darstellung.

6.5 Metamorphosen der energiepolitischen Konfliktdynamiken

Es lassen sich für Spanien, analog zu Deutschland, zwei übergreifende, wechselseitig aufeinander bezogene Konfliktfelder ausmachen: die Auseinandersetzungen um das Fortbestehen des fossil-nuklearen Energieregimes und die Auseinandersetzung um ein neues, regeneratives Energieregime. Historisch lassen sich drei Phasen des Konflikts unterscheiden, wobei der Fokus der empirischen Untersuchung auf die letzte Phase gerichtet wurde.

Der Grundstein des Wandels hin zu erneuerbaren Energien wurde bereits in den 1970er und 1980er Jahren gelegt. Im Zuge der Ölkrisen und des Übergangs zur parlamentarischen Demokratie kam es im energiepolitischen Feld zu massiven Auseinandersetzungen um die Atomenergie. Die starken Anti-AKW-Bewegungen in Spanien konnten mit dem Atommoratorium von 1984 zumindest einen partiellen Erfolg erzielen. Zahlreiche geplante oder im Bau befindliche AKWs wurden nicht fertig gestellt. Gleichzeitig kamen aus den Anti-AKW Bewegungen heraus wichtige Impulse zur Entwicklung regenerativer Energieträger. Es wurde mit Atommoratorium und der Gründung der IDAE ein Kompromiss fixiert, der darin bestand, dass der Energiemix stärker diversifiziert werden soll und die Entwicklung regenerativer Energieträger staatlich gefördert wird.

Die daran anknüpfende Phase ab Mitte der 1990er Jahre bis zum Ausbruch der Krise im Jahr 2008 war geprägt durch einen stark vom Immobiliensektor getragenen Wirtschaftsboom, der eine extrem hohe Steigerung der Stromnachfrage implizierte. Dabei bildete sich eine hegemoniale Entwicklungskonstellation heraus. Die zusätzliche Nachfrage wurde über den Zubau von Wind- und Gaskraftwerken gedeckt. In den Ausbau waren die großen Stromkonzerne eingebunden; neue Unternehmen entstanden vor allem im Bereich der Windenergie; die Verbraucher_innen profitierten von den staatlich regulierten, niedrig gehaltenen Preisen. Der spanische Staat konnte damit die Inflation eindämmen, den Bausektor stimulieren und seine Verpflichtung aus der EU-Erneuerbarenrichtlinie von 2001 erfüllen. Der Anstieg der Treibhausgasemissionen war jedoch weit über dem im Rahmen des Kyoto-Protokolls vorgesehen Niveau. Insofern handelte es sich in dieser Phase um eine kompromissvermittelte, elitengetriebene Transition des Stromsystems, bei der die alten fossil-nuklearen Erzeugungskapazitäten weiter verwertet wurden und die spanische Bevölkerung weitgehend passiv war.

Die jüngste Phase ist gekennzeichnet durch gravierende Änderungen der polit-ökonomischen Kontextbedingungen in Folge des Ausbruchs der Finanz- und Wirtschaftskrise. Anstatt hoher Wachstumsraten entwickelte sich die Stromnachfrage rückläufig, der spanische Elektrizitätssektor weist sehr hohe Überkapazitäten auf, das Tarifdefizit im Stromsektor schnellte mit dem Ausbruch der Krise in die Höhe. Vor dem Hintergrund der sich anbahnenden verteilungspolitischen Konfliktkonstellation konzentrierte das graue Akteurssepktrum seine Angriffe auf die erneuerbaren Energien, insbesondere die Solarenergie, und brandmarkte diese als für das Tarifdefizit Hauptverantwortliche. Die grünen Akteur_innen waren zu schwach aufgestellt, um die Angriffe zu parieren. Die Regierung Zapatero II bremste deutlich die Ausbaudynamik der erneuerbaren Energien ab und verabschiedete im Jahr 2010 die ersten retroaktiven Kürzungen. Dieser Kurs wurde von der folgenden Regierung Rajoy weiter radikalisiert. In Übereinstimmung mit der übergreifenden austeritätspolitischen Bearbeitung der Krise bekam die Eliminierung des Tarifdefizits im Stromsektor die oberste Priorität der staatlichen Regulierung. Die Hauptlasten mussten die Betreiber_innen der regenerativen Erzeugungsanlagen und die Stromverbraucher_innen tragen. Die Strompreise wurden zwischen 2008 und 2014 um ca. 70 % angehoben (Martínez 2015).

Auch die großen Stromkonzerne mussten Einbußen hinnehmen, konnten diese aber über ihre Internationalisierungsstrategien kompensieren. Der Übergang von einem kompromissvermittelten Arrangement zu einem offenen Konflikt im energiepolitischen Bereich koinzidierte mit der Emergenz von starken Protestbewegungen ab 2011, die auch Auseinandersetzungen um die Gestaltung der Energieversorgung beinhaltete. Durch die Politisierung der Energiefrage und die Etablierung neuer Akteur_innen wie die FR, ANPIER, Som Energia oder der Px1NME kam es zu einer Verbreiterung, Stärkung und Transformation des grünen Hegemonieprojekts. Diese Stärkung bleibt allerdings auf das zivilgesellschaftliche Terrain beschränkt. In ökonomischer Hinsicht und im Hinblick auf den Zugang zu den Staatsapparaten hat das grüne Akteursspektrum deutliche Verluste erlitten. Insofern sind die grünen Akteur_innen zu schwach aufgestellt, um den Ausstieg aus den fossilen und nuklearen Energieträgern zu beschleunigen. Allerdings wird der dezentrale Ausbau regenerativer Energieträger, wenn auch in begrenztem Umfang, weiter verfolgt. Die Reorganisation des grünen Hegemonieprojekts trägt das Potential in sich, in mittelfristiger Hinsicht, den Wandel zu einem regenerativen Energiesystem zu beschleunigen und zugleich stärker in die Richtung einer Transformation lenken zu können. Zudem werden die Atomreaktoren mit wachsenden Alter störungsanfälliger, massive Kostendegressionen haben bei den erneuerbaren Energien stattgefunden und die geographischen Voraussetzungen für ein regeneratives Energiesystem in Spanien sehr gut sind.

Abbildung 8: Metamorphosen der energiepolitischen Konfliktdynamiken in Spanien

	fossil-nukleares Energieregime	regeneratives Energieregime
1970er -1995	- Zuspitzung des Atomkonflikts - Atommoratorium 1984 als Kompromiss - danach: Depolitisierung der Energieversorgung	- Entwicklung regenerativer Energien als Nischentechnologie - Diversifizierung des Energiemixes als Ziel (Gründung IDAE 1984)
1995-2008	- Kontinuität in der Atom- und Kohlepolitik - Bau neuer Gaskraftwerke - kaum Konflikte	- rasante Entwicklung der EE (v. a. Wind, 2008 auch PV), Wirtschaftsboom - Einbindung der großen Konzerne in den EE-Ausbau (hegemoniale Konstellation) - zentralistischer Ausbaupfad, kaum Konflikte, passiver Konsens
2008-2015	- graue Akteur_innen verteidigen die alten Stromerzeugungskapazitäten vor dem Hintergrund einbrechender Nachfrage	- graue Offensive gegen die EE, v.a. gegen die Solarenergie - „Aussetzung“ der *transición energética*, Bekämpfung des Tarifdefizits - grünes Akteursspektrum verbreitert sich, zunehmende Politisierung der Energieversorgung

Quelle: eigene Darstellung

7 Stabilität versus Destabilisierung: Die Energiewende und die *transición energética* im Vergleich

Sowohl Deutschland als auch Spanien gehörten in den 2000er Jahren zu den Vorreitern des Wandels des Stromsystems hin zu erneuerbaren Energien in der EU. Seit dem Ausbruch der Finanz- und Wirtschaftskrise entwickelt sich jedoch eine große Diskrepanz in den energiepolitischen Entwicklungspfaden der beiden Länder. Der Ausbau erneuerbarer Energien schreitet in Deutschland weiter voran, die *transición energética* kam zum Erliegen. Dies ist zu einem bedeutenden Teil, jedoch nicht ausschließlich auf die unterschiedliche Krisenbetroffenheit zurückzuführen. Der deutlich robustere Charakter der Energiewende in Deutschland im Vergleich zur *transición energética* in Spanien lässt sich durch ein doppeltes Artikulationsverhältnisses erklären: Erstens ist die ökonomischen Entwicklung artikuliert mit den Auseinandersetzungen im integralen Staat; zweitens sind die übergreifenden polit-ökonomischen Entwicklungsdynamiken artikuliert mit den energiepolitischen Auseinandersetzungen. Sowohl im Hinblick auf die Ökonomie, die Zivilgesellschaft als auch im staatlichen Terrain lassen sich zahlreiche Gründe für die größere Stabilität der Energiewende in Deutschland ausmachen. Diese können zu einem bedeutenden Teil auf das Zentrum-Peripherie Gefälle innerhalb der EU zurückgeführt werden.

7.1 Die politische Ökonomie des energetischen Wandels in Deutschland und Spanien

Innerhalb der EU und der Eurozone lässt sich ein tief verankertes Zentrum-Peripherie Gefälle ausmachen. Während die deutsche Ökonomie zu der Gruppe der produktiven, aktiv extravertierten Akkumulationsregime gehört, die auf Grund einer breiten industriellen Basis stetige Leistungsbilanzüberschüsse aufweisen, gehört die spanische Ökonomie zu der Gruppe der finanzialisierten, passiv extravertierten Akkumulationsregime. Diese sind durch eine schmale industrielle Basis charakterisiert und sind auf Grund von stetigen Leistungsbilanzdefiziten auf die

Zufuhr ausländischen Kapitals angewiesen (Becker und Jäger 2012). Während sich das Modell Deutschland als sehr stabil mit relativ konstantem Wirtschaftswachstum (mit Ausnahme von 2009) erwiesen hat, kam es in Spanien zu einer lang anhaltenden Rezession, die die polit-ökonomischen Kontextbedingungen der *transición energética* radikal änderte. Bis zum Ausbruch der Krise bestand das oberste Primat der Energiepolitik in Spanien darin, den wachsenden Energiebedarf über eine Diversifizierung des Energiemixes zu decken. Der unerwartet einsetzende Nachfragerückgang führte zu massiven Überkapazitäten und einer ökonomischen Schieflage, die sich im Tarifdefizit ausdrückte und vermittelt über politische Auseinandersetzungen zu einem Ausbremsen der *transición energética* führte. Insofern hat sich das bisher nach wie vor sehr stabile deutsche Kapitalismusmodell als der deutlich „verlässlichere" Rahmen für einen energetischen Wandel erwiesen.

Sowohl in Deutschland als auch in Spanien war der Wandel des Stromsystems mit der Herausbildung von grünen Kapitalfraktionen und einem massiven Ausbau von Arbeitsplätzen in diesem Sektor verbunden. In Spanien summierte sich nach Erhebungen von APPA im Jahr 2008 die Zahl der direkt und indirekt Beschäftigten im Bereich der erneuerbaren Energien auf 136.000. Die Zahl der Beschäftigten sank jedoch im Verlauf der nächsten fünf Jahre auf 93.000 (APPA 2014: 13). In Deutschland arbeiteten im Jahr 2012 400.000 Menschen im erneuerbare Energien-Sektor. Im Jahr 2014 waren es vor allem auf Grund der Krise der Solarindustrie nur noch 355.000 Beschäftigte (BMWi 2015a: 9-14). Obgleich in beiden Ländern eine umfassende gewerkschaftliche Organisierung des Sektors nicht vorhanden ist und die Arbeitsbedingungen überwiegend schlechter sind als in den großen Energiekonzernen, war die Schaffung von Arbeitsplätzen ein wichtiges Moment in den hegemonialen Auseinandersetzungen um den Wandel der Energiesysteme. Allerdings befinden sich die grünen Akteursspektren in beiden Ländern in dieser Frage wegen der jüngsten Beschäftigungsentwicklung in der Defensive. Die erneuerbaren Energien fungieren momentan nicht mehr als „Jobmotor" (Interviews DGB 04.09.2014, CC.OO 10.04.2014).

Gleichwohl sind die erneuerbaren Energien vor dem Hintergrund des nach wie vor anhaltenden globalen Booms in beiden Ländern ein wichtiger Baustein zur Erschließung von Exportpotentialen und der Modernisierung der Ökonomie. Royo (2008: 196) etwa hebt in seiner Analyse des spanischen Kapitalismusmodells den erneuerbaren Energien Sektor hervor:

> „Spain is also creating new state-of-the-art clusters on knowledge in areas such as clean energy. Led by companies such as Gamesa or Iberdrola, Spain has taken advantage of its natural conditions (it is Europe's second-most mountainous country, one of the least densely populated ones, and it has a favourable climate) to develop its clean energy industry. It has also benefited from being an early adopter of tariff premiums,

> which has offered producers an attractive return and a guarantee of stable income, thus encouraging investment."

In Deutschland wurde bereits im Jahr 2003 die „Exportinitiative Erneuerbare Energien" gegründet und die Energiewende damit stärker in das produktive, aktiv extravertierte Akkumulationsregime eingepasst. In beiden Ländern kristallisierte sich die Windenergie als die Leittechnologie heraus. Dies bildet sich unter anderem darin ab, dass Enercon, Siemens und Gamesa regelmäßig zu den zehn größten Windanlagenbauern weltweit gehören. In Deutschland gab es zudem in den späten 2000er Jahren einen massiven Ausbau an Arbeitsplätzen in der Solarzellen- und Modulfertigung, der jedoch im Zuge der Produktionsverlagerungen nach Ostasien zu einem jähren Ende gekommen ist. Nichtsdestotrotz ist für das Handwerk und vorgelagerte Wertschöpfungsstufen, etwa im Maschinen- und Anlagenbau, die Photovoltaik nach wie vor von großer Bedeutung. Insofern beförderten in beiden Ländern die Herausbildung grüner Kapitalfraktionen, und der damit verbundenen politischen Interessenartikulation, den energetischen Wandel. Zusätzlich sorgte die Schaffung „grüner" Arbeitsplätze für eine materielle Einbindung der Beschäftigten in die Energiewende bzw. die *transición energética*.

Eine Differenz zwischen Deutschland und Spanien besteht darin, dass sich die grünen Kapitalfraktionen in Deutschland in klarer Abgrenzung zu den grauen Kapitalfraktionen herausgebildet haben. In Spanien hingegen sind die großen Konzerne, insbesondere Iberdrola, zugleich die größten Windparkbetreiber_innen. Dieses Arrangement hat es zwar begünstigt, dass in der Wachstumskonstellation die Windenergie massiv ausgebaut wurde. Allerdings waren die grünen Kapitalfraktionen politisch schwach aufgestellt, als die materielle Grundlage des kompromissvermittelten Ausbaus der erneuerbaren Energien erodierte und das graue Akteursspektrum anfing, die *transición energética* zu bekämpfen. Insofern hat sich in dieser Hinsicht die von Anfang an klare Frontstellung zwischen grünen und grauen Kapitalfraktionen in Deutschland als hilfreich erwiesen, wenngleich die großen Energiekonzerne in Deutschland mit wachsendem Erfolg versuchen, die Energiewende passiv zu revolutionieren (vgl. Kap. 5.4.7).

7.2 Aktiver und passiver Konsens: Die Rolle der Zivilgesellschaften im Wandel

Auch im Hinblick auf die Rolle der Zivilgesellschaft im Wandel des Stromsystems gibt es erhebliche Unterschiede zwischen den beiden Ländern. Die Zivilgesellschaft ist in Deutschland wesentlich stärker aktiv eingebunden in die Energiewende, die gegen den Widerstand des grauen Akteursspektrums vorangetrieben wurde. Die Vielzahl an Bürgerenergiegenossenschaften, Landwirt_innen, Hausbesitzer_innen mit Solaranlagen aber auch zahlreiche Stadtwerke sorgten für einen überwiegend dezentralen Charakter der Energiewende unter einen aktiven Mitwirkung und materiellen Einbindung eines relativ großen Bevölkerungsteils. Zugleich wird die Energiewende wesentlich getragen von den politisch relativ einflussreichen grün orientierten Mittel- und Oberschichten (Sander 2015: 134).

Im Gegensatz hierzu folgte der Ausbau der erneuerbaren Energien in Spanien einem weitgehend zentralistischen Muster. Große Windparks waren für die *transición energética* lange prägend, der PV-Boom in den Jahren 2007 und 2008 basierte nur zu einem geringen Teil auf kleinen Dachanlagen. Überwiegend wurden große Freiflächenanlagen (huertas solares) zugebaut. Die Investitionen wurden zwar auch von zahlreichen Kleinanleger_innen getätigt, diese blieben jedoch weitgehend passiv. Erst mit den retroaktiven Kürzungen ab dem Jahr 2010 und der Gründung des Interessenverbandes der „solaren Kleininvestor_innen" (ANPIER) fand eine nennenswerte Politisierung statt. Die Errichtung von thermoelektrischen Kraftwerken hingegen wurde von Anbeginn von den großen Stromkonzernen und anderen Großinvestor_innen getätigt. Insofern kann konstatiert werden, dass die Energiewende in Deutschland auf einem aktiven Konsens basiert und zentrale Charakteristika einer grünen Transformation nach Stirling (2015: 62) aufweist:

> „Transformations […] involve more diverse, emergent and unruly political alignments, challenging incumbent structures, subject to incommensurable, tacit and embodied social knowledges and innovations pursuing contending (even unknown) ends. Here there is a much stronger role for subaltern interests, social movements and civil society, conditioning in ambiguous and less visible ways the broader normative and cultural climates in which more explicitly structured procedures are set."

Die *transición energética* in Spanien hingegen basiert lediglich auf einem passiven Konsens in der Bevölkerung, die den Prozess kaum aktiv vorangetrieben hat. Insofern folgt sie weitgehend dem Charakter einer Transition, also einer ökologischen Modernisierung, die auf die Erneuerung der technologischen Basis unter Bewahrung der vorherrschenden Macht- und Herrschaftsverhältnisse abzielt:

> „Transitions […] are managed under orderly control, through incumbent structures according to tightly disciplined technical knowledges and innovations, towards a particular known (presumptively shared) end. This typically emphasizes integrated multidisciplinarity science directed at processes of instrumental management through formal procedures in hierarchical organizations sponsored by convening power of government." (ebd.)

Gleichwohl gibt es in Spanien wichtige Bemühungen, die *transición energética* stärker in die Richtung einer grünen Transformation zu entwickeln. In Deutschland hingegen drängen die grauen Akteur_innen darauf, die Energiewende auszubremsen und stärker in die Richtung einer Transition zu lenken (Haas 2016b). Wobei es auch in Deutschland Tendenzen gibt, dass die Energiewende wieder stärker politisiert wird und sich innerhalb des grünen Akteursspektrums wieder verstärkt Kräfte formieren, die auf eine sozial-ökologische Transformation hinarbeiten (vgl. Kap. 8.3).

Die aktivere Rolle der Zivilgesellschaft in der Energiewende gründet auch wesentlich darauf, dass sich in Deutschland eine sehr starke Umweltbewegung, insbesondere eine starke Anti-AKW-Bewegung, herausgebildet hat. Aus dieser Bewegung und den teils militanten Kämpfen gegen die Nutzung der Atomtechnologie speiste sich eine Dynamik, die im Verlauf der Jahrzehnte teilweise stärker institutionalisiert und in die Logik der ökologischen Modernisierung eingehegt wurde. Gleichwohl blieb ein dynamischer Bewegungskern erhalten, der ein wichtiger Faktor dafür war, dass es im Zuge der atompolitischen Auseinandersetzungen während der Regierung Merkel II zwischen 2009 und 2013 nach Fukushima zu einem beschleunigten Atomausstieg kam. In Spanien wurde zwar auch wesentlich über die Anti-AKW-Bewegung und erste Experimente von Kooperativen wie Ecotécnica die Entwicklung und Nutzung der erneuerbaren Energien angestoßen (Toke 2011: 68-71). Mit dem Atommoratorium von 1984 wurde der Konflikt jedoch weitgehend befriedet. Es gibt auch in der spanischen Gesellschaft eine relativ breite Ablehnung der Atomkraft. Die Bewegung erreichte aber nicht mehr die Stärke, um eine forcierte Abschaltung von Atomkraftwerken bzw. das politische Projekt des Atomausstiegs durchzusetzen. Insofern spiegelt sich in Spanien der passive Konsens zur *transición energética* in einem „passiven Dissens" der Atomenergie, wohingegen die Energiewende in Deutschland auf einem aktiven Konsens beruht und ein „aktiver Dissens" zur Atomenergie besteht.

Gleichwohl ist in beiden Ländern bisher die Frage der weiteren Nutzung der fossilen Energieträger nicht entschieden. Während sich in Deutschland die Proteste gegen die Kohlenutzung zum Projekt des Kohleausstiegs verdichtet haben und in den letzten Jahren den öffentlich Diskurs sehr stark in Richtung Kohleausstieg drehen konnten, ist die Debatte und der öffentliche Druck auf einen Ausstieg aus der Kohle in Spanien in einem frühen Stadium. Allerdings kommt der Kohle in Spanien eine deutlich geringere Bedeutung zu. Im Jahr 2014 trug sie 9,6 % zur spanischen Stromproduktion bei (REE, Red Electrica de España 2015: 10). Allerdings bildeten sich in Spanien in den letzten Jahren verstärkt Bewegungen gegen einen fossilen Extraktivismus bzw. die Erschließung von Offshore Öl- und Gasfeldern und den Einsatz der Fracking-Technologie heraus (Burgen 2014). Das grüne Akteursspektrum ist in beiden Ländern bisher nicht erfolgreich darin, über das Stromsystem hinaus einen Wandel hin zu erneuerbaren Energien auch in den Bereichen Wärme-/Kälteproduktion und Mobilität zu forcieren (Haas und Sander 2016).

Die aktivere Rolle der Bevölkerung in Deutschland schlägt sich jedoch auch umgekehrt im Hinblick auf die Proteste gegen die Energiewende, im Besonderen gegen Windanlagen und den Ausbau der Netze, nieder. Die Proteste speisen sich dabei aus unterschiedlichen Quellen. Es gibt Kräfte, etwa die sogenannten Klimaskeptiker, die die erneuerbaren Energien grundsätzlich ablehnen (Brunnengräber 2013). Andere wiederum tendieren dazu, im Falle eines Konflikts zwischen klassischen Naturschutzanliegen (etwa dem Schutz seltener Tierarten, insbesondere Vogelarten) oder der Ästhetik des Landschaftsbildes („Verspargelung der Landschaft"), der Energiewende eine niedrigere Priorität einzuräumen. Der letzte Aspekt verweist darauf, dass viele Protestdynamiken sich auch aus dem so genannten NIMBY-Effekt (not in my backyard) speisen, also die Energiewende zwar grundsätzlich begrüßt wird, allerdings im eigenen Umfeld keine neuen Energieinfrastrukturen gewünscht sind (Becker et al. 2014). Die Widerstände innerhalb der Bevölkerung sind in Spanien deutlich weniger stark ausgeprägt, als dies in Deutschland der Fall ist. Dies geht sicherlich zu einem Teil auf die wesentlich geringere Bevölkerungsdichte zurück (López-Tafall 2013: 110). Allerdings war die spanische Gesellschaft nach dem Übergang zum parlamentarischen Demokratie bis zu dem kriseninduzierten Protestzyklus der letzten Jahre insgesamt politisch eher passiv (Royo 2014: 1576).

Im Hinblick auf die Verankerung der grünen Hegemonieprojekte in den Volksparteien und Gewerkschaften gibt es keine grundlegenden Unterschiede zwischen den beiden Ländern. Sowohl in Deutschland als auch in Spanien ist das graue Hegemonieprojekt im gewerkschaftlichen Spektrum stärker verankert. Allerdings ist die energiepolitische Ausrichtung umkämpft und letztendlich decken die Gewerkschaften die gesamte Bandbreite der energiepolitischen Orientierungen ab. Auch die Volksparteien sind in sich im Hinblick auf die Energiepolitik sehr heterogen, wobei der in den 2000er Jahren sehr starke Umweltflügel innerhalb der SPD die Energiewende wesentlich vorangetrieben hat (Interviews Hans-Josef Fell 19.09.2014, EUROSOLAR 29.10.2014). Begünstigend für die Energiewende in Deutschland war das relativ große Gewicht der grünen Partei, wohingegen die spanischen grünen Parteien zersplittert und marginalisiert sind (Wandler 2011).

Auch der klare Antagonismus des grünen Verbändespektrums in Deutschland gegen die fossil-nukleare Energiewirtschaft ist ein Vorteil im Vergleich zu Spanien. Der spanische Windenergieverband AEE wird von den großen Konzernen dominiert und distanzierte sich etwa von einer Aufforderung zur Schließung des AKW *Santa María de Garoña* im Jahr 2009 (AEE 24.06.2009). In der Satzung des BWE ist hingegen das Ziel einer komplett regenerativen, dezentralen Energieversorgung festgeschrieben (BWE 2013: 2). Insofern ist es für das grüne Verbandsspektrum in Deutschland einfacher gemeinsame Positionen gegen die fossilnukleare Energiewirtschaft zu finden und nach außen zu vertreten. Gleichwohl bedeutet die in beiden Ländern starke Zersplitterung der grünen Kapitalverbände gegenüber dem grauen Verbänden einen Nachteil, da diese häufig geschlossener auftreten können (Interviews BEE 04.09.2014, UNEF 24.04.2014).

7.3 Legislativ- versus Exekutivlastigkeit: Die Rolle der Staaten im Wandel

Die zivilgesellschaftlichen Auseinandersetzungen verdichten sich wesentlich in der Frage nach dem Förderinstrument für den Ausbau der erneuerbaren Energien. Das wesentliche Instrument, um den Wandel des Stromsystems zu forcieren, war das System der garantierten Einspeisevergütung, das sowohl in Deutschland als auch in Spanien den raschen Zubau regenerativer Erzeugungsanlagen absicherte. Allerdings erfolgte in beiden Ländern in den letzten Jahren eine weitgehende Abkehr von diesem System. In Spanien wurden retroaktive Kürzungen vollzogen und im Januar 2012 verabschiedete die PP-Regierung ein Ausbaumoratorium. Bereits die Vorgängerregierung Zapatero II hatte die Abkehr vom System garantierter Einspeisevergütung eingeleitet. In Deutschland verläuft der Prozess wesentlich langsamer. Allerdings wird auch hier die Abkehr vom System garantierter Einspeisevergütung betrieben. Die wesentlichen Bausteine hierfür waren die Einführung einer zunächst optionalen Marktprämie für größere Anlagen im EEG von 2012 und die im EEG von 2014 angelegte und aktuell weiter forcierte Umstellung des Fördermechanismus auf Ausschreibungen.

Insofern waren in beiden Ländern die grünen Kräfte nur bis zu einem gewissen Zeitpunkt in der Lage, die zentralen Charakteristiken des Einspeisevergütungsmodells zu verteidigen. Während in Deutschland die graue Offensive gegen das EEG mit der Losung „mehr Wettbewerb“ in den letzten Jahren erfolgreich auf die Aushebelung des Systems garantierter Einspeisevergütung hinarbeitete, wurde der Prozess in Spanien bereits nach dem Solarboom von 2008 eingeleitet. Er kulminierte in dem grünen Moratorium von 2012. Die grünen Akteur_innen konnten das System garantierter Einspeisevergütung in den 2000er Jahren (gemeinsam mit ihren Regierungen) auch multiskalar gegen Angriffe über das europäische Wettbewerbsrecht verteidigen. Sie verloren jedoch vor dem Hintergrund der austeritätsgetriebenen Krisenbearbeitung (die sich in Spanien wesentlich stärker auswirkt) und der grauen Offensive (in Deutschland und Spanien).

Begünstigend für die Energiewende in Deutschland war die auf der Kabinettsebene lange existente geteilte Zuständigkeit für die Energiepolitik. Nach der

Wahl im Jahr 2002 wurde die Zuständigkeit für das EEG aus dem grauen Wirtschaftsministerium in das grüne Umweltministerium übertragen. Damit wurde auch der der Energiewende eher wohlgesonnene Umweltausschuss zu Ungunsten des Wirtschaftsausschusses im Deutschen Bundestag aufgewertet. Die gesellschaftlichen Konflikte zwischen grünem und grauem Akteursspektrum bildeten sich zu einem hohen Grad in den andauernden Konflikten zwischen den beiden Ministerium ab. Erst mit der aktuell regierenden Großen Koalition wurde nach massivem Druck der grauen Akteur_innen, die Zuständigkeit für das EEG wieder in das Wirtschaftsministerium verlagert. Die Konflikte werden seitdem primär innerhalb des Ministeriums ausgetragen (Interview Greenpeace II 03.09.2014). In Spanien hingegen war die Zuständigkeit durchgehend beim grauen Wirtschaftsministerium angesiedelt, wenngleich die Unterabteilung IDAE die *transición energética* beförderte. Insofern konzentrierten sich die Verdichtungsprozesse sehr stark innerhalb eines Ministeriums.

Im Hinblick auf die Gesetzgebungskompetenz gibt es einen grundlegenden Unterschied zwischen den beiden Ländern. Das EEG in Deutschland ist ein klassisches Parlamentsgesetz. Es wurde im Jahr 2000 sogar gegen das federführende Wirtschaftsministerium durchgesetzt (Interview Hans-Josef Fell 19.09.2014). Jede Novellierung des EEG wurde durch den Bundestag und mit Zustimmung des Bundesrates beschlossen. Damit unterliegt das Gesetz dem parlamentarischen Verfahren und ist den damit verbundenen deliberativen Prozessen unterworfen. In Spanien hingegen ist das Gesetzgebungsverfahren sehr exekutivlastig. Lediglich die Rahmengesetze von 1997 (Ley 54/1997) und 2013 (Ley 24/2013) sind Parlamentsgesetze. Deren Konkretisierung erfolgt über von der Regierung erlassene königliche Dekrete (RDs) oder königliche Dekretgesetze (RDLs). Letztere bedürfen zumindest der Zustimmung des Parlaments. Insgesamt ist das Verfahren in Spanien damit sehr viel stärker exekutivlastig, weniger transparent und damit anfällig für starke Schwankungen. Auf die immens hohen Vergütungssätze des RD 611/2007 folgte ein PV-Boom. Danach kam der Ausbau durch eine überaus restriktive Gesetzgebung nahezu komplett zum Erliegen. Insofern hat die transparentere, stärker deliberative und damit kompromissorientiertere Verfasstheit der energiepolitischen Gesetzgebung in Deutschland zu einer größeren Rechtssicherheit und einem stabileren Ausbaupfad beigetragen. Allerdings ist mit dem neuen Ressortzuschnitt und dem hohen Zeitdruck beim EEG 2.0 eine Aufwertung der Exekutive verbunden. Die Räume der Deliberation und Korridore des politisch Möglichen wurden stark eingeschränkt (Interview EUROSOLAR 29.10.2014).

Sowohl für die Energiewende als auch für die *transición energética* wirkte es sich begünstigend aus, dass der Wandel hin zu erneuerbaren Energien eingebettet war in einen globalen Trend und zu einem gewissen Grad institutionell über das Kyoto-Protokoll und die europäischen Richtlinien zum Ausbau der erneuerbaren

Energien von 2001 und 2009 abgesichert wurde. Dabei waren die Regierungen Deutschlands und Spaniens wesentliche Triebkräfte und die Gründung der IFIC im Jahr 2004 war eine wichtige *politics of scale*, um den eingeschlagenen Weg des Ausbaus der erneuerbaren Energien mittels Einspeisevergütungssystemen europäisch abzusichern.

Abbildung 9: Begünstigende (+) und hemmende (-) Parameter der deutschen Energiewende und der spanischen *transición energética* gegliedert in die Bereiche Ökonomie, Zivilgesellschaft und Staat

	Parameter	Deutschland	Spanien
Ökonomie	Akkumulationsregime	produktiv, aktiv extravertiert; bietet stabile Rahmenbedingungen (+)	finanzialisiert, passiv extravertiert; hohe Krisenanfälligkeit und Schwankungen (-)
	Herausbildung grüner Kapitalfraktionen	Antagonismus zwischen grünen und grauen Kapitalfraktionen (+)	Einbindung der grauen Kapitalfraktionen während des Wachstumszyklus, dann strategischer Schwenk (+/-)
	Exportpotentiale	sehr hoch (+)	hoch (+)
	Beschäftigungseffekte	zunächst sehr positiv, zuletzt starker Personalabbau im Solarsektor, prekäre Beschäftigungsverhältnisse (+/-)	zunächst sehr positiv, zuletzt starker Personalabbau, prekäre Beschäftigungsverhältnisse (+/-)
	Finanzierung des EE-Zubaus	EEG-Umlage bietet Angriffsfläche für graues Akteursspektrum (-)	Tarifdefizit bietet Angriffsfläche für graues Akteursspektrum (-)
Zivilgesellschaft	Umweltbewegung	sehr starke Umwelt- und Anti-AKW-Bewegungen, Formierung einer Anti-Kohle-Bewegung (+)	zunächst sehr starke Anti-AKW-Bewegung, mit dem Atommoratorium von 1984 starke Schwächung, Herausbildung von Bewegungen gegen fossilen Extrakti-vismus (+/-)
	Partizipation der Bevölkerung im energetischen Wandel	starke Einbindung, neue Akteurslandschaften, aktiver Konsens (+)	schwach ausgeprägt, staatliche und konzerngetriebene Transition, passiver Konsens (-)
	NIMBY-Effekt	relativ stark ausgeprägt, hohe Bevölkerungsdichte (-)	schwach ausgeprägt, geringere Bevölkerungs-dichte (+)
	Verankerung in Parteien und Gewerkschaften	Verankerung in Volksparteien und Gewerkschaften plus grüner Partei (+)	Verankerung in Volksparteien und Gewerkschaften, grüne Parteien schwach (+/-)

	Parameter	Deutschland	Spanien
Staat	Gesetzgebungsprozess	Legislativlastigkeit, relativ hohe Transparenz, Kompromissorientierung (+)	Exekutivlastigkeit, hohe Intransparenz, geringe Kompromissorientierung (-)
	Zuständigkeiten im Staatsapparateensemble	geteilte Zuständigkeit (BMU und BMWi) zwischen 2002-2013 (+)	Zuständigkeit des Industrie-ministeriums und der IDAE (+/-)
	Fördermechanismen	EEG als Grundlage der Energiewende, Aushöh-lung in den letzten Jahren (+/-)	FiT als Grundlage des EE-Booms, Abschaffung im Jahr 2012, retroaktive Kürzungen (+/-)
	Internationale Regime	IFIC, Verteidigung und Unterstützung der Energiewende über die europäische (und globale) Maßstabsebene, zuletzt Aushöhlung des EEG mittels des europäischen Beihilferechts (+/-)	IFIC, Verteidigung und Unterstützung der *transición energética* über die euro-päische (und globale) Maß-stabsebene, europäische Maßstabsebene als Bezugs-punkt des grünen Akteurs-spektrums in der Krise (+/-)

Quelle: Eigene Darstellung

8 Fazit & Ausblick

Eingangs wurde die Frage aufgeworfen, ob sich vor dem Hintergrund der multiplen Krisenkonstellation und im Besonderen der globalen Klimaerwärmung eine Transformation der globalen Ökonomie abzeichnet. Das Ziel dieser Arbeit bestand darin, durch empirische Untersuchungen bzw. drei Fallstudien herauszufinden, ob sich ein Wandel hin zu einem regenerativen Energiesystem vollzieht und welchen sozialen Charakter er annimmt. Es wurden die wesentlichen Parameter identifiziert, die eine Transition oder Transformation hin zu einem regenerativen Stromsystem in Deutschland und Spanien begünstigen. Zusammenfassend lässt sich festhalten, dass stabile ökonomische Kontextbedingungen, eine aktive Einbindung der Zivilgesellschaft bei gleichzeitiger Delegitimierung des alten, fossilnuklearen Energiesystems und eine vergleichsweise große Responsivität der Staatsapparate gegenüber gesellschaftlichen Forderungen einen energetischen Wandel begünstigen.

Im Folgenden soll in fünf Schritten eine Reflexion und Einordnung der Arbeit vorgenommen werden. Zunächst wird der dieser Arbeit zugrunde liegende theoretische und methodische Zugang reflektiert. Im zweiten Schritt werden die Ergebnisse der Fallstudie zur EU und ihre Vermittlung mit den beiden anderen Fallstudien reflektiert. Daran anknüpfend werden die weiteren Perspektiven der Energiewende in Deutschland, der *transición energética* in Spanien sowie der EU vor dem Hintergrund der in dieser Studie durchgeführten Analyse diskutiert. Im vierten Schritt werden zentrale Felder des an diese Arbeit anknüpfenden, jedoch darüber hinausgehenden Forschungsbedarfs identifiziert. Abschließend werden mögliche Szenarien einer grünen Transformation diskutiert.

8.1 Der Wandel zu erneuerbaren Energien: Theoretische und methodische Zugänge

Die drei Fallstudien wurden in jeweils drei Schritten erschlossen, der Kontext-, der Akteurs- und der Prozessanalyse. Maßgeblich für die Durchführung der Kontextanalyse waren regulationstheoretische Zugänge, die es ermöglichen, die grundlegenden Charakteristika der deutschen und der spanischen Akkumulationsregime zu identifizieren und im europäischen Kontext zu verorten. Über die Analyse des europäischen Integrationsprozesses und der darin eingeschriebenen Dynamiken ungleicher Entwicklung konnte aufgezeigt werden, dass die Zugehörigkeit zum Zentrum (Deutschland) und zur Peripherie (Spanien) auch mit vergleichsweise großer Stabilität (Deutschland) und Instabilität (Spanien) der politökonomischen Kontextbedingungen einhergeht. Dieser Analyseschritt konnte über die Auswertung wissenschaftlicher Literatur vollzogen werden und lieferte wichtige Einsichten, die in den meisten Policy-Analysen zur Entwicklung der erneuerbaren Energien unterbelichtet bleiben (etwa in den Arbeiten von Hirschl (2008) und Bechberger (2009)).

Für die Akteurs- und Prozessanalyse war ein an Antonio Gramsci angelehntes Politikverständnis maßgeblich, das mit der *scale*-Heuristik erweitert wurde. Damit wurde es möglich, das Zusammenspiel von materiellen Interessen und ideologischen Orientierungen in den hegemonialen Auseinandersetzungen im energiepolitischen Feld zu fassen. Zentraler Baustein der Akteursanalyse war die Identifizierung von jeweils zwei Hegemonieprojekten. Diese Differenzierung hat sich als hilfreich erwiesen, um das Akteursfeld zu strukturieren und die grundlegenden Konfliktlinien zwischen dem fossil-nuklearen und dem regenerativen Stromsystem bzw. den jeweiligen sozialen Träger_innen zu konturieren. Die Hegemonieprojekte sind auf einer abstrakten Ebene angesiedelt. Es ist nicht möglich, und war auch nicht Ziel dieser Arbeit, die jeweiligen Grenzen und Übergänge trennscharf zu bestimmen. Vielmehr bewegen sich alle Akteur_innen in einem sich dynamisch entwickelnden Feld. Je nach Policy-Bereich variieren die konkreten Interessen und Bündniskonstellationen innerhalb und zwischen den Akteursspektren. Insofern bestand die Herausforderung darin, die Hegemonieprojekte nicht als feststehende Entitäten oder gar handelnde Akteure_innen zu fassen, sondern als abstrakte analytische Kategorien, die dennoch auf einer empirischen Plausibilität beruhen.

Dieses Verständnis von Hegemonieprojekten ermöglichte es, das Feld der Auseinandersetzungen zu strukturieren und wichtige Entwicklungsdynamiken bzw. Verschiebungen innerhalb der Hegemonieprojekte in allen drei Fällen zu identifizieren. Auf der europäischen Maßstabsebene und in Deutschland gibt es starke Tendenzen dahingehend, dass sich eine Synthese zwischen den modernisierungsaffinen Teilen des grauen Akteursspektrums und den transitionsaffinen Teilen des grünen Akteursspektrums abzeichnet. Der Ausgangspunkt hierfür ist der Versuch grauer Akteur_innen, die Dynamiken des Wandels passiv zu revolutionieren. Das heißt, sie versuchen den Ausbau der erneuerbaren Energien nicht mehr grundsätzlich zu bekämpfen, sondern ihn auszubremsen und in eine stärker zentralistische Richtung zu drehen. Ein zentraler Aspekt dieser strategischen Neuorientierung ist es, grüne Verbände wie EWEA oder EPIA zu übernehmen bzw. den Diskurs der Marktintegration zu verallgemeinern. So sehen sich grüne Akteur_innen auch in Deutschland gezwungen, sich in diesem, von grauen Akteur_innen geprägtem Diskursfeld, zu bewegen (Interview BWE 30.09.2014). Gleichzeitig zeichnen sich wachsende Spannungen sowohl innerhalb der grauen als auch der grünen Akteursfelder ab. Die Konfliktlinie innerhalb des grauen Akteursspektrums verläuft zwischen den modernisierungsaffinen Teilen, und denjenigen Teilen, die materiell und ideologisch fest an das fossil-nukleare Energieregime gebunden sind. Die Konfliktlinie innerhalb des grünen Akteursspektrums verläuft zwischen den transitionsaffinen und den transformationsorientierten Teilen, die am Leitbild eines demokratisierten und dezentralisierten Stromsystems festhalten.

In Spanien hingegen bestand von vornherein die besondere Situation, dass die großen Stromkonzerne massiv in Windenergie investiert hatten und den Windenergieverband (AEE) von Anfang an dominierten. Gleichwohl hat sich im Zuge der aktuellen Krise, im Gegensatz zur EU und zu Deutschland, die Konfliktlinie zwischen grünem und grauem Hegemonieprojekt zusätzlich verhärtet. Die grauen Akteur_innen wandten sich von der *transición energética* ab. AEE verharrt in seiner ambivalenten Position.

Die aus kritischen Transformationsstudien übernommene Unterscheidung zwischen Transition und Transformation war hilfreich für eine präzise Bestimmung des sozialen Charakters des Wandels hin zu erneuerbaren Energien (Brand 2014; Stirling 2015). Die Energiewende weist zumindest wichtige Aspekte einer Transformation auf, etwa neue soziale Träger_innen, starke Bewegungen sowie intensive soziale Kämpfe. Sie basiert bisher auf einer aktiven Einbindung der Bevölkerung. Die *transición energética* weist hingegen über weite Strecken den Charakter einer geordneten, elitengetriebenen Transition auf, in der die Bevölkerung weitgehend passiv bleibt. So konnte die Regierung Zapatero II die Ausbaudynamik bremsen, bevor sie von der Regierung Rajoy fast komplett zum Stillstand gebracht wurde.

Im Hinblick auf die Hegemoniefrage lässt sich festhalten, dass keines der insgesamt sechs identifizierten Hegemonieprojekte ein (tatsächlich) hegemoniales Projekt darstellt. Gramsci zufolge handelt es sich bei Hegemonie um ein soziales Verhältnis, ein Herrschaftsverhältnis, das den Konsens breiter Bevölkerungsschichten mit Zwang panzert (Gramsci 2012: GH 6, §88). In allen untersuchten Fällen besteht eine relativ große Zustimmung in weiten Bevölkerungsteilen für den Übergang zu einem regenerativen Energiesystem. Allerdings fehlt es den grünen Akteursspektren an den Möglichkeiten diesen Konsens über staatliche Zwangsmittel zu panzern. Am ehesten vermag dies noch das grüne Akteursspektrum in Deutschland, während dies auf der europäischen Maßstabsebene weniger der Fall ist und in Spanien die grünen Akteur_innen einen bestenfalls marginalen Einfluss auf die staatlichen Policies nehmen können. Anders herum lässt sich festhalten, dass die grauen Akteursspektren zwar mit einigem Erfolg die Dynamiken des Wandels eingebremst und teilweise passiv revolutioniert haben, allerdings sind sie zumindest bisher nicht in der Lage, positive Visionen einer zumindest partiellen Fortexistenz des fossil-nuklearen Energieregimes zu verallgemeinern. Insofern lässt sich mit Gramsci eine Krise des Übergangs ausmachen: „Die Krise besteht gerade in der Tatsache, dass das Alte stirbt und das Neue nicht zur Welt kommen kann: in diesem Interregnum kommt es zu den unterschiedlichsten Krankheitserscheinungen“ (ebd.: GH 3, §34).

Elementar für die Prozessanalyse war die Durchführung von 62 Expert_inneninterviews. Insgesamt konnte sowohl das grüne als auch das graue Akteursspektrum hinreichend abgedeckt werden. Auch mit Vertreter_innen der wichtigen Staatsapparate konnten in Deutschland und Europa Interviews geführt werden, wohingegen es in Spanien trotz hartnäckiger Versuche leider zu keinem Interview mit dem Industrieministerium gekommen ist. Dies kann als empirische Untermauerung der von Huke (2016) entwickelten These der Verhärtung des spanischen Staatsapparateensembles interpretiert werden. Die Bereitschaft der Interviewpartner_innen, auch über die in der Presse zugänglichen Informationen hinaus Auskünfte zu erteilen, war sehr unterschiedlich stark ausgeprägt. Die generierten Informationen waren jedoch ausreichend, um die wesentlichen Prozessdynamiken analytisch aufzubereiten. Eine Ausnahme bildeten die Vorgänge innerhalb des spanischen Industrieministeriums, die auch für weite Teile zumindest des grünen Akteursspektrums in keiner Weise transparent zu sein scheinen. Durch die Triangulation mit Positionspapieren, Pressemitteilungen, Zeitungsartikeln, anderen Interviews und wissenschaftlicher Literatur konnten die Ergebnisse abgesichert werden.

Insofern wurde mittels der polit-ökonomischen Analyseperspektive, ihrer Operationalisierung und methodischen Fundierung herausgearbeitet, wie sich der Wandel hin zu einem regenerativen Energiesystem vermittelt über soziale Auseinandersetzungen in den drei untersuchten Fällen vollzieht. Entscheidend war es, die Artikulationsverhältnisse der polit-ökonomischen Kontextbedingungen mit spezifischen energiepolitischen und darüber hinausgehenden Konfliktdynamiken zu entschlüsseln und damit einen Beitrag zu einem besseren Verständnis der Politischen Ökonomie energetischen Wandels leisten zu können.

8.2 Skalare Perspektiven: Die EU-Energiepolitik

Dabei hat es sich als hilfreich erwiesen, über die Länderstudien hinaus die Bedeutung der europäischen Integration und ihrer energiepolitischen Implikationen zu analysieren. Die Fallstudie zur europäischen Maßstabsebene war insofern in zweifacher Hinsicht von Bedeutung. Erstens besteht ihr intrinsischer Wert darin, wichtige Entwicklungs- und Konfliktdynamiken auf der immer wichtiger werdenden europäischen Maßstabsebene analytisch aufbereitet zu haben. Zweitens konnten über die Analyse der europäischen Energiepolitik die Wechselwirkungen, also die durchaus divergenten skalaren Dynamiken zwischen der europäischen Maßstabsebene und der deutschen sowie der spanischen Entwicklungen, herausgearbeitet werden.

Die grundlegende Konfliktkonstellation zwischen dem grünen und dem grauen Akteursspektrum ist auf der europäischen Maßstabsebene sehr ähnlich gelagert wie in Deutschland und Spanien. Allerdings sorgen die Überformung der europäischen Energiepolitik durch den (im Strombereich unvollendeten) Binnenmarkt und die starke Position des Europäischen Rates bzw. der Regierungen der Mitgliedsländer für einen spezifischen Charakter des energiepolitischen Konfliktterrains. So war der Regierungswechsel in Deutschland im Jahr 2013 eine entscheidende Voraussetzung dafür, dass ein Erneuerbarenziel für 2030 verankert wurde (Interviews GD Energie II 11.03.2015, E.ON II 12.03.2015, EREF 11.03.2015).

Zwar fanden im Untersuchungszeitraum keine weitreichenden Schritte hin zur Vollendung des Strombinnenmarktes statt, aber es lassen sich zahlreiche Europäisierungseffekte ausmachen. Zunächst fand bereits im Anschluss an die Liberalisierung der Strommärkte eine Transnationalisierung bzw. Expansion der Stromkonzerne in andere europäische Länder und darüber hinaus statt (Schülke 2010). Durch den verstärkten Netzausbau über Landesgrenzen hinweg wurden der Stromhandel intensiviert und die Erzeugungsstrukturen besser aufeinander abgestimmt (Interview GD Energie II 11.03.2015). Der Austausch der Regulierungsbehörden hat sich in den letzten Jahren intensiviert (Interview CNMC 08.05.2014). Durch die Neufassung und Erweiterung des Beihilfenrechts im Umwelt- und Energiebereich im Jahr 2014 wurden die nationalen Entscheidungsspielräume im Hinblick auf die Förderinstrumente für erneuerbare Energien enger gefasst. Zugleich wurden über die Regelungen zu den erneuerbaren Energien hinaus auch Vorgaben für Kapazitätsmärkte beschlossen, die im Hinblick auf die Neufassungen des Strommarktdesigns von Bedeutung sind (vgl. Kap. 4.4.4 und 4.4.5.1).

Auf der Ebene der Hegemonieprojekte lassen sich, wie bereits im vorherigen Kapitel angedeutet, Verschiebungen erkennen, die innerhalb der jeweiligen Akteursspektren zu wachsenden Konflikten führen könnten. Zugleich konnte das graue Akteursspektrum, begünstigt durch die austeritätspolitischen Restriktionen und die Reorientierung auf fossile und nukleare Energieträger in weiten Teilen Osteuropas, ambitionierte Dekarbonisierungsziele und Erneuerbarenziele verhindern. Insofern gelang es den grauen Akteur_innen weitgehend, ihre Interessen in die europäischen Policies einzuschreiben. Zugleich befinden sich die transnationalisierten Stromkonzerne in einer tiefen Krise. Ihre ökonomische Macht schwindet (Greenpeace 2014a). Das grüne Akteursspektrum hingegen konnte zumindest, dank der Unterstützung der deutschen Bundesregierung, ein Erneuerbarenziel in Höhe von mindestens 27 % bis zum Jahr 2030 durchsetzen. Es befindet sich jedoch insgesamt in einer eher defensiven Position. Die „Übernahme" von EWEA und EPIA durch graue Kräfte haben das grüne Akteursspektum zu einem gewissen Grad gespalten. Zugleich organisieren sich die Energiegenossenschaften über RESCOOP wie auch kommunale Akteur_innen (etwa Energy Cities) verstärkt auf der europäischen Maßstabsebene.

Insofern ergibt sich für die europäische Maßstabsebene ein komplexes und widersprüchliches Bild. Je nach Konfliktterrain und Policy-Auseinandersetzung variieren die Kräfteverhältnisse. Durch die starke Rolle des Europäischen Rates, die wesentlich auf die im Artikel 194 Absatz 2 des Vertrages von Lissabon verbürgte nationalstaatliche Souveränität über den Energiemix zurückgeht, können sich europäische Policies je nach Ausrichtung der nationalen Regierungen in die eine oder die andere Richtung entwickeln. Zahlreiche Interviewpartner_innen haben, im Besonderen bei der Aushandlung des klima- und energiepolitischen Rahmens für 2030, die strategische Ausrichtung der deutschen Bundesregierung als sehr entscheidend wahrgenommen (Interviews EREF 11.03.2015, GD Energie II 11.03.2015, E.ON II 12.03.2015, EPIA 25.03.2015).

Dies verweist auf den zweiten Bedeutungszusammenhang der europäischen Maßstabsebene, die skalaren Dynamiken. Die energiepolitischen Weichenstellungen der Großen Koalition, insbesondere das EEG 2.0, waren alle stark vermittelt mit Konflikten auf der europäischen Maßstabsebene. Die deutsche Regierung pochte nicht zuletzt deshalb auf ein eigenständiges Erneuerbarenziel für 2030, weil dies notwendig geworden war, um den energiepolitischen Entwicklungspfad in Deutschland bzw. das EEG als nationales Förderinstrument zu verteidigen (vgl. Kap. 4.4.3). Zugleich stemmte sich die Bundesregierung gemeinsam mit dem BDI gegen eine strengere Fassung der Regelungen für Industriebefreiungen. Zwar wurde mit dem Erneuerbarenziel für 2030 und den Lockerungen in den Beihilfeleitlinien von 2014 die Fortexistenz des EEG gesichert. Allerdings instrumentalisierte Wirtschaftsminister Gabriel die neuen Beihilfeleitlinien, um weiter vom System der garantierten Einspeisevergütung abzurücken (Haas 2016b). Die grünen Akteur_innen konnten hingegen im Untersuchungszeitraum keine politischen

Projekte über die europäische Maßstabsebene in Form einer *politics of scale* forcieren. Insofern lässt sich festhalten, dass das energiepolitische Konfliktterrain Deutschlands stärker durch die Entwicklungen in Europa beeinflusst wurde. Allerdings hatte dies keine grundlegenden Auswirkungen auf die Energiewende. Gleichwohl beförderte der auch im europäischen Kontext vom grauen Akteursspektrum gemeinsam mit der GD Wettbewerb forcierte Marktintegrationsdiskurs, der durch das Binnenmarktprojekt zusätzliche Strahlkraft erhält, die Aushöhlung des Systems garantierter Einspeisevergütung.

In Spanien hingegen verhalten sich die skalaren Dynamiken sehr verschieden. Die Finanz- und Wirtschaftskrise und ihre austeritätspolitische Bearbeitung verursacht in Verbindung mit den spezifischen Problemen Spaniens eine langanhaltende Rezession. Ab 2010 verfolgten die spanischen Regierungen eine strikte Austeritätspolitik, die die Möglichkeiten „grüner" Investitionen stark einschränkte. Das graue Akteursspektrum konnte, begünstigt durch die europäische Krisenbearbeitungsstrategie, das Tarifdefizit ins Zentrum der energiepolitischen Auseinandersetzungen rücken und darüber den Abbruch der *transición energética* durchsetzen. In den energiepolitischen Auseinandersetzungen um den klima- und energiepolitischen Rahmen für 2030 und die Beihilfeleitlinien von 2014 spielte die spanische Regierung, im Gegensatz zur Deutschen, keine prominente Rolle. Vielmehr versuchen grüne Aktuer_innen aus Spanien, verstärkt über die europäische Maßstabsebene Druck zu entwickeln, um den Ausbau regenerativer Energien in Spanien wieder zu forcieren. Ein Ansatzpunkt dafür ist das mit nationalen Ausbauzielen unterlegte 20%-Erneuerbarenziel für 2020. Dabei agieren die grünen Akteur_innen im politischen wie auch im juridischen Terrain. Da die Zugänge zu den spanischen Staatsapparaten für sie weitgehend verschlossen sind und sie sich vor europäischen Gerichten größere Chancen als vor spanischen Gerichten ausrechnen (Interview Holtrop 10.06.2014), handelt es sich dabei um eine aus der Not heraus geborene *politics of scale*. Ob sie sich als erfolgreich erweist, wird sich erst in Zukunft klären lassen.

8.3 Deutschland, Spanien und die EU auf dem Weg ins regenerative Zeitalter?

Welche Schlussfolgerungen ergeben sich aus den Ergebnissen dieser Studie im Hinblick auf die Transitions- und Transformationsdynamiken in den untersuchten Räumen? Zunächst lässt sich eine Tendenz festmachen, dass es in Zukunft zu einer stärkeren Angleichung der energiepolitischen Entwicklungspfade in Deutschland und Spanien kommen kann. In Deutschland wurde mit der PV-Novelle im Jahr

2012 und dem EEG 2.0 zwei Jahre später die Ausbaudynamik mittels Ausbaukorridoren, Ausschreibungsmodellen und dem Übergang zur verpflichtenden Direktvermarktung deutlich eingebremst. Das im Jahr 2016 zu verabschiedende EEG wird den eingeschlagenen Pfad, so die Ausführungen des BMWi, fortsetzen:

> „Mit dem Erneuerbare-Energien-Gesetz 2014 (EEG 2014) haben wir bereits grundlegende Weichenstellungen vorgenommen, um die Erneuerbaren planbar und verlässlich ausbauen und sie fit für den Markt zu machen. Nun gehen wir in die nächste Phase - und die ist ein Paradigmenwechsel: Die Vergütung des erneuerbaren Stroms soll ab 2017 nicht wie bisher staatlich festgelegt, sondern durch Ausschreibungen am Markt ermittelt werden. Denn die erneuerbaren Energien sind erwachsen geworden - und fit genug, sich dem Wettbewerb zu stellen. Mit den Ausschreibungen sichern wir kosteneffizient den kontinuierlichen, kontrollierten Ausbau. Die Grundlage dafür: Eine Reform des Erneuerbare-Energien-Gesetzes, das EEG 2016.“[85]

Diese Reformen sind Ausdruck einer passiven Revolutionierung der Energiewende. Die großen Stromkonzerne versuchen sich zunehmend auf das neue Energiezeitalter einzustellen, etwa durch Konzernumstrukturierungen (E.ON, RWE) und verstärkte Investitionen in regenerative Energien. Zugleich haben Teile des grünen Akteursspektrums die grauen Forderungen nach einer wettbewerblichen Förderung und einer verstärkten Marktintegration übernommen. Insofern hat in Deutschland die Konfliktlinie zwischen grauem und grünem Hegemonieprojekt in den letzten Jahren deutlich an Konturen verloren. Es zeichnet sich ein kompromissvermitteltes Arrangement ab, dass die Energiewende weiter getrieben wird, aber gebremst und stärker an den Interessen des grauen Akteursspektrums ausgerichtet. Damit könnte sich der Charakter der Energiewende stärker in die Richtung der *transición energética* während des spanischen Wirtschaftsbooms bewegen, die zentralistisch und konzerngetrieben gewesen ist.

Gleichwohl gibt es nach wie vor soziale Kräfte, vor allem auf lokalen und regionalen Maßstabsebenen, die sich für eine dezentralisierte Energiewende mit neuen Eigentums- und Partizipationsformen einsetzen. Exemplarisch hierfür seien das Bündnis Bürgerenergie, die Initiativen „Unser Hamburg – Unser Netz“ (Becker et al. 2016) oder der „Berliner Energietisch“ (Blanchet 2015) genannt. Momentan scheint allerdings die Forcierung der Energiewende eher über den Ausstieg aus der Atomenergie und der Kohleenergie vorangetrieben werden zu können, als über einen beschleunigten Ausbau der erneuerbaren Energien. Innerhalb des grünen Akteursspektrums gibt es eine klar antagonistische Ausrichtung gegen das fossil-nukleare Energieregmie. Das grüne Hegemonieprojekt wurde in den letzten Jahren über das Projekt des Kohleausstiegs erneuert, das bis weit in die

85 http://www.bmwi.de/DE/Themen/Energie/Erneuerbare-Energien/eeg-2016-wettbewerbliche-verguetung.html, zugegriffen am 15.06.2016

Mitte der Gesellschaft hinein Zustimmung findet. Im Hinblick auf die Förderung der erneuerbaren Energien konnten hingegen die grauen Akteur_innen seit 2012 zahlreiche Erfolge erzielen und Teile des grünen Akteursspektrums auf ihre Seite ziehen.

In Spanien wurden zwar die transición energética ausgebremst und oberdrein retroaktive Kürzungen durchgesetzt. Allerdings haben sich dort in Verbindung mit starken, mobilisierungsfähigen Protestbewegungen, die im Jahr 2011 mit der 15-M Bewegung eine neue Qualität bekamen, soziale Kräfte formiert, die auf eine grüne Transformation hinarbeiten. Dies bildet sich in der Gründung und den Aktivitäten von ANPIER, der FR, von Som Energia und der Px1NME ab. Damit gelang es, die Frage der Energieversorgung, auch „begünstigt" durch massive Strompreissteigerungen und eine Ausweitung der Energiearmut, zu politisieren. Die Etablierung dieser Akteur_innen und die damit verbundenen Auseinandersetzungen bergen das Potential in sich, dass in Zukunft der Wandel zu erneuerbaren Energien stärker als eine soziale Frage verhandelt wird und damit auch als eine Frage der gesellschaftlichen Aneignung von Natur. Durch die Aktivitäten von Som Energia, die Kooperative beliefert inzwischen mehr als 35.000 Kund_innen mit grünem Strom, hat sich bereits der Charakter der spanischen Stromversorgung verändert. Zweifelsohne sind die Impulse von Som Energia und anderer, wesentlich kleinerer Kooperativen, bisher im Hinblick auf das gesamte Stromsystem sehr überschaubar. Sie könnten aber ein wichtiger Grundstein dafür sein, dass sich die transición energética in Zukunft stärker in Richtung einer grünen Transformation bewegen wird. Damit würde sie dem sozialen Charakter der Energiewende näher kommen.

Zwar haben sich auch in Spanien, überwiegend aus dem grünen Akteursspektrum heraus, soziale Kräfte formiert, die sich gegen einen „neuen" fossilen Extraktivismus stellen. Allerdings sind die Bewegungen bisher zu schwach, um nennenswerte Impulse hin zu einem Ausstieg aus den fossilen Energieträgern zu setzen. Auch eine Begrenzung der AKW-Laufzeiten auf 40 Jahre, was einem Atomausstieg bis 2028 gleichkäme, scheint nur schwer durchsetzbar zu sein. Zugleich wird es sich zeigen, ob die Protestbewegungen und neuen Parteien und Wahlbündnisse, die durchaus beachtliche Erfolge aufweisen können, zu einer Demokratisierung der Parteienlandschaft und des verhärteten Staatsapparateensembles beitragen können (Huke 2016). Falls dies zumindest ansatzweise gelingen sollte, könnten sich damit auch neue Möglichkeitsfenster für einen dezentralisierten Ausbau der erneuerbaren Energien öffnen. An dem strukturell verfestigten peripheren Status des finanzialisierten, passiv extravertierten spanischen Akkumulationsregimes wird sich hingegen in naher Zukunft nichts ändern. Somit sind die Möglichkeiten eines dynamischen Übergangs zu einem regenerativen Energiesystem, das mit massiven Investitionen verbunden wäre, durch die Finanz- und Wirtschaftskrise in Verbindung mit ihrer austeritätspolitischen Bearbeitung restringiert (Lockwood 2015: 100).

Die europäische Maßstabsebene ist im Hinblick auf den Wandel zu erneuerbaren Energien ein widersprüchliches Terrain. In den 2000er Jahren konnte das grüne Akteursspektrum über die Richtlinien von 2001 und 2009 relativ ambitionierte Vorgaben für den Ausbau regenerativer Energieträger durchsetzen. Die deutschen Regierungen setzten sich gemeinsam mit den spanischen Regierungen für die Verbreiterung von Einspeisevergütungsmodellen ein (Solorio Sandoval et al. 2014: 192). Allerdings trat im Zuge der Finanz- und Wirtschaftskrise die Energie- und Klimapolitik zunehmend in den Hintergrund. Die energiepolitischen Entwicklungspfade wurden divergenter. Das im Jahr 2014 beschlossene Ambitionsniveau bis 2030 ist dementsprechend gering. Zugleich ist das Ziel von mindestens 27 % erneuerbaren Energien ein klares Signal, dass der Wandel hin zu einem regenerativen Energiesystem weiter beschritten werden wird. Allerdings scheint es für das grüne Akteursspektrum schwieriger geworden zu sein, über die europäische Maßstabsebene Impulse für einen beschleunigten Ausbau der erneuerbaren Energien zu setzen. Geels (2013) zeigt auf, dass die austeritätspolitische Restrukturierung des europäischen Wirtschaftsregierens den Wandel hin zu einem regenerativen Energiesystem abbremst. Selbiges wurde auch von Vertreter_innen der Europäischen Kommission zumindest indirekt eingeräumt (Interview GD Energie II 11.03.2015). Dieser restringierende Effekt wird im energiepolitischen Feld verstärkt durch die wachsenden Diskrepanzen in den energiepolitischen Entwicklungspfaden (Fischer und Geden 2015). In Verbindung mit drohenden Desintegrationsprozessen (Brexit, Grexit etc.) und der deutlichen Verschiebung des politischen Klimas nach rechts in Kern- und Osteuropa drohen die Transitionsdynamiken weiter geschwächt zu werden. Um diese Vermutung zu überprüfen bedürfte es einer näheren Analyse der energie- und klimapolitischen Agenden der erstarkenden Rechtsparteien. Es deutet aber viel darauf hin, dass Parteien wie die AfD nicht nur für eine rückwärtsgewandte Migrations-, Geschlechter-, Religions- und Kulturpolitik stehen, sondern auch den Übergang ins regenerative Energiezeitalter verhindern wollen (Interview BWE 30.09.2014).

8.4 Forschungsfelder der Wissenschaft grüner Transformationen

Die sehr umfassenden Konflikte und Dynamiken, die mit dem Übergang in das regenerative Energiezeitalter verbunden sind, konnten in dieser Arbeit selbstverständlich nicht erschöpfend analysiert werden. Es lassen sich anknüpfend an diese Studie zumindest sieben politik- und sozialwissenschaftliche Forschungsfelder skizzieren, um ein präziseres Verständnis des Wandels hin zu erneuerbaren Energien zu generieren.

Zunächst besteht das Potential über eine stärker skalare Fundierung der Forschung, die Wechselwirkungen der verschiedenen sozial-räumlichen Maßstabsebenen besser zu durchdringen. In dieser Arbeit richtete sich der Fokus auf die Interdependenzverhältnisse zwischen der nationalen und europäischen Maßstabsebene. Gleichwohl geht der Wandel der Energieversorgung mit der Errichtung neuer Energieinfrastrukturen und einer anderen räumlichen Aufteilung der Stromproduktion einher, die Gewinner_innen und Verlierer_innen hervorbringt. So arbeitete etwa Sander (2015: 310) heraus, dass die deutsche Energiewende nicht nur wesentlich über lokale Initiativen vorangetrieben wurde, sondern auch fast alle Landesregierungen die Energiewende protegiert haben. Vor dem Hintergrund des zumindest partiellen, regulatorischen up-scalings der Erneuerbarenförderung mit den 2014 verabschiedeten Energie- und Umweltbeihilfeleitlinien, wäre es wichtig, die Vermittlungszusammenhänge der unterschiedlichen Maßstabsebenen zu analysieren und herauszuarbeiten, ob es Akteur_innen wie RESCOOP gelingt, die Dezentralisierung der Stromversorgung weiter zu treiben.

Daran anknüpfend gilt es herauszufinden, inwieweit es die globale Klimabewegung vermag, den Übergang zu einem regenerativen Energiesystem zu beschleunigen und auf den sozialen Charakter des Wandels einzuwirken. Der Hintergrund ist, dass sich die Klimabewegung nach dem Gipfel von Kopenhagen im Jahr 2009 selbst gewandelt hat und sich sehr viel stärker auf den Ausstieg aus fossilen Energien konzentriert (Brunnengräber 2015). Diese Forderung ist verbunden mit vielfältigen politischen Praxen, von globalen Divestment-Initiativen über die Beteiligung an Bürgerenergiegenossenschaften bis hin zu Kampagnen wie *Ende Gelände*. Mit Mitteln des zivilen Ungehorsams wurde im August 2015 im Rheinland und im Mai 2016 in der Lausitz im Rahmen der globalen Aktionswoche *Break Free from Fossil Fuels*[86] der Braunkohletagebaubetrieb zeitweise stillgelegt (Sander 2016b).

Drittens wäre eine intersektional oder geschlechtertheoretisch fundierte Analyse der energiepolitischen Wandlungsdynamiken von großer Bedeutung. Die fossil-nukleare Energiewirtschaft ist ein stark patriarchal geprägter Bereich (Interview Endesa 21.05.2014). Insofern wäre es wichtig, mittels stärker soziologisch angelegten Studien zu eruieren, inwieweit mit dem Übergang zu regenerativen Energien spezifische Dimensionen sozialer Ungleichheit, die sich im energiepolitischen Kontext abbilden, überwunden werden (Fraune 2014).

---

86 https://breakfree2016.org/ zugegriffen am 13.06.2016

Viertens wären weiterführende Studien hilfreich, die jenseits der Fokussierung auf die Stromerzeugungsstrukturen stärker das Zusammenspiel verschiedener energiepolitischer Dynamiken reflektieren. Sowohl auf der europäischen als auch auf den nationalen Maßstabsebenen laufen intensive Diskussionen über das zukünftige Strommarktdesign und die verstärkte Digitalisierung der Stromversorgung. Zudem ist vor allem in Deutschland die Frage des Netzausbaus und die Verknüpfung der europäischen Strommärkte ein zentraler Aspekt der energiepolitischen Auseinandersetzungen. Insofern stehen die Stromversorgungssysteme nicht nur im Hinblick auf die Erzeugungsstrukturen, sondern generell vor wesentlich umfassenderen Veränderungen, die eine Herausforderung für die sozialwissenschaftliche Energieforschung darstellen.

Fünftens wären daran anknüpfend Analysen wichtig, die über den Stromsektor hinaus die Wechselwirkungen mit den Entwicklungen in den Bereichen Wärme/Kälte und Mobilität in den Blick nehmen. Zwar befindet sich die Elektromobilität sowohl in Deutschland als auch in Spanien in einem sehr frühen Stadium. Allerdings ist von einer massiven Ausweitung in den nächsten Jahrzehnten auszugehen, zumal die klimapolitischen Ziele der EU bei der Fortschreibung der bestehenden Verkehrssysteme deutlich verfehlt würden. Zugleich würde eine massive Ausweitung der Elektromobilität zu einer deutlich erhöhten Stromnachfrage führen und potentiell dazu beitragen können, die volatile Stromnachfrage mit der schwankenden Erzeugung von Wind- und Sonnenstrom in Einklang zu bringen (Schill et al. 2015). Zugleich würde damit die Dominanz des individualisierten Automobilverkehrs verfestigt werden (Paterson 2007).

Sechstens wäre es dringend erforderlich, die sozial-ökologischen Folgen des Umstiegs auf erneuerbare Energien aus einer Nord-Süd-Perspektive zu analysieren. Insbesondere die Extraktion der für die Produktion von regenerativen Stromerzeugungsanlagen benötigten Rohstoffe, und teilweise auch deren Weiterverarbeitung, finden häufig in (semi-)peripheren Ländern statt. Die vielfach aus dem grünen Akteursspektrum heraus vertretene Perspektive, dass mit einer Dezentralisierung der Energieversorgung eine Demokratisierung einhergehe, blendet die Einbettung der erneuerbaren Energien-Industrien in globale Wertschöpfungsketten und die darin eingelagerten Macht- und Herrschaftsverhältnisse aus. Insofern müsste, ähnlich wie dies etwa im Hinblick auf die EU-Agrartreibstoffpolitik bereits vielfach geleistet wurde (Dietz et al. 2015; Dietz et al. 2016), eine Politische Ökologie der erneuerbaren Energien entwickelt werden, die die Neubestimmung der gesellschaftlichen Naturverhältnisse in ihrer globalen Dimension erfasst. Erste Arbeiten etwa über die Rohstoffbasis einer grünen Ökonomie liegen dazu bereits vor (Exner et al. 2016; Fuchs und Reckordt 2016).

Siebtens wäre es notwendig, die Dynamiken des Wandels hin zu erneuerbaren Energien, die in der vorliegenden Studie auf den europäischen Raum beschränkt blieben, global zu reflektieren. Trotz des Postulats der Europäischen Kommission, die EU solle globale Führerin im Bereich der regenerativen Energien werden, hat im Hinblick auf die Produktion und Installation von erneuerbaren Energien-Anlagen eine massive Verschiebung in den ostasiatischen Raum, vor allem nach China, stattgefunden (Geels 2013). Insofern stellt sich die Frage, wie die europäischen Dynamiken des Wandels hin zu regenerativen Energien vermittelt sind mit den globalen Dynamiken und darüber hinaus mit der Neuzusammensetzung der Energieversorgung. Die seit 2014 drastisch sinkenden Ölpreise, der Fracking-Boom, insbesondere in den USA, und der enorm wachsende Energiebedarf der aufstrebenden Schwellenländer werfen, ebenso wie die global ansteigenden Investitionen in regenerative Energien (Frankfurt School of Finance & Management 2016), die Frage nach dem Charakter der zukünftigen Energieversorgung auf (Wissen 2016).

8.5 Perspektiven grüner Transformationen

Die vielfältigen, komplexen, sich überlappenden Dynamiken werfen die Frage nach möglichen Szenarien grüner Transformation auf. Candeias (2014) unterscheidet vier Szenarien: einen autoritären Neoliberalismus, einen grünen Kapitalismus, einen Green New Deal oder eine sozial-ökologische Transformation bzw. einen grünen Sozialismus. In der empirischen Untersuchung lassen sich für jedes Szenario Dynamiken und soziale Kräfte bestimmen, die auf eine bestimmte Form der grünen Transformation hinwirken.

Übergreifend lässt sich für die europäische Maßstabsebene feststellen, dass die austeritätsgetriebene Krisenbearbeitung, die eine Radikalisierung des stark ordoliberal geprägten Modus der europäischen Integration darstellt, in Richtung eines autoritären Neoliberalismus weist. Die Orientierung auf Austerität und Wettbewerbsfähigkeit wird juridisch verankert, die Stellung der Parlamente geschwächt und politische Instanzen gegenüber den Forderungen der Bevölkerungen immunisiert. Der „ordoliberale eiserne Käfig Europas“ (Ryner 2015: 275) restringiert die Möglichkeitskorridore grüner Transformationen, wenngleich sich diese auf den nationalen Maßstabsebenen, je nach Stellung in der europäischen Ökonomie, unterschiedlich ausgestalten. So wirken die Krise und ihre austeritätspolitische Bearbeitung mittelbar wesentlich stärker auf die *transición energética* Spaniens ein, als auf die deutsche Energiewende.

Gleichwohl lassen sich unter den Bedingungen eines autoritärer werdenden Neoliberalismus durchaus Verschiebungen hin zu einem grünen Kapitalismus ausmachen. Die im Jahr 2014 verabschiedeten Ziele des klima- und energiepolitischen Rahmens für 2030 sind zwar in ihrem Ambitionsniveau viel zu niedrig, um die klimapolitischen Zielsetzungen der Konferenz von Paris 2015 erreichbar zu machen. Allerdings indizieren sie, dass die ökologische Modernisierung der EU weitergetrieben wird. Diverse Unternehmensverbände von BUSINESSEUROPE über EURELECTRIC haben zwar gegen eine Zieltrias opponiert und insbesondere stromintensive Industriezweige stemmen sich teilweise vehement gegen die Dekarbonisierungsagenda der Europäischen Kommission. Jedoch bestehen für viele Industriezweige Chancen in einer ökologischen Modernisierung der bestehenden Produktionsweise. Diesen Wandel bringen Paterson und Newell (2010: 36) folgendermaßen auf den Punkt: „Climate for business: from threat to opportunity." So insistierten die Interviewpartner_innen von Iberdrola und Endesa darauf, dass es dringend eine Elektrifizierung der Ökonomie geben müsse (Interviews Endesa 21.05.2014, Iberdrola 22.05.2014). Zugleich forcieren Teile des grauen Unternehmensspektrums die Initiative, Erdgas als Brückentechnologie gegen die noch klimaschädlichere Kohle zu setzen. Damit deutet sich auch innerhalb der grauen Kapitalfraktionen ein wachsendes Konfliktpotential an, da zahlreiche Konzerne eng an die Kohle gebunden sind (Neslen 2015). Der Weg einer ökologischen Modernisierung bzw. eines langsamen, geordneten Übergangs hin zu einem regenerativen Energiesystem wird auch von der deutschen Bundesregierung weiter beschritten, die ganz wesentlich das Regime autoritärer Austerität implementiert und immer wieder mit erneuert hat. Die Regierung Rajoy hingegen hat die ökologische Erneuerung des spanischen Stromsektors unterbunden.

Relevante Teile des grünen Akteursspektrums bewegen sich in ihrer politischen Praxis zwischen den Szenarien eines grünen Kapitalismus und eines Green New Deal. Einerseits profitieren auch die grünen Unternehmen und ihre Verbände von der Austeritätspolitik und dem mit ihr verbundenen Druck auf die Löhne und der Schwächung der Gewerkschaften. Andererseits wird häufig in die Richtung eines Green New Deal argumentiert, etwa indem Investitionen in erneuerbare Energien als grüner Ausweg aus der multiplen Krisenkonstellation angepriesen werden. Allerdings blieb es aus dem grünen Verbändespektrum heraus bei Appellen, die weitgehend ungehört verhallten. Weder waren diese mit einer Kritik der vorherrschenden austeritätspolitischen Krisenbearbeitung verbunden, noch wurde versucht, Bündnisse mit Gegner_innen der Austeritätspolitik einzugehen. Das grüne Unternehmensspektrum war und ist zu schwach aufgestellt, um einen grünen Ausweg aus der Krise durchzusetzen. Im Rahmen der europäischen Konjunkturpakete wurden als einzige erneuerbare Energien-Anlagen Offshorewindparks gefördert. Auf der nationalen Maßstabsebene wurde der Wandel zu erneuerbaren

Energien deutlich ausgebremst. Der Diskurs über einen Green New Deal konnte sich in Deutschland nicht wesentlich über das grüne parteipolitische Spektrum hinaus verbreitern. In Spanien und auf der europäischen Maßstabsebene war er noch marginalisierter.

Dessen ungeachtet wurden in Europa, insbesondere in Deutschland, aber auch in vielen anderen Ländern, zahlreiche Energiegenossenschaften gegründet, die einen dezentralisierten Ausbau der erneuerbaren Energien mit neuen Partizipations- und Eigentumsformen verfolgen. Insofern haben sich über lokale Praxen und ihre Vernetzung und politische Artikulation bis auf die europäische Maßstabsebene mit dem im Jahr 2011 gegründeten Dachverband RESCOOP soziale Kräfte formiert, die trotz eines zunehmend autoritärer werdenden Neoliberalismus mit beachtlichen Erfolgen auf eine sozial-ökologische Transformation hinarbeiten. Wichtige Triebkräfte einer solchen Transformation sind darüber hinaus soziale Bewegungen, die die ökologische Krise politisieren und als eine Krise der gesellschaftlichen Aneignung von Natur verstehen. Dabei sind die Bewegungen in Deutschland sehr viel stärker aufgestellt als in Spanien, wenngleich in Spanien im Zuge des Protestzyklus ab 2011 auch im Energiebereich die Bewegungen deutlich stärker geworden sind und das fossil-nukleare Energiesystem und dessen tragende Kräfte unter Druck setzen.

In dieser Arbeit wurden die Dynamiken hin zu einem regenerativen Energiesystem in der EU, Deutschland und Spanien analysiert. Die Dynamiken des Wandels werden bestimmt durch die polit-ökonomischen Kontextbedingungen in Vermittlung mit gesellschaftlichen Auseinandersetzungen, die mittels der Operationalisierung von Hegemonieprojekten bearbeitbar gemacht wurden. Die Ergebnisse deuten an, dass sich in der EU unter den Bedingungen eines autoritären Neoliberalismus Elemente eines grünen Kapitalismus abzeichnen. Zugleich werden darin immer abhängig von den konkreten Kämpfen Elemente eines Green New Deals und einer sozial-ökologischen Transformation eingeschrieben. In Anbetracht einer rasanten Klimaerwärmung, wachsender sozialer Ungleichheiten (Piketty 2014), einer gleichzeitigen Verbreiterung der imperialen Lebensweise (Brand und Wissen 2011b) im Globalen Süden und zunehmendem Konfliktpotential im Hinblick auf den Zugriff auf vorhandene Rohstoffe (Fuchs und Reckordt 2016) greifen die in dieser Arbeit analysierten vorherrschenden Dynamiken des Wandels allerdings viel zu kurz. Die Herstellung guter Lebensverhältnisse bedürfte einer grundlegenden Transformation der bestehenden gesellschaftlichen Naturverhältnisse, wie sie etwa in den Debatten und den damit verbundenen gesellschaftlichen Praxen um Postwachstum und *Buen Vivir*/Post-Extraktivismus angelegt sind (Brand 2015).

Literaturverzeichnis

Adelle, Camilla; Russel, Duncan; Pallemaerts, Marc (2012): A 'coordinated' European energy policy? The integration of EU energy and climate change policies. In: Francesc Morata und Israel Solorio Sandoval (Hg.): European energy policy. An environmental approach. Cheltenham, Northampton, MA: Edward Elgar, S. 25–47.

AEE (02.02.2009): La potencia eólica instalada en España alcanza los 16740 MW con 1.609 MW nuevos en 2008. Nota de prensa. Madrid. Online verfügbar unter http://www.aeeolica.org/uploads/documents/notas_de_prensa/2009/NP_090202_Potencia_Eolica_16700MW.pdf?phpMyAdmin=nkH26XnGN7Ws3Rn1f-QjR33eVc7, zuletzt geprüft am 11.08.2014.

AEE (24.06.2009): La Asociación Empresarial Eólica no se manifiesta sobre el cierre de Garoña. Online verfügbar unter http://www.aeeolica.org/uploads/documents/notas_de_prensa/2009/090624%20NP%20AEE%20no%20se%20manifesta%20sobre%20el%20cierre%20de%20Garonax(1).pdf?phpMyAdmin=nkH26XnGN7Ws3Rn1f-QjR33eVc7, zuletzt geprüft am 21.08.2014.

AEE (15.01.2014): Spain was in 2013 the first count ry where wind energy was the first source of electricity for an entire year. Madrid. Online verfügbar unter http://www.aeeolica.org/ploads/140115_NP_Spain_was_in_2013_the_first_country_where_wind_energy_was_the_first_source_of_electricity_for_an_entire_year.pdf, zuletzt geprüft am 08.07.2014.

AEE (09.02.2016): Europa apuesta por la eólica, con 12.800 nuevos megavatios en 2015, mientras España se descuelga. Online verfügbar unter http://www.aeeolica.org/es/new/europa-apuesta-por-la-eolica-con-12800-nuevos-megavatios-en- 2015-mientras-espana-se-descuelga/, zuletzt geprüft am 25.02.2016.

Agentur für Erneuerbare Energien (AEE) (26.03.2009): Ausbau Erneuerbarer Energien hält Strompreis niedrig. Online verfügbar unter http://www.unendlich-viel-energie.de/presse/nachrichtenarchiv/2009/ausbau-erneuerbarer-energien-haelt-strompreis-niedrig, zuletzt geprüft am 18.11.2014.

Agentur für Erneuerbare Energien (AEE) (24.09.2009): Sommertour - Bundestagskandidaten gespalten in der Frage Kernenergie. Online verfügbar unter http://www.unendlich-viel-energie.de/presse/nachrichtenarchiv/2009/sommertour-bundestagskandidaten-gespalten-in-der-frage-kernenergie, zuletzt geprüft am 18.11.2014.

Agora Energiewende (2012): 12 Thesen zur Energiewende. Online verfügbar unter http://www.agora-energiewende.de/fileadmin/downloads/publikationen/Impulse/12_Thesen/Agora_12_Thesen_Langfassung_2.Auflage_web.pdf, zuletzt geprüft am 09.12.2014.

Agora Energiewende (2013): Ein radikal vereinfachtes EEG 2.0 und ein umfassender Marktdesign-Prozess. Online verfügbar unter http://www.agora-energiewende.de/fileadmin/downloads/publikationen/Impulse/EEG_2.0/EEG20_ms-final .pdf, zuletzt geprüft am 09.12.2014.

Agora Energiewende (2015): Die Rolle des Emissionshandels in der Energiewende. Perspektiven und Grenzen der aktuellen Reformvorschläge. Online verfügbar unter http://www.agora-energiewende.de/fileadmin/downloads/publikationen/Hintergrund/ETS/Agora_Hintergrund_Rolle_des_Emissionshandels_18022015_web.pdf.

Agora Energiewende (2016): Elf Eckpunkte für einen Kohlekonsens. Konzept zur schrittweisen Dekarbonisierung des deutschen Stromsektors (Kurzfassung).

Alexander, R.; Vitzthum, T. (2010): Röttgen löst mit Atomkraft-Kritik Empörung aus. In: *Die Welt*, 06.02.2010. Online verfügbar unter http://www.welt.de/politik/deutschland/article6281833/Roettgen-loest-mit-Atomkraft-Kritik-Empoerung-aus.html, zuletzt geprüft am 28.11.2014.

Alstom et al. (2013): Industry Statement for Binding Renewable Energy Target in 2030 Framework. Online verfügbar unter http://www.alstom.com/Global/Power/Resources/Documents/News%20and%20Events/Industry%20Statement%20for%20 Binding%202030%20RES%20Target_October%202013.pdf, zuletzt geprüft am 09.06.2015.

Altenbockum, Jasper von (2014): „Harte Bretter" über die Energiewende: Gabriels EEG 2.0. In: *faz*, 22.01.2014. Online verfügbar unter http://www.faz.net/aktuell/politik/harte-bretter/harte-bretter-ueber-die-energiewende-gabriels-eeg-2-0-12764628 .html, zuletzt geprüft am 10.12.2014.

Altvater, Elmar (2010a): Der große Krach. Oder die Jahrhundertkrise von Finanzen und Natur. Münster: Westfälisches Dampfboot.

Altvater, Elmar (2010b): Vom finanzgetriebenen zum staatsgetriebenen Kapitalismus. In: Elmar Altvater, Hans-Jürgen Bieling, Alex Demirovic, Heiner Flassbeck, Werner Goldschmidt, Werner Payandeh und Stefanie Wöhl (Hg.): Die Rückkehr des Staates? Nach der Finanzkrise. Hamburg: VSA, S. 7–18.

Altvater, Elmar; Bieling, Hans-Jürgen; Demirovic, Alex; Flassbeck, Heiner; Goldschmidt, Werner; Payandeh, Werner; Wöhl, Stefanie (Hg.) (2010): Die Rückkehr des Staates? Nach der Finanzkrise. Hamburg: VSA.

Altvater, Elmar; Brunnengräber, Achim (2008): Mit dem Markt gegen die Klimakatastrophe? Einleitung und Überblick. In: Elmar Altvater (Hg.): Ablasshandel gegen Klimawandel? Marktbasierte Instrumente in der globalen Klimapolitik und ihre Alternativen ; Reader des Wissenschaftlichen Beirats von Attac. Hamburg: VSA, S. 9–20.

Amann, Melanie (2011): Brennelementesteuer: Der Triumph der Abkassierer. In: *faz*, 05.06.2011. Online verfügbar unter http://www.faz.net/aktuell/2.2032/brennelementesteuer-der-triumph-der-abkassierer-15098.html, zuletzt geprüft am 26.11.2014.

Ambrosius, Gerold (1996): Wirtschaftsraum Europa. Vom Ende der Nationalökonomien. Frankfurt am Main: Fischer.

Anderson, Perry (1979): Antonio Gramsci. Eine kritische Würdigung. Berlin-West: Olle & Wolters.

APPA (2009): Study of the macroeconomic impact of Renewable Energies in Spain. Online verfügbar unter http://www.appa.es/descargas/Informe_APPA_ENGLISH.pdf, zuletzt geprüft am 11.08.2014.

APPA (01.10.2010): APPA denuncia que la regulación de Industria condena al sector fotovoltaico. Online verfügbar unter http://www.appa.es/descargas/NP_APPA_DENUNCIA_FUTURO_FOTOVOLTAICA_vd.pdf, zuletzt geprüft am 14.08.2014.

APPA (27.10.2010): APPA pide al Gobierno un cambio en su política energética para impedir que Industria acabe con el sector fotovoltaico. Online verfügbar unter http://www.appa.es/descargas/NP_APPA_ACUSA_A_INDUSTRIA_DE_ACA BA R_CON_EL_SECTOR_FOTOVOLTAICO.pdf, zuletzt geprüft am 14.08.2014.

APPA (23.12.2010): Las medidas retroactivas del Ministerio de Industria provocarán la ruina de miles de inversores. Online verfügbar unter http://www.appa.es/descargas/NP_MITYC_RUINA_MILES_INVERSORES_appa_mm.pdf, zuletzt geprüft am 14.08.2014.

APPA (2014): Estudio del Impacto Macroeconómico de las Energías Renobales en España 2013.

APPA (08.04.2015): Las energías renovables sufrieron recortes por valor de 2.261 milliones de euros en 2014. Online verfügbar unter http://www.appa.es/descargas/20150408_APPA_RECORTES_EERR_2014_VF_8.pdf, zuletzt geprüft am 08.09.2015.

Aretz, Astrid; Böther, Timo; Heinbach, Katharina; Hirschl, Bernd; Prahl, Andreas (2010): Kommunale Wertschöpfung durch Erneuerbare Energien. Berlin [u.a.]: Institut für ökologische Wirtschaftsforschung (Schriftenreihe des IÖW, 196).

Arzt, Ingo (2012): E.ON und RWE begraben AKW-Pläne in GB: Deutscher Atomausstieg auf der Insel. In: *taz*, 29.03.2012. Online verfügbar unter http://www.taz.de/!5097281/, zuletzt geprüft am 08.06.2015.

Asociación de empresas para el Desimpacto de los Purines (ADAP); Asociación de Productores de Energías Renovables (APPA); Asociación de Promotores y Productores de Energías Renovables de Andalucía (APREAN); Asociación de Productores y Usuarios de Energía Eléctrica (APUEE); Asociación de la Industria Fotovoltaica (ASIF); Asociación Eólica de Catalunya (EOLICCAT); Asociación de Productores Hidroeléctricos de Guipúzcoa (GIWATT) (2008): MANIFIESTO POR LAS ENERGÍAS RENOVABLES Y EFICIENTE. Online verfügbar unter http://www.appa.es/descargas/MANIFIESTO_ENERGIAS_RENOVABLES_ESPANA.pdf, zuletzt geprüft am 20.08.2014.

Atomforum (2009): 50 Jahre Deutsches Atomforum. Online verfügbar unter http://www.kernenergie.de/kernenergie/service/veranstaltungen/50-jahre-deutsches-atomforum/index.php, zuletzt aktualisiert am 10.11.2014, zuletzt geprüft am 12.11.2014.

Aznar, José María (2009): España puede salir de la crisis. Barcelona: Planeta.

Aznar, José María (2010): Europe must reset the clock on stability and growth. In: *financial times*, 16.05.2010. Online verfügbar unter http://www.ft.com/intl/cms/s/0/6e07c4f0-6115-11df-9bf0-00144feab49a.html, zuletzt geprüft am 10.09.2015.

Baker, Lucy; Newell, Peter; Phillips, Jon (2014): The Political Economy of Energy Transitions. The Case of South Africa. In: *New Political Economy* 19 (6), S. 791–818.

Balanyá, Belén; Riley, Brook; Sabido, Pascoe (2014): Ending the Affair between polluters and Politicians. How the industry lobby gutted Europe's climate ambitions. Hg. v. Corporate Europe Observatory (CEO) und Friends of the Earth Europe. Online verfügbar unter http://corporateeurope.org/sites/default/files/attachments/endingaffair_briefing_final.pdf, zuletzt geprüft am 27.04.2015.

Bandelow, Nils C. (2015): Advocacy Coalition Framework. In: Georg Wenzelburger und Reimut Zohlnhöfer (Hg.): Handbuch Policy-Forschung. Wiesbaden: VS, S. 305–324.

Bannas, Günther (2010): Regierungspolitik: Lammert kritisiert Laufzeitverlängerung. In: *faz online*, 31.10.2010. Online verfügbar unter http://www.faz.net/aktuell/politik/inland/regierungspolitik-lammert-kritisiert-laufzeitverlaengerung-11053357.html, zuletzt geprüft am 21.11.2014.

Banyuls, Josep; Recio, Albert (2012): Spain: the nightmare of Mediterranean neoliberalism. In: Steffen Lehndorff (Hg.): A triumph of failed ideas. European models of capitalism in the crisis. Brussels: European Trade Union Institute (ETUI), S. 199–217.

Banyuls, Josep; Recio, Alberto (2014): Eine Krise in der Krise. Spanien unter dem Regime eines konservativen Neoliberalismus. In: Steffen Lehndorff (Hg.): Spaltende Integration. Der Triumph gescheiterter Ideen in Europa - revisited; zehn Länderstudien. Hamburg: VSA, S. 40–63.

Barcia Margaz, J. V.; Romero, Cote (2014): Estrategias de los cárteles energéticos. In: Cote Romero und José Vicente Barcia Magaz (Hg.): Alta tensión. Por un nuevo modelo energético sostenible, democrático y ciudadano. Barcelona: Icaria, S. 25–32.

Bareiß, Thomas; Pfeiffer, Joachim; Fuchs, Michael (2013): Positionspapier Energiepolitik. Online verfügbar unter http://phasenpruefer.info/wp-content/uploads/2013/10/Positionspapier-der-Union.pdf, zuletzt geprüft am 04.12.2014.

Bauchmüller, Michael (2015): Klimabeitrag – Im Tagebau der Argumente. In: *Süddeutsche.de*, 13.04.2015. Online verfügbar unter http://www.sueddeutsche.de/wirtschaft/klimabeitrag-im-tagebau-der-argumente-1.2432906, zuletzt geprüft am 01.02.2016.

BBVA Research (2011): Desempleo juvenil en España: causas y soluciones. Madrid (Documentos de Trabajo, Número 11/30). Online verfügbar unter https://www.bbvaresearch.com/KETD/fbin/mult/WP_1130_tcm346-270043.pdf?ts=2152012, zuletzt geprüft am 08.10.2013.

BDEW (06.06.2011): Hildegard Müller zur heutigen Verabschiedung des Gesetzespaketes zur Energiewende vom Kabinett der Bundesregierung. Online verfügbar unter https://www.bdew.de/internet.nsf/id/DE_20110606-Statement-von-Hildegard-Mueller-zur-heutigen-Verabschiedung-des-Gesetzespaketes-zur-Ener?open&ccm=9000 10020010, zuletzt geprüft am 28.11.2014.

BDEW (28.01.2013): Hildegard Müller zu den Vorschlägen von Bundesumweltminister Altmaier. Online verfügbar unter https://www.bdew.de/internet.nsf/id/20130128-ps-hildegard-mueller-zu-den-vorschlaegen-von-bundesumweltminister-altmaier-mutige -schritte?open&ccm=900010020010, zuletzt geprüft am 02.12.2014.

BDEW (15.10.2013): Hildegard Müller: Weitere Steigerung der EEG-Umlage zeigt großen und umfassenden Reformdruck auf. Online verfügbar unter https://www.bdew.de/internet.nsf/id/20131015-pi-hildegard-mueller-weitere-steigerung-der-eeg-umlagezeigt-grossen-und-umfassenden-refor?open&ccm=900010020010, zuletzt geprüft am 08.12.2014.

BDEW (20.01.2014): Müller zu den Eckpunkten des Bundesministeriums für Wirtschaft und Energie für eine Reform des EEG. Online verfügbar unter https://www.bdew.de/internet.nsf/id/20140120-ps-mueller-zu-den-bereits-in-der-oeffentlichkeit-diskutierten-eckpunkten-des-bundesminister?open&ccm=9000100200 10, zuletzt geprüft am 10.12.2014.

BDEW (08.04.2014): Bundesregierung vollzieht grundlegende EEG-Reform. Online verfügbar unter https://www.bdew.de/internet.nsf/id/20140408-pi-bundesregierung-vollzieht-grundlegende-eeg-reform-de?open&ccm=900010020010, zuletzt geprüft am 10.12.2014.

BDEW (27.06.2014): Hildegard Müller zur Verabschiedung der EEG-Novelle. Online verfügbar unter https://www.bdew.de/internet.nsf/id/20140627-ps-hildegard-mueller-zur-verabschiedung-der-eeg-novelle-de?open&ccm=900010020010, zuletzt geprüft am 10.12.2014.

BDEW (18.08.2014): Hildegard Müller zu Äußerungen von Industrievertretern zu Kapazitätsmechanismen. Online verfügbar unter https://www.bdew.de/internet.nsf/id/2014 0814-ps-hildegard-mueller-zu-aeusserungen-von-industrievertretern-zu-kapazitaets mechanismen-de?open&ccm=900010020010, zuletzt geprüft am 10.12.2014.

BDEW; BWE; VDMA Power Systems (2014): Stellungnahme zum Entwurf eines Gesetzes zur Einführung einer Länderöffnungsklausel zur Vorgabe von Mindestabstän den zwischen Windenergieanlagen und zulässigen Nutzungen. Online verfügbar unter https://bdew.de/internet.nsf/id/1CB5687A2097C050C1257CDA0029A2F6/$file/L%C3%A4nder%C3%B6ffnungsklausel_Verb%C3%A4ndestellungnahme_140514.pdf, zuletzt geprüft am 10.12.2014.

BDI (24.04.2011): Wissenschaftliche Analyse zu schnellem Kernenergieausstieg. Online verfügbar unter http://www.bdi.eu/163_Energiekostenstudie_24_04_2011.htm, zuletzt geprüft am 24.11.2014.

BDI (15.05.2011): BDI-Präsident Keitel zu einer beschleunigten Energiewende in Deutschland. Online verfügbar unter http://bdi.eu/163_BDI-Praesident-Keitel-zur-Energiewende7548.htm, zuletzt geprüft am 28.11.2014.

BDI (24.05.2011): Die Risiken der Energiewende liegen im Detail. Online verfügbar unter http://www.bdi.eu/163_Energiekonzept22772719.htm, zuletzt geprüft am 27.11.2014.

BDI (10.10.2012): Der Handlungsdruck auf die Politik steigt. Online verfügbar unter http://bdi.eu/163_PM_EEG-Umlage.htm, zuletzt geprüft am 01.12.2014.

BDI (2012): Energiewende-Navigator 2012 des BDI.

BDI (07.11.2013): „Existenz ganzer Industrien gefährdet". Online verfügbar unter http://bdi.eu/163_18123.htm, zuletzt geprüft am 12.12.2014.

BDI (18.12.2013): EEG-Härtefallregelungen sind gerechtfertigt. Online verfügbar unter http://bdi.eu/163_18310.htm, zuletzt geprüft am 15.12.2014.

BDI (2014): Stellungnahme zu den Umwelt- und Energiebeihilfeleitlinien 2014-2020. Online verfügbar unter http://ec.europa.eu/competition/consultations/2013_state_aid_environment/index_en.html, zuletzt geprüft am 01.06.2015.

Bechberger, Mischa (2007): Why Renewables are not Enough: Spain's Discrepancy Between Renewables Groth and Energy (in)Efficiency. In: Lutz Mez (Hg.): Green power markets. Support schemes, case studies and perspectives. Essex, U.K: Multi-Science, S. 221–226.

Bechberger, Mischa (2009): Erneuerbare Energien in Spanien. Erfolgsbedingungen und Restriktionen. Stuttgart: Ibidem-Verl.

Bechberger, Mischa; Reiche, Danyel (2006): Diffusion von Einspeisevergütungsmodellen in der EU-25 als instrumenteller Beitrag zur Verbreitung erneuerbarer Energien. In: Mischa Bechberger und Danyel Reiche (Hg.): Ökologische Transformation der Energiewirtschaft. Erfolgsbedingungen und Restriktionen. Berlin: Erich Schmidt, S. 199–217.

Becker, Egon; Hummel, Diana; Jahn, Thomas (2011): Gesellschaftliche Naturverhältnisse als Rahmenkonzept. In: Matthias Groß (Hg.): Handbuch Umweltsoziologie. 1. Aufl. Wiesbaden: VS, S. 75–96.

Becker, Joachim (2013): Regulationstheorie: Ursprünge und Entwicklungstendenzen. In: Roland Atzmüller, Joachim Becker, Ulrich Brand, Lukas Oberndorfer, Vanessa Redak und Thomas Sablowski (Hg.): Fit für die Krise? Perspektiven der Regulationstheorie. Münster: Westfälisches Dampfboot, S. 24–56.

Becker, Joachim; Jäger, Johannes (2012): Integration in Crisis: A Regulationsist Perspective on the Interaction of European Varieties of Capitalism. In: *Competition and Change* 16 (3), S. 169–187.

Becker, Joachim; Jäger, Johannes (2013): Regulationstheorie und Vergleichende Kapitalismusforschung: Die Europäische Union in der Wirtschaftskrise. In: Ian Bruff, Matthias Ebenau, Christian May und Andreas Nölke (Hg.): Vergleichende Kapitalismusforschung. Stand, Perspektiven, Kritik. 1. Aufl. Münster: Westfälisches Dampfboot, S. 163–177.

Becker, Joachim; Raza, Werner (2000): Theory of regulation and political ecology: an inevitable separation? In: *Èconomies et Sociétés* 26 (11), S. 55–70.

Becker, Peter (2011): Aufstieg und Krise der deutschen Stromkonzerne. Zugleich ein Beitrag zur Entwicklung des Energierechts. 2., überarb. Aufl. Bochum: Ponte Press.

Becker, Sören; Beveridge, Ross; Röhring, Andreas (2016): Energy Transitions and Institutional Change: Between Structure and Agency. In: Timothy Moss und Ludger Gailing (Hg.): Conceptualizing Germany's energy transition. Institutions, materiality, power, space. London: Palgrave Macmillan, S. 21–41.

Becker, Sören; Bues, Andrea; Naumann, Matthias (2014): Die Analyse lokaler energiepolitischer Konflikte und das Entstehen neuer Organisationsformen. Theoretische Zugänge und aktuelle Herausforderungen. Erkner, Freiburg (Breisgau), Potsdam (EnerLOG Working Paper, 1). Online verfügbar unter https://www.zab-energie.de/de/system/files/media-downloads//EnerLOG%20Working%20Paper%201-7941.pdf, zuletzt geprüft am 21.03.2016.

Becker, Sören; Gailing, Ludger; Naumann, Matthias (2012): Neue Energielandschaften - Neue Akteurslandschaften. Eine Bestandsaufnahme im Land Brandenburg. Hg. v. Rosa-Luxemburg-Stiftung. Berlin (Studien). Online verfügbar unter http://www.rosalux.de/fileadmin/rls_uploads/pdfs/Studien/Studien_Energielandschaften_150dpi.pdf, zuletzt geprüft am 04.12.2015.

BEE (1991): Weinheimer Erklärung des Bundesverbandes Erneuerbare Energie. Online verfügbar unter http://www.bee-ev.de/_downloads/bee/2012/1991-12_BEE-Weinheimer-Erklaerung.pdf, zuletzt geprüft am 14.11.2014.

BEE (2011): Aktionsprogramm für Erneuerbare Energien. Online verfügbar unter http://www.bee-ev.de/_downloads/publikationen/sonstiges/2011/110321_BEE_Aktionsprogramm_EE.pdf, zuletzt geprüft am 26.11.2014.

BEE (20.01.2014): Gabriel gefährdet Erreichung der Klimaschutzziele |. Online verfügbar unter http://www.bee-ev.de/3:1592/Meldungen/2014/Gabriel-gefaehrdet-Erreichung-der-Klimaschutzziele.html, zuletzt geprüft am 10.12.2014.

BEE (02.04.2014): Auch nach dem Energiegipfel bleibt noch viel zu tun. Online verfügbar unter http://www.bee-ev.de/3:1635/Meldungen/2014/Auch-nach-dem-Energiegipfel-bleibt-noch-viel-zu-tun.html, zuletzt geprüft am 10.12.2014.

BEE (07.04.2014): Energiewende muss bürgernah und mittelstandsfreundlich bleiben. Online verfügbar unter http://www.bee-ev.de/3:1645/Meldungen/2014/Energiewende-muss-buergernah-und-mittelstandsfreundlich-bleiben.html, zuletzt geprüft am 10.12.2014.

BEE (08.04.2014): Gabriel wird zum reinen Verwalter von Industrieinteressen. Online verfügbar unter http://www.bee-ev.de/3:1647/Meldungen/2014/Gabriel-wird-zum-reinen-Verwalter-von-Industrieinteressen.html, zuletzt geprüft am 10.12.2014.

BEE (08.10.2014): Kapazitätsmärkte schaffen keine nachhaltigen Arbeitsplätze. Online verfügbar unter http://www.bee-ev.de/3:1764/Meldungen/2014/Kapazitaetsmaerkte-schaffen-keine-nachhaltigen-Arbeitsplaetze.html, zuletzt geprüft am 16.12.2014.

Behrens, Maria; Janusch, Holger (2014): Business as usual - Der ausbleibende Protektionismus in der Weltwirtschaftskrise. In: Hans-Jürgen Bieling, Tobias Haas und Julia Lux (Hg.): Die internationale politische Ökonomie nach der Weltfinanzkrise. Theoretische, geopolitische und politikfeldspezifische Implikationen. Wiesbaden: Springer (Sonderheft der Zeitschrift für Außen- und Sicherheitspolitik, 4), S. 179–196.

Beiten Burkhardt Rechtsanwaltsgesellschaft (2014): EEG-Beihilfeverfahren der Europäischen Kommission. Newsletter. Online verfügbar unter http://www.bblaw.com/index.php/de/component/attachments/download/3301, zuletzt geprüft am 15.12.2014.

Bergheim, Stefan (2007): Spanien 2020 - die Erfolgsgeschichte geht weiter. Hg. v. Deutsche Bank research (Aktuelle Themen, 394). Online verfügbar unter http://www.dbresearch.de/PROD/DBR_INTERNET_DE-PROD/PROD0000000000215308.PDF, zuletzt geprüft am 26.11.2013.

Bernau, Varinia; Busse, Caspar (2015): Warum sich RWE spalten muss. In: *Sueddeutsche.de*, 01.12.2015. Online verfügbar unter http://www.sueddeutsche.de/wirtschaft/energiewende-warum-sich-rwe-aufspalten-muss-1.2763162, zuletzt geprüft am 02.02.2016.

Bieling, Hans-Jürgen (2010a): Konturen und Perspektiven einer europäischen Zivilgesellschaft. In: Johannes Wienand und Christiane Wienand (Hg.): Die kulturelle Integration Europas. Wiesbaden: VS Verlag für Sozialwissenschaften, S. 31–50.

Bieling, Hans-Jürgen (2010b): Metamorphosen des "integralen Staates". Konkurrierende Leitbilder in der Krisendiskussion. In: Elmar Altvater, Hans-Jürgen Bieling, Alex Demirovic, Heiner Flassbeck, Werner Goldschmidt, Werner Payandeh und Stefanie

Wöhl (Hg.): Die Rückkehr des Staates? Nach der Finanzkrise. Hamburg: VSA, S. 37–60.

Bieling, Hans-Jürgen (2011): "Integraler Staat" und Globalisierung. In: Benjamin Opratko und Oliver Prausmüller (Hg.): Gramsci global. Neogramscianische Perspektiven in der Internationalen Politischen Ökonomie. Hamburg: Argument, S. 87–105.

Bieling, Hans-Jürgen (2013a): Die Krise der Europäischen Union aus der Perspektive einer neo-gramscianisch erweiterten Regulationstheorie. In: Roland Atzmüller, Joachim Becker, Ulrich Brand, Lukas Oberndorfer, Vanessa Redak und Thomas Sablowski (Hg.): Fit für die Krise? Perspektiven der Regulationstheorie. Münster: Westfälisches Dampfboot, S. 309–328.

Bieling, Hans-Jürgen (2013b): Vergleichende Kapitalismusanalyse aus der Perspektive einer neo-gramscianisch erweiterten Regulationstheorie. In: Ian Bruff, Matthias Ebenau, Christian May und Andreas Nölke (Hg.): Vergleichende Kapitalismusforschung. Stand, Perspektiven, Kritik. 1. Aufl. Münster: Westfälisches Dampfboot, S. 178–193.

Bieling, Hans-Jürgen; Buhr, Daniel (2015): Einleitung. In: Hans-Jürgen Bieling und Daniel Buhr (Hg.): Europäische Welten in der Krise. Arbeitsbeziehungen und Wohlfahrtsstaaten im Vergleich. Frankfurt am Main: Campus, S. 11–30.

Bieling, Hans-Jürgen; Deckwirth, Christina (2008): Die Reorganisation der öffentlichen Infrastruktur in der Europäischen Union - Einleitung. In: Hans-Jürgen Bieling, Christina Deckwirth und Stefan Schmalz (Hg.): Liberalisierung und Privatisierung in Europa. Die Reorganisation der öffentlichen Infrastruktur in der Europäischen Union. Münster: Westfälisches Dampfboot, S. 9–33.

Bieling, Hans-Jürgen; Haas, Tobias; Lux, Julia (2013a): Die Krise als Auslöser eines neuen europäischen Konfliktzyklus? In: *ZfAS (Zeitschrift für Außen- und Sicherheitspolitik)* 6 (Sonderheft 5), S. 231–249.

Bieling, Hans-Jürgen; Haas, Tobias; Lux, Julia (2013b): Einleitung: Entwicklung und Persepktiven der Internationalen Politischen Ökonomie (IPÖ) nach der Weltfinanzkrise. In: *ZfAS (Zeitschrift für Außen- und Sicherheitspolitik)* 6 (Sonderheft 5), S. 1–10.

Bieling, Hans-Jürgen; Heinrich, Mathis (2015): Central Banking in der Krise. Neue Rolle der Europäischen Zentralbank im Finanzkapitalismus. In: *Widerspruch* 34 (66), S. 25–36.

Bieling, Hans-Jürgen; Steinhilber, Jochen (2000): Hegemoniale Projekte im Prozess der europäischen Integration. In: Hans-Jürgen Bieling und Jochen Steinhilber (Hg.): Die Konfiguration Europas. Dimensionen einer kritischen Integrationstheorie. Münster: Westfälisches Dampfboot, S. 102–130.

Bieling, Hans-Jürgen; Steinhilber, Jochen (2002): Finanzmarktintegration und Corporate Governance in der Europäischen Union. In: *Zeitschrift für Internationale Beziehungen* 9 (1), S. 39–74.

Bischoff, Joachim; Deppe, Frank; Detje, Richard; Urban, Hans-Jürgen (Hg.) (2011): Europa im Schlepptau der Finanzmärkte. Hamburg: VSA.

Bitter, Martin (2013): Aufstieg und Fall der europäischen Kohlenstoffökonomie. Die Krise des EU-Emissionshandels aus staats- und ökonomietheoretischer Sicht. Wiesbaden: VS.

Blanchet, Thomas (2015): Struggle over energy transition in Berlin. How do grassroots initiatives affect local energy policy-making? In: *Energy Policy* 78, S. 246–254.

Blühdorn, Ingolf (2010): Win-win-Szenarien im Härtetest. Die Umweltpolitik der Großen Koalition 2005-2009. In: Sebastian Bukow und Wenke Seemann (Hg.): Die Große Koalition. Regierung - Politik - Parteien 2005-2009. Wiesbaden: VS, S. 211–227.

Blume, Jutta; Greger, Nika; Pomrehn, Wolfgang (2011): Oben Hui, Unten Pfui? Rohstoffe für die "grüne" Wirtschaft. Bedarfe - Probleme - Handlungsoptionen für Wirtschaft, Politik & Zivilgesellschaft. Hg. v. Forum Umwelt und Entwicklung und Powershift. Berlin.

BMU (24.08.2007): Sigmar Gabriel: Klimaschutz nutzt auch Verbrauchern und Wirtschaft. Online verfügbar unter http://www.bmub.bund.de/presse/pressemitteilungen/pm/artikel/sigmar-gabriel-klimaschutz-nutzt-auch-verbrauchern-und-wirtschaft/, zuletzt geprüft am 01.02.2016.

BMU (2010): Erneuerbar beschäftigt! Kurz- und langfrstige Arbeitsplatzwirkungen des Ausbaus der erneuerbaren Energien in Deutschland. Online verfügbar unter http://www.energie.umwelt-uni-kassel.de/files/1009_broschuere_erneuerbar_ beschaeftigt _bf.pdf, zuletzt geprüft am 13.11.2014.

BMU (15.12.2011): Röttgen: Erneuerbare Energien und Energieeffizienz rechnen sich auch für Europa. Online verfügbar unter http://www.bmub.bund.de/presse/pressemitteilun gen/pm/artikel/roettgen-erneuerbare-energien-und-energieeffizienz-rechnen-sich-auch-fuer-europa/, zuletzt geprüft am 11.05.2015.

BMU (2014): Aktionsprogramm Klimaschutz 2020. Online verfügbar unter http://www.bmub.bund.de/fileadmin/Daten_BMU/Download_PDF/Aktionsprogramm _Klimaschutz/aktionsprogramm_klimaschutz_2020_broschuere_bf.pdf, zuletzt aktualisiert am 2014, zuletzt geprüft am 01.02.2016.

BMU; BMWi (2013): Energiewende sichern – Kosten begrenzen. Gemeinsamer Vorschlag zur Dämpfung der Kosten des Ausbaus der Erneuerbaren Energien. Online verfügbar unter http://www.bmwi.de/BMWi/Redaktion/PDF/E/energiewende-sichern-kosten-begrenzen,property=pdf,bereich=bmwi2012,sprache=de,rwb=true.pdf, zuletzt geprüft am 21.11.2014.

BMWi (2013): Call for a renewable energy target in EU's 2030 climate and energy framework. Online verfügbar unter http://www.bmub.bund.de/fileadmin/Daten_BMU/ Download_PDF/Klimaschutz/europa_klimaschutzziel_bf.pdf, zuletzt aktualisiert am 23.12.2013, zuletzt geprüft am 15.05.2015.

BMWi (2014a): Auf in neue Märkte! Exportinitiative Erneuerbare Energien. Hg. v. Bundesministerium für Wirtschaft und Energie. Online verfügbar unter http://www.bmwi.de/Dateien/BMWi/PDF/eee-auf-in-neue-maerkte-flyer,property =pdf,bereich=bmwi2012,sprache=de,rwb=true.pdf, zuletzt geprüft am 17.11.2014.

BMWi (2014b): Ein Strommarkt für die Energiewende. Ein Strommarkt für die Energiewende Diskussionspapier des Bundesministeriums für Wirtschaft und Energie (Grünbuch). Online verfügbar unter http://www.bmwi.de/BMWi/Redaktion/PDF/G/gruenbuch-gesamt,property=pdf,bereich=bmwi2012,sprache=de,rwb=true.pdf, zuletzt geprüft am 16.12.2014.

BMWi (2014c): Infopapier zur Rückzahlung von Beihilfen im Zusammenhang mit dem alten Erneuerbare-Energien-Gesetz (EEG 2012). Online verfügbar unter http://www.bmwi.de/BMWi/Redaktion/PDF/I/infopapier-zur-rueckzahlung-von-beihilfen-im-zusammenhang-mit-dem-alten-erneuerbare-energien-gesetz-eeg-2012,property=pdf,bereich=bmwi2012,sprache=de,rwb=true.pdf, zuletzt geprüft am 16.12.2014.

BMWi (2014d): Zeitreihen zur Entwicklung der erneuerbaren Energien in Deutschland unter Verwendung von Daten der Arbeitsgruppe Erneuerbare Energien-Statistik (A-GEE-Stat) (Stand: August 2014). Online verfügbar unter http://www.erneuerbare-energien.de/EE/Redaktion/DE/Downloads/zeitreihen-zur-entwicklung-der-erneuer-baren-energien-in-deutschland-1990-2013.pdf?_blob=publicationFile&v=13, zuletzt geprüft am 26.11.2014.

BMWi (2014e): Mitteilung der Bundesregierung an die Europäische Kommission. Betreff: HT.359 – Konsultation zum Entwurf neuer Umwelt- und Energiebeihilfeleitlinien. Online verfügbar unter http://ec.europa.eu/competition/consultations/2013_state_aid_environment/index_en.html, zuletzt aktualisiert am 07.02.2014, zuletzt geprüft am 19.05.2015.

BMWi (2014f): Referentenentwurf: Entwurf eines Gesetzes zur grundlegenden Reform des Erneuerbare-Energien-Gesetzes und zur Änderung weiterer Vorschriften des Energiewirtschaftsrechts. Online verfügbar unter https://www.clearingstelle-eeg.de/files/RefE_140304.pdf, zuletzt geprüft am 10.12.2014.

BMWi (2015a): Bruttobeschäftigung durch erneuerbare Energien in Deutschland und verringerte fossile Brennstoffimporte durch erneuerbare Energien und Energieeffizienz. Zulieferung für den Monitoringbericht 2015. Stand: September 2015. Online verfügbar unter http://www.bmwi.de/BMWi/Redaktion/PDF/E/bruttobeschaeftigung-erneuerbare-energien-monitoring-report-2015,property=pdf,bereich=bmwi2012,sprache=de,rwb=true.pdf, zuletzt geprüft am 21.03.2016.

BMWi (2015b): Der nationale Klimaschutzbeitrag der deutschen Stromerzeugung. Ergebnisse der Task Force „CO2-Minderung". Online verfügbar unter http://www.bmwi.de/BMWi/Redaktion/PDF/C-D/der-nationale-klimaschutzbeitrag-der-deutschen-stromerzeugung,property=pdf,bereich=bmwi2012,sprache=de,rwb=true.pdf, zuletzt geprüft am 01.02.2016.

BMWi (2015c): Ein Strommarkt für die Energiewende. Ergebnispapier des Bundesministeriums für Wirtschaft und Energie (Weißbuch). Online verfügbar unter http://www.bmwi.de/BMWi/Redaktion/PDF/Publikationen/weissbuch,property=pdf,bereich=bmwi2012,sprache=de,rwb=true.pdf, zuletzt geprüft am 29.01.2016.

BMWi (02.07.2015): Gabriel: Energiewende ist großen Schritt weiter. Online verfügbar unter http://www.bmwi.de/DE/Presse/pressemitteilungen,did=718136.html, zuletzt geprüft am 01.02.2016.

BMWi; BAFA (2014): Hintergrundinformationen zur Besonderen Ausgleichsregelung. Antragsverfahren 2013 auf Begrenzung der EEG-Umlage 2014. Hg. v. Bundesministerium für Wirtschaft und Energie und Bundesamt für Wirtschaft und Ausfuhrkontrolle. Online verfügbar unter http://www.bafa.de/bafa/de/energie/besondere_ausgleichsregelung_eeg/publikationen/bmwi/eeg_hintergrundpapier_2014.pdf, zuletzt geprüft am 12.12.2014.

BMWi; BAFA (2015): Hintergrundinformationenzur Besonderen Ausgleichsregelung. Antragsverfahren 2014 auf Begrenzung der EEG-Umlage 2015. Online verfügbar unter https://www.bmwi.de/BMWi/Redaktion/PDF/H/hintergrundinformationen-zur-besonderen-ausgleichsregelung,property=pdf,bereich=bmwi2012,sprache=de,rwb=true.pdf, zuletzt geprüft am 28.01.2016.

Bode, Sven; Frondel, Manuel; Schmidt, Christoph M.; Vahrenholt, Fritz; Schröer, Sebastian (2010): Integration der erneuerbaren Energien in das Stromversorgungssystem. In: *Wirtschaftsdienst* 90 (10), S. 643–660.

BOE (07.05.2009): Real Decreto-ley 6/2009.

BOE (28.01.2012): Real Decreto-ley 1/2012.

BOE (28.12.2012): Ley 15/2012.

BOE (02.02.2013): Real Decreto-ley 2/2013.

BOE (13.07.2013): Real Decreto-ley 9/2013.

BOE (09.10.2015): Real Decreto 900/2015.

Bohle, Dorothee (2006): Neoliberal hegemony, transnational capital and the terms of the EU's eastward expansion. In: *Capital & Class* 30 (1), S. 57–86.

Bohle, Dorothee (2013): Europas andere Peripherie: Osteuropa in der Krise. In: *Das Argument* 55 (301), S. 118–129.

Bolaños, Alejandro; Méndez, Rafael (2012): Montoro desautoriza la reforma energética que plantea Soria. In: *El País*, 21.08.2012. Online verfügbar unter http://economia.elpais.com/economia/2012/08/21/actualidad/1345542221_133328.html, zuletzt geprüft am 02.09.2015.

Bollmann, Ralph; Meck, Georg (2014): EEG-Umlage: Die BASF zeigt, wie Lobby geht. In: *faz*, 05.04.2014. Online verfügbar unter http://www.faz.net/aktuell/wirtschaft/wirtschaftspolitik/eeg-umlage-die-basf-zeigt-wie-lobby-geht-12881702.html, zuletzt geprüft am 10.12.2014.

Bonse, Eric (2014): Anhörung der EU-Kommission: Junckers schwarze Schafe. In: *taz*, 27.09.2014. Online verfügbar unter http://www.taz.de/Anhoerung-der-EU-Kommission/!5032293/, zuletzt geprüft am 12.06.2015.

Borg, Erik (2001): Steinbruch Gramsci. Hegemonie im internationalen politischen System. In: *iz3w – blätter des informationszentrums 3. welt. Freiburg* 32 (256), S. 16–19.

Börzel, Tanja A.; Panke, Diana (2015): Europäisierung. In: Georg Wenzelburger und Reimut Zohlnhöfer (Hg.): Handbuch Policy-Forschung. Wiesbaden: VS, S. 225–245.

Boyer, Rober; Saillard, Yves (2002): A summary of regulation theory. In: Robert Boyer und Yves Saillard (Hg.): Regulation theory. The state of the art. London, New York: Routledge, S. 36–44.

Boyer, Robert (2002): Introduction. In: Robert Boyer und Yves Saillard (Hg.): Regulation theory. The state of the art. London, New York: Routledge, S. 1–10.

Brand, Ulrich (2008): Multiskalare Hegemonie. Zum Verhältnis von Führung, Herrschaft und Staat. In: Markus Wissen, Bernd Röttger und Susanne Heeg (Hg.): Politics of Scale. Räume der Globalisierung und Perspektiven emanzipatorischer Politik. Münster: Westfälisches Dampfboot, S. 169–185.

Brand, Ulrich (2009): Schillernd und technokratisch. Gruner New Deal als magic bullet in der Krise des neoliberal-imperialen Kapitalismus? In: *Prokla* 39 (156), S. 475–482.

Brand, Ulrich (2013): State, context and correspondence. Contours of a historical-materialist policy analysis. In: *Österreichische Zeitschrift für Politikwissenschaft (ÖZP)* 42 (3), S. 425–442.

Brand, Ulrich (2014): Transition und Transformation: Sozialökologische Perspektiven. In: Michael Brie (Hg.): Futuring. Perspektiven der Transformation im Kapitalismus über ihn hinaus. Münster: Westfälisches Dampfboot, S. 242–280.

Brand, Ulrich (2015): Degrowth und Post-Extraktivismus: Zwei Seiten einer Medaille? Hg. v. DFG-Kolleg-ForscherInnengruppe_Postwachstumsgesellschaften. Jena (Working Paper, 05/2015).

Brand, Ulrich; Lötzer, Ulla; Müller, Michael; Popp, Michael (2013): Big Business Emissionshandel. Gegen die Finanzialisierung der Natur. Hg. v. Rosa-Luxemburg-Stiftung (Standpunkte, 03/2013). Online verfügbar unter http://www.rosalux.de/fileadmin/rls_uploads/pdfs/Standpunkte/Standpunkte_03-2013_web.pdf, zuletzt geprüft am 03.06.2015.

Brand, Ulrich; Wissen, Markus (2011a): Die Regulation der ökologischen Krise. In: *ÖZS* 36 (2), S. 12–34.

Brand, Ulrich; Wissen, Markus (2011b): Sozial-ökologische Krise und imperiale Lebensweise. Zu Krise und Kontinuität kapitalistischer Naturverhältnisse. In: Alex Demirović, Julia Dück, Florian Becker und Pauline Bader (Hg.): Vielfachkrise. Im finanzmarktdominierten Kapitalismus. Hamburg: VSA, S. 79–94.

Brand, Ulrich; Wissen, Markus (2013): Strategien einer green economy, Konuren eines grünen Kapitalismus: zeitdiagnostische und forschungsprogrammatische Überlegungen. In: Roland Atzmüller, Joachim Becker, Ulrich Brand, Lukas Oberndorfer, Vanessa Redak und Thomas Sablowski (Hg.): Fit für die Krise? Perspektiven der Regulationstheorie. Münster: Westfälisches Dampfboot, S. 132–149.

brandeins (2012): Aurich, aber wahr. In: *brand eins*, 2012 (04/2012). Online verfügbar unter http://www.brandeins.de/archiv/2012/kapitalismus/aurich-aber-wahr/, zuletzt geprüft am 13.11.2014.

Bretthauer, Lars (2006): Materialität und Verdichtung bei Poulantzas. In: Lars Bretthauer, Alexander Gallas, John Kannankulam und Ingo Stützle (Hg.): Poulantzas lesen. Zur Aktualität marxistischer Staatstheorie. Hamburg: VSA, S. 82–100.

Breva, Javier García (2010): Sobran las palabras. In: *Energías Renovables*, 17.05.2010. Online verfügbar unter http://www.energias-renovables.com/articulo/sobran-las-palabras, zuletzt geprüft am 23.02.2016.

Breva, Javier García (2015): El proyecto de decreto de autoconsumo y la seguridad jurídica. In: *el periódico de la energía*, 18.06.2015. Online verfügbar unter http://elperiodicodelaenergia.com/el-proyecto-de-decreto-de-autoconsumo-y-la-seguridad-juridica/, zuletzt geprüft am 02.09.2015.

Brohm, Rainer (BSW) (2010): Marktentwicklung und Perspektiven der Photovoltaik in Deutschland. IG Metall Fachtagung, 30.04.2010. Online verfügbar unter http://www.igmetall.de/0160916_solar_bsw_perspektiven_0250dde82a7cc8b548a5f2bd5f26253c98947457.pdf, zuletzt geprüft am 13.11.2014.

Brouns, Bernd; Witt, Uwe (2008): Klimaschutz als Gelddruckmaschine. In: Elmar Altvater (Hg.): Ablasshandel gegen Klimawandel? Marktbasierte Instrumente in der globalen Klimapolitik und ihre Alternativen ; Reader des Wissenschaftlichen Beirats von Attac. Hamburg: VSA, S. 67–87.

Brufau Niubó, Antonio (2013): Diez años de Cuadernos de Energía. Repsol: inversión y tecnología ante un nuevo modelo energético global. In: ENERCLUB (Hg.): Cuadernos de Energia. Madrid, S. 103–107.

Brühl, Jannis (2015): Menschenkette gegen Kohle-Tagebau in Garzweiler. In: *Sueddeutsche.de*, 25.04.2015. Online verfügbar unter http://www.sueddeutsche.de/politik/demonstration-gegen-kohle-tagebau-in-garzweiler-menschenkette-an-deutschlands-groesstem-loch-1.2452582, zuletzt geprüft am 01.02.2016.

Brunkhorst, Hauke (2015): European Crisis: The Kantian Mindset of Democracy under pressure of the Managerial Mindset of Capitalism. In: Hauke Brunkhorst, Charlotte Gaitanides und Gerd Grözinger (Hg.): Europe at a Crossroad. From Currency Union to Political and Economic Governance? 1. Aufl. Baden-Baden: Nomos, S. 60–87.

Brunnengräber, Achim (2013): Klimaskeptiker in Deutschland und ihr Kampf gegen die Energiewende. Hg. v. Forschungsstelle für Umweltpolitik, Freie Universität Berlin (FFU-Report, 03-2013). Online verfügbar unter http://edocs.fu-berlin.de/docs/servlets/MCRFileNodeServlet/FUDOCS_derivate_000000002458/FFU-Report_Achim_Brunnengraeber_endgueltige_Version.pdf;jsessionid=2E4551EF23D2CBAA27E57 4C91A80D6D1?hosts=, zuletzt geprüft am 21.03.2016.

Brunnengräber, Achim (2015): "Wir behalten das letzte Wort". Die internationale Klimabewegung hat sich ausdifferenziert aber nicht gespalten. In: *böll.thema* (3), S. 10–13.

Brunnengräber, Achim; Di Nucci, Maria Rosaria; Häfner, Daniel; Isidoro Losada, Ana María (2014): Nuclear Waste Governance – ein wicked problem der Energiewende. In: Achim Brunnengräber, Di Nucci, Maria Rosaria und Lutz Mez (Hg.): Im Hürdenlauf zur Energiewende. Von Transformationen, Reformen und Innovationen ; zum 70. Geburtstag von Lutz Mez. Wiesbaden: VS, S. 389–399.

Brunnengräber, Achim; Haas, Tobias (2013): Die Klima- und Energiepolitik in der Krise? Zu Kohärenzproblemen am Beispiel der EU. In: *ZfAS (Zeitschrift für Außen- und Sicherheitspolitik)* 6 (Sonderheft 5), S. 211–230.

Brunnengräber, Achim; Syrovatka, Felix (2016): Konfrontation, Kooperation oder Kooptation? Staat und Anti-AKW-Bewegung im Endlagersuchprozess. In: *Prokla* 46 (3), 383–402.

Bruns, Hermann (1995): Neoklassische Umweltökonomie auf Irrwegen. Eine exemplarische Untersuchung der neoklassischen Methode und ihrer geistesgeschichtlichen Hintergründe. Marburg: Metropolis.

BSW (27.05.2011): Energiewende gefährdet - Solarverband warnt vor Ausbaubremse für Solarstrom. Online verfügbar unter http://www.solarwirtschaft.de/presse-mediathek/pressemeldungen/pressemeldungen-im-detail/news/energiewende-gefaehrdet-solarverband-warnt-vor-ausbaubremse-fuer-solarstrom.html, zuletzt geprüft am 28.11.2014.

Buckel, Sonja (2011): Staatsprojekt Europa. In: *PVS* 52 (4), S. 636–662.

BUND (2008): Kohlekraft in Niedersachsen - Gegenwind für Kohlekraftwerke. Hg. v. BUND Landesverband Niedersachsen (BUND Magazin 2/2008). Online verfügbar unter http://www.bund-niedersachsen.de/service/bundmagazin/22008/kohlekraft_in_niedersachsen_gegenwind_fuer_kohlekraftwerke/, zuletzt geprüft am 12.11.2014.

BUND (2013): Submission on the European Commission's Green Paper on a 2030 framework for climate and energy policies. Online verfügbar unter http://www.bund.net/fileadmin/bundnet/pdfs/klima_und_energie/130731_bund_klima_energie_2030_ziele_hintergrund.pdf, zuletzt geprüft am 15.05.2015.

BUND (10.05.2014): 12.000 Demonstranten fordern in Berlin: Energiewende darf nicht kentern. Großdemonstration zu Lande und zu Wasser. Bundesregierung trifft auf breiten Widerstand der Bürger - Bund für Umwelt und Naturschutz Deutschland (BUND). Online verfügbar unter http://www.bund.net/nc/presse/pressemitteilungen/detail/artikel/12000-demonstranten-fordern-in-berlin-energiewende-darf-nicht-kentern-grossdemonstration-zu-lande/, zuletzt geprüft am 11.12.2014.

BUND (04.11.2015): Kohlekraftwerks-Reserve versilbert alte Braunkohlemeiler. Online verfügbar unter http://www.bund.net/nc/presse/pressemitteilungen/detail/artikel/bund-kommentar-anlaesslich-der-veroeffentlichung-des-un-uebersichtsberichts-ueber-die-nationalen-kli-1/, zuletzt geprüft am 14.12.2015.

Bund der Energieverbraucher e.V. (02.12.2011): Beschwerde bei EU gegen EEG-Befreiungen: Unzulässige Beihilfe. Online verfügbar unter http://www.energieverbraucher.de/de/EEG-Archiv-2010-2011__2988/, zuletzt geprüft am 15.12.2014.

Bund der Energieverbraucher e.V. (30.06.2014): Verbraucher fordern von Gabriel fünf Milliarden Euro zurück. Online verfügbar unter http://www.energieverbraucher.de/de/Das-EEG__510/NewsDetail__14885/, zuletzt geprüft am 12.12.2014.

Bundeskabinett (2014): Eckpunkte für die Reform des EEG. 21. Januar 2014. Online verfügbar unter http://www.bmwi.de/BMWi/Redaktion/PDF/E/eeg-reform-eckpunkte,property=pdf,bereich=bmwi2012,sprache=de,rwb=true.pdf, zuletzt geprüft am 09.12.2014.

Bundesnetzagentur (o. J.): Stellungnahme der Bundesnetzagentur zum Leitlinienentwurf der Generaldirektion Wettbewerb für staatliche Umweltschutz- und Energiebeihilfe für 2014-2020. Online verfügbar unter http://ec.europa.eu/competition/consultations/2013_state_aid_environment/index_en.html, zuletzt geprüft am 19.05.2015.

Bundesrat (2014): Empfehlungen der Ausschüsse Wi - AV - Fz - In - U - Vk zu Punkt …der 922. Sitzung des Bundesrates am 23. Mai 2014. Drucksache 157/1/14. Online verfügbar unter https://www.clearingstelle-eeg.de/files/Empfehlungen_Ausschuesse_BR-Drs_157-1-14_140512.pdf, zuletzt geprüft am 11.12.2014.

Bundesregierung (2010): Energiekonzept für eine umweltschonende, zuverlässige und bezahlbare Energieversorgung. Online verfügbar unter http://www.bundesregierung.de/ContentArchiv/DE/Archiv17/_Anlagen/2012/02/energiekonzept-final.pdf?__blob=publicationFile&v=5, zuletzt geprüft am 20.11.2014.

Bundesregierung (2014a): Entwurf eines Gesetzes zur Reform der Besonderen Ausgleichsregelung für stromkosten- und handelsintensive Unternehmen. Online verfügbar unter https://www.clearingstelle-eeg.de/files/Gesetzentwurf_zur_Reform_der_besonderen_Ausgleichsregelung_140507.pdf, zuletzt geprüft am 15.12.2014.

Bundesregierung (2014b): Gegenäußerung der Bundesregierung zu der Stellungnahme des Bundesrates vom 23. Mai 2014 zum Entwurf eines Gesetzes zur grundlegenden Reform des Erneuerbare-Energien- Gesetzes und zur Änderung weiterer Bestimmungen des Energierechts BR-Drucks. 157/14 (Beschluss). Online verfügbar unter https://www.clearingstelle-eeg.de/files/Gegenaeusserung-BReg-zur_Stellgn_BR_EEG.pdf. pdf, zuletzt geprüft am 12.12.2014.

Bundesregierung (2014c): Regierungserklärung von Bundeskanzlerin Merkel vor dem Bundestag. Online verfügbar unter http://www.bundesregierung.de/Content/DE/Regierungserklaerung/2014/2014-10-16-bt-merkel.html, zuletzt geprüft am 04.06.2015.

Burgen, Stephen (2014): Spain's oil deposits and fracking sites trigger energy gold rush. In: *The Guardian*, 26.03.2014. Online verfügbar unter http://www.theguardian.com/world/2014/mar/26/spain-oil-deposit-fracking-sites-energy-offshore-gas, zuletzt geprüft am 19.02.2016.

Burgos-Payán, Manuel; Roldán-Fernández, Juan Manuel; Trigo-García, Ángel Luis; Bermúdez-Ríos, Juan Manuel; Riquelme-Santos, Jesús Manuel (2013): Costs and benefits of the renewable production of electricity in Spain. In: *Energy Policy* 56, S. 259–270.

Busch, Per-Olof; Jörgens, Helge (2012): Europeanization through diffusion? Renewable energy policies and alternative sources for European governance. In: Francesc Morata und Israel Solorio Sandoval (Hg.): European energy policy. An environmental approach. Cheltenham, Northampton, MA: Edward Elgar, S. 66–84.

BUSINESSEUROPE (2013): A Competitive EU Energy and Climate Policy. Businesseurope Recommendations for a 2030 Framework for Energy and Climate Policies. Online verfügbar unter http://www.businesseurope.eu/DocShareNoFrame/docs/2/BEMOGNNBOHIABHGBIBNGBCOHPDW69DBN7G9LTE4Q/UNICE/docs/DLS/2013-00699-E.pdf, zuletzt geprüft am 14.05.2015.

Bütikofer, Reinhard; Giegold, Sven (2011): Der Grüne New Deal. Klimaschutz, neue Arbeit und sozialer Ausgleich. Die grünen EFA, im europäischen Parlament. Online verfügbar unter http://www.sven-giegold.de/wp-content/uploads/2009/12/GND_Bildschirmversion.pdf, zuletzt geprüft am 05.05.2015.

Butterwegge, Christoph (2013): Gerhard Gerhard Schröders Agenda 2010. Zehn Jahre unsoziale Politik. Hg. v. Rosa-Luxemburg-Stiftung. Berlin (Analysen).

BWE (15.05.2009): Albers: Wind und Atom passen nicht zusammen. Online verfügbar unter http://www.wind-energie.de/presse/pressemitteilungen/2009/albers-wind-und-atom-passen-nicht-zusammen, zuletzt geprüft am 14.11.2014.

BWE (30.06.2011): Bundesrat und Bundestag haben das Schlimmste verhindert. Online verfügbar unter http://www.wind-energie.de/presse/pressemitteilungen/2011/bundesrat-und-bundestag-haben-das-schlimmste-verhindert, zuletzt geprüft am 28.11.2014.

BWE (2013): Satzung des Bundeverbandes WindEnergie e.V. Stand 26.September 2013. Online verfügbar unter http://www.wind-energie.de/sites/default/files/attachments/page/gestalten-sie-mit-uns-die-zukunft/20140204-bwe-satzung.pdf, zuletzt geprüft am 14.11.2014.

BWE (20.01.2014): Sylvia Pilarsky-Grosch: Vorschläge des Energieministers gehen in die falsche Richtung. Online verfügbar unter http://www.wind-energie.de/presse/pressemitteilungen/2014/sylvia-pilarsky-grosch-vorschlaege-des-energieministers-gehen-die, zuletzt geprüft am 10.12.2014.

BWE (2014): Position des Bundesverband WindEnergie zum Papier „Eckpunkte für die Reform des EEG“ verabschiedet durch das Bundeskabinett am 22. Januar 2014. Online verfügbar unter https://www.wind-energie.de/sites/default/files/attachments/page/erneuerbare-energien-gesetz-eeg/20140125-bwe-position-eckpunkte-bmwi.pdf, zuletzt geprüft am 10.12.2014.

BWE (05.03.2014): Große Koalition bringt Energiewende-Blockadegesetz auf den Weg. Online verfügbar unter http://www.wind-energie.de/presse/pressemitteilungen/2014/grosse-koalition-bringt-energiewende-blockadegesetz-auf-den-weg, zuletzt geprüft am 10.12.2014.

Candeias, Mario (2014): Szenarien grüner Transformation. In: Michael Brie (Hg.): Futuring. Perspektiven der Transformation im Kapitalismus über ihn hinaus. Münster: Westfälisches Dampfboot, S. 303–329.

Capital Madrid (2008): "En la solución del déficit de tarifa hay que considerar la situación de crisis", según Unesa. In: *Capital Madrid*, 05.12.2008. Online verfügbar unter https://www.capitalmadrid.com/2008/12/5/8646/en-la-solucion-del-deficit-de-tarifa-hay-que-considerar-la-situacion-de-crisis-segun-unesa.html, zuletzt geprüft am 12.08.2014.

Capital Madrid (2011): Eduardo Montes (Unesa) defiende la energía nuclear porque "no existe una alternativa eficiente" | CapitalMadrid, 29.10.2011. Online verfügbar unter https://www.capitalmadrid.com/2011/10/29/23082/eduardo-montes-unesa-defiende-la-energia-nuclear-porque-no-existe-una-alternativa-eficiente.html, zuletzt geprüft am 18.08.2014.

Cardenas, Amalia (2013): The Spanish Savings Bank Crisis: History, Causes and Responses. Hg. v. Universitat Oberta de Catalunya. Bacelona (Working Paper Series, WP13-003).

Carmona, Pablo; Garía, Beatriz; Sánchez, Almudena (2012): Spanish Neocon. La revolución conservadora en la Derecha Español. Madrid: Traficantes de Sueños.

CDU/CSU; FDP (2009): Wachstum. Bildung. Zusammenhalt. Koalitionsvertrag zwischen CDU, CSU und FDP. Online verfügbar unter https://dl-web.dropbox.com/get/uni/diss/deutschland/Energie/koalitionsvertrag.2009.pdf?_subject_uid=59601533&w=AABkHC6eNzpCZ3vABr1LB0Wx-cx_KHXp-IvEF-fgyn3Wqw&get_preview=1, zuletzt geprüft am 20.11.2014.

CDU/CSU; SPD (2013): Deutschlands Zukunft gestalten. Koalitionsvertrag zwischen CDU, CSU und SPD. Online verfügbar unter https://www.cdu.de/sites/default/files/media/dokumente/koalitionsvertrag.pdf, zuletzt geprüft am 03.12.2014.

Centrum für soziale Investitionen & Innovationen (2014): Social Investment Bridge Builders. Cooperation for Impact. Unter Mitarbeit von Dr. Volker Then, Thomas Scheuerle, Ekkehard Thümler. Hg. v. CSI Universität Heidelberg.

CEOE (2011): Rosell: “Sería bueno construir más centrales nucleares". Online verfügbar unter http://www.ceoe.es/noticias-rosell_seria_bueno_construir_mas_centrales_nucleares_-cid1206-cat54.html, zuletzt geprüft am 18.02.2016.

Charnock, G.; Purcell, T.; Ribera-Fumaz, R. (2012): Indignate! The 2011 popular protests and the limits to democracy in Spain. In: *Capital & Class* 36 (1), S. 3–11.

Chesnais, Francois (2004): Das finanzdominierte Akkumulationsregime: theretische Begründung und Reichweite. In: Christian Zeller (Hg.): Die globale Enteignungsökonomie. 1. Aufl. Münster: Westfälisches Dampfboot, S. 217–254.

Chislett, William (2011): Spain's Multinationals: the Dynamic Part of an Ailing Economy (WP). Hg. v. Real Insituto Elcano. Madrid (Working Paper, 17).

Clover, Ian (2015): EPIA rebrands as SolarPower Europe. In: *pv magazine*, 28.05.2015. Online verfügbar unter http://www.pv-magazine.com/news/details/beitrag/epia-rebrands-as-solarpower-europe_100019611/, zuletzt geprüft am 13.01.2016.

CNMC (27.11.2015): La liquidación definitiva del sector eléctrico de 2014 se cierra con un superávit de 550,3 millones de euros. Online verfügbar unter http://www.cnmc.es/Portals/0/Ficheros/notasdeprensa/2015/ENERGIA/20151127_NP_liquidaciondefinitiva2014.pdf, zuletzt geprüft am 25.02.2016.

Corbach, Matthias (2007): Die deutsche Stromwirtschaft und der Emissionshandel. Stuttgart: Ibidem Verlag.

Cox, R. W. (1983): Gramsci, Hegemony and International Relations. An Essay in Method. In: *Millennium - Journal of International Studies* 12 (2), S. 162–175.

Cramton, Peter; Ockenfels, Axel (2011): Economics and design of capacity markets for the power sector. Online verfügbar unter ftp://www.cramton.umd.edu/papers2010-2014/cramton-ockenfels-economics-and-design-of-capacity-markets.pdf, zuletzt aktualisiert am 2011, zuletzt geprüft am 26.01.2016.

Crouch, David (2014): Lobbyist's take on renewables causes it to lose friends. In: *financial times*, 23.11.2014. Online verfügbar unter http://www.ft.com/cms/s/0/9b05ad2a-5ab0-11e4-b449-00144feab7de.html, zuletzt geprüft am 14.05.2015.

Czada, Roland (1998): Der Vereinigungsprozess - Wandel der externen und internen Konstituionsbedingungen des westdeutschen Modells. In: Georg Simonis (Hg.): Deutschland nach der Wende. Neue Politikstrukturen. Opladen: Leske + Budrich, S. 55–86.

Deckwirth, Christina (2008): Der Erfolg der Global Player. Liberalisierung und Privatisierung in der Bundesrepublik Deutschland. In: Hans-Jürgen Bieling, Christina Deckwirth und Stefan Schmalz (Hg.): Liberalisierung und Privatisierung in Europa. Die Reorganisation der öffentlichen Infrastruktur in der Europäischen Union. Münster: Westfälisches Dampfboot, S. 64–95.

del Guayo, Iñigo (2015): Spain. In: Leigh Hancher, Adrien de Hauteclocque und Małgorzata Sadowska (Hg.): Capacity mechanisms in the EU energy market. Law, policy, and economics. Oxford: Oxford University Press.

Demirović, Alex; Dück, Julia; Becker, Florian; Bader, Pauline (Hg.) (2011): Vielfachkrise. Im finanzmarktdominierten Kapitalismus. Hamburg: VSA.

Deppe, Frank (2011): Der Weg in die Sackgasse. Eine kurze Krisengeschichte der Europäischen Integration. In: Joachim Bischoff, Frank Deppe, Richard Detje und Hans-Jürgen Urban (Hg.): Europa im Schlepptau der Finanzmärkte. Hamburg: VSA, S. 9–29.

Der Tagesspiegel (2006): Ex-Minister: Atomwaffen für Deutschland. In: *Der Tagesspiegel*, 27.01.2006. Online verfügbar unter http://www.tagesspiegel.de/politik/ex-minister-atomwaffen-fuer-deutschland/678760.html, zuletzt geprüft am 21.11.2014.

Deutsche Umwelthilfe (02.01.2014): Energiewende absurd: Vattenfalls Braunkohletagebau profitiert immer stärker von EEG-Umlagebefreiung. Online verfügbar unter http://www.duh.de/pressemitteilung.html?&tx_ttnews%5Btt_news%5D=3250, zuletzt geprüft am 12.12.2014.

Deutsche WindGuard (2014): Vergütung von Windenergieanlagen an Land über das Referenzertragsmodell. Vorschlag für eine Weiterentwicklung des Referenzertragsmodellsund eine Anpassung der Vergütungshöhe. Hg. v. Agora Energiewende. Online verfügbar unter http://www.agora-energiewende.de/fileadmin/downloads/publikationen/Studien/Referenzertragsmodell_Wind/Studie_Referenzertragsmodell_Wind_WEB.pdf, zuletzt geprüft am 27.01.2016.

Deutscher Bundestag (2014a): Bundestag billigt Reform des EEG. Deutscher Bundestag. Online verfügbar unter http://www.bundestag.de/dokumente/textarchiv/2014/kw26_de_eeg/283688, zuletzt aktualisiert am 12.12.2014, zuletzt geprüft am 12.12.2014.

Deutscher Bundestag (2014b): Plenarprotokoll 18/44. Stenografischer Bericht 44. Sitzung. Online verfügbar unter http://dip21.bundestag.de/dip21/btp/18/18044.pdf, zuletzt geprüft am 12.12.2014.

Deutsches Atomforum (13.08.2010): Gutachten: Bundesrat ohne Zustimmungsrecht bei Laufzeitverlängerung. Online verfügbar unter http://www.kernenergie.de/kernenergie/presse/pressemitteilungen/2010/2010-08-13_Gutachten_Bundesrat_ohne_Zustimmung_bei_Laufvezitverl.php, zuletzt geprüft am 21.11.2014.

Deutsches Atomforum (17.05.2011): Überhasteter Atomausstieg führt zu hohen gesellschaftlichen Kosten. Online verfügbar unter http://www.kernenergie.de/kernenergie/presse/pressemitteilungen/2011/2011-05-17_ueberhasteter-atomausstieg-fuehrt-zu-hohen-gesellschaftlichen-kosten.php, zuletzt geprüft am 24.11.2014.

Die Welt (2008): E.on plant umfassendes Sparprogramm - DIE WELT. In: *Die Welt*, 04.11.2008. Online verfügbar unter http://www.welt.de/wirtschaft/article2675214/E-on-plant-umfassendes-Sparprogramm.html, zuletzt geprüft am 10.11.2014.

Die Welt (2013): Braunkohle-Lobby schrieb am Koalitionsvertrag mit, 13.12.2013. Online verfügbar unter http://www.welt.de/wirtschaft/article122875634/Braunkohle-Lobby-schrieb-am-Koalitionsvertrag-mit.html, zuletzt geprüft am 08.12.2014.

Diekmann, Jochen; Kemfert, Claudia; Neuhoff, Karsten; Schill, Wolf-Peter; Traber, Thure (2012): Erneuerbare Energien: Quotenmodell keine Alternative zum EEG. In: *DIW Wochenbericht* 79 (45), S. 15–20.

Dietz, Kristina; Engels, Bettina; Pye, Oliver; Brunnengräber, Achim (Hg.) (2015): The political ecology of agrofuels. Abingdon, Oxon, New York, NY: Routledge (13).

Dietz, Kristina; Pye, Oliver; Engels, Bettina (2016): Dynamiken der Agrartreibstoffe. Transnationale Netzwerke, skalare Rekonfigurationen, umkämpfte Orte und Territorien. In: *Prokla* 46 (3), S. 423–440.

DIW (2015): Effektive CO2-Minderung im Stromsektor: Klima-, Preis- und Beschäftigungseffekte des Klimabeitrags und alternativer Instrumente. Studie im Auftrag der European Climate Foundation (ECF) und der Heinrich-Böll-Stiftung. Unter Mitarbeit von Pao-Yu Oei, Clemens Gerbaulet, Claudia Kemfert, Friedrich Kunz, Felix Reitz und Christian von Hirschhausen. Berlin (DIW Berlin: Politikberatung kompakt), zuletzt geprüft am 01.02.2016.

Domanico, Fabio (2007): Concentration in the European electricity industry. The internal market as solution? In: *Energy Policy* 35 (10), S. 5064–5076.

Dribbusch, Heiner (2013): Nachhaltig erneuern. Aufbau gewerkschaftlicher Interessenvertretung im Windanlagenbau. In: Detlef Wetzel (Hg.): Organizing. Die Veränderung der gewerkschaftlichen Praxis durch das Prinzip Beteiligung. Hamburg: VSA, S. 92–118.

E.ON (03.04.2008): E.ON setzt auf Erneuerbare Energien und CO2-freie Stromerzeugung. Online verfügbar unter http://www.eon.com/de/presse/pressemitteilungen/pressemitteilungen/2008/4/3/e-dot-on-setzt-auf-erneuerbare-energien-und-co2-freie-stromerzeugung.html, zuletzt geprüft am 10.11.2014.

E.ON (2012): Geschäftsbericht 2011. Online verfügbar unter http://www.eon.com/content/dam/eon-com/de/downloads/e/E.ON_Geschaeftsbericht_2011.pdf, zuletzt geprüft am 02.12.2014.

ECF (2010): Roadmap 2050. A Practical Guide to a Prosperous, Low-Carbon Europe. Online verfügbar unter http://www.roadmap2050.eu/attachments/files/Volume2_Policy.pdf, zuletzt geprüft am 12.05.2015.

ECOFYS (2012): Renewable energy: A 2030 scenario for the EU. Unter Mitarbeit von Renee Heller, Yvonne Deng und Pieter van Breevoort. Online verfügbar unter http://www.ecofys.com/files/files/ecofys-2013-renewable-energy-2030-scenario-for-the-eu.pdf, zuletzt geprüft am 15.05.2015.

ECOFYS (2014): Subsidies and costs of EU energy. Final report. Online verfügbar unter https://ec.europa.eu/energy/sites/ener/files/documents/ECOFYS%202014%20Subsidies%20and%20costs%20of%20EU%20energy_11_Nov.pdf, zuletzt geprüft am 06.05.2015.

Edenhofer, Ottmar; Flachsland, Christian (2008): Der Friedensnobelpreis für den Weltklimarat. In: *Stimmen der Zeit* (2), S. 75–86. Online verfügbar unter https://www.pik-potsdam.de/members/edenh/publications-1/stimmen-der-zeit-jan-08, zuletzt geprüft am 27.04.2015.

Edenhofer, Ottmar; Stern, Nicolas (2009): Towards a Global Green Recovery. Recommendations for Immediate G20 Action. the German Foreign Office. Online verfügbar unter http://www.pik-potsdam.de/members/edenh/publications-1/global-green-recovery_pik_lse, zuletzt geprüft am 31.07.2013.

EEA (o. J.): EN35 External costs of electricity production. Hg. v. European Environment Agency. Online verfügbar unter http://www.eea.europa.eu/data-and-maps/indicators/en35-external-costs-of-electricity-production-1, zuletzt geprüft am 06.05.2015.

Ehrenstein, Claudia (2010): Die Energieriesen wollen die Regierung erpressen. In: *Die Welt*, 15.08.2010. Online verfügbar unter http://www.welt.de/debatte/kommentare/article9019550/Die-Energieriesen-wollen-die-Regierung-erpressen.html, zuletzt geprüft am 21.11.2014.

El País (2008): Botín dice que la crisis "pasará pronto", 21.06.2008. Online verfügbar unter http://economia.elpais.com/economia/2008/06/21/actualidad/1214033573_850215.html, zuletzt geprüft am 11.08.2014.

Ender, C. (2010): Wind Energy Use in Germany - Status 31.12.2009 DEWI MAgazin No. 36, February 2010, S. 28–41. Online verfügbar unter http://www.dewi.de/dewi_res/fileadmin/pdf/publications/Magazin_36/05.pdf, zuletzt geprüft am 13.11.2014.

ENDESA (2009): ANNUAL REPORT OPERATIONS REVIEW. Online verfügbar unter http://www.endesa.com/EN/SALADEPRENSA/CENTRODOCUMENTAL/Informes%20Anuales/Operations%20review_08.pdf, zuletzt geprüft am 05.08.2014.

Energías Renovables (2009): España volvió a aumentar sus exportaciones de electricidad en 2008, recuerda Greenpeace. In: *Energías Renovables*, 15.01.2009. Online verfügbar unter http://www.energias-renovables.com/articulo/espana-volvio-a-aumentar-sus-exportaciones-de, zuletzt geprüft am 12.08.2014.

EP (2014): European Parliament resolution of 5 February 2014 on a 2030 framework for climate and energy policies. Online verfügbar unter http://www.europarl.europa.eu/sides/getDoc.do?pubRef=-//EP//TEXT+TA+P7-TA-2014-0094+0+DOC+XML+V0//EN&language=EN, zuletzt geprüft am 14.05.2015.

EPIA (2009): Global Market Outlook for Photovoltaics until 2013. Brussels. Online verfügbar unter http://ec.europa.eu/economy_finance/events/2009/20091120/epia_en.pdf, zuletzt geprüft am 08.07.2014.

EPIA (2013): EPIA Responses to the European Commission Green Paper "A 2030 framework for climate and energy policies". Online verfügbar unter http://www.epia.org/index.php?eID=tx_nawsecuredl&u=0&file=/uploads/tx_epiapositionpapers/EPIA_responses_2030_Green_Paper_-_final.pdf&t=1431784058&hash=02b7b59538ad36c4163f67e7f193137e6a52c73d, zuletzt geprüft am 15.05.2015.

EPIA (2014): EPIA reply to the public consultation on the Draft guidelines on environmental and energy aid for 2014-2020. Online verfügbar unter http://www.epia.org/index.php?eID=tx_nawsecuredl&u=0&file=/uploads/tx_epiapositionpapers/EPIA_reply_to_public_consultation_on_State_Aid_Guidelines_-_final_version.pdf&t=1433 319598&hash=5c1a97467c13188c89fd1aa0b45f426b92ddcb56, zuletzt geprüft am 02.06.2015.

EPIA; EURELECTRIC; EUROGAS; EWEA (2015): Joint Statement on the Energy Union a fresh push for the Internal Energy Market. Online verfügbar unter http://www.ewea.org/fileadmin/files/library/publications/position-papers/Joint-Statement-on-the-Energy-Union.pdf, zuletzt geprüft am 22.05.2015.

EREC (o. J.): EREC answer to Environment and Energy Aid Guidelines (EEAG) Public Consultation. Online verfügbar unter http://ec.europa.eu/competition/consultations/2013_state_aid_environment/index_en.html, zuletzt geprüft am 01.06.2015.

EREC (22.01.2014): Commission against EU leadership: Less growth, fewer jobs, more import spending. Online verfügbar unter http://www.erec.org/fileadmin/erec_docs/Documents/Press_Releases/EREC_Press_Release_Commission_2030_proposal.pdf, zuletzt geprüft am 18.05.2015.

EREC (07.03.2014): Erec forced into liquidation. Online verfügbar unter http://www.erec.org/fileadmin/erec_docs/Documents/Press_Releases/EREC_Press_Statement_EREC_forced_into_liquidation.pdf, zuletzt geprüft am 18.05.2015.

EREC (15.12.2015): Energy Roadmap 2050: Renewables crucial for decarbonisation. Online verfügbar unter http://www.erec.org/fileadmin/erec_docs/Documents/Press_Releases/EREC%20Press%20Release_Energy%20Roadmap%202050.pdf, zuletzt geprüft am 11.05.2015.

EREF (2012): EREF's position on the European Parliament report on the 2050 Energy Roadmap. Online verfügbar unter http://www.eref-europe.org/wp-content/uploads/Position-paper-on-EP-ITRE-Energy-Roadmap.pdf, zuletzt geprüft am 07.05.2015.

EREF (2014): Submission to the draft State aid Guidelines for environmental and energy aid. Online verfügbar unter http://ec.europa.eu/competition/consultations/2013_state_aid_environment/index_en.html, zuletzt geprüft am 01.06.2015.

Esser, Josef (1998): Das Modell Deutschland in den 90er Jahren - Wie stabil ist der soziale Konsens? In: Georg Simonis (Hg.): Deutschland nach der Wende. Neue Politikstrukturen. Opladen: Leske + Budrich, S. 119–140.

Ethik-Kommission Sichere Energieversorgung (2011): Deutschlands Energiewende - ein Gemeinschaftswerk für die Zukunft. Online verfügbar unter http://www.bmbf.de/pubRD/2011_05_30_abschlussbericht_ethikkommission_property_publicationFile.pdf, zuletzt geprüft am 24.11.2014.

EU KOM (1996): Richtlinie 96/92/EG des Europäischen Parlaments und des Rates vom 19. Dezember 1996 betreffend gemeinsame Vorschriften für den Elektrizitätsbinnenmarkt. Online verfügbar unter http://eur-lex.europa.eu/LexUriServ/LexUriServ.do?uri=CELEX:31996L0092:DE:HTML, zuletzt geprüft am 29.06.2015.

EU KOM (2005): The support of electricity from renewable energy sources. Communication from the Commission COM (2005) 627 final. Online verfügbar unter http://eur-lex.europa.eu/legal-content/EN/TXT/?uri=URISERV:l24452, zuletzt geprüft am 06.05.2015.

EU KOM (2009): Selection of offshore wind and carbon capture and storage projects for the European Energy Programme for Recovery. MEMO/09/543. Online verfügbar unter http://europa.eu/rapid/press-release_MEMO-09-543_en.htm?locale=en, zuletzt geprüft am 01.06.2016.

EU KOM (2011a): A Roadmap for moving to a competitive low carbon economy in 2050. COM (2011) 112 final. Online verfügbar unter http://eur-lex.europa.eu/resource.html?uri=cellar:5db26ecc-ba4e-4de2-ae08-dba649109d18.0002.03/DOC_1&format=PDF, zuletzt geprüft am 07.05.2015.

EU KOM (2011b): Energy Roadmap 2050. COM (2011) 885 final. Online verfügbar unter http://eur-lex.europa.eu/legal-content/EN/TXT/PDF/?uri=CELEX:52011DC0885&from=EN, zuletzt geprüft am 11.05.2015.

EU KOM (2012): Spain: Momorandum of Understanding on Financial-Sector Policy Conditionality. Online verfügbar unter http://ec.europa.eu/economy_finance/eu_borrower/mou/2012-07-20-spain-mou_en.pdf, zuletzt geprüft am 01.06.2016.

EU KOM (2013a): Green Paper 2030: Main outcomes of the public consultation. COMMISSION SERVICES NON PAPER. Online verfügbar unter http://ec.europa.eu/energy/sites/ener/files/documents/20130702_green_paper_2030_consulation_results_0.pdf, zuletzt geprüft am 12.05.2015.

EU KOM (2013b): Paper of the Services of DG Competition containing draft Guidelines on environmental and energy aid for 2014-2020. Draft. Online verfügbar unter http://ec.europa.eu/competition/consultations/2013_state_aid_environment/draft_guidelines_en.pdf, zuletzt geprüft am 01.06.2015.

EU KOM (2013c): Green Paper. A 2030 framework for climate and energy policies COM (2013) 169 final. Online verfügbar unter http://eur-lex.europa.eu/legal-content/EN/TXT/PDF/?uri=CELEX:52013DC0169&from=EN, zuletzt geprüft am 12.05.2015.

EU KOM (19.11.2013): Eine Billion Euro für die Zukunft Europas – der Haushaltsrahmen der EU für 2014–2020. Online verfügbar unter http://europa.eu/rapid/press-release_IP-13-1096_de.htm, zuletzt geprüft am 29.06.2015.

EU KOM (2014a): A policy framework for climate and energy in the period from 2020 to 2030. COM (2014) 15 final. Online verfügbar unter http://eur-lex.europa.eu/legal-content/EN/TXT/PDF/?uri=CELEX:52014DC0015&from=EN, zuletzt geprüft am 12.05.2015.

EU KOM (23.07.2014): Staatliche Beihilfen: EU-Kommission genehmigt Gesetz über erneuerbare Energien. Online verfügbar unter http://europa.eu/rapid/press-release_IP-14-867_de.htm, zuletzt geprüft am 02.06.2015.

EU KOM (2014b): MINUTES of the 2100th meeting of the Commission held in Brussels (Berlaymont) on Wednesday 8 October 2014 (morning). PV (2014) 2100 final. Online verfügbar unter https://ec.europa.eu/transparency/regdoc/rep/10061/2014/EN/10061-2014-2100-EN-F1-1.Pdf, zuletzt geprüft am 03.06.2015.

EU KOM (2015): Energy Union Package. A Framework Strategy for a Resilient Energy Union with a Forward-Looking Climate Change Policy. COM (2015) 80 final. Online verfügbar unter http://eur-lex.europa.eu/resource.html?uri=cellar:1bd46c90-bdd4-11e4-bbe1-01aa75ed71a1.0001.03/DOC_1&format=PDF, zuletzt geprüft am 15.06.2015.

EuGH (2014): Urteil C-573/12. Online verfügbar unter http://curia.europa.eu/juris/document/document.jsf;jsessionid=9ea7d0f130de69037319a53d47abb1b8d3dd7966327a.e34KaxiLc3eQc40LaxqMbN4OaNyKe0?text=&docid=154403&pageIndex=0&doclang=de&mode=req&dir=&occ=first&part=1&cid=128417, zuletzt geprüft am 18.05.2015.

euractiv (2013): Energy CEOs call for end to renewable subsidies, 11.10.2013. Online verfügbar unter http://www.euractiv.com/energy/energy-ceos-call-renewable-subsinews-531024, zuletzt geprüft am 14.05.2015.

euractiv (2015): Streit um Energiewende: Berlin klagt gegen EU-Kommission. Online verfügbar unter http://www.euractiv.de/sections/energie-und-umwelt/streit-um-energiewende-berlin-klagt-gegen-eu-kommission-312184, zuletzt aktualisiert am 02.06.2015, zuletzt geprüft am 02.06.2015.

EURELECTRIC (2010): Power Choices. Pathways to Carbon-Neutral Electricity in Europe by 2050. Online verfügbar unter http://www.eurelectric.org/media/45274/power__choices_finalcorrection_page70_feb2011-2010-402-0001-01-e.pdf, zuletzt geprüft am 12.05.2015.

EURELECTRIC (2012): Energy Roadmap 2050. A Eurelectric Response Paper. Online verfügbar unter http://www.eurelectric.org/media/26980/roadmap_2050_response_paper._final-2012-100-0003-01-e.pdf, zuletzt geprüft am 07.05.2015.

EURELECTRIC (2013): Cleaner, simpler, smarter: cost-efficient energy for Europe's business and consumers. Green Paper on a 2030 framework for climate and energy policies. EURELECTRIC consultation response. Online verfügbar unter http://www.eurelectric.org/media/110882/eurelectric_-_2030_green_paper_consultation_response_-_final-2013-030-0486-01-e.pdf, zuletzt geprüft am 14.05.2015.

EURELECTRIC (2014): Consultation on Draft Guidelines on Environmental and Energy State Aid for 2014-2020. A EURELECTRIC response paper. Online verfügbar unter http://ec.europa.eu/competition/consultations/2013_state_aid_environment/index_en .html, zuletzt geprüft am 02.06.2015.

EURELECTRIC (2015): A Reference Model for European Capacity Markets. A EURELECTRIC report. Online verfügbar unter http://www.eurelectric.org/media/169068/a_reference_model_for_european_capacity_markets-2015-030-0145-01-e.pdf, zuletzt geprüft am 04.06.2015.

EURELECTRIC (07.05.2015): EURELECTRIC welcomes State Aid Inquiry into Capacity Mechanisms and reiterates calls for stronger Commission Leadership Market Integration. Online verfügbar unter http://www.eurelectric.org/media/172035/pr-state-aid-inquiry-new.pdf, zuletzt geprüft am 04.06.2015.

Europäischer Rat (2014): Schlussfolgerungen zum Rahmen für die Klima- und Energiepolitik bis 2030. Online verfügbar unter http://www.consilium.europa.eu/uedocs /cms_data/docs/pressdata/de/ec/145377.pdf, zuletzt geprüft am 18.05.2015.

EUROSOLAR (2011): 10 Punkte Sofortprogramm für die Energiewende. Was jetzt zu tun ist! Online verfügbar unter http://www.eurosolar.de/de/images/stories/pdf /10_Punkte_Sofortprogramm_EUROSOLAR.pdf, zuletzt geprüft am 26.11.2014.

EUROSOLAR (31.05.2011): Atomausstieg als Pyrrhussieg. Bundesregierung stoppt Energiewende. Online verfügbar unter http://eurosolar.de/de/index.php/pressemitteilungen-2011-archivmenupressemitteil-363/1491-atomausstieg-als-pyrrhussieg-bundesregierung-stoppt-energiewende, zuletzt geprüft am 28.11.2014.

EUROSOLAR (17.05.2012): Röttgens Entlassung ist entlarvend. Online verfügbar unter http://www.solarportal24.de/nachrichten_50783_eurosolar__roettgens_entlassung_ ist_entlarvend.html, zuletzt geprüft am 28.11.2014.

EUROSOLAR (20.01.2013): Altmaier läutet Beerdigung des EEG ein. Online verfügbar unter http://www.eurosolar.de/de/index.php/pressemitteilungen-2013-archivmenu-pressemitteil-411/1724-altmaier-let-beerdigung-des-eeg-ein, zuletzt geprüft am 21.11.2014.

EUROSOLAR (18.10.2013): Agora Energiewende zum EEG: Praxisferne Vorschläge sind Angriff auf die dezentrale Energiewende. Online verfügbar unter http://eurosolar.de/de/index.php/pressemitteilungen-2013-archivmenupressemitteil-411/1792-agora-energiewende-zum-eeg-praxisferne-vorschlaege-sind-angriff-auf-die-dezentrale-energiewende, zuletzt geprüft am 09.12.2014.

Evans, Trevor (2011): Verlauf und Erklärungsfaktoren der internationalen Finanzkrise. In: Thomas Dürmeier, Bernd Overwien und Christoph Scherrer (Hg.): Perspektiven auf die Finanzkrise. Opladen [u.a.]: Budrich, S. 28–49.

Everson, Michelle (2015): Je t'áccuse - The fault of (European) law in (economic) political and social crisis. In: Hauke Brunkhorst, Charlotte Gaitanides und Gerd Grözinger (Hg.): Europe at a Crossroad. From Currency Union to Political and Economic Governance? 1. Aufl. Baden-Baden: Nomos, S. 88–137.

EWEA (o. J.): EWEA position – DG Competition Draft Guidelines on Environment and Energy Aid for 2014-2020. Online verfügbar unter http://ec.europa.eu/competition/consultations/2013_state_aid_environment/index_en.html, zuletzt geprüft am 01.06.2015.

EWEA (2010a): The European offshore wind industry - key trends and statistics 2009. Hg. v. European Wind Energy Association. Online verfügbar unter http://www.ewea.

org/fileadmin/ewea_documents/images/publications/stats/offshore_stats_2009_june.pdf, zuletzt geprüft am 13.11.2014.

EWEA (2010b): Wind in power: 2009 European statistics.

EWI; IE; RWI (2004): Gesamtwirtschaftliche, sektorale und ökologische Auswirkungen des Erneuerbare Energien Gesetzes (EEG). Hg. v. Bundesministerium für Wirtschaft und Arbeit. Online verfügbar unter http://www.ewi.uni-koeln.de/fileadmin/user_upload/Publikationen/Studien/Politik_und_Gesellschaft/2004/EWI_2004-03 _Auswirkungen-des-EEG.pdf, zuletzt geprüft am 12.11.2014.

Exner, Andreas; Held, Martin; Kümmerer, Klaus (Hg.) (2016): Kritische Metalle in der Großen Transformation. Berlin, Heidelberg: Springer.

Fabra Portela, Natalia; Fabra Utray, Jorge (2012): El déficit tarifario en el sector eléctrico español. In: *Papeles de Economía Española* (134), S. 88–100.

faz (2013a): Interview: Umweltminister Altmaier: „Energiewende könnte bis zu einer Billion Euro kosten". In: *faz*, 19.02.2013. Online verfügbar unter http://www.faz.net/aktuell/politik/energiepolitik/umweltminister-altmaier-energiewende-koennte-bis-zu-einer-billion-euro-kosten-12086525.html, zuletzt geprüft am 28.11.2014.

faz (2013b): EEG-Umlage: Merkel sagt Brüssel den Kampf an. Frankfurter Allgemeine Zeitung GmbH. Online verfügbar unter http://www.faz.net/aktuell/wirtschaft/wirtschaftspolitik/eeg-umlage-merkel-sagt-bruessel-den-kampf-an-12716624.html, zuletzt geprüft am 15.12.2014.

Fell, Hans-Josef (2013): Fehlende politische Unterstützung: Auch Bosch steigt aus Solarbranche aus. Online verfügbar unter http://www.hans-josef-fell.de/content/index.php/presse-mainmenu-49/schlagzeilen-mainmenu-73/611-fehlende-politische-unterstuetzung-auch-bosch-steigt-aus-solarbranche-aus, zuletzt geprüft am 22.01.2016.

Fischer, Severin (2012): Carbon Capture and Storage: the Europeanization of a technology in Europe's energy policy? In: Francesc Morata und Israel Solorio Sandoval (Hg.): European energy policy. An environmental approach. Cheltenham, Northampton, MA: Edward Elgar, S. 85–96.

Fischer, Severin; Geden, Oliver (2015): Die Grenzen der "Energieunion". Auch in absehbarer Zukunft werden lediglich pragmatische Fortschritte bei der Energiemarktregulierung im Zentrum der EU-Energie- und −Klimapolitik stehen. Hg. v. Stiftung Wissenschaft und Politik (SWP-Aktuell).

Flick, Uwe (2011): Triangulation. In: Gertrud Oelerich und Hans-Uwe Otto (Hg.): Empirische Forschung und Soziale Arbeit. Ein Studienbuch. Wiesbaden: VS, S. 323–328.

Focus (2008): Kernenergie: 50 Milliarden sparen mit Atomkraft - Wirtschafts-News. Online verfügbar unter http://www.focus.de/finanzen/news/kernenergie-50-milliarden-sparen-mit-atomkraft_aid_316865.html, zuletzt aktualisiert am 09.07.2008, zuletzt geprüft am 12.11.2014.

Foro Nuclear (20.05.2011): El cierre de las centrales nucleares alemanas tiene un coste de más de 33.000 millones de euros. Online verfügbar unter http://www.foronuclear.org/es/sala-de-prensa/notas-de-prensa/el-cierre-de-las-centrales-nucleares-alemanas-tiene-un-coste-de-mas-de-33000-millones-de-euros-, zuletzt geprüft am 18.08.2014.

Foro Nuclear (15.09.2011): El informe preliminar de las pruebas de estrés confirma la seguridad de las centrales nucleares. Online verfügbar unter http://www.foronuclear.org/es/sala-de-prensa/notas-de-prensa/el-informe-preliminar, zuletzt geprüft am 18.08.2014.

Foro Nuclear (22.12.2011): Las centrales nucleares españolas cumplen los criterios de seguridad. Online verfügbar unter http://www.foronuclear.org/es/sala-de-prensa/notas-de-prensa/nucleares-espanolas-cumplen-los-criterios-de-seguridad, zuletzt geprüft am 18.08.2014.

Foro Nuclear (2013): Resultados y Perspectivas Nucleares. 2012, un año de energía nuclear. Online verfügbar unter http://www.foronuclear.org/es/publicaciones-y-documentacion/publicaciones/resultados-y-perspectivas-nucleares, zuletzt geprüft am 18.08.2014.

Forschungsgruppe "Staatsprojekt Europa" (2014): Kämpfe um Migrationspolitik. Theorie, Methode und Analysen kritischer Europaforschung. Bielefeld: Transcript.

FÖS, Verbraucherzentrale Bundesverband; Unternehmensgrün; NABU; Klimaallianz; WWF; Deutscher Mieterbund et al. (2014): Wahlversprechen einhalten: gerechte Kostenverteilung statt übermäßige Industriesubventionen! Online verfügbar unter http://www.greenpeace.de/sites/www.greenpeace.de/files/publications/2014-05-posi tionspapier-industrieausnahmen.pdf, zuletzt geprüft am 15.12.2014.

Frankfurt School of Finance & Management (2016): Global Trends in Renewable Energy Investment 2016. Hg. v. Frankfurt School of Finance & Management, United Nations Environment Programme und Blommberg New Energy Finance. Online verfügbar unter http://fs-unep-centre.org/sites/default/files/publications/globaltrendsinrenewableenergyinvestment2016lowres_0.pdf, zuletzt geprüft am 14.06.2016.

Fraune, Cornelia (2014): Die Energiewende aus der Geschlechterperspektive. In: *femina politica* 23 (1), S. 125–129.

Frondel, Manuel; Nolan, Ritter; Schmidt, Christoph M. (2007): Photovoltaik: Wo viel Licht ist, ist auch viel Schatten. Hg. v. RWI (RWI Positionen, 18). Online verfügbar unter https://www.econstor.eu/dspace/bitstream/10419/52577/1/666551308.pdf, zuletzt geprüft am 06.10.2015.

Frondel, Manuel; Schmidt, Christoph M. (2006): Emissionshandel und Erneuerbare-Energien-Gesetz: Eine notwendige Koexistenz? Hg. v. RWI. Essen (Positionen). Online verfügbar unter http://www.rwi-essen.de/media/content/pages/publikationen/rwi-positionen/Pos_010_Emissionshandel.pdf, zuletzt geprüft am 19.05.2015.

Frondel, Manuel; Sommer, Stephan (2014): Energiekostenbelastung privater Haushalte - Das EEG als sozialpolitische Zeitbombe? Essen: RWI (Materialien / RWI, 81). Online verfügbar unter http://www.rwi-essen.de/media/content/pages/publikationen/rwi-materialien/RWI-Materialien_81_Energiekostenbelastung-privater-Haushalte.pdf, zuletzt geprüft am 21.05.2015.

Fuchs, Peter; Reckordt, Michael (2016): Rohstoffsicherung in Deutschland und zivilgesellschaftliche Antworten. In: *Peripherie* 33 (132), S. 501–510.

Fücks, Ralf (2013): Intelligent wachsen. Die grüne Revolution. München: Hanser.

Fundación Renovables (09.10.2015): Clamor popular contra el RD de Autoconsumo porque finalmente sí impone un "impuesto al sol". Online verfügbar unter http://www.fundacionrenovables.org/2015/10/clamor-popular-contra-el-real-decreto-de-autoconsumo-porque-finalmente-si-impone-un-impuesto-al-sol/, zuletzt geprüft am 25.02.2016.

Futterlieb, Matthias; Mohns, Till (2009): Erneuerbare Energien-Politik in der EU. Der Politikprozess zur Richtlinie 2009/28/EG. Harmonisierung, Akteure, Einflussnahme. Online verfügbar unter http://userpage.fu-berlin.de/mtfutt/Futterlieb_Mohns_EE_Politik_EU_2009_28_EG.pdf, zuletzt geprüft am 10.02.2015.

Gabriel, Sigmar (2008): Bundestagsrede von Bundesminister Sigmar Gabriel zur Verabschiedung des Erneuerbare-EnergienGesetzes (EEG) und des Erneuerbare-Energien-Wärmegesetzes (EEWärmeG). Hg. v. BMU. Online verfügbar unter http://www.bmub.bund.de/fileadmin/bmu-import/files/pdfs/allgemein/application/pdf/rede_gabriel_verabschg_eeg_080605.pdf, zuletzt geprüft am 17.11.2014.

Gaedt, Christian (2007): Antonio Gramsci (1891 – 1937). Biografische Notizen. In: Andreas Merkens und Victor Rego Diaz (Hg.): Mit Gramsci arbeiten. Texte zur politisch-praktischen Aneignung Antonio Gramscis. Hamburg: Argument, S. 204–218.

Galán, Ignacio S. (2013): El modelo empresarial de Iberdrola: una década de transformación y expansión internacional. In: ENERCLUB (Hg.): Cuadernos de Energia. Madrid, S. 100–102.

Geden, Oliver; Fischer, Severin (2012): EU-Energy Roadmap 2050 – Surrogat für eine ehrgeizige Dekarbonisierungspolitik? In: *Energiewirtschaftliche Tagesfragen* 62 (10), S. 41–44.

Geels, F. W. (2014): Regime Resistance against Low-Carbon Transitions: Introducing Politics and Power into the Multi-Level Perspective. In: *Theory, Culture & Society* 31 (5), S. 21–40, zuletzt geprüft am 23.01.2015.

Geels, Frank W. (2010): Ontologies, socio-technical transitions (to sustainability), and the multi-level perspective. In: *Research Policy* 39 (4), S. 495–510.

Geels, Frank W. (2011): The multi-level perspective on sustainability transitions. Responses to seven criticisms. In: *Environmental Innovation and Societal Transitions* 1 (1), S. 24–40.

Geels, Frank W. (2013): The impact of the financial-economic crisis on sustainability transitions: Financial investment, governance and public discourse. Hg. v. Socio-economic Sciences and Humanities Europe moving towards a new path of economic growth and social development. Brussels (Working Paper, 39).

Geels, Frank W.; Kern, Florian; Fuchs, Gerhard; Hinderer, Nele; Kungl, Gregor; Mylan, Josephine et al. (2016): The enactment of socio-technical transition pathways. A reformulated typology and a comparative multi-level analysis of the German and UK low-carbon electricity transitions (1990–2014). In: *Research Policy* 45 (4), S. 896–913.

Gläser, Jochen; Laudel, Grit (2009): Experteninterviews und qualitative Inhaltsanalyse. Als Instrumente rekonstruierender Untersuchungen. 3. Aufl. Wiesbaden: VS.

Global 2000 (2015): Atomkraftwerk Hinkley Point C: Das teuerste Kraftwerk der Welt. Unter Mitarbeit von Reinhard Uhrig. Online verfügbar unter https://www.global2000.at/sites/global/files/Hintergrundpapier_AKW_Hinkley_Point_0.pdf, zuletzt geprüft am 08.06.2015.

Global 2000 (28.04.2015): „Geschobene" EU-Entscheidung zu AKW Hinkley Point veröffentlicht – das teuerste Kraftwerk der Welt. Online verfügbar unter https://www.global2000.at/presse/%E2%80%9Egeschobene%E2%80%9C-eu-entscheidung-zu-akw-hinkley-point-ver%C3%B6ffentlicht-%E2%80%93-das-teuerste-kraftwerk-der, zuletzt geprüft am 08.06.2015.

Goebel, Jan; Gornig, Martin; Häußermann, Hartmut (2010): Polarisierung der Einkommen: Die Mittelschicht verliert. In: *Wochenbericht des DIW Berlin* (24). Online verfügbar unter https://www.diw.de/documents/publikationen/73/diw_01.c.357505.de/10-24-1.pdf, zuletzt geprüft am 06.12.2013.

Gómez, Manuel V. (2016): Siemens pagará 3,75 euros por cada título a los accionistas de Gamesa. In: *El País*, 17.06.2016. Online verfügbar unter http://economia.elpais.com/economia/2016/06/17/actualidad/1466167398_112650.html, zuletzt geprüft am 19.06.2016.

González, Erika; Ramiro, Pedro (2014): La internacionalización de los carteles energéticos. In: Cote Romero und José Vicente Barcia Magaz (Hg.): Alta tensión. Por un nuevo modelo energético sostenible, democrático y ciudadano. Barcelona: Icaria, S. 33–44.

González Vélez, José Maria (2007): Si APPA no hubiera existido, el sector de las renovables en España no estaría hoy como está? Entrevista con José Maria González Vélez, presidente de APPA. In: *Energías Renovables*, 18.10.2007 (58). Online verfügbar unter http://www.energias-renovables.com/articulo/jose-maria-gonzalez-velez-presidente-de-appaa-si, zuletzt geprüft am 12.08.2014.

Goodall, Chris (2014): The UK capacity auction made power companies merry this Christmas. In: *The Guardian*, 24.12.2014. Online verfügbar unter http://www.theguardian.com/environment/2014/dec/24/the-uk-capacity-auction-made-utility-companies-merry-this-christmas, zuletzt geprüft am 12.08.2015.

Görg, Christoph (2003a): Regulation der Naturverhältnisse. Zu einer kritischen Regulation der ökologischen Krise. Münster: Westfälisches Dampfboot.

Görg, Christoph (1999): Gesellschaftliche Naturverhältnisse. Münster: Westfälisches Dampfboot.

Görg, Christoph (2003): Gesellschaftstheorie und Naturverhältnisse. Von den Grenzen der Regulationstheorie. In: Ulrich Brand und Werner Raza (Hg.): Fit für den Postfordismus? Theoretisch-politische Perspektiven des Regulationsansatzes. 1. Aufl. Münster: Westfälisches Dampfboot, S. 175–194.

Gramsci, Antonio (2012): Gefängnishefte. Hamburg: Argument Verlag (Kritische Gesamtausgabe).

Greenpeace (2005a): Energy Revolution: A Sustainable Pathway to a Clean Energy Future for Europe. A European Energy Scenario for the EU-25. Online verfügbar unter http://www.greenpeace.org/international/Global/international/planet-2/report/2005/10/energy-revolution-a-sustainab.pdf, zuletzt geprüft am 04.05.2015.

Greenpeace (2005b): Renovables 2050. Un informe sobre el potencial de las energías renovables en la España peninsular. Online verfügbar unter http://www.greenpeace.org/espana/Global/espana/report/other/renovables-2050.pdf, zuletzt geprüft am 04.08.2014.

Greenpeace (2007): Schwarzbuch Klimaverhinderer. Verflechtungen zwischen Politik und Energiewirtschaft. Online verfügbar unter https://www.greenpeace.de/sites/

www.greenpeace.de/files/Verflechtung_Energiewirtschaft_Politik_0.pdf, zuletzt geprüft am 11.11.2014.

Greenpeace (2008): The True Cost of Coal. How people and the planet are paying the price for the world's dirtiest fuel. Online verfügbar unter http://www.sehn.org/tccpdf/coaltruecost.pdf, zuletzt geprüft am 29.06.2015.

Greenpeace (2009): Greenpeace denuncia la campaña de falsedades del lobby nuclear para evitar el cierre inmediato de Garoña. Online verfügbar unter http://www.greenpeace.org/espana/es/news/2010/November/090602-11/, zuletzt geprüft am 18.08.2014.

Greenpeace (2011a): Acción de Greenpeace en las sedes del PSOE y del PP para reclamar el abandono de la energía nuclear. Online verfügbar unter http://www.greenpeace.org/espana/es/news/2011/March/Accion-de-Greenpeace-en-las-sedes-del-PSOE-y-del-PP-para-reclamar-el-abandono-de-la-energia-nuclear/, zuletzt geprüft am 18.08.2014.

Greenpeace (2011b): Der Atomausstieg ist bis 2015 machbar. Online verfügbar unter https://www.greenpeace.de/sites/www.greenpeace.de/files/Hintergrundpapier_Atomausstieg_2011_02_0.pdf, zuletzt geprüft am 24.11.2014.

Greenpeace (2011c): Stellungnahme zur „Novelle des Erneuerbare-Energien-Gesetz (EEG)“ Stand: 21. Juni 2011. Online verfügbar unter https://www.greenpeace.de/sites/www.greenpeace.de/files/Greenpeace_Stellungnahme_EEG2011_final21.06.2011_0.pdf, zuletzt geprüft am 28.11.2014.

Greenpeace (2013): Briefing: Commission debate on State aid to nuclear. Online verfügbar unter http://www.greenpeace.org/eu-unit/en/News/2013/Briefing-Commission-debate-on-State-aid-to-nuclear/, zuletzt geprüft am 01.06.2015.

Greenpeace (2014a): Locked in the Past. Why Europe's Big Energy Companies Fear Change. Hg. v. Greenpeace Germany. Online verfügbar unter https://www.greenpeace.de/sites/www.greenpeace.de/files/publications/20140227-report-_locked_in_the_past_-_why_europes_big_energy_companies_fear_change_0.pdf, zuletzt geprüft am 27.04.2015.

Greenpeace (01.04.2014): Greenpeace-Aktivisten fordern Kanzlerin Merkel auf, die Energiewende zu retten. Online verfügbar unter http://www.greenpeace.de/presse/presseerklaerungen/greenpeace-aktivisten-fordern-kanzlerin-merkel-auf-die-energiewende-zu, zuletzt geprüft am 11.12.2014.

Greenpeace (2014b): Kohle wem Kohle gebührt. Online verfügbar unter https://www.greenpeace.de/themen/energiewende-fossile-energien/kohle/kohle-wem-kohle-gebuehrt, zuletzt geprüft am 17.12.2014.

Greenpeace (2015): Las Trampas del Carbón. Informe sobre las centrales térmicas decarbón en España.

Greenpeace; EREC (2009): Working for the Climate. Renewable Energy & The Green Job [R]Evolution. Online verfügbar unter http://www.greenpeace.org/international/Global/international/planet-2/report/2009/9/working-for-the-climate.pdf, zuletzt geprüft am 04.05.2015.

Greenpeace; EREC (2010): energy [r]evolution. Towards a fully Renewable Energy Supply in the EU 27. Online verfügbar unter http://www.greenpeace.org/international/Global/international/publications/climate/2010/fullreport.pdf, zuletzt geprüft am 04.05.2015.

Greenpeace EU (27.03.2013): Green paper kicks-off boxing match on Europe's energy future. Online verfügbar unter http://www.greenpeace.org/eu-unit/en/News/2013/Green-paper-kicks-off-boxing-match-on-Europes-energy-future/, zuletzt geprüft am 15.05.2015.

Greven, Michael Th. (2008): "Politik" als Problemlösung - und als vernachlässigte Problemursache. Anmerkungen zur Policy-Forschung. In: Frank Janning und Katrin Toens (Hg.): Die Zukunft der Policy-Forschung. Theorien, Methoden, Anwendungen. 1. Aufl. Wiesbaden: VS, S. 23–33.

Grubler, Arnulf (2012): Energy transitions research. Insights and cautionary tales. In: *Energy Policy* 50, S. 8–16.

Guth, Ralph (2013): EU-Krisenpolitik als Verrechtlichung der Demokratie: Autoritärer Europäischer Konstitutionalismus und die Negation der Volkssouveränität. In: *Momentum Quarterly. Zeitschrift für sozialen Fortschritt* 2 (1), S. 33–46.

Haas, Reinhard; Eichhammer, W.; Huber, Claus; Langniss, O.; Lorenzoni, A.; Madlener, R. et al. (2004): How to promote renewable energy systems successfully and effectively. In: *Energy Policy* 32 (6), S. 833–839.

Haas, Tobias (2016a): Energiearmut als neues Konfliktfeld in der Stromwende. In: Katrin Großmann, André Schaffrin und Christian Smigiel (Hg.): Energie und soziale Ungleichheit. Zur gesellschaftlichen Dimension der Energiewende in Deutschland und Europa. Wiesbaden: VS. S. 377-402.

Haas, Tobias (2016b): Die Energiewende unter dem Druck (skalarer) Kräfteverschiebungen. Eine Analyse des EEG 2.0. In: *Prokla* 46 (184), S. 365-382.

Haas, Tobias; Huke, Nikolai (2015): Spanien: "Sie wollen mit allem Schluss machen". In: Hans-Jürgen Bieling und Daniel Buhr (Hg.): Europäische Welten in der Krise. Arbeitsbeziehungen und Wohlfahrtsstaaten im Vergleich. Frankfurt am Main: Campus, S. 165–190.

Haas, Tobias; Sander, Hendrik (2013): "Grüne Basis". Grüne Kapitalfraktionen in Europa - eine empirische Untersuchung. Hg. v. Rosa-Luxemburg-Stiftung. Berlin. Online verfügbar unter https://www.rosalux.de/fileadmin/rls_uploads/pdfs/Studien/IH_Studien_Gruene_Basis.pdf, zuletzt geprüft am 09.10.2013.

Haas, Tobias; Sander, Hendrik (2016): Shortcomings and Perspectives of the German Energiewende. In: *Socialism & Democracy* 30 (2), S. 121-143.

Hall, Peter; Soskice, David (2001a): An Introduction to Varieties of Capitalism. In: Peter A. Hall und David W. Soskice (Hg.): Varieties of capitalism. The institutional foundations of comparative advantage. Oxford: Oxford University Press, S. 1–68.

Hall, Peter A. (2008): The Evolution of Varieties of Capitalism in Europe. In: Bob Hancké (Hg.): Beyond varieties of capitalism. Conflict, contradictions, and complementarities in the European economy. Oxford: Oxford University Press, S. 39–85.

Hall, Peter A.; Soskice, David W. (Hg.) (2001b): Varieties of capitalism. The institutional foundations of comparative advantage. Oxford: Oxford University Press.

Hancké, Bob; Rhodes, Martin; Thatcher, Mark (2008): Introduction: Beyond Varieties of Capitalism. In: Bob Hancké (Hg.): Beyond varieties of capitalism. Conflict, contradictions, and complementarities in the European economy. Oxford: Oxford University Press, S. 3–38.

Harris, J. (2010): Going green to stay in the black: transnational capitalism and renewable energy. In: *Race & Class* 52 (2), S. 62–78.

Heine, Frederic; Sablowski, Thomas (2013): Die Europapolitik des Deutschen Machtblocks und ihre Widersprüche. Eine Untersuchung der Positionen Deutscher wirtschaftsverbände zur Eurokrise. Hg. v. Rosa-Luxemburg-Stiftung. Berlin (Studien). Online verfügbar unter http://www.rosalux.de/fileadmin/rls_uploads/pdfs/Studien/RLS_Studien_Europapolitik.pdf, zuletzt geprüft am 19.06.2015.

Heinrich, Mathis (2012): Zwischen Bankenrettungen und autoritärem Wettbewerbsregime. Zur Dynamik des europäischen Krisenmanagements. In: *Prokla* 42 (168), S. 395–412.

Heinrich, Matthis; Jessop, Bob (2013): Die EU-Krise aus Sicht der Kulturellen Politischen Ökonomie: Krisendeutungen und ihre Umsetzungen. In: *Das Argument* 55 (301), S. 19–33.

Hirsch, Joachim (1990): Kapitalismus ohne Alternative? Materialistische Gesellschaftstheorie und Möglichkeiten einer sozialistischen Politik heute. Hamburg: VSA.

Hirsch, Joachim (1993): Internationale Regulation. Bedingungen von Dominanz, Abhängigkeit und Entwicklung im globalen Kapitalismus. In: *Das Argument* 35 (198), S. 195–222.

Hirsch, Joachim (2013): Was wird aus der Regulationstheorie? In: Roland Atzmüller, Joachim Becker, Ulrich Brand, Lukas Oberndorfer, Vanessa Redak und Thomas Sablowski (Hg.): Fit für die Krise? Perspektiven der Regulationstheorie. Münster: Westfälisches Dampfboot, S. 380–396.

Hirsch, Joachim; Roth, Roland (1986): Das neue Gesicht des Kapitalismus. Vom Fordismus zum Post-Fordismus. Hamburg: VSA.

Hirschhausen, Christian von; Herold, Johannes; Oei, Pao-Yu; Haftendorn (2012): CCTS-Technologie ein Fehlschlag – Umdenken in der Energiewende notwendig. In: DIW Wochenbericht. In: *DIW Wochenbericht* 79 (6), S. 3–10. Online verfügbar unter http://www.diw.de/documents/publikationen/73/diw_01.c.392564.de/12-6-1.pdf, zuletzt geprüft am 17.02.2014.

Hirschl, Bernd (2008): Erneuerbare Energien-Politik. Eine Multi-Level Policy-Analyse mit Fokus auf den deutschen Strommarkt. Wiesbaden: VS Verlag.

Hirschl, Bernd; Neumann, Anna; Vogelpohl, Thomas (2011): Investitionen der vier großen Energiekonzerne in erneuerbare Energien. Stand 2009, Planungen und Ziele 2020 - Kapazitäten, Stromerzeugung und Investitionen von E.ON, RWE, Vattenfall und EnBW ; Studie im Auftrag von Greenpeace e.V. Berlin: IÖW.

Holman, Otto (1996): Integrating Southern Europe. EC expansion and the transnationalization of Spain. London, New York: Routledge.

Höpner, Martin (2007): Organisierter Kapitalismus in Deutschland. Kumulative Habilitationsschrift, vorgelegt der Wirtschafts- und Sozialwissenschaftlichen Fakultät Universität zu Köln, Februar 2007. Online verfügbar unter http://www.mpifg.de/people/mh/paper/Hoepner%202007%20-%20Einleitung%20Organisierter%20Kapitalismus.pdf, zuletzt geprüft am 14.10.2013.

Horn, Gustav; Joebges, Heike; Zwiener, Rudolf (2009): Von der Finanzkrise zur Weltwirtschaftskrise (II). Globale Ungleichgewichte: Ursache der Krise und Auswegstrategien für Deutschland. Hg. v. IMK (Report, Nr. 40). Online verfügbar unter http://www.boeckler.de/pdf/p_imk_report_40.pdf, zuletzt geprüft am 06.12.2013.

Horzetzky, Günther (2011): Die Antworten der schwarz-roten Bundesregierung. In: Thomas Dürmeier, Bernd Overwien und Christoph Scherrer (Hg.): Perspektiven auf die Finanzkrise. Opladen [u.a.]: Budrich, S. 147–158.

Hübner, Kurt (2015): Eurozone Crises. Leopard Politics in Action. In: Hauke Brunkhorst, Charlotte Gaitanides und Gerd Grözinger (Hg.): Europe at a Crossroad. From Currency Union to Political and Economic Governance? 1. Aufl. Baden-Baden: Nomos, S. 177–208.

Huke, Nikolai (2016): "Sie repräsentieren uns nicht." Soziale Bewegungen und Krisen der Demokratie in Spanien. Bislang unveröffentlichte Dissertation. Vorgelegt am Fachbereich Gesellschaftswissenschaften und Philosophie der Philipps-Universität Marburg.

Huke, Nikolai; Kannankulam, John (2012): Kritische Theorien der europäischen Integration. Blick auf die Debatte und politische Implikationen. In: *arranca!* (45), S. 16–19.

Huß, Christian (2015): Durch Fukushima zum neuen Konsens? Die Umweltpolitk von 2009 bis 2013. In: Reimut Zohlnhöfer und Thomas Saalfeld (Hg.): Politik im Schatten der Krise. Eine Bilanz der Regierung Merkel 2009-2013. Wiesbaden: VS, S. 521–553.

Iberdrola (2009): 2008 Consolidated Financial Statements. Online verfügbar unter https://www.iberdrola.es/webibd/gc/prod/en/doc/CuentasConsolidadas2008.pdf, zuletzt geprüft am 05.08.2014.

Iberdrola (31.03.2009): Ignacio Galán: "IBERDROLA's strategy ensures sustainable growth and a sound balance". Online verfügbar unter http://www.iberdrola.es/pressroom/press-releases/national-international/2008/detail/press-release/080331_NP_estrategiacrecimiento.html, zuletzt geprüft am 05.08.2014.

IG BCE (2015): Klimaschutz durch Investition in Effizienz und Versorgungssicherheit. Online verfügbar unter https://www.igbce.de/vanity/renderDownloadLink/106350/106512, zuletzt geprüft am 01.02.2016.

IG BCE, IG Metall, BDA und BDI (2013): Gemeinsame Erklärung von IG BCE, IG Metall, BDA und BDI: Energiewende vorantreiben, Industriestandort sichern. Online verfügbar unter http://bdi.eu/download_content/Gemeinsame_Erklaerung_Energiewende_vorantreiben.pdf, zuletzt geprüft am 03.12.2014.

Imperial College London (2012): On picking winners: The need for targeted support for renewable energy. Unter Mitarbeit von Robert Gross, Jonathan Stern, Chris Charles, Jack Nicholls, Chiara Candelise, Phil Heptonstall, Philip Greenacre. Online verfügbar unter http://assets.wwf.org.uk/downloads/on_picking_winners_oct_2012.pdf, zuletzt geprüft am 15.05.2015.

Institut Solidarische Moderne (2011): Sozialökologischer Gesellschaftsumbau auf dem Weg in eine Solidarische Moderne. Hg. v. Institut Solidarische Moderne. Online verfügbar unter https://www.solidarische-moderne.de/de/article/231.ism-startet-debatte-zum-sozialoekonomischen-umbau.html, zuletzt geprüft am 06.01.2016.

Jäger-Waldau, Arnulf (2010): PV Status Report 2010. Research, Solar Cell Production and Market Implementation of Photovoltaics. Hg. v. European Commission, DG Joint Research Centre, Institute for Energy, Renewable Energy Unit.

Janning, Frank; Toens, Katrin (2008): Einleitung. In: Frank Janning und Katrin Toens (Hg.): Die Zukunft der Policy-Forschung. Theorien, Methoden, Anwendungen. 1. Aufl. Wiesbaden: VS, S. 7–22.

Jessop, Bob (1990): State theory. Putting the Capitalist state in its place. Cambridge, U.K.: Polity Press.

Jessop, Bob (2007): Kapitalismus, Regulation, Staat. Ausgewählte Schriften. Hamburg: Argument-Verlag (Argument : Sonderband).

Johannesson Lindén, Åsa; Kalantzis, Fotis G.; Maincent, Emmanuelle; Pieńkowski, Jerzy (2014): Electricity Tariff Deficit. Temporary or Permanent problem in the EU? (European Economy. Economic Papers, 534). Online verfügbar unter http://ec.europa.eu/economy_finance/publications/economic_paper/2014/pdf/ecp534_en.pdf, zuletzt geprüft am 02.02.2015.

Junne, Gerd (1998): Die Dienstleistungsgesellschaft - Wandel der internen Konstitutionsbedinungen. In: Georg Simonis (Hg.): Deutschland nach der Wende. Neue Politikstrukturen. Opladen: Leske + Budrich, S. 43–54.

Kafsack, Hendrik (2014a): Martin Selmayr: Der starke Mann hinter Juncker. In: *faz*, 10.09.2014. Online verfügbar unter http://www.faz.net/aktuell/politik/europaeische-union/eu-komission-junckers-designierter-kabinettschef-martin-selmayr-13146095.html, zuletzt geprüft am 15.06.2015.

Kafsack, Hendrik (2014b): EU-Energiebeihilfe: 40 Milliarden Euro Subventionen für Ökostrom. In: *faz*, 12.10.2014. Online verfügbar unter http://www.faz.net/aktuell/wirtschaft/eu-unterstuetzungen-helfen-am-ehesten-oekostrom-13204505.html, zuletzt geprüft am 04.06.2015.

Kafsack, Hendrik (2015): Brüssel: Kindergarten in der EU-Kommission. In: *faz*, 15.05.2015. Online verfügbar unter http://www.faz.net/aktuell/wirtschaft/wirtschaftspolitik/bruessel-kindergarten-in-der-eu-kommission-13592793.html, zuletzt geprüft am 12.06.2015.

Kaiser, Robert (2014): Qualitative Experteninterviews. Konzeptionelle Grundlagen und praktische Durchführung. Wiesbaden: Springer VS.

Kannankulam, John; Georgi, Fabian (2012): Die Europäische Integration als materielle Verdichtung von Kräfteverhältnissen. Hegemionieprojekte im Kampf um das „Staatsprojekt Europa". Forschungsgruppe Europäische Integration. Marburg (Arbeitspapier, 30).

Karathanassis, Athanasios (2015): Kapitalistische Naturverhältnisse. Ursachen von Naturzerstörungen - Begründungen einer Postwachstumsökonomie. Aktualisierte und vollständige Überarbeitung und Erweiterung. Hamburg: VSA.

Kelemen, R. Daniel; Vogel, David (2010): Trading Places. The Role of the United States and the European Union in International Environmental Politics. In: *Comparative Political Studies* 43 (4), S. 427–456.

Kemfert, Claudia (2013a): Der Kampf um Strom. Mythen, Macht und Monopole. 1 Aufl. Hamburg: Murmann.

Kemfert, Claudia (2013b): Die wirtschaftlichen Chancen einer klugen Energiewende. In: Jörg Radtke und Bettina Hennig (Hg.): Die deutsche "Energiewende" nach Fukushima. Der wissenschaftliche Diskurs zwischen Atomausstieg und Wachstumsdebatte. 1. Aufl. Weimar (Lahn): Metropolis, S. 283–300.

Knodt, Michèle; Müller, Franziska; Piefer, Nadine (2014): Aufstrebende Mächte in der internationalen Energie-Governance. In: Andreas Nölke, Christian May und Simone Claar (Hg.): ˜Dieœ großen Schwellenländer. Ursachen und Folgen ihres Aufstiegs in der Weltwirtschaft. Wiesbaden: VS, S. 337–358.

Koch, Max (2011): Capitalism and climate change. Theoretical discussion, historical development and policy responses. Houndmills, Basingstoke Hampshire, New York: Palgrave Macmillan.

Kopp, Martin (2010): Streit über Kraftwerk Moorburg wird beigelegt. In: *Die Welt*, 26.08.2010. Online verfügbar unter http://www.welt.de/welt_print/regionales/hamburg/article9204933/Streit-ueber-Kraftwerk-Moorburg-wird-beigelegt.html, zuletzt geprüft am 20.01.2016.

Krauel, Torsten (2012): Sturz des Kronprinzen in die Bedeutungslosigkeit. In: *Die Welt*, 16.05.2012. Online verfügbar unter http://www.welt.de/debatte/kommentare/article106325814/Sturz-des-Kronprinzen-in-die-Bedeutungslosigkeit.html, zuletzt geprüft am 28.11.2014.

Krause, Florentin; Bossel, Hartmut; Müller-Reissmann, Karl-Friedrich (1980): Energiewende. Wachstum und Wohlstand ohne Erdöl und Uran : Ein Alternativ-Bericht des Öko-Instituts, Freiburg. Frankfurt am Main: S. Fischer.

Kreutzfeldt, Malte (2014): Ein Reaktor als Bankrotterklärung. In: *taz*, 21.10.2014. Online verfügbar unter http://www.taz.de/!5056685/, zuletzt geprüft am 08.06.2015.

Krug, Michael (2014): Umwelt- und sozialverträglicher Ausbau der erneuerbaren Energien. In: Achim Brunnengräber, Di Nucci, Maria Rosaria und Lutz Mez (Hg.): Im Hürdenlauf zur Energiewende. Von Transformationen, Reformen und Innovationen ; zum 70. Geburtstag von Lutz Mez. Wiesbaden: VS, S. 225–246.

Krüger, Timmo (2013): Das Hegemonieprojekt der ökologischen Modernisierung. In: *Leviathan* 41 (3), S. 422–456.

Küchler, Swantje; Wronski, Rupert (2014): Industriestrompreise in Deutschland und den USA. Überblick über Preisniveau, Preiszusammensetzung und Erhebungsmethodik Kurzanalyse im Auftrag des Bundesverbands Erneuerbare Energie (BEE). Hg. v. Forum Ökologisch Soziale Marktwirtschaft. Online verfügbar unter http://www.bee-ev.de/Publikationen/2014-FOES_Industriestrompreise_Deutschland_und_USA.pdf, zuletzt geprüft am 10.12.2014.

Kunze, Conrad; Becker, Sören (2014): Energiedemokratie in Europa. Bestandsaufnahme und Ausblick: Rosa-Luxemburg-Stiftung Brüssel. Online verfügbar unter http://rosalux-europa.info/userfiles/file/Energiedemokratie-in-Europa.pdf, zuletzt geprüft am 21.08.2014.

LBD-Beratungsgesellschaft (2011): Energiewirtschaftliche Erfordernisse zur Ausgestaltung des Marktdesigns für einen Kapazitätsmarkt Strom Abschlussbericht. Im Auftrag des Ministeriums für Umwelt, Klima und Energie des Landes Baden-Württemberg. Online verfügbar unter http://www.lbd.de/cms/pdf-gutachten-und-studien/1201-

LBD-Gutachten-LRBW_Kapazitaetsmarkt_Endbericht.pdf, zuletzt geprüft am 16.12.2014.

Lehndorff, Steffen (2012): Man spricht deutsch: Eine trügerische Erfolgsgeschichte. In: *Prokla* 42 (166), S. 7–28.

Lehndorff, Steffen (Hg.) (2014): Spaltende Integration. Der Triumph gescheiterter Ideen in Europa - revisited; zehn Länderstudien. Hamburg: VSA.

Lembke, Judith (2015): Kohle-Abwrackprämie: Hartz IV vom Minister. In: *faz*, 25.10.2015. Online verfügbar unter http://www.faz.net/aktuell/wirtschaft/der-braunkohle-kompromiss-ist-wie-hartz-iv-fuer-die-kraftwerke-13875611.html, zuletzt geprüft am 29.01.2016.

Lenschow, Andrea; Sprunk, Carina (2010): The Myth of a Green Europe. In: *JCMS: Journal of Common Market Studies* 48 (1), S. 133–154.

Leprich, Uwe; Junker, Andy; Weiler, Andreas (2010): Stromwatch 3: Energiekonzerne in Deutschland. Kurzstudie im Auftrag der Bundestagsfraktion Bündnis 90/Die Grünen. Saarbrücken. Online verfügbar unter http://www.energieverbraucher.de/files_db/1287647417_3999__12.pdf, zuletzt geprüft am 10.11.2014.

Lessenich, Stephan (1997): Arbeitsmarkt und Sozialpolitik im "postautoritären Wohlfahrtsstaat". In: Hans-Jürgen Bieling und Frank Deppe (Hg.): Arbeitslosigkeit und Wohlfahrtsstaat in Westeuropa. Neun Länder im Vergleich. Opladen: Leske und Budrich, S. 281–310.

Lipietz, Alain (1985): Akkumulation, Krisen und Auswege aus der Krise. Einige methodologische Anmerkungen zum Begriff der "Regulation". In: *Prokla* 15 (58), S. 109–137.

Lipietz, Alain (1993): Berlin, Bagdad, Rio. Das 21. Jahrhundert hat begonnen. Münster: Westfälisches Dampfboot.

Lipietz, Alain (1998a): Grün. Die Zukunft der politischen Ökologie. Wien: Promedia.

Lipietz, Alain (1998b): „Rebellische Söhne“, Interview. In: Alain Lipietz und Hans-Peter Krebs (Hg.): Nach dem Ende des "Goldenen Zeitalters". Regulation und Transformation kapitalisticher Gesellschaften : ausgewählten Schriften. Berlin: Argument Verlag (Argument-Sonderband), S. 12–23.

Lissmann, Carsten (2010): Atomvertrag: Revolution mit geheimen Absprachen. In: *Zeit Online*, 09.09.2010. Online verfügbar unter http://www.zeit.de/politik/deutschland/2010-09/akw-vertrag-verlaengerung/komplettansicht, zuletzt geprüft am 21.11.2014.

Lockwood, Matthew (2015): The political dynamics of green transformations. Feedback effects and institutional context. In: Ian Scoones, Melissa Leach und Peter Newell (Hg.): The politics of green transformations. London, New York: Routledge, S. 86–101.

Loorbach, Derk; van der Brugge, Rutger; Taanman, Mattijs (2008): Governance in the energy transition. Practice of transition management in the Netherlands. In: *IJETM* 9 (2/3), S. 294–315.

Loorbach, Derk; Verbong, Geert (2012): Conclusion: Is Governance of the Energy Transition a Reality, an Illusion or a Necessity? In: Geert Verbong und Derk Loorbach (Hg.): Governing the Energy Transition. Reality, Illusion or Necessity? New York: Routledge, S. 317–336.

Lopez, Mike R. (2009): Global market share in wind turbine manufacturers unveiled. In: *EcoSeed*, 03.03.2009. Online verfügbar unter http://www.ecoseed.org/renewables/wind/14343-global-market-share-in-wind-turbine-manufacturers-unveiled, zuletzt geprüft am 06.08.2014.

López Hernández, Isidro; Rodríguez, Emmanuel (2011): The Spanish Model. In: *New Left Review* 52 (69), S. 5–29.

López Hernández, Isidro; Rodríguez López, Emmanuel (2010): Fin de ciclo. Financiarización, territorio y sociedad de propietarios en la onda larga del capitalismo hispano (1959-2010). Madrid: Traficantes de Sueños.

López-Peña, Álvaro; Pérez-Arriaga, Ignacio; Linares, Pedro (2012): Renewables vs. energy efficiency: The cost of carbon emissions reduction in Spain. Special Section: Past and Prospective Energy Transitions - Insights from History. In: *Energy Policy* 50, S. 659–668. Online verfügbar unter http.

López-Tafall, José (2013): Eólica, ¿una historia de éxito sin final feliz? In: ENERCLUB (Hg.): Cuadernos de Energia. Madrid, S. 108–112.

Lux, Julia (2013). Im Auge des Sturms? Die beschäftigungspolitischen Folgen der Krise in Deutschland und Frankreich. In: *Das Argument* 55 (301), S. 107–117.

Macher, Julia (2015): Podemos und Co.: Spaniens neue Linke. In: *Blätter für deutsche und internationale Politik* 60 (2), S. 17–20.

Marcos, José (2012): El alcalde está en huelga de hambre. In: *El País*, 28.06.2012. Online verfügbar unter http://ccaa.elpais.com/ccaa/2012/06/28/madrid/1340834603_317633.html, zuletzt geprüft am 08.09.2015.

Markard, Jochen; Raven, Rob; Truffer, Bernhard (2012): Sustainability transitions. An emerging field of research and its prospects. In: *Research Policy* 41 (6), S. 955–967.

Martínez, Víctor (2015): El precio de la luz sube en España el doble que en el resto de la UE. In: *El Mundo*, 20.10.2015. Online verfügbar unter http://www.elmundo.es/economia/2015/10/20/5626187fca474195608b45c7.html, zuletzt geprüft am 31.05.2016.

Martínez, Víctor; Hernández, Marisol (2013): Montoro tumba la reforma de Soria. In: *El Mundo*, 30.11.2013. Online verfügbar unter http://www.elmundo.es/economia/2013/11/30/5299231161fd3d8a638b4599.html, zuletzt geprüft am 02.09.2015.

Matthes, Felix (2012): Langfristperspektiven der europäischen Energiepolitik – Die Energy Roadmap 2050 der Europäischen Union. In: *Energiewirtschaftliche Tagesfragen* 62 (1/2), S. 50–53.

Maubach, Klaus-Dieter (2013): Energiewende. Wege zu einer bezahlbaren Energieversorgung. Wiesbaden: VS.

Mautz, Rüdiger; Rosenbaum, Wolf (2012): Der deutsche Stromsektor im Spannungsfeld energiewirtschaftlicher Umbaumodelle. In: *WSI Mitteilungen* (2), S. 85–93.

Meadows, Donella H.; Meadows, Dennis L.; Randers, Jørgen; Behrens, William W. (1972): Limits to growth. A report for the club of rome's project on the predicament of mankind: Signet.

Méndez, Rafael (2010): Industria pacta suaves recortes con la eólica y la termosolar. In: *El País*, 02.07.2010. Online verfügbar unter file:///C:/Users/sphha01/AppData/Local/Temp/Industria%20pacta%20suaves%20recortes%20con%20la%20e%C3%B3lica%20y%20la%20termosolar%20_%20Sociedad%20_%20EL%20PA%C3%8DS.2.Julio.htm, zuletzt geprüft am 14.08.2014.

Mez, Lutz (2011): Atomenergie - Renaissance oder Talfahrt? Hg. v. Rosa-Luxemburg-Stiftung (Standpunkte, 31/2011).

Mez, Lutz; Midttun, Atle (1997): The Politics of Electrictiy Regulation. In: Atle Midttun (Hg.): European electricity systems in transition. A comparative analysis of policy and regulation in Western Europe. 1. Aufl. Oxford, OX, UK, New York: Elsevier Science, S. 307–332.

Midttun, Atle (1997a): Electricty Policy Within the European Union: One Step Forward, Two Steps Back. In: Atle Midttun (Hg.): European electricity systems in transition. A comparative analysis of policy and regulation in Western Europe. 1. Aufl. Oxford, OX, UK, New York: Elsevier Science, S. 255–278.

Midttun, Atle (Hg.) (1997b): European electricity systems in transition. A comparative analysis of policy and regulation in Western Europe. 1. Aufl. Oxford, OX, UK, New York: Elsevier Science.

Midttun, Atle (1997c): Regulation Beyond Market and Hierarchy: an Excursion into Regulation Theory. In: Atle Midttun (Hg.): European electricity systems in transition. A comparative analysis of policy and regulation in Western Europe. 1. Aufl. Oxford, OX, UK, New York: Elsevier Science, S. 13–38.

Mihm, Andreas (2014): Energiepolitik: EU torpediert die EEG-Reform. In: *faz*, 20.06.2014. Online verfügbar unter http://www.faz.net/aktuell/wirtschaft/wirtschaftspolitik/energiepolitik-eu-torpediert-die-eeg-reform-13001200.html, zuletzt geprüft am 12.12.2014.

Minder, Raphael; Castle, Stephen (2012): Spain Plans New Round of Tough Austerity Measures. In: *New York Times*, 11.07.2012. Online verfügbar unter http://www.nytimes.com/2012/07/12/business/global/daily-euro-zone-watch.html?_r=0, zuletzt geprüft am 31.08.2015.

MINETUR (16.03.2011): El Gobierno solicita al CSN una revisión de los sistemas de seguridad de todas las centrales nucleares - Mº de Industria, Energía y Turismo. Online verfügbar unter http://www.minetur.gob.es/es-ES/GabinetePrensa/NotasPrensa/2011/Paginas/npseguridadnuclear160311.aspx, zuletzt geprüft am 18.08.2014.

MINETUR (2015): La Energía en España 2014. Online verfügbar unter http://www.minetur.gob.es/energia/balances/Balances/LibrosEnergia/La_Energ%C3%ADa_2014.pdf , zuletzt geprüft am 25.02.2016.

MITYC (2011): LA ENERGIA EN ESPAÑA 2010. Madrid. Online verfügbar unter http://www.minetur.gob.es/energia/balances/Balances/LibrosEnergia/Energia_Espana_2010_2ed.pdf, zuletzt geprüft am 08.10.2013.

Möller, Kolja (2015): From the Ventotene Manifesto to post-democratic integration. A reconstructive approach to Europe's social dimension. In: Hauke Brunkhorst, Charlotte Gaitanides und Gerd Grözinger (Hg.): Europe at a Crossroad. From Currency Union to Political and Economic Governance? 1. Aufl. Baden-Baden: Nomos, S. 228–246.

Monopolkommission (2004): WETTBEWERBSPOLITIK IM SCHATTEN "NATIONALER CHAMPIONS". Fünfzehntes Hauptgutachten der Monopolkommission gemäß § 44 Abs. 1 Satz 1 GWB 2002/2003. Online verfügbar unter http://www.energieverbraucher.de/files_db/dl_mg_1089736862.pdf, zuletzt geprüft am 12.11.2014.

Morales de Labra, Jorge (2014): El mercado eléctrico español: historias de un oligopolio. In: Cote Romero und José Vicente Barcia Magaz (Hg.): Alta tensión. Por un nuevo modelo energético sostenible, democrático y ciudadano. Barcelona: Icaria, S. 73–82.

Morata, Francesc; Solorio Sandoval, Israel (Hg.) (2012): European energy policy. An environmental approach. Cheltenham, Northampton, MA: Edward Elgar.

Morata, Francesc; Solorio Sandoval, Israel (2014): When 'green' is not always sustainable. The inconvenient truth of the EU energy policy. In: *Carbon Management* 4 (5), S. 555–563.

Mount, Ian (2015): Iberdrola buoyed by renewables and weak euro. In: *financial times*, 22.07.2015. Online verfügbar unter http://www.ft.com/intl/cms/s/0/1eb5f8d4-3079-11e5-8873-775ba7c2ea3d.html, zuletzt geprüft am 03.09.2015.

Müller, Ullrich (2007): Die Gewinner der Worst EU Lobbying Awards 2007 sind… Hg. v. Lobby Control. Online verfügbar unter https://www.lobbycontrol.de/2007/12/die-gewinner-der-worst-eu-lobbying-awards-2007-sind/, zuletzt geprüft am 12.11.2014.

Muth, Josche; Flynn, Robert (2013): Hat-trick 2030. An integrated climate and energy framework. Hg. v. EREC. Online verfügbar unter http://www.qualenergia.it/sites/default/files/articolo-doc/EREC_Hat-trick2030_April2013.pdf, zuletzt geprüft am 15.05.2016.

Muth, Josche; Smith, Eleanor (2011): 45% by 2030. Towards a truly sustainable energy system in the EU. Hg. v. EREC. Online verfügbar unter http://egec.info/wp-content/uploads/2011/03/45_2030_EREC_2011.pdf, zuletzt geprüft am 15.05.2016.

Navarrete, Fernando; Mielgo, Pedro (2011): Propuestas para una estrategia energética nacional. FAES, Fundación para el Análisis y los Estudios Sociales. Madrid. Online verfügbar unter http://iies.es/wp-content/uploads/2016/05/propuestasparaunaestrategiaenergeticanacional_faes.pdf, zuletzt geprüft am 15.07.2014.

Neal, Larry; García-Iglesias, María Concepción (2013): The economy of Spain in the eurozone before and after the crisis of 2008. In: *The Quarterly Review of Economics and Finance* 53 (4), S. 336–344.

Neslen, Arthur (2013): UK nuclear power plans are 'Soviet', says EU energy commissioner. In: *The Guardian*, 01.05.2013. Online verfügbar unter http://www.theguardian.com/environment/2013/may/01/nuclear-power-soviet-eu-energy-commissioner, zuletzt geprüft am 08.06.2015.

Neslen, Arthur (2015): Fossil fuel firms accused of renewable lobby takeover to push gas. In: *The Guardian*, 22.01.2015. Online verfügbar unter http://www.theguardian.com/environment/2015/jan/22/fossil-fuel-firms-accused-renewable-lobby-takeover-push-gas, zuletzt geprüft am 15.05.2015.

Noceda, Miguel Ángel (2014): Iberdrola responde a la reforma eléctrica llevándose la inversión de España. In: *El País*, 19.02.2014. Online verfügbar unter http://economia.elpais.com/economia/2014/02/19/actualidad/1392811802_474832.html, zuletzt geprüft am 03.09.2015.

Nonhoff, Martin (2011): Hegemonieanalyse: Theorie, Methode und Forschungspraxis. In: Reiner Keller, Andreas Hirseland, Werner Schneider und Willy Viehöver (Hg.): Handbuch Sozialwissenschaftliche Diskursanalyse. 3., erw. Aufl. Wiesbaden: VS, S. 299–331.

Nuclenor (04.11.2015): Situación actual de la Central Nuclear de Santa María de Garoña. Online verfügbar unter http://www.nuclenor.org/public/prensa/ndp_20151104.pdf, zuletzt geprüft am 26.02.2016.

o. N. (2010): Real Decreto-ley 14/2010, por el que se establecen medidas urgentes para la corrección del déficit tarifario del sector eléctrico. Online verfügbar unter http://www.energiaysociedad.es/ficha/real-decreto-ley-14-2010-se-establecen-medidas-urg, zuletzt aktualisiert am 14.08.2014, zuletzt geprüft am 14.08.2014.

o. N. (2011a): Manifestación ecologista en Madrid en contra de las centrales nucleares. Online verfügbar unter http://www.renovablesverdes.com/manifestacion-ecologista-en-madrid-en-contra-de-las-centrales-nucleares/, zuletzt geprüft am 18.08.2014.

o. N. (2011b): La claves de la Ley de Economía Sostenible. In: *El País*, 15.02.2011. Online verfügbar unter http://economia.elpais.com/economia/2011/02/15/actualidad/1297758783_850215.html, zuletzt geprüft am 23.02.2016.

o. N. (2011c): Unesa se suma a Galán en su petición de una moratoria para la solar. In: *cinco días*, 29.10.2011. Online verfügbar unter http://cincodias.com/cincodias/2011/10/29/empresas/1319895581_850215.html, zuletzt geprüft am 19.02.2016.

o. N. (2013a): Sedigas defiende técnica del fracking siempre que se respete medio ambiente. Noticias de Mercados. Online verfügbar unter http://www.elconfidencial.com/mercados/2013-06-24/sedigas-defiende-tecnica-del-fracking-siempre-que-se-respete-medio-ambiente_863817/, zuletzt geprüft am 19.02.2016.

o. N. (2013b): Ausbau des AKW Mochovce von Höchstgericht gestoppt. In: *Der Standard*, 21.08.2013. Online verfügbar unter http://derstandard.at/1376534191367/Ausbau-des-AKW-Mochovce-von-Hoechstgericht-gestoppt, zuletzt geprüft am 08.06.2015.

o. N. (2014a): Iberdrola und Areva unterzeichnen Vertrag für 70 Offshore-Windkraftanlagen. In: *Windkraft-Journal*, 22.12.2014. Online verfügbar unter http://www.windkraft-journal.de/2014/12/22/iberdrola-und-areva-unterzeichnen-vertrag-fuer-70-offshore-windkraftanlagen/, zuletzt geprüft am 03.09.2015.

o. N. (2015): El sector eléctrico español da trabajo a 24 excargos públicos. In: *El Confidencial*, 26.02.2015. Online verfügbar unter http://www.elconfidencial.com/espana/2013-12-21/el-sector-electrico-espanol-da-trabajo-a-24-excargos-publicos_69155/, zuletzt geprüft am 03.09.2015.

o.N. (2014b): Sedigas pide apoyo a la UE para que España sea la alternativa al gas ruso. In: *Energía Diario*, 03.07.2014. Online verfügbar unter http://www.energiadiario.com/publicacion/sedigas-pide-apoyo-a-la-ue-para-que-espana-sea-la-alternativa-al-gas-ruso/, zuletzt geprüft am 19.02.2016.

OECD (2012): Employment and Labour Markets: Key Tables from OECD: OECD Publishing.

Öko-Institut (2014): Vorschlag für eine Reform der Umlage-Mechanismen im Erneuerbare Energien Gesetz (EEG). Studie des Öko-Institut im Auftrag von Agora Energiewende. Hg. v. Agora Energiewende. Online verfügbar unter http://www.agora-energiewende.de/fileadmin/downloads/publikationen/Impulse/EEG-Umlage_Oeko-Institut_2014/Impulse_Reform_des_EEG-Umlagemechanismus.pdf, zuletzt geprüft am 12.12.2014.

Öko-Institut; LBD-Beratungsgesellschaft; Raue LLP (2012): Fokussierte Kapazitätsmärkte. Ein neues Marktdesign für den Übergang zu einem neuen Energiesystem.

Studie für die Umweltstiftung WWF Deutschland. Online verfügbar unter http://www.lbd.de/cms/pdf-gutachten-und-studien/1210_Oeko-Institut_LBD_Raue-Fokussierte_-Kapazitaetsmaerkte.pdf, zuletzt geprüft am 16.12.2014.

Opratko, Benjamin (2012): Hegemonie. Politische Theorie nach Antonio Gramsci. Münster: Westfälisches Dampfboot.

Ortega, Margarita; del Río, Pablo; Montero, Eduardo A. (2013): Assessing the benefits and costs of renewable electricity. The Spanish case. In: *Renewable and Sustainable Energy Reviews* 27, S. 294–304.

Overbeek, Henk (2004): Transnational class formation and concepts of control: towards a genealogy of the Amsterdam Project in international political economy. In: *Journal of International Relations and Development* 7 (2), S. 113–141.

Page, David (2012): El Gobierno aplica nuevos impuestos a las eléctricas para recaudar 2.700 millones. In: *expansión.com*, 14.09.2012. Online verfügbar unter http://www.expansion.com/2012/09/14/empresas/energia/1347626143.html, zuletzt geprüft am 02.09.2015.

Paterson, Matthew (2007): Automobile politics. Ecology and cultural political economy. Cambridge, New York: Cambridge University Press.

Paterson, Matthew; Newell, Peter (2010): Climate Capitalism: Global Warming and the Transformation of the Global Economy: Cambridge University Press.

Pause, Fabian (2012): Was können wir voneinander lernen? - Zur Rolle der rechtsvergleichenden Forschung zum Recht der Erneuerbaren Energien am Beispiel Deutschlands und Spaniens -. In: Thorsten Müller (Hg.): 20 Jahre Recht der Erneuerbaren Energien. Baden-Baden: Nomos, S. 272–320.

Paz Espinosa, María (2013a): An Austerity-Driven Energy Reform. Hg. v. Department of Foundations of Economic Analysis II, University of the Basque Country UPV/EHU (Working Paper, 07-2013).

Paz Espinosa, María (2013b): Understanding Tariff Deficit and Its Challenges. Hg. v. Department of Foundations of Economic Analysis II University of the Basque Country UPV/EHU (Working Paper Series, 01-2013).

Piketty, Thomas (2014): Capital in the twenty-first century. Cambridge, Mass. [u.a.]: The Belknap Press of Harvard Univ. Press.

Planelles, Manuel; Noceda, Miguel Àngel (2015): Bruselas advierte de que España no cumplirá con el objetivo de renovables. In: *El País*, 16.06.2015. Online verfügbar unter http://politica.elpais.com/politica/2015/06/16/actualidad/1434448201_637295.html, zuletzt geprüft am 23.02.2016.

Podobnik, Bruce (2006): Global energy shifts. Fostering sustainability in a turbulent age. Philadelphia, PA: Temple University Press.

Pomrehn, Wolfgang (2009): CO2-Gesetz gescheitert. In: *Telepolis*, 24.06.2009. Online verfügbar unter http://www.heise.de/tp/news/CO2-Gesetz-gescheitert-1988235.html, zuletzt geprüft am 12.11.2014.

Poulantzas, Nicos (2002): Staatstheorie. Politischer Überbau, Ideologie, autoritärer Etatismus. Hamburg: VSA.

PP (2011): Lo que España necesita. Programa electoral Partido Popular 2011. Más sociedad, mejor gobierno. Online verfügbar unter https://dl-web.dropbox.com/get/uni/diss/Spanien/Energie/ThinktTanks.Positionspapiere/PP.Wahlprogramm.

2011.pdf?_subject_uid=59601533&w=AACJmHEYAvxYpMLj3Y54nO_6HZL585 RWuFv35Ze00IuuCg&get_preview=1, zuletzt geprüft am 21.08.2014.

Preisendörfer, Peter; Diekmann, Andreas (2012): Umweltprobleme. In: Günter Albrecht und Axel Groenemeyer (Hg.): Handbuch soziale Probleme. 2., überarbeitete Auflage. Wiesbaden: VS, S. 1198–1217.

Preuß, Susanne; Theurer, Marcus (2015): Schwaben fürchten ein britisches Atomkraftwerk. In: *faz*, 30.05.2015. Online verfügbar unter http://www.faz.net/aktuell/wirtschaft/energiepolitik/subventionen-fuer-kernkraftwerk-schwaben-fuerchten-britisches-atomkraftwerk-hinkley-point-13619431.html, zuletzt geprüft am 08.06.2015.

Priester, Karin (1977): Zur Staatstheorie bei Antonio Gramsci. In: *Das Argument* 19 (104), S. 515–532.

PSOE (2011): PROGRAMA ELECTORAL. Online verfügbar unter https://dl-web.dropbox.com/get/uni/diss/Spanien/Energie/ThinktTanks.Positionspapiere/PSOE.Wahlprogramm2011.pdf?_subject_uid=59601533&w=AABgGRPbahn8ilByJ6Z6flsTGKyG gCK44Q2kkcrlENKn7Q&get_preview=1, zuletzt geprüft am 21.08.2014.

Puig i Boix, Josep (2009): Renewable Regions: Life after Fossil Fuel in Spain. In: Peter Droege (Hg.): 100% renewable. Energy autonomy in action. London: Earthscan, S. 187–204.

Raffer, Kunibert (2011): Finanzkrise und Staatsinsolvenzen. Marktlösung statt Spekulantensubvention. In: *ZfAS (Zeitschrift für Außen- und Sicherheitspolitik)* 4 (3), S. 387–397.

Ragwitz, Mario; Held, Anne; Resch, Gustav; Faber, Thomas; Huber, Claus; Haas, Reinhard (2006): Monitoring and evaluation of policy instruments to support renewable electricity in EU Member States. Hg. v. Frauenhofer ISI und Energy Economics Group, zuletzt geprüft am 07.05.2015.

Rahman, Tim (2011): Krisengewinner Deutschland. In: *Wirtschaftswoche*, 27.09.2011. Online verfügbar unter http://www.wiwo.de/politik/konjunktur/finanzkrise-krisengewinner-deutschland/5224066.html, zuletzt geprüft am 12.12.2013.

Raza, Werner (2003): Politische Ökonomie und Natur im Kapitalismus. Skizze einer regulationstheoretischen Konezptualisierung. In: Ulrich Brand und Werner Raza (Hg.): Fit für den Postfordismus? Theoretisch-politische Perspektiven des Regulationsansatzes. 1. Aufl. Münster: Westfälisches Dampfboot, S. 158–174.

Redacción (2015): Canarias pide a Bruselas un marco que evite que España bloquee el autoconsumo. In: *el periódico de la energía*, 09.06.2015. Online verfügbar unter http://elperiodicodelaenergia.com/canarias-pide-a-bruselas-un-marco-que-evite-que-espana-bloquee-el-autoconsumo/, zuletzt geprüft am 02.09.2015.

Reddall, Braden (01.09.2010): Vestas will not chase market share at any price. reuters. Online verfügbar unter http://www.reuters.com/article/2010/09/01/us-vestas-idUSTRE 6807MA20100901, zuletzt geprüft am 29.04.2015.

REE, Red Electrica de España (2009): El sistema eléctrico español 2008. Madrid.

REE, Red Electrica de España (2015): El sistema eléctrico español 2014.

Renn, Ortwin; et al. (2011): Die Bedeutung der Gesellschafts- und Kulturwissenschaften für eine integrierte und systemisch ausgerichtete Energieforschung. Hg. v. berlin-brandenburgische Akademie der Wissenschaften, Deutsche Akademie der Technikwissenschaften und Nationale Akademie der Wissenschaften.

Reuter, Benjamin (2013): Reform-Pläne von Peter Altmaier: Neustart oder Ende für die Energiewende? In: *Wirtaschafts Woche Green*, 07.11.2013. Online verfügbar unter http://green.wiwo.de/reform-plaene-von-peter-altmaier-neustart-oder-ende-fuer-energiewende/, zuletzt geprüft am 04.12.2014.

reuters (2014): E.ON in der Klemme zwischen Energiewende und Expansion. In: *reuters*, 12.03.2014. Online verfügbar unter http://de.reuters.com/article/topNews/idDEBEE A2B02Q20140312, zuletzt geprüft am 02.12.2014.

Rich, Nathaniel (2015): The Last Coal Miners of Spain. In: *New York Times Magazine*, 10.04.2015. Online verfügbar unter http://www.nytimes.com/2015/04/12/magazine/the-last-coal-miners-of-spain.html?_r=0, zuletzt geprüft am 19.02.2016.

Richter, Ursula; Holst, Gregor; Krippendorf, Walter (2008): Solarindustrie als neues Feld industrieller Qualitätsproduktion – das Beispiel Photovoltaik. Hg. v. Otto Brenner Stiftung.

Robbins, Lionel (1932): An Essay on the Nature and Significance of Economic Science. London: Macmillan.

Roca, Ramón (2015): Los murcianos, los primeros autoconsumidores españoles con balance neto que no pagarán el 'impuesto al sol'. In: *el periódico de la energía*, 04.05.2015. Online verfügbar unter http://elperiodicodelaenergia.com/los-murcianos-los-primeros-autoconsumidores-espanoles-con-balance-neto-que-no-pagaran-el-impuesto-al-sol/, zuletzt geprüft am 02.09.2015.

Rolink, Diethard (2014): CDU-Abgeordnete: Kein Ausbaustopp für die Bioenergie! In: *topagraronline*, 16.06.2014. Online verfügbar unter http://www.topagrar.com/news/Energie-Energienews-CDU-Abgeordnete-Kein-Ausbaustopp-fuer-die-Bioenergie-1470920.html, zuletzt geprüft am 02.12.2014.

Romero, A. (2007): Iberdrola Renovables, un precio alto para una inversión garantizada. In: *El País*, 22.11.2007. Online verfügbar unter file:///C:/Users/sphha01/AppData/Local/Temp/Iberdrola%20Renovables,%20un%20precio%20alto%20para%20una%20inversi%C3%B3n%20garantizada%20_%20Econom%C3%ADa%20_%20EL%20PA%C3%8DS.22.Nov.htm, zuletzt geprüft am 13.08.2014.

Romero, Cote (2014a): La pobreza energética. In: Cote Romero und José Vicente Barcia Magaz (Hg.): Alta tensión. Por un nuevo modelo energético sostenible, democrático y ciudadano. Barcelona: Icaria, S. 157–170.

Romero, Cote (2014b): Energiearmut hat durch die Krise massiv zugenommen. Interview. In: *ak, analyse & kritik*, 17.06.2014 (595), S. 17.

Rosenkranz, Gerd (2014): Energiewende 2.0. Aus der Nische zum Mainstream. Hg. v. Heinrich-Böll-Stiftung. Online verfügbar unter http://www.boell.de/sites/default/files/energiewende2.0_1.pdf, zuletzt geprüft am 12.12.2014.

Rossbach, Henrike (2014): Gabriel sortiert sein Ministerium. In: *faz*, 08.01.2014. Online verfügbar unter http://www.faz.net/aktuell/wirtschaft/wirtschaftspolitik/wirtschaft-und-energie-gabriel-sortiert-sein-ministerium-12741502.html, zuletzt geprüft am 03.12.2014.

Röttger, Bernd (2012): Noch immer "Modell Deutschland"? Mythen und Realitäten polit-ökonomischer Kontinuität einer Gesellschaftsformation. In: *Prokla 166* Jg. 42, Nr. 1, S. 29–47.

Röttger, Bernd (2013): Die eigentümliche Kontinuität des "Modell Deutschland". Über historische Schranken, "große Krisen" und blockierte Transformationen der kapitalistischen Produktionsweise. In: Roland Atzmüller, Joachim Becker, Ulrich Brand, Lukas Oberndorfer, Vanessa Redak und Thomas Sablowski (Hg.): Fit für die Krise? Perspektiven der Regulationstheorie. Münster: Westfälisches Dampfboot, S. 286–308.

Royo, Sebastián (2000): From social democracy to neoliberalism. The consequences of party hegemony in Spain, 1982-1996. Basingstoke, London: Macmillan Press.

Royo, Sebastián (2008): Varieties of capitalism in Spain. Remaking the Spanish economy for the new century. 1st ed. New York: Palgrave Macmillan.

Royo, Sebastián (2009a): After the Fiesta: The Spanish Economy Meets the Global Financial Crisis. In: *South European Society and Politics* 14 (1), S. 19–34.

Royo, Sebastián (2009b): Reforms Betrayed? Zapatero and Continuities in Economic Policy. In: *South European Society and Politics* 14 (4), S. 435–451.

Royo, Sebastián (2013): How Did the Spanish Financial System Survive the First Stage of the Global Crisis? In: *Governance* 26 (4), S. 631–656.

Royo, Sebastían (2014): Institutional Degeneration and the Economic Crisis in Spain. In: *American Behavioral Scientist* 58 (12), S. 1568–1591.

RWE (2014): RWE Geschäftsbericht 2013. Online verfügbar unter http://www.rwe.com/web/cms/mediablob/de/2320250/data/10122/4/rwe/ueber-rwe/RWE-Geschaeftsbericht-2013.pdf, zuletzt geprüft am 02.12.2014.

RWI (2009): Die ökonomischen Wirkungen der Förderung Erneuerbarer Energien: Erfahrungen aus Deutschland. Online verfügbar unter http://www.rwi-essen.de/media/content/pages/publikationen/rwi-projektberichte/PB_Erneuerbare-Energien.pdf, zuletzt geprüft am 12.11.2014.

RWI (2012a): Marktwirtschaftliche Energiewende: Ein Wettbewerbsrahmen für die Stromversorgung mit alternativen Technologien. Ein Projekt im Auftrag der Initiative Neue Soziale Marktwirtschaft. Hg. v. Rheinisch-Westfälisches Institut für Wirtschaftsforschung. Essen. Online verfügbar unter http://www.rwi-essen.de/media/content/pages/publikationen/rwi-projektberichte/PB_Marktwirtschaftliche-Energiewende.pdf, zuletzt geprüft am 01.12.2014.

RWI (2012b): Marktwirtschaftliche Energiewende: Ein Wettbewerbsrahmen für die Stromversorgung mit alternativen Technologien. Ein Projekt im Auftrag der Initiative Neue Soziale Marktwirtschaft. Hg. v. Rheinisch-Westfälisches Institut für Wirtschaftsforschung. Online verfügbar unter http://www.rwi-essen.de/media/content/pages/publikationen/rwi-projektberichte/PB_Marktwirtschaftliche-Energiewende.pdf, zuletzt geprüft am 17.02.2014.

RWI (2012c): Zusammenfassung der Studie „Marktwirtschaftliche Energiewende" von Nils aus dem Moore, Prof. Dr. Manuel Frondel, Prof. Dr. Christoph M. Schmidt Rheinisch-Westfälisches Institut für Wirtschaftsforschung (RWI). Hg. v. Initiative Neue Soziale Marktwirtschaft. Online verfügbar unter www.insm.de/insm/dms/insm/text/.../Broschüre%20über%20die%20Energiewende.pdf, zuletzt geprüft am 01.12.2014.

Ryner, Magnus (2015): Europe's ordoliberal iron cage. Critical political economy, the euro area crisis and its management. In: *Journal of European Public Policy* 22 (2), S. 275–294.

Sabatier, Paul A. (1993): Advocacy-Koalitionen, Policy-Wandel und Policy-Lernen: Eine Alternative zur Phasenheuristik. In: Adrienne Windhoff-Héritier (Hg.): Policy-Analyse. Kritik und Neuorientierung. Opladen: Westdeutscher Verlag (Politische Vierteljahresschrift. Sonderheft, 24), S. 116–148.

Sabatier, Paul A. (1998): The advocacy coalition framework: revisions and relevance for Europe. In: *Journal of European Public Policy* 5 (1), S. 98–130.

Sablowski, Thomas; Scheider, Etienne (2013): Verarmung Made in Frankfurt/M. Die Europäische Zentralbank in der Krise. Hg. v. Rosa-Luxemburg-Stiftung. Berlin (Standpunkte, 06).

Sablowski, Thomas (2013): Regulationstheorie. In: Joscha Wullweber, Antonia Graf und Maria Behrens (Hg.): Theorien der Internationalen Politischen Ökonomie. Wiesbaden: VS, S. 85–100.

Sáenz de Miera, Gonzalo; del Río González, Pablo; Vizcaíno, Ignacio (2008): Analysing the impact of renewable electricity support schemes on power prices: The case of wind electricity in Spain. In: *Energy Policy* 36 (9), S. 3345–3359.

Sallé Alonso, Carlos (2012): El déficit de tarifa y la importancia de la ortodoxia en la regulación del sector eléctrico. In: *Papeles de Economía Española* (134), S. 101–116.

Sander, Hendrik (2016a): *Auf dem Weg zum grünen Kapitalismus? Die Energiewende nach Fukushima*. Berlin: Bertz und Fischer.

Sander, Hendrik (2016b): Die Bewegung für Klimagerechtigkeit und Energiedemokratie in Deutschland: Eine historisch-materialistische Bewegungsanalyse. In: *Prokla* 46 (184), 403–422.

Sander, Hendrik (2015): Die deutsche Energiepolitik nach Fukushima. Zum Potenzial eines grünen Kapitalismus in der multiplen Krise: Dissertationsschrift, vorgelegt am Fachbereich Gesellschaftswissenschaften der Universität Kassel.

Schäfer, Ulrich (2014): Zukunft der Energiekonzerne – E.on und E.off. In: *Sueddeutsche.de*, 02.12.2014. Online verfügbar unter http://www.sueddeutsche.de/wirtschaft/zukunft-der-energiekonzerne-eon-und-eoff-1.2246450, zuletzt geprüft am 02.02.2016.

Scherrer, Christoph (2007): Hegemonie: empirisch fassbar? In: Andreas Merkens und Victor Rego Diaz (Hg.): Mit Gramsci arbeiten. Texte zur politisch-praktischen Aneignung Antonio Gramscis. Hamburg: Argument, S. 71–84.

Schill, Wolf-Peter; Gerbaulet, Clemens; Kasten, Peter (2015): Elektromobilität in Deutschland: CO2-Bilanz hängt vom Ladestrom ab. In: *DIW-Wochenbericht* 82 (10), S. 207–215.

Schmalz, Stefan; Weinmann, Nico (2013): Gewerkschaftliche Kampfzyklen in Westeuropa. Die Jahre 1968 bis 1973 und 2008/09 im Vergleich. Hamburg: VSA (Supplement der Zeitschrift Sozialismus).

Schönwitz, Daniel (2015): Geprellte Ökoanleger verklagen Spanien. In: *Wirtschaftswoche*, 23.07.2015. Online verfügbar unter http://www.wiwo.de/finanzen/geldanlage/solarsubventionen-geprellte-oekoanleger-verklagen-spanien/12063330.html, zuletzt geprüft am 20.01.2016.

Schülke, Christian (2010): The EU's Major Electricity and Gas Utilities since Market Liberalization. Hg. v. institut fracais de relations internationales. Online verfügbar unter https://www.ifri.org/sites/default/files/atoms/files/etudesn10cschulke.pdf, zuletzt geprüft am 25.11.2013.

Schulten, Thorsten; Müller, Torsten (2013): Ein neuer europäischerInterventionismus? Die Auswirkungen des neuen Systems der europäischen Economic Governance auf Löhne und Tarifpolitik. In: *Wirtschaft und Gesellschaft* 39 (3), S. 291–321.

Schultz, Stefan (2010): Solar-Lobbyisten bei der FDP: Schmeicheleien mit der Kraft der Sonne. In: *SPIEGEL ONLINE*, 03.03.2010. Online verfügbar unter http://www.spiegel.de/wirtschaft/soziales/solar-lobbyisten-bei-der-fdp-schmeicheleien-mit-der-kraft-der-sonne-a-681275.html, zuletzt geprüft am 14.11.2014.

Schwarz, Susanne (2014): Energieriesen ganz kleinlaut. In: *klimaretter.info*, 12.03.2014. Online verfügbar unter http://www.klimaretter.info/wirtschaft/hintergrund/15927-energieriesen-ganz-kleinlaut, zuletzt geprüft am 02.12.2014.

Scoones, Ian; Leach, Melissa; Newell, Peter (Hg.) (2015): The politics of green transformations. London, New York: Routledge.

Sebald, Christian (2014): Abgeblasen. In: *Süddeutsche.de*, 12.10.2014. Online verfügbar unter http://www.sueddeutsche.de/muenchen/h-regelung-abgeblasen-1.2688636, zuletzt geprüft am 27.01.2016.

Sebastián, Miguel (2013): Algunas reflexiones sobre la situación energética. In: ENERCLUB (Hg.): Cuadernos de Energia. Madrid, S. 36–42.

Seikel, Daniel (2008): Spanien: Im Spannungsfeld zwischen europäischer Integration und nationalem Protektionismus. In: Hans-Jürgen Bieling, Christina Deckwirth und Stefan Schmalz (Hg.): Liberalisierung und Privatisierung in Europa. Die Reorganisation der öffentlichen Infrastruktur in der Europäischen Union. Münster: Westfälisches Dampfboot, S. 152–184.

Sekler, Nicola; Brand, Ulrich (2011): Eine "widerständige" Aneigung Gramscis. In: Benjamin Opratko und Oliver Prausmüller (Hg.): Gramsci global. Neogramscianische Perspektiven in der Internationalen Politischen Ökonomie. Hamburg: Argument, S. 224–240.

Simonis, Georg (1998): Das Modell Deutschland - Strukturmerkmale und Entwicklungslinien eines theoretischen Ansatzes. In: Georg Simonis (Hg.): Deutschland nach der Wende. Neue Politikstrukturen. Opladen: Leske + Budrich, S. 257–284.

Sinn, Hans-Werner (2003): Ist Deutschland noch zu retten? 5., korrigierte Aufl. München: Econ.

Sinn, Hans-Werner (2008): Das grüne Paradoxon. Plädoyer für eine illusionsfreie Klimapolitik. Berlin: Econ.

Sirletschtov, Antje (2010): Laufzeiten: Die Knackpunkte im Atomstreit. In: *Zeit Online*, 25.08.2010. Online verfügbar unter http://www.zeit.de/wirtschaft/2010-08/unterstrom-76540, zuletzt geprüft am 21.11.2014.

Skovgaard, Jakob (2014): EU climate policy after the crisis. In: *Environmental Politics* 23 (1), S. 1–17.

Smith, Adrian (2012): Civil Society in Sustainable Energy Transitions. In: Geert Verbong und Derk Loorbach (Hg.): Governing the Energy Transition. Reality, Illusion or Necessity? New York: Routledge, S. 180–202.

SolarWorld (o. J.): Konzernbericht 2009. SolarWorld AG. Online verfügbar unter http://konzernbericht2009.solarworld.de/konzernlagebericht/geschaeftsverlauf-imjahr-2009/ertrags-finanz-und-vermoegenslage/ertragslage.html, zuletzt aktualisiert am 13-11-14 02:31, zuletzt geprüft am 14.11.2014.

Solorio Sandoval, Israel (2013): La política medioambiental comunitaria y la europeización de las políticas energéticas nacionales de los estados miembros. La política europea de renovables y su impacto en España y el Reino Unido. Universitat Autónoma de Barcelona: Departament de Dret Públic i de Ciències Historicojurídiques (TESIS DOCTORAL).

Solorio Sandoval, Israel; Morata, Francesc (2012): Introduction: the re-evolution of energy policy in Europe. In: Francesc Morata und Israel Solorio Sandoval (Hg.): European energy policy. An environmental approach. Cheltenham, Northampton, MA: Edward Elgar, S. 1–23.

Solorio Sandoval, Israel; Öller, Eva; Jörgens, Helge (2014): The German Energy Transition in the Context of the EU Renewable Energy Policy. In: Achim Brunnengräber, Di Nucci, Maria Rosaria und Lutz Mez (Hg.): Im Hürdenlauf zur Energiewende. Von Transformationen, Reformen und Innovationen ; zum 70. Geburtstag von Lutz Mez. Wiesbaden: VS, S. 190–200.

Solorio Sandoval, Israel; Zapater, Esther (2012): Redrawing the 'green Europeanization' of energy policiy. In: Francesc Morata und Israel Solorio Sandoval (Hg.): European energy policy. An environmental approach. Cheltenham, Northampton, MA: Edward Elgar, S. 97–112.

SPD (2013): Das wir entscheidet. Das Regierungsprogramm 2013 - 2017. Online verfügbar unter http://www.spd.de/linkableblob/96686/data/20130415_regierungsprogramm_2013_2017.pdf, zuletzt geprüft am 08.12.2014.

Spiegel Online (2013): Eine Milliarde Verlust: Siemens scheitert mit Verkauf von Solar-Sparte - SPIEGEL ONLINE, 17.06.2013. Online verfügbar unter http://www.spiegel.de/wirtschaft/unternehmen/siemens-scheitert-mit-verkauf-von-solar-sparte-a-906133.html, zuletzt geprüft am 13.11.2014.

Spiegel Online (2014): Kohlekraftwerke: Gabriel verkündet Abkehr von Klimaschutzzielen, 16.11.2014. Online verfügbar unter http://www.spiegel.de/politik/deutschland/gabriel-beim-klimaschutz-ist-das-ziel-nicht-zu-halten-a-1003183.html, zuletzt geprüft am 17.12.2014.

SSE; Eneco; SWM; EWE; Acciona; EDP Renewables et al. (2012): Coalition of energy companies calls for a binding EU 2030 renewables framework. EU Energy Ministers should support a strong ETS and renewables targets. Online verfügbar unter http://hosted-p0.vresp.com/782453/3c88bbd537/ARCHIVE, zuletzt geprüft am 14.05.2015.

Stark, Jürgen (2015): Die Transformation der EZB und die Konzeption der europäischen Geldpolitik. Interview mit Jürgen Stark. In: *Politikum* 1 (2), S. 24–31.

Statistisches Bundesamt (2014): Beschäftigtenzahl in der Erneuerbare-Energien-Branche in Deutschland 2013. Online verfügbar unter http://de.statista.com/statistik/daten/studie/156645/umfrage/anzahl-der-beschaeftigten-in-der-erneuerbare-energien-branche-seit-1998/, zuletzt geprüft am 02.12.2014.

Steinko, Armando Fernando (2013): Portugal, Spanien und Griechenland auf der Suche nach einem Ausweg. In: *Das Argument* 55 (301), S. 140–155.

Stern, Nicholas Herbert (2007): The economics of climate change. The Stern review. Cambridge, UK, New York: Cambridge University Press.

Stiftung Umweltenergierecht (2014): Förderung Erneuerbarer Energien und EU-Beihilferahmen. Insbesondere eine Untersuchung des Entwurfs der Generaldirektion Wettbewerb der EU-Kommission zu „Leitlinien für Umwelt- und Energiebeihilfen für die Jahre 2014-2020“. Erstellt im Auftrag von Agora Energiewende. Unter Mitarbeit von Nora Grabmayr, Helena Münchmeyer, Fabian Pause, Achim Stehle und Thorsten Müller. Online verfügbar unter http://stiftung-umweltenergierecht.de/wp-content/uploads/2016/03/stiftungumweltenergierecht_wuestudien_02_beihilferahmen.pdf, zuletzt geprüft am 01.06.2016.

Stirling, Andy (2015): Emancipating transformations. From controlling 'the transition' to culturing plural radical progress. In: Ian Scoones, Melissa Leach und Peter Newell (Hg.): The politics of green transformations. London, New York: Routledge, S. 54–67.

Stratmann, Klaus (2010): Mehr Leistung: Windbranche im Aufschwung. In: *Handelsblatt*, 28.01.2010. Online verfügbar unter http://www.handelsblatt.com/politik/deutschland/mehr-leistung-windbranche-im-aufschwung/3356108.html, zuletzt geprüft am 13.11.2014.

Streck, Ralf (2011a): Laufzeitverlängerung in Spanien durch die Hintertür. In: *telpolis*, 17.02.2011. Online verfügbar unter http://www.heise.de/tp/news/Laufzeitverlaengerung-in-Spanien-durch-die-Hintertuer-2006562.html, zuletzt geprüft am 10.09.2015.

Streck, Ralf (2011b): Sicherung der AKWs vor Flugzeugabstürzen. In: *Telepolis*, 31.03.2011. Online verfügbar unter http://www.heise.de/tp/artikel/34/34463/1.html, zuletzt geprüft am 18.08.2014.

Streck, Ralf (2011c): Ein neuer unstressiger Stresstest. Auch beim angekündigten Stresstest von Atomkraftwerken bleibt die Atomlobby strahlender Sieger, 04.05.2011. Online verfügbar unter http://www.heise.de/tp/artikel/34/34685/1.html, zuletzt geprüft am 18.08.2014.

Streeck, Wolfgang (1995): German Capitalism: Does it exist? Can it survive? Hg. v. MPIFG (Discussion Paper, 95/5).

Streeck, Wolfgang (2012): Wolfgang Streeck - Germany. In: *European Societies* 14 (1), S. 136–138.

Stützle, Ingo (2013): Austerität als politisches Projekt. Von der monetären Integration Europas zur Eurokrise. 1. Aufl. Münster: Westfälisches Dampfboot.

Süddeutsche Zeitung (2010): Energiegutachten – "Wer von Eon bezahlt wird, kann nicht neutral sein". In: *Süddeutsche.de*, 27.08.2010. Online verfügbar unter http://www.sueddeutsche.de/politik/energiegutachten-wer-von-eon-bezahlt-wird-kann-nicht-neutral-sein-1.992996, zuletzt geprüft am 21.11.2014.

Süddeutsche Zeitung (2014): Merkel lehnt Plan für "Atom-Stiftung" ab. In: *Sueddeutsche.de*, 16.05.2014. Online verfügbar unter http://www.sueddeutsche.de/politik/plaene-von-eon-rwe-und-enbw-merkel-weist-uebernahme-von-atom-risiken-zurueck-1.1966052, zuletzt geprüft am 02.02.2016.

Techert, Holger (2010): Erneuerbare Energien in Konjunkturpaketen: Europäische Union. Hg. v. Institut der Deutschen Wirtschaft. Köln. Online verfügbar unter http://iwkoeln09.rentserver562.internet1.de/Studien/Gutachten/tabid/152/articleid/30522/Default.aspx, zuletzt geprüft am 01.05.2015.

Tews, Kerstin (2014): Europeanization of Energy and Climate Policy: New trends and their implications for the German energy transition process. Hg. v. Forschungsstelle für Umweltpolitik, Freie Universität Berlin (FFU Report 03/2014).

The Green New Deal Group (2008): A Green New Deal. Joined-up policies to solve the triple crunch of the credit crisis, climate change and high oil prices. Hg. v. new economics foundation (nef). London. Online verfügbar unter http://dnwssx417gl7s.cloudfront.net/nefoundation/default/page/-/files/A_Green_New_Deal.pdf, zuletzt geprüft am 31.07.2013.

The Greens EP (2014): EU climate and energy summit. The 2030 targets: what's at stake? Online verfügbar unter http://www.greens-efa.eu/eu-climate-and-energy-summit-13018.html, zuletzt geprüft am 08.06.2015.

Thie, Hans (2013): Rotes Grün. Pioniere und Prinzipien einer ökologischen Gesellschaft. Hamburg: VSA.

Toke, David (2011): Ecological modernisation, social movements and renewable energy. In: *Environmental Politics* 20 (1), S. 60–77.

Treib, Oliver (2014): Methodische Spezifika der Policy-Forschung. In: Klaus Schubert und Nils C. Bandelow (Hg.): Lehrbuch der Politikfeldanalyse. 3., aktualisierte und überarbeitete Auflage. München: De Gruyter Oldenbourg, S. 211–230.

Tresantis (Hg.) (2015): Die Anti-Atom-Bewegung. Geschichte und Perspektiven. Berlin: Assoziation A.

Turmes, Claude (2014): 'Das war ein Putsch gegen den Klimaschutz'. Interview in: klimaretter.info, 24.10.2014. Online verfügbar unter http://www.klimaretter.info/politik/hintergrund/17475-qdas-war-ein-putsch-gegen-den-klimaschutzq, zuletzt geprüft am 14.05.2015.

Uken, Marlies (2009): Kohlendioxid: Der neue Endlager-Streit. In: *Zeit Online*, 30.07.2009. Online verfügbar unter http://www.zeit.de/online/2009/26/ccs-protest, zuletzt geprüft am 14.11.2014.

Uken, Marlies (2014): Energiepolitik: Atomkraft, um jeden Preis. In: *Die Zeit*, 08.10.2014. Online verfügbar unter http://www.zeit.de/wirtschaft/2014-10/hinkley-point-atomkraft-eu/komplettansicht, zuletzt geprüft am 08.06.2015.

Umweltbundesamt (2011): Hintergrundpapier "Umstrukturierung der Stromversorgung in Deutschland". Online verfügbar unter http://www.umweltbundesamt.de/sites/default/files/medien/publikation/long/4117.pdf, zuletzt geprüft am 24.11.2014.

UNEF (04.02.2016): España instala solo 49MW fotovoltaicos en 2015. Online verfügbar unter http://unef.es/2016/02/espan%cc%83a-instala-solo-49mw-fotovoltaicos-en-2015/, zuletzt geprüft am 25.02.2016.

Urban, Hans-Jürgen (2011): Das neue Europa: stabil und autoritär? Europas Weg in einen neuen Autoritarismus. In: Joachim Bischoff, Frank Deppe, Richard Detje und Hans-Jürgen Urban (Hg.): Europa im Schlepptau der Finanzmärkte. Hamburg: VSA, S. 30–64.

van Apeldoorn, Bastiaan (2000): Transnationale Klassen und europäisches Regieren: der European Roundtable of Industrialists. In: Hans-Jürgen Bieling und Jochen Steinhilber (Hg.): Die Konfiguration Europas. Dimensionen einer kritischen Integrationstheorie. Münster: Westfälisches Dampfboot, S. 189–221.

van Apeldoorn, Bastiaan (2002): Transnational capitalism and the struggle over European integration. London, New York: Routledge.

van der Pijl, Kees (1984): The making of an Atlantic ruling class. London: Verso.

ver.di (13.08.2014): ver.di fordert: Kapazitätsmarkt statt Kraftwerksstilllegungen. Online verfügbar unter http://www.verdi.de/presse/pressemitteilungen/++co++7966fda6-22dc-11e4-a1a0-5254008a33df, zuletzt geprüft am 16.12.2014.

Verbong, Geert; Geels, F. W. (2010): Exploring sustainability transitions in the electricity sector with socio-technical pathways. In: *Technological Forecasting and Social Change* 77 (8), S. 1214–1221.

Verbong, Geert; Geels, Frank W. (2012): Future Electricity Systems: Visions, Scenarios and Transition Pathways. In: Geert Verbong und Derk Loorbach (Hg.): Governing the Energy Transition. Reality, Illusion or Necessity? New York: Routledge, S. 203–219.

Verdú, Daniel (2015): Spain turns its back on the sun. In: *El País*, 16.06.2015. Online verfügbar unter http://elpais.com/elpais/2015/06/15/inenglish/1434365532_423180.html, zuletzt geprüft am 25.02.2016.

Verein der Kohlenimporteure (2010): Mittel - und langfristige CO2 - Einsparungspotenziale durch Erneuerung des deutschen Steinkohlenkraftwerksparks. Online verfügbar unter http://www.verein-kohlenimporteure.de/download/Kraftwerksneubauten_11062010.pdf, zuletzt geprüft am 12.11.2014.

VKU (10.09.2010): Einseitige Privilegierung nicht akzeptabel. Pressemitteilung 47/10. Online verfügbar unter http://www.vku.de/service-navigation/presse/pressemitteilungen/liste-pressemitteilung/pressemitteilung-4710.html, zuletzt geprüft am 21.11.2014.

VKU (18.05.2011): Janning: Stadtwerke spielen wichtige Rolle beim Umbau des Energiesystems. Online verfügbar unter http://www.vku.de/service-navigation/presse/pressemitteilungen/liste-pressemitteilung/pressemitteilung-3711.html, zuletzt geprüft am 28.11.2014.

VKU (06.06.2011): Meilensteine für Energiewende sind gelegt. Online verfügbar unter http://www.vku.de/service-navigation/presse/pressemitteilungen/liste-pressemitteilung/pressemitteilung-4311.html, zuletzt geprüft am 28.11.2014.

VKU (31.10.2013): Energiepolitik: Koalitionspartner sollten mutige Reformen vereinbaren. Online verfügbar unter http://www.vku.de/service-navigation/presse/pressemitteilungen/liste-pressemitteilung/pressemitteilung-8313.html, zuletzt geprüft am 08.12.2014.

VKU (18.12.2013): EEG wettbewerblicher ausgestalten. Online verfügbar unter http://www.vku.de/service-navigation/presse/pressemitteilungen/liste-pressemitteilung/pressemitteilung-9513.html, zuletzt geprüft am 08.12.2014.

VKU (22.01.2014): Stadtwerke begrüßen Pläne der Bundesregierung zur EEG-Reform. Online verfügbar unter http://www.vku.de/service-navigation/presse/pressemitteilungen/liste-pressemitteilung/pressemitteilung-714.html, zuletzt geprüft am 10.12.2014.

VKU (12.03.2014): EEG-Novelle: „Die Richtung stimmt, nun muss schnell umgesetzt werden“. Online verfügbar unter http://www.vku.de/service-navigation/presse/presse mitteilungen/liste-pressemitteilung/pressemitteilung-1714.html, zuletzt geprüft am 10.12.2014.

VKU (27.06.2014): EEG-Reform: Paradigmenwechsel mit Einschränkungen. Online verfügbar unter http://www.vku.de/service-navigation/presse/pressemitteilungen/ liste-pressemitteilung/pressemitteilung-5114.html, zuletzt geprüft am 10.12.2014.

Waldermann, Anselm (2009): Internes Strategiepapier: Atomlobby plante Wahlkampf minutiös. In: *SPIEGEL ONLINE*, 23.09.2009. Online verfügbar unter http://www.spiegel.de/wirtschaft/soziales/internes-strategiepapier-atomlobby-plante-wahlkampf-minutioes-a-650172.html, zuletzt geprüft am 12.11.2014.

Wandler, Reiner (2011): Neue grüne Partei in Spanien: Auf die Frustrierten gesetzt, 09.10.2011. Online verfügbar unter http://www.taz.de/!5110264/, zuletzt geprüft am 21.03.2016.

Weimann, Joachim (1995): Umweltökonomik. Eine theorieorientierte Einführung. Berlin: Springer.

Weimann, Joachim (2010): Die Klimapolitik-Katastrophe. Deutschland im Dunkel der Energiesparlampe. 3., erw. Aufl. Marburg: Metropolis.

Weis, Laura (2015): Erdgas, Fracking, Klimawandel - Gas ist keine Lösung, sondern Teil des Problems. Hg. v. Heinrich-Böll-Stiftung. Online verfügbar unter https://www.boell.de/de/2015/11/30/erdgas-fracking-klimawandel-gas-ist-keine-loes ung-sondern-teil-des-problems, zuletzt geprüft am 20.06.2016.

Werdermann, Felix (2009): Künstlich verlängerte AKW-Laufzeiten: Die Tricks der Atomkonzerne - taz.de. In: *taz*, 18.08.2009. Online verfügbar unter http://www.taz.de/ !39205/, zuletzt geprüft am 10.11.2014.

Wetzel, Daniel (2015): Ökostromer E.on haftet jetzt auch für Atomrisiken. In: *Die Welt*, 10.09.2015. Online verfügbar unter http://www.welt.de/wirtschaft/energie/article 146237493/Oekostromer-E-on-haftet-jetzt-auch-fuer-Atomrisiken.html, zuletzt geprüft am 02.02.2016.

Wildhagen, Andreas (2010): Ein Maschinenbauer kartet nach. In: *Wirtschaftswoche*, 02.09.2010. Online verfügbar unter http://www.wiwo.de/unternehmen/energiepolitischer-appell-ein-maschinenbauer-kartet-nach/5676098.html, zuletzt geprüft am 21.11.2014.

Wissel, S.; Rath-Nagel, S.; Blesl, M.; Fahl, U.; Voß A. (2008): Stromerzeugungskosten im Vergleich. Arbeitsbericht/working paper Nr.4, Institut für Energiewirtschaft und rationelle Energieanwendung, Universität Stuttgart. Online verfügbar unter http://www.ier.uni-stuttgart.de/publikationen/arbeitsberichte/Arbeitsbericht_04.pdf, zuletzt geprüft am 17.02.2014.

Wissen, Markus (2008): Zur räumlichen Dimensionierung sozialer Prozesse. Die Scale-Debatte in der angloamerikanischen Radical Geography - eine Einleitung. In: Markus Wissen, Bernd Röttger und Susanne Heeg (Hg.): Politics of Scale. Räume der Globalisierung und Perspektiven emanzipatorischer Politik. Münster: Westfälisches Dampfboot, S. 8–33.

Wissen, Markus (2016): Zwischen Neo-Fossilismus und "grüner Ökonomie". Entwicklungstendenzen des globalen Energieregimes. In: *Prokla*, 46 (3), 343–364.

Wissen, Markus; Naumann, Matthias (2008): Uneven Development. Zum Konzept ungleicher Entwicklung in der radical geography. In: Wolfgang Krumbein, Hans-Dieter von Frieling, Uwe Kröcher und Detlev Sträter (Hg.): Kritische Regionalwissenschaft. Gesellschaft, Politik, Raum - Theorien und Konzepte im Überblick. 1. Aufl. Münster: Westfälisches Dampfboot, S. 87–109.

Wissen, Markus; Röttger, Bernd; Heeg, Susanne (Hg.) (2008): Politics of Scale. Räume der Globalisierung und Perspektiven emanzipatorischer Politik. Münster: Westfälisches Dampfboot.

Wissen, Ralf; Nicolosi, Marco (2008): Ist der Merit-Order-Effekt der erneuerbaren Energien richtig bewertet? In: *Energiewirtschaftliche Tagesfragen* 58 (1/2), S. 110–115.

Wissenschaftlicher Beirat BMWA (2004): Zur Förderung erneuerbarer Energien. Hg. v. Bundesministerium für Wirtschaft und Arbeit.

Withana, S.; Brink, P. ten; Franckx L., Hirschnitz (2012): Study supporting the phasing out of environmentally harmful subsidies. A report by the Institute for European Environmenta l Policy (IEEP) Institute for Environmental Studies - Vrije Universiteit (IVM), Ecologic Institute and VITO for the European Commission – DG Environment. Final Re port. Brussels. Online verfügbar unter http://www.ieep.eu/assets/1035/Study_supporting_the_phasing_out_of_EHS_-_Final_report.pdf, zuletzt geprüft am 03.06.2015.

Witt, Uwe; Moritz, Florian (2008): CDM - saubere Entwicklung und dubiose Geschäfte. In: Elmar Altvater (Hg.): Ablasshandel gegen Klimawandel? Marktbasierte Instrumente in der globalen Klimapolitik und ihre Alternativen; Reader des Wissenschaftlichen Beirats von Attac. Hamburg: VSA, S. 88–105.

Wöhl, Stefanie (2013): Die „Krise" der repräsentativen Demokratie in Europa. Demokratietheoretische und politikfeldbezogene Reflexionen. In: *Forschungsjournal Soziale Bewegungen* 26 (1), S. 42–50.

Wüpper, Gesche (2015): Der tiefe Sturz der französischen Nuklear-Legende. In: *Die Welt*, 28.04.2015. Online verfügbar unter http://www.welt.de/wirtschaft/energie/article140166051/Der-tiefe-Sturz-der-franzoesischen-Nuklear-Legende.html, zuletzt geprüft am 04.06.2015.

Wuppertal Institute for Climate, Environment and Energy (2009): A Green New Deal for Europe. Towards green modernization in the face of crisis. Unter Mitarbeit von Philipp Schepelmann, Marten Stock, Thorsten Koska, Ralf Schüle und Oscar Reutter. Hg. v. Green European Foundation, zuletzt geprüft am 31.07.2013.

WWF (15.12.2011): EU Roadmap 2050: Die Zukunft ist erneuerbar und energieeffizient. Online verfügbar unter http://www.wwf.de/eu-roadmap-2050-die-zukunft-ist-erneuerbar-und-energieeffizient/, zuletzt geprüft am 11.05.2015.

WWF (2013): Stellungnahme zum „Vorschlag einer Strompreis- Sicherung im EEG" des BMU. Online verfügbar unter http://www.wwf.de/fileadmin/fm-wwf/Publikationen-PDF/WWF-Stellungnahme-zum-Vorschlag-einer-Strompreis-Sicherung-im-EEG.pdf, zuletzt geprüft am 21.11.2014.

WWF (14.10.2014): Renewables get fewer subsidies and are cheaper than dirty energies, Commission's study shows. Online verfügbar unter http://www.wwf.eu/?230872/Renewables-get-fewer-subsidies-and-are-cheaper-than-dirty-energies-Commissions-stu dy-shows, zuletzt geprüft am 06.05.2015.

Young, Brigitte (2013): Ordoliberalismus - Neoliberalismus - Laissez-faire-Liberalismus. In: Joscha Wullweber, Antonia Graf und Maria Behrens (Hg.): Theorien der Internationalen Politischen Ökonomie. Wiesbaden: VS, S. 33–49.

Zeller, Christian (2013): Streichung der illegitimen Schulden statt Rettungsschirme für die Rentiers. In: *Emanzipation* 2 (1), S. 7–33.

Ziebura, Gilbert (1998): Entgrenzung - Wandel der externen Konstitutionsbedingungen für das Modell Deutschland. In: Georg Simonis (Hg.): Deutschland nach der Wende. Neue Politikstrukturen. Opladen: Leske + Budrich, S. 21–42.

Ziltener, Patrick (1999): Strukturwandel der europäischen Integration. Die Europäische Union und die Veränderung von Staatlichkeit. 1. Aufl. Münster: Westfälisches Dampfboot.

Zubi, Ghassan; Bernal-Augustín, José L.; Fandos Marín, Ana B. (2009): Wind energy (30%) in the Spanish power mix-technically feasible and economically reasonable. In: *Energy Policy* 37, S. 3221–3226.

Anhang

Interviewverzeichnis EU (17 Interviews):

Organisation/Person	Datum	Ort
Climate Action Network (CAN)	24.02.2015	Brüssel
GD Wettbewerb	25.02.2015	Brüssel
Greenpeace III	27.02.2015	Brüssel
EURELECTRIC	04.03.2015	Brüssel
GD Energie I	04.03.2015	Brüssel
RESCOOP	09.03.2015	Antwerpen
EREF	11.03.2015	Brüssel
GD Energie II	11.03.2015	Brüssel
E.ON II	12.03.2015	Brüssel
BDI II	16.03.2015	Brüssel
GD ECFIN	18.03.2015	Brüssel
BDEW II	18.03.2015	Brüssel
Energy Cities	23.03.2015	Brüssel
European Climate Foundation (ECF)	23.03.2015	Brüssel
EPIA	25.03.2015	Brüssel
SPD II	01.04.2015	Telefoninterview
European Policy Center (EPC)	17.07.2015	Telefoninterview

Interviewverzeichnis Deutschland (22 Interviews):

Organisation/Person	Datum	Ort
Greenpeace II	03.09.2014	Berlin
DGB	04.09.2014	Berlin
BEE	04.09.2014	Berlin
E.ON I	08.09.2014	Berlin
INSM	09.09.2014	Berlin
Bündnis 90/Die Grünen	16.09.2014	Berlin
Agora Energiewende	17.09.2014	Berlin
Hans-Josef Fell	19.09.2014	Berlin
VKU	22.09.2014	Berlin
Bündnis Bürgerenergie (BBEn)	22.09.2014	Berlin
Klimabewegungsaktivist, Philipp Bedall	24.09.2014	Berlin
EnBW	25.09.2014	Berlin
CSU	25.09.2014	Berlin
BDEW I	29.09.2014	Berlin
BWE	30.09.2014	Berlin
Klimaallianz	30.09.2014	Berlin
CDU	30.09.2014	Berlin
BMWi	06.10.2014	Berlin
SPD I	07.10.2014	Berlin
BDI I	08.10.2014	Berlin
RWE	09.10.2014	Berlin
EUROSOLAR, Axel Berg	29.10.2014	Neuhausen a. d. F.

Interviewverzeichnis Spanien (23 Interviews):

Organisation/Person	Datum	Ort
APPA I	25.09.2013	Barcelona
Ecologistas en Acción (EeA)	25.03.2014	Madrid
Fundacion Renovables (FR)	31.03.2014	Madrid
Amigos de la Tierra	02.04.2014	Madrid
Plataforma por un Nuevo Modelo Energetico (Px1NME)	04.04.2014	Madrid
Greenpeace I	07.04.2014	Madrid
AEE	08.04.2014	Madrid
CC.OO	10.04.2014	Madrid
PSOE (Partido Socialista de España)	23.04.2014	Madrid
UNEF	24.04.2014	Madrid
WWF	28.04.2014	Madrid
APPA II	30.04.2014	Madrid
Foro Nuclear	05.05.2014	Madrid
PCE (Partido Comunista de España)	06.05.2014	Madrid
CNMC (Comisión Nacional de los Mercados y la Competencia)	08.05.2014	Madrid
UNESA	12.05.2014	Madrid
Enerclub	20.05.2014	Madrid
Endesa	21.05.2014	Madrid
Iberdrola	22.05.2014	Madrid
Som Energia	22.05.2014	Madrid
Confederación de Consumidores y Usuarios (CECU)	26.05.2014	Madrid
PP (Partido Popular)	29.05.2014	Madrid
Anwaltsbüro Holtrop	10.06.2014	Barcelona